Atlas der Hunde-Anatomie

Der Hund von außen, von innen und in der Bewegung

Roel und Piet Beute-Faber

Anmerkung des Verlages!

Die Zeichnungen dieses Buches sind in sorgfältiger Einzelarbeit über ein Jahrzehnt entstanden. Piet Beute hat dabei Papiere unterschiedlicher Grundtöne verwandt, was sich bei der Zusammensetzung der einzelnen Farbseiten leider nicht völlig verbergen ließ.

Wir bitten unsere Leser um Verständnis!

KYNOS VERLAG

Übersetzung aus dem Holländischen: Heidrun Blasius

3. Auflage 2008

Konrad-Zuse-Straße 3 • D-54552 Nerdlen/Daun
Telefon: +49 (0) 6592 957389-0
Telefax: +49 (0) 6592 957389-20
www.kynos-verlag.de
info@kynos-verlag.de

ISBN 978-3-924008-43-7

Gesamtherstellung: Druckerei Anders, 54595 Niederprüm

Atlas der Hunde-Anatomie

Der Hund von außen, von innen und in der Bewegung

Roel und Piet Beute-Faber

Kynos
Das besondere Hundebuch

Vorwort

In Ihrer Hand liegt ein Buch, das nicht nur schon lange in deutscher Sprache gefehlt hat, sondern das in der kynologischen Literatur auch ein begeisterndes Novum darstellt. Es ist nicht, wie der Titel befürchten läßt, ein wissenschaftlich kaltes Buch der Zerwirker oder ein Buch für die, die Hunde reparieren. Es ist vielmehr ein Buch zum Lesen und Schauen für alle, die wie Faust bei Goethe wissen wollen, frei variiert, was das, "was da bellt, im Innersten zusammenhält". Künstlerisch und seinem Konzept nach steht es ganz nahe an der Tradition der niederländischen realistischen Tierdarstellung, wie sie noch heute in ihrem bekanntesten Vertreter, Rien Poortvliet, weiterlebt.

In diesem Buch wird ganz offensichtlich, daß die Autoren, begnadete 'Seher' und ebenso begnadete Zeichner, ein Leben lang gelernt haben, mehr und mehr das Gemeinsame an den vielen doch so unterschiedlichen Rassen zu sehen, und heute vermitteln können, warum Unterschiede so bestehen müssen.

Wem kann dies Buch nützen?

Dem Hundehalter, der mehr über seine Rasse wissen will; denn viele Hunderassen kommen immer wieder vor und sind stets zum Vergleich mit anderen Hunderassen zusammengestellt.

Das Buch ist aber auch Pflichtlektüre für angehende Züchter; denn ohne Zuchtziel züchten sie nicht, sie vermehren. Und wie kann ein einmal gefaßtes Zuchtziel bewertet werden, ohne einerseits über den Horizont der eigenen Rasse hinauszublicken, andererseits, ohne zu wissen, was unter dem Fell des Hundes unseren liebsten Hausgenossen so trefflich funktionieren läßt, was ihn ebenso liebenswert aussehen läßt, wie wir ihn in unser Herz geschlossen haben?

Ganz unerläßlich und ein obligatorisches Hauptwerk gar ist dies Buch für alle Zuchtrichter ebenso wie für die, die es werden wollen oder sollen. Endlich, endlich eine Fortschreibung dieser Literatur seit den Zeiten von Blut und Boden! Diese hoffentlich Wißbegierigen finden hier verständlich und einprägsam anatomische Grundausbildung in Form eines Lesebuchs, Stoff zur Unterweisung, Unterrichtung und zur Diskussion, wie zum Beispiel die falsche Zuordnung des Begriffs 'butterfly nose' in Abbildung 20 - 12. Sympathisch, daß selbst lebenslang Lernende, wie wir alle, auch manches noch nicht richtig wissen.

So ist dies Buch für mich wie ein riesiges 'Wimmelbild', in dem man stundenlang immer wieder umherschauen kann und immer wieder neue Gedanken, Details und Anregungen findet, die einen mit frischem Blick auf die eigenen Hunde schauen lassen und ermöglichen, daß man zu wissen beginnt, wie kunstreich die Natur Geniales unter der Oberfläche verbirgt.

Nach der 'Technik der Hundezucht' ist es dem Verlag gelungen, ein weiteres Standardwerk für ernsthafte Kynologen und begeisterte Hundefreunde zu veröffentlichen. Dies ist zweifellos ein Verdienst.

So wünsche ich diesem Werk von Herzen die weite Verbreitung und jenes breite Verständnis, das es nach meiner Ansicht als Hundefreund, Züchter, Zuchtrichter und für das Zuchtwesen zuständigem Funktionär des nationalen Dachverbands für alle, die es mit dem Hund ernst meinen, wahrlich verdient hat.

Jochen H. Eberhardt
Obmann für Zucht- und Zuchtbuchwesen des Verbandes für das Deutsche Hundewesen e. V. (VDH)

Zu den Autoren

Schon seit vielen Jahren sind Roel und Piet Beute, wie sie selbst sagen, von der "Hundekrankheit" befallen.
Roel Beute ist von Kindesbeinen an mit Hunden aufgewachsen und —was noch wichtiger ist— hat sich auch von Jugend an in Wesen und Verhalten des Tieres, das man Hund nennt, vertieft. Sie ist beinahe ein "Hund unter Hunden" geworden. Sie würde sich selbst als einen sanftmütigen Terrier bezeichnen: zäh, (ein bißchen) vorlaut, aber durchaus nicht aggressiv oder bissig. Nicht umsonst züchtet sie, nachdem sie viele andere Rassen (als Haushund) gehabt hat, nun schon seit mehr als zwanzig Jahren Soft Coated Wheaten Terrier, eine Rasse, die gut zu ihrem Charakter paßt.
Nach ihrer Heirat hat sie Piet Beute —wie er übrigens selbst sagt— mit viel Freude auf ihrer Irrfahrt durch die Hundewelt mitgeschleppt. Durch seine ursprüngliche Arbeit als sehr beschäftigter Garten- und Landschaftsarchitekt waren ihm Zeichenarbeit und -technik bestimmt nicht fremd, wenn auch auf einem anderen Gebiet. Er hat in seiner (damals noch) knappen Freizeit seiner Frau, die sagt, kaum etwas technisches Verständnis zu haben und lediglich einfache Puppen zeichnen zu können, während der Vorbereitung auf ihre Prüfung als Hunderichterin bei der Bewegungslehre geholfen.
Seitdem haben sie zusammen ihr Wissen vom Hund immer weiter vertieft, sie mit der Kenntnis von Rassen, Charaktereigenschaften und besonderen Merkmalen; er mit der mehr technischen Seite wie Körperbau und -funktionen.
Nachdem er seine Stelle verloren hatte, haben sie sich gemeinsam sozusagen auf Wohl und Weh des Hundes gestürzt —zunächst wohl ein bißchen als Ausgleich für den Verlust der Arbeit. Dabei gingen sie auf zwei Ebenen vor: In erster Linie verfertigten und lieferten sie eine Reihe von Dingen, die für eine gute, gesunde und angenehme Zucht wichtig sind. Hierbei haben sie sich so weit spezialisiert und sind so kritisch, daß es niemals ein sehr gewinnbringendes Geschäft werden kann.
Daneben haben sie ihr Hobby "Der Hund von außen, von innen und in der Bewegung" weiter ausgebaut.
Das Ergebnis liegt jetzt vor Ihnen.

Widmung

Für Quibbus, Dabbe und Doebie, einige unserer Hunde, die so oft und so geduldig allerlei für sie unbegreifliche Tests erduldet haben.

Dieses Buch ist das Ergebnis von vielen, vielen Jahren des Sammelns, Beobachtens, Untersuchens, Ordnens (und aufs neue Ordnen), Auslesens, Kontrollierens, Veränderns und Verbesserns. Wir haben eine schier unendliche Reihe von Büchern und Zeitschriften gelesen (oder uns damit abgerackert); zuviel, um sie zu nennen. Wir haben deshalb auch bewußt kein Literaturverzeichnis angefügt; die Liste würde zu lang und nichtssagend sein.
Aus den vielen Schriften haben wir Angaben oder typische Bezeichnungen aufgestöbert; manchmal nur eine, manchmal viele. Dabei haben wir gemerkt, daß in mehreren Fällen (und durch mehrere Autoren) gegensätzliche oder vollkommen andere Beschreibungen desselben Begriffes gegeben werden. Wir haben uns immer bemüht, die annehmbarste Erklärung wiederzugeben.
Viele Hunde und auch andere Tiere haben wir beobachtet, viele Gespräche geführt, sehr viele Fragen gestellt. Wir möchten uns hiermit recht herzlich bei all jenen bedanken, die uns behilflich waren. Auch in diesem Fall sind es wieder zu viele, um sie zu nennen; die Gefahr ist zu groß, jemanden zu vergessen.
Wir haben versucht, Begriffe, die noch keinen geeignet erklärenden Namen erhalten haben, deutlich zu benennen.
Wir sind davon überzeugt, daß trotz unserer Mühe doch noch Angaben, Begriffe oder Bezeichnungen fehlen. Wenn Sie etwas vermissen, dann lassen Sie uns das bitte (über den Verlag) hören.

Absicht und Plan

Ursprünglich haben wir mit den Zeichnungen und Beschreibungen des schwierigsten Themas "Bewegung" begonnen. Das stellte sich damals nämlich für uns und viele Richteranwärter ohne gründliches Studium als fast unbegreifliche Materie dar. Seitdem sind einige (gute und weniger gute) Bücher über dieses Thema erschienen.
Aber eins zog das andere nach sich: es stellte sich heraus, daß es nur wenig —und dann oft sehr unvollständige oder unverständliche— Literatur über kynologische Begriffe gab. Und so fing unsere Sammlung an.
Ausgehend von dem Gedanken, daß eine Zeichnung mehr sagt als tausend Worte, haben wir uns für einen Entwurf entschlossen, bei dem die Begriffe soweit wie möglich mit Abbildungen -in Farbe- erklärt werden. Die Abbildungen und der dazugehörige Text sind auf gegenüberliegenden Seiten geordnet, wobei die Zeichnungen nur mit Nummern und nicht mit Text versehen sind. So kann das Buch sowohl als Arbeitsbuch (bei verdecktem Text) als auch als Nachschlagwerk benutzt werden. Wir haben versucht, den Text kurz und gehaltvoll zu gestalten.
Wir hoffen von ganzem Herzen, daß mit Herausgabe dieses Buches vielen anfangenden Kynologen (und vielleicht auch fortgeschrittenen) und zukünftigen Richtern klare Informationen geboten werden.

Inhaltsverzeichnis

2-1

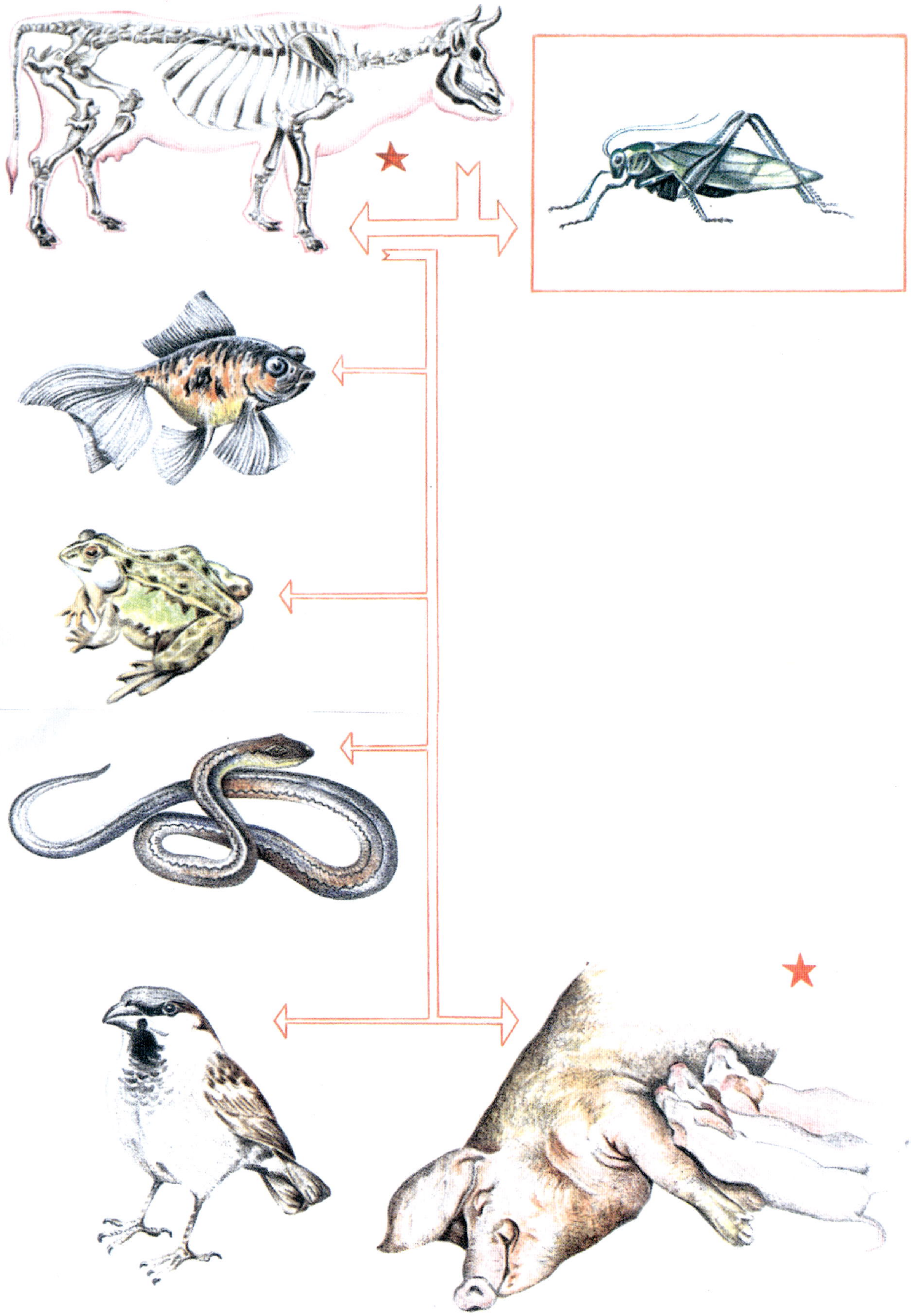

2-2

2-3

2-4

2-5

2-6

2-7

TEIL 1 - ALLGEMEINES

EINTEILUNG DES TIERREICHS

Man teilt das Tierreich ein in:

2 - 1	**Wirbeltiere**	WIRBELTIERE und
2 - 2	**wirbellose Tiere**	WIRBELLOSE TIERE

"Wirbel" bezieht sich auf das Vorhandensein einer **Wirbelsäule** *(Rückgrat).*
Da ein Hund ein Rückgrat hat, gehört er zu den Wirbeltieren.

Man teilt die Wirbeltiere in folgende Gruppen ein:

2 - 3	**Fisch**	FISCHE
2 - 4	**Amphibie**	AMPHIBIEN (oder in zwei Elementen lebende Tiere)
2 - 5	**Reptil**	REPTILIEN (oder Kriechtiere)
2 - 6	**Vogel**	VÖGEL
2 - 7	**Säugetier**	SÄUGETIERE

Fische, Amphibien, Reptilien und **Vögel** bringen *keine lebenden Jungen* zur Welt, (sie legen Eier), und sie sind *unbehaart.*
Die **Säugetiere** bringen *lebende Junge* zur Welt (bis auf einige Ausnahmen, zum Beispiel Schnabeltiere, die Eier legen, und Beuteltiere, deren Junge bei der Geburt noch sehr unterentwickelt sind und im Körper —im Beutel— aufgezogen werden).
Die Jungen werden immer während kürzerer oder längerer Zeit *gesäugt.*
Alle Säugetiere sind *warmblütig* und immer mehr oder weniger *behaart.*
Weil der Hund lebende Junge gebärt, seine Jungen säugt und weil alle Hunde behaart sind (sogar die sogenannten Nackthunde haben an einigen Stellen noch etwas Behaarung), gehört der Hund zu den Säugetieren.

abgebildet:
DOGO ARGENTINO

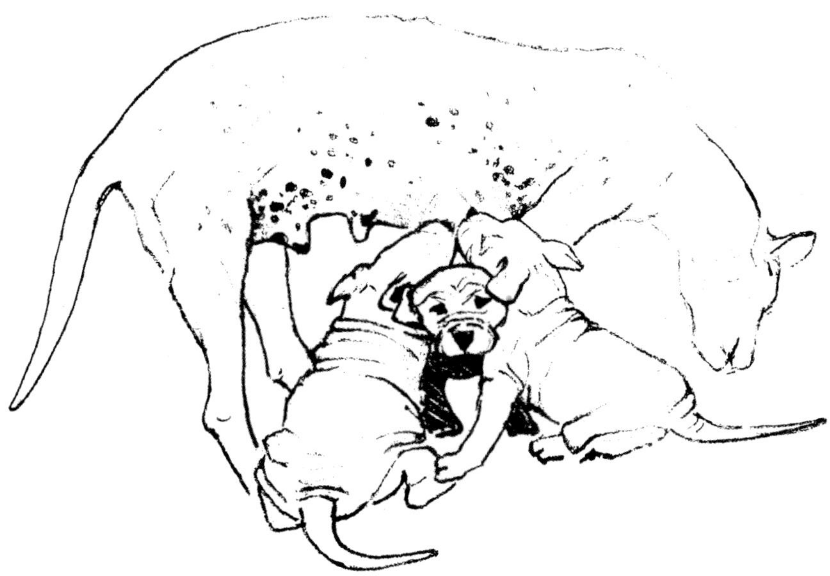

4-1

4-2

4-3

4-4

4-5

Die Säugetiere

Man teilt die Säugetiere gewöhnlich in siebzehn Ordnungen ein.

Nicht all diese Ordnungen sind für uns interessant; lediglich fünf sind in bezug auf den Hund wichtig.

4 - 1	**Primaten**	Primaten	-	enge Verwandtschaft zum **Menschen** (Affen, Halbaffen)
4 - 2	**Raubtiere**	Raubtiere	-	diese Ordnung wird meistens noch einmal unterteilt in **Wasserraubtiere** (z. B. Seehunde) und **Landraubtiere**
4 - 3	**Huftiere**	Huftiere	-	natürliche **Beutetiere** für die Raubtiere (z. B. Pferd, Rind, Hirsch)
4 - 4	**Nagetiere**	Nagetiere	-	ebenfalls natürliche **Beutetiere** für die Raubtiere (z. B. Kaninchen, Maus, Ratte)
4 - 5	**Handflügler**	Handflügler	-	**Fledermäuse**. Diese Ordnung erwähnen wir hier, weil die Fledermäuse eine Rolle bei der Verbreitung der *Tollwut (Rabies)* spielen.

Weil der **Hund** von Natur aus ein Jäger ist, lebende Beute greift und sich vornehmlich von Fleisch ernährt, wird er zu den *Raubtieren (Landraubtieren)* gezählt.

abgebildet:
Wolf mit Beute

Im allgemeinen jagen Wölfe in Rudeln und fangen gemeinsam größere Beutetiere, die dem ganzen Rudel als Nahrung dienen.
Ein Wolf, der einzeln jagt, greift meist kleine Beutetiere, die ihm allein als Mahlzeit dienen.

6-1

6-2

6-3

6-4

6-5

Die Landraubtiere

Die Landraubtiere werden in fünf Gruppen (Familien) eingeteilt.

6 - 1	**Katzenartige** z.B. *Hauskatze*, Löwe,Tiger	KATZENARTIGE	- sie haben *einziehbare Krallen*; der *Geruchssinn ist nicht so gut entwickelt*, dagegen haben sie ein *vorzügliches Sehvermögen* und ein *scharfes Gehör*. Die Katzenartigen beschleichen und überfallen die Beute mit einem Sprung (manchmal nach einem kurzen Spurt, bei dem sie eine beachtliche Geschwindigkeit entwickeln). Wenn der Sprung danebengeht, lassen sie die Beute meistens laufen.
6 - 2	**Hyänen** z.B. *Tüpfelhyäne*	HYÄNEN	- im Gegensatz zu den Hundeartigen haben sie längere Vorder- als Hinterläufe, dadurch haben sie eine *abfallende Rückenlinie*. Sie haben ein *sehr starkes Gebiß*, mit dem sie Knochen zerkleinern können, die kein anderes Raubtier entzweibrechen kann.
6 - 3	**Marder** z.B. *Iltis*,Marder, Wiesel, Dachs	MARDER	- sie sind im allgemeinen kleine Raubtiere mit einem langgestreckten Körper und kurzen Beinen. Die Marder können wegen ihres schlanken, geschmeidigen Körpers in Höhlen und Spalten kriechen und kleine Tiere (Mäuse, Ratten, Kaninchen) erbeuten.
6 - 4	**Hundeartige** z.B. Wolf,Fuchs, abgebildet: KOJOTE	HUNDEARTIGE	- sie sind *Zehengänger*; sie haben alle einen *Schwanz*. Alle Beine sind ungefähr gleich lang, die Hundeartigen haben deshalb auch eine *horizontal verlaufende Rückenlinie*. An den Hinterpfoten haben sie immer *vier Zehen, deren Krallen nicht eingezogen werden können*. Die Hundeartigen haben einen *sehr guten Geruchssinn* und im allgemeinen ein *weniger ausgeprägtes Sehvermögen* als beispielsweise die Katzenartigen. Die Hundeartigen verfolgen (meistens in Rudeln) ihre Beute bis zur Erschöpfung; dazu haben sie einen gut entwickelten Brustkorb (große Lungen) und ein großes Herz und (allgemein gesehen) lange Beine.
6 - 5	**Bären** z .B. Eisbär, *Braunbär*	BÄREN	- sie sind *Sohlengänger*. Sie haben einen *rudimentären Schwanz* und *fünf Zehen* an allen Pfoten.

(**rudimentär** = in der Anlage vorhanden, aber nicht oder nicht voll entwickelt).

Im allgemeinen kann man sagen, daß Raubtiere nur tierisches Eiweiß verdauen können und deshalb Tiere oder tierische Produkte fressen (Fleisch, Fisch, Plankton, Milch, Bienenhonig).
Die Hundeartigen und vor allem die Bären fressen auch mehr oder weniger pflanzliche Nahrung, allerdings nicht als Eiweißquelle.

8-1

8-2

8-3

8-4

8-5

8-6

Man teilt die Hundeartigen in drei Unterfamilien ein:

ECHTE HUNDE - dazu zählen:

8 - 1 **Wolf** — **der Wolf** (der gewöhnliche Grauwolf, Canis lupus lupus, und der Rotwolf, Canis lupus niger)

8 - 2 **Schakal** — **der Schakal** (unter anderem der Goldschakal, Canis aureus)

8 - 3 **Dingo** — **der Dingo** (Canis lupus familiaris dingo)

8 - 4 **Haushund** — **der Haushund** (Canis lupus familiaris oder Canis lupus domesticus)

abgebildete Rassen:
8 - 4 A SLOUGHI
8 - 4 B BERGER PICARD
8 - 4 C BERNHARDINER
8 - 4 D EPAGNEUL BRETON
8 - 4 E LHASA APSO
8 - 4 F PINSCHER
8 - 4 G NORFOLKTERRIER
8 - 4 H BASSET ARTESIEN NORMAND
8 - 4 I FINNENSPITZ

Man kann den Haushund, zu dem auch die sogenannten Rassehunde gehören, kaum als eigene Art bezeichnen. Vermutlich stammen alle Haushunde vom Wolf ab (oder sind, wenn man so will, Varietäten des Wolfes). Wahrscheinlich sind die Haushunde Abkömmlinge einiger kleiner Unterarten des Wolfes aus dem Mittelmeerraum, mit denen man bereits früh in der Menschheitsgeschichte gezüchtet hat. Bestimmte Zuchtprodukte kamen mit dem Menschen in nördliche Gebiete und haben sich vermutlich mit den nördlichen Wolfsrassen gekreuzt.
Man nahm bisher an, daß auch der Schakal bei der Entstehung des Haushundes eine Rolle gespielt hat. Obwohl dies —nach heutigen Erkenntnissen— wegen der unterschiedlichen Anzahl der Chromosomen (Wolf und Haushund: 78, Schakal 74 Chromosomen) sehr unwahrscheinlich ist, ist unserer Meinung nach hierüber das letzte Wort noch nicht gesprochen.

HYÄNENHUNDE

8 - 5 **Hyänenhund** — **Hyänenhunde** (Lycaon pictus)

(nicht zu verwechseln mit der Hyäne). Die Hyänenhunde haben an allen Pfoten vier Zehen; ihre Beine sind ungefähr gleich lang, deshalb haben sie auch (im Unterschied zu den Hyänen) eine fast horizontale Rückenlinie.
Hyänenhunde jagen in Rudeln und töten fast alles, was ihnen in den Weg kommt, auch wenn sie nicht hungrig sind.
Während Echte Hunde und Füchse drei bleibende Backenzähne (Molaren) im Unterkiefer haben, haben die Hyänenhunde nur zwei.

FÜCHSE - dazu zählen:

8 - 6 **Fuchs** — **Rotfuchs** (Vulpes vulpes)

Die Füchse unterscheiden sich von Echten Hunden und Hyänenhunden dadurch, daß sie nicht im Rudel, sondern allein jagen. Außerdem haben Füchse (wie übrigens auch die Katzenartigen) senkrecht ovale Pupillen.

Daneben sind noch einige besondere Hundeartige bekannt:

8 - 7 der **Mähnenwolf** — (Chrysocyon brachyurus) aus Südamerika ist mit dem Fuchs verwandter als mit dem Wolf. Der Mähnenwolf hat sehr lange Beine, weil die Mittelfußknochen länger als normal gewachsen sind. Obwohl er wegen seiner langen Beine ein schlechter Schnelläufer ist, ist er ausgezeichnet in der Lage, sich im hohen Pampasgras vorwärts zu bewegen.

8 - 8 der **Wüstenfuchs** oder **Fennek** — (Fennecus zerda) aus Nordafrika und Arabien wird meistens auch zu den Füchsen gezählt. Der Fennek hat ein sehr ausgeprägtes Gebiß mit vier bleibenden Backenzähnen in jeder Oberkieferhälfte (Fuchs und Echter Hund zwei) und fünf bleibenden Backenzähnen in jeder Unterkieferhälfte (Fuchs und Echter Hund drei).

8 - 9 der **Marder**-oder **Waschbärhund** — (Nyctereutes procyonoides) aus Japan, China und Korea. Er wurde nach Rußland als Pelztier eingeführt und hat sich von da aus verbreitet. Er kommt heute in großen Gebieten Finnlands, Polens und Ostdeutschlands vor. Vereinzelt gibt es ihn in Schweden, Dänemark und Westdeutschland (bis zur niederländischen Grenze).
Er hat kurze, ziemlich schwache Beine und ein dichtes Fell; wie der Name schon sagt, ähnelt er einem Waschbären. Er ist ein Nachttier, das kleine Tiere als Beute jagt; er frißt jedoch auch pflanzliche Nahrung.

10-4

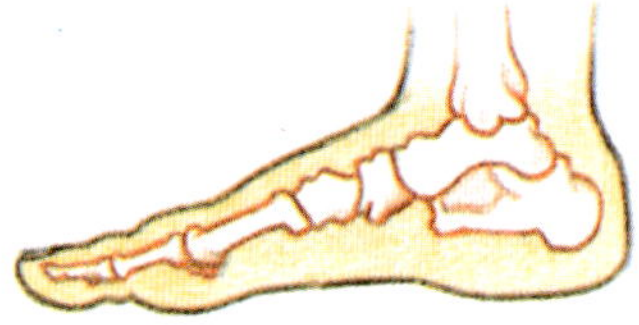

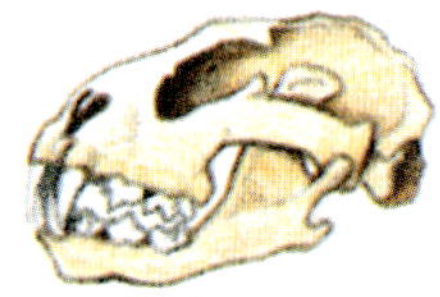

10-6

10-5

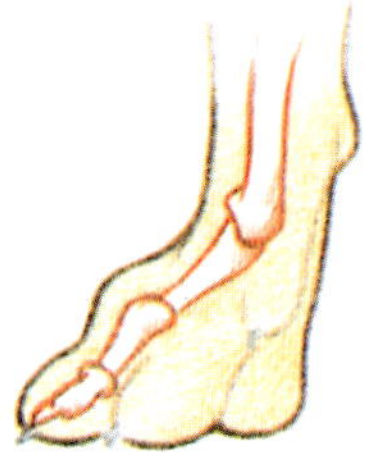

10-7

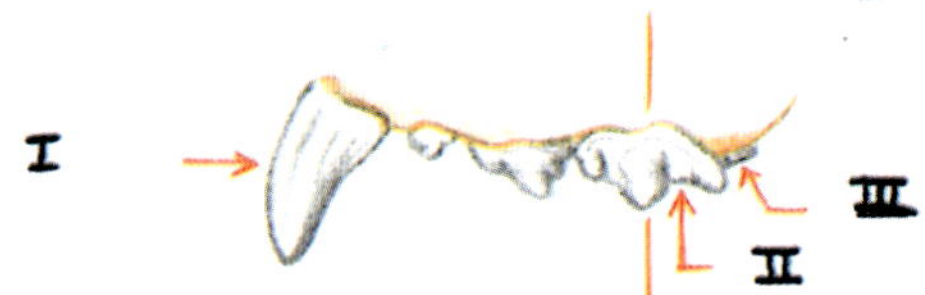

10-10

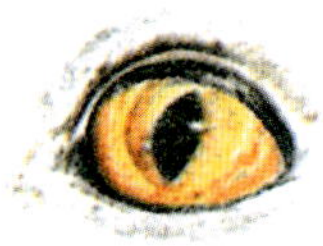

10-8

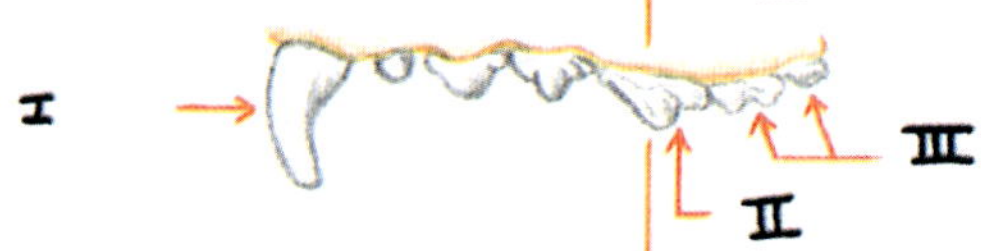

10-11

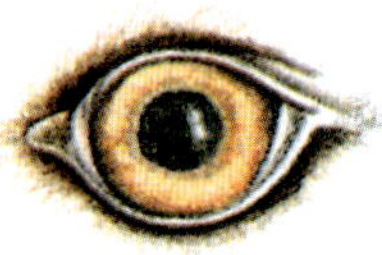

10-9

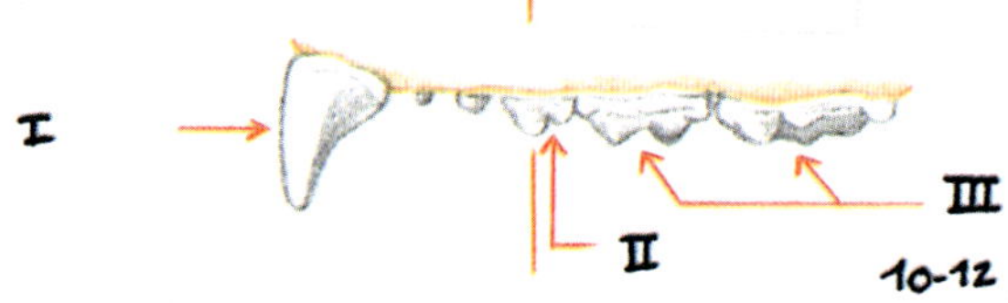

10-12

10-13

10-17

10-22

Einige bekannte "wilde" Hunde dürfen nicht fehlen:

10 - 1 Der ADJAK *(der malaiische Wildhund)* ist sehr selten geworden. Es ist noch nicht gelungen, einen dieser Hunde lebendig zu fangen. Sobald sie nämlich gefangen worden sind, sterben sie an Herzversagen. Es ist (unter anderem im Tiergarten Blijdorp bei Rotterdam) geglückt, diese Tiere am Leben zu erhalten, indem man sehr junge Welpen mit viel Sorgfalt großgezogen hat.

10 - 2 Der DHOLE ist ein Wildhund aus Indien. Er jagt in Rudeln kleine Hirsche. Eine Unterart des Dhole kommt im nördlichen Zentralasien vor, wo er *Sibirischer Wildhund* genannt wird.

10 - 3 Der DINGO (Canis lupus f. dingo) ist wahrscheinlich kein australischer Wildhund. Es ist nämlich ziemlich sicher, daß diese Art Hund vor langer Zeit von Menschen nach Australien mitgenommen worden und dort verwildert ist. In Südostasien gibt es Wildhundarten, die mit dem Australischen Dingo sehr viel Ähnlichkeit haben.

EINIGE ALLGEMEINBEGRIFFE

10 - 4	**Sohlengänger**	Der Bär und beispielsweise der Mensch gehören zu den sogenannten *Sohlengängern*, das heißt, daß die Fußknochen nahezu waagerecht auf dem Boden aufliegen und daß der Körper auf der Ferse ruht.
10 - 5	**Zehengänger**	Der Hund und unter anderem die Katze sind *Zehengänger*. Ihre Fußknochen werden stark vertikal gestellt; daher laufen sie tatsächlich auf ihren Zehen.
10 - 6	**Schädel der Katzenartigen**	Der Schädel der Katzenartigen ist weitgehend rund geformt, während der Schädel der Hundeartigen eine deutlich spitzere Schnauzenpartie aufweist.
10 - 7	**Schädel der Hundeartigen**	
10 - 8	**spaltförmige Pupille**	Die Katzenartigen (aber auch die Füchse) haben eine spaltförmige Pupille.
10 - 9	**runde Pupille**	Die Echten Hunde haben eine runde Pupille.
10 - 10	**Oberkieferhälfte bei den Katzenartigen**	Bei Raubtieren, die hauptsächlich *Fleischfresser (Carnivoren)* sind (wie die Katzenartigen), findet man einen großen Reißzahn, während ein hinterer Backenzahn (Molar) nur rudimentär angelegt ist (im Unterkiefer fehlen die Molaren ganz).
10 - 11	**Oberkieferhälfte bei den Hundeartigen**	Bei Raubtieren, die nicht ausschließlich Fleischfresser sind (wie die Hundeartigen), sieht man, daß der Reißzahn kleiner geworden ist und daß zwei leidlich entwickelte Molaren (Mahlzähne) vorhanden sind.
10 - 12	**Oberkieferhälfte bei den Bären** **I Fangzahn** **II Prämolaren** **III Molaren**	Bei Raubtieren, die ziemlich viel Pflanzen fressen (*Omnivoren* oder auch *Allesfresser*), ist der Reißzahn noch kleiner geworden, und die Molaren sind gut entwickelt.
10 - 13	**hound** (= englisch) abgebildete Rasse: KERRY BEAGLE	Im Gegensatz zum deutschen Wort "**Hund**", das eine allgemeine Bezeichnung ist, benutzt man in England das Wort "**hound**" für eine bestimmte Art von Jagdhunden (Laufhunde, das heißt flüchtendes Wild spurlaut jagende Hunde). Siehe auch: Bracke.
10 - 14	**dog** (= englisch)	Im Gegensatz zum deutschen Wort "**Dogge**" (als Bezeichnung für einige große Hunderassen) ist das englische Wort "**dog**" die allgemeine Bezeichnung für den "Hund".
10 - 15	**Bracke,** **brak** (= niederländisch)	(auch "**Laufhund**"); eine Bezeichnung für Laufhunde (niederländisch auch: lopende honden; englisch: hounds; französisch: chiens courants; italienisch: segugio). [Im Deutschen steht diese Bezeichnung nur für bestimmte, zu den Laufhunden gehörende Einzelrassen.]°
10 - 16	**braque** (=französisch)	Abweichend vom deutschen Wort "Bracke" versteht man im unter einer französischen "*braque*" und dem italienischen *bracco* einen **Vorstehhund** (das heißt, einen Jagdhund, der das Wild aufspürt und lautlos und unbeweglich in charakteristischer Haltung vor dem Wild stehenbleibt, bis der Jäger kommt).
10 - 17	**bracco** (=italienisch) abgebildete Rasse: BRACCO ITALIANO	
10 - 18	**Rudel**	Eine Gruppe (oder Familie) von Hunden, zum Beispiel ein Rudel Wölfe.
10 - 19	**Meute**	(englisch: **pack**), diesen Ausdruck gebraucht man für den ganzen Bestand von hounds (Laufhunden) eines Besitzers.
10 - 20	**Drift**	Ein ziemlich veraltetes Wort für eine Hundegruppe auf der Jagd; das kann eine ganze Meute oder der Teil einer Meute sein.
10 - 21	**Standard**	Beschreibung der typischen Merkmale einer Rasse. Es werden auch oft disqualifizierende und/oder unerwünschte Merkmale genannt. Grundsätzlich wird der Standard für eine bestimmte Rasse vom Ursprungsland der Rasse aufgestellt (mit mehreren Ausnahmen) und bei der internationalen Dachorganisation **FCI** (*Fédération Cynologique Internationale*) hinterlegt.
10 - 22	**hallmarks** (=englisch) abgebildete Rasse: AZAWAKH	Ganz besondere, für eine bestimmte Rasse wesentliche Kennzeichen nennt man englisch "*hallmarks*", zum Beispiel den Otterkopf beim Border Terrier. Im Standard des Azawakh wird verlangt, daß bei dieser Rasse sechs weiße Abzeichen vorhanden sein müssen: an jeder Pfote, an der Schwanzspitze und ein (kleines) Abzeichen an der Brust. Das sind die "*hallmarks*" des Azawakh.

[...]° = Anmerkungen der Übersetzerin

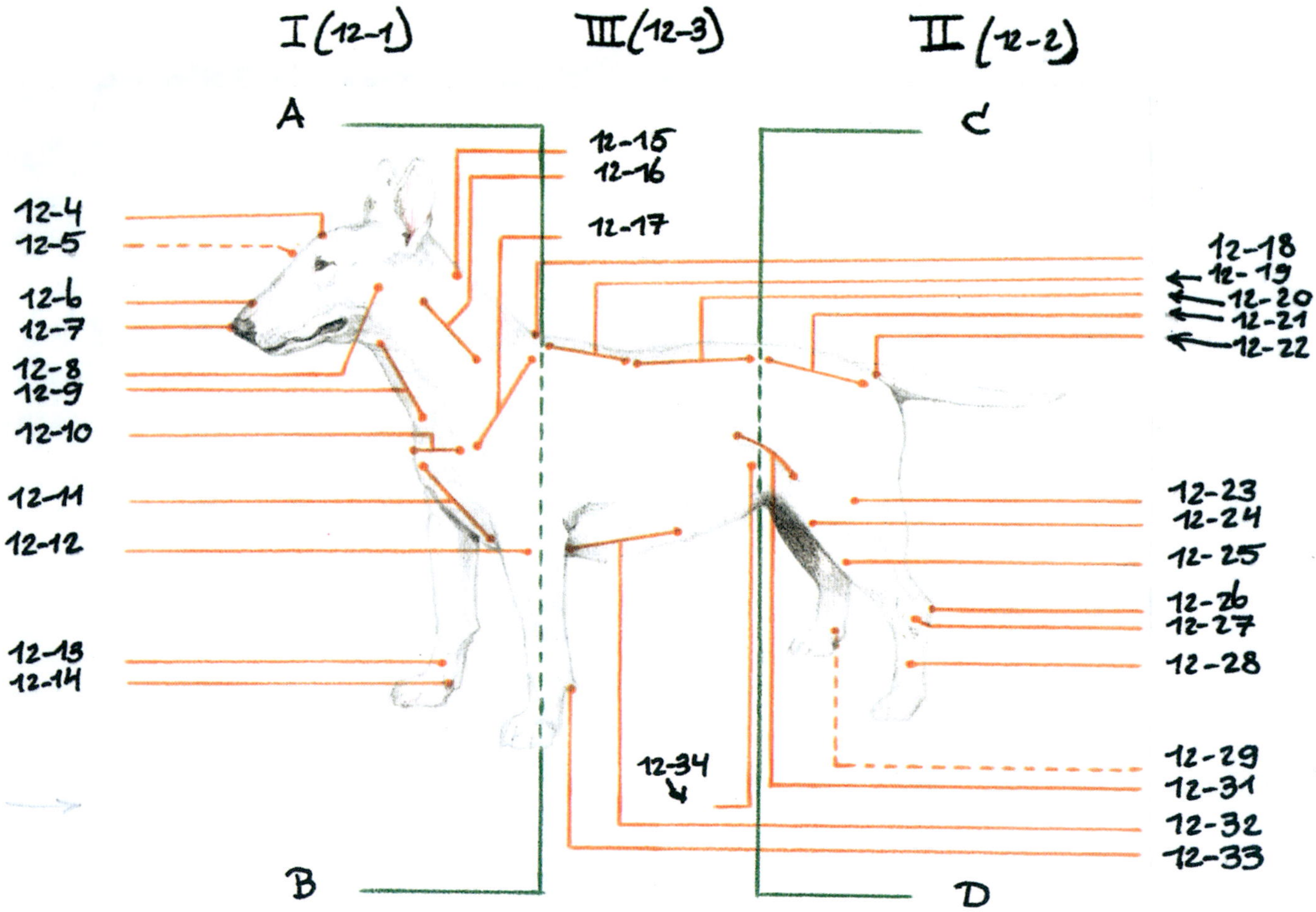

I (12-1)
III (12-3)
II (12-2)
A
C
B
D
12-4
12-5
12-6
12-7
12-8
12-9
12-10
12-11
12-12
12-13
12-14
12-15
12-16
12-17
12-18
12-19
12-20
12-21
12-22
12-23
12-24
12-25
12-26
12-27
12-28
12-29
12-31
12-32
12-33
12-34

12-29
12-30

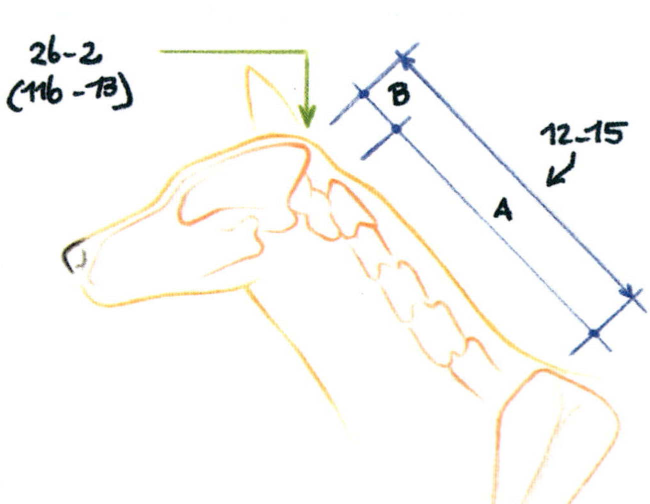

26-2
(116-13)
B
12-15
A

TEIL 2 - DAS ÄUSSERE

ALLGEMEINES

Das äußere Erscheinungsbild (meistens auch EXTERIEUR genannt): Hunde werden zunächst nach ihrem äußeren Erscheinungsbild beurteilt. Bei der Beurteilung werden verschiedene Fachausdrücke gebraucht, um Teile des Körpers zu bezeichnen. Gebräuchliche kynologische Begriffe sind in der Abbildung dargestellt. Einzelne Ausdrücke werden im folgenden näher erläutert.

In groben Zügen kann man den Hund in drei Teile gliedern:

12 - 1	I **Vorhand**	VORHAND *(links von der Linie A - B)*: der vordere Teil des Körpers; oft benutzt man diesen Ausdruck auch, um Vorderläufe samt Schulterblatt zu bezeichnen.
12 - 2	II **Hinterhand**	HINTERHAND *(rechts von der Linie C - D)*: der hintere Teil des Körpers; häufig bezeichnet man so auch die Hinterläufe einschließlich der Hüften.
12 - 3	III **Mittelhand**	MITTELHAND: Seltener gebrauchter Ausdruck für den Teil des Körpers zwischen Vor- und Hinterhand.
	abgebildete Rasse: BULLTERRIER	
12 - 4	**Stirnpartie**	
12 - 5	**Stop (Stirnabsatz)**	Der **Stop** ist die Stelle, an der das Nasenbein in das Stirnbein übergeht; er ist meistens zu sehen und zu fühlen, weil das Stirnbein etwas höher liegt als das Nasenbein. Beim **Bullterrier** ist er kaum sicht- oder fühlbar; man sagt daher, daß diese Rasse keinen Stop habe. Der **Bedlington Terrier** hat wegen der Art, wie er getrimmt wird, scheinbar keinen Stop.
12 - 6	**Nasenrücken**	
12 - 7	**Nasenspiegel**	(oder **Nasenschwamm**)
12 - 8	**Backe**	
12 - 9	**Kehle**	
12 - 10	**Bug**	Der **Bug** ist der waagerechte Teil zwischen den Gelenkkugeln der Oberarme und den Schulterblättern (siehe auch *Schulter-* oder *Buggelenk* und *Bugbreite*). (Achtung: mit dem englischen Ausdruck "*point of shoulder*" ist nicht die Schulter gemeint, sondern der Bug).
12 - 11	**Vorbrust**	
12 - 12	**Ellenbogen**	
12 - 13	**Vordermittelfuß**	
12 - 14	**fünfte Zehe**	
12 - 15	**Nacken**	Das englische Wort **crest** (A) (deutsch: **Kamm**) bezeichnet den gebogenen Teil des Nackens, während das englische Wort **nape** (B) (deutsch: **Genick**) den Teil des Nackens benennt, der sich am Übergang vom Kopf zum Nacken befindet (zwischen dem Hinterhauptbein, siehe 116 - 13, und dem 2. Halswirbel oder Dreher; siehe Abbildung 116 - 15).
12 - 16	**Hals**	
12 - 17	**Schulter**	
12 - 18	**Widerrist**	Der **Widerrist** liegt zwischen den höchsten Punkten der Schulterblätter und ist der Punkt, an dem der Nacken in den Rücken übergeht. Das Höhenmaß einer Rasse wird angegeben als *Widerristhöhe* (siehe 14 - 19).
12 - 19	**Rücken**	
12 - 20	**Lende**	Die **Lende** wird meistens zum Rücken gerechnet (siehe auch 66 - 11).
12 - 21	**Kruppe**	
12 - 22	**Rutenansatz**	Der **Rutenansatz** (auch "**Schwanzwurzel**" genannt) ist der Punkt, an dem die Rute anfängt. Die Bezeichnung "Rutenansatz" wird häufig in Richterberichten gebraucht, um anzugeben, ob die Rute zu hoch oder zu tief angesetzt ist. Dieser Ausdruck bezieht sich jedoch oft eher auf eine mehr oder weniger gerade Rückenlinie oder auf die Stellung der Hüften als auf den Rutenansatz. In diesem Zusammenhang begegnen wir übrigens auch dem häßlichen Ausdruck "Schwanzansatz".
12 - 23	**Oberschenkel**	
12 - 24	**Knie**	
12 - 25	**Unterschenkel**	
12 - 26	**Ferse**	(auch **Sprunggelenkhöcker**)
12 - 27	**Sprunggelenk**	Das **Sprunggelenk** ist in Wahrheit das *Hinterfußwurzelgelenk.*
12 - 28	**(Hinter)Mittelfuß**	
12 - 29	**Afterkralle** (auch: **Wolfsklaue**)	Die **Afterkralle** ist die fünfte Zehe an der Hinterpfote. Sie ist bei den meisten Rassen unerwünscht, bei einigen Rassen sogar verboten. Bei einer Vielzahl französischer Hirtenhunde ist die Afterkralle dagegen vorgeschrieben, z.B. beim **Beauceron** oder dem **Pyrenäenhund**. Weil die Hunde sich leicht an dieser Zehe verletzen können, ist es ratsam, solche eventuell vorhandenen Afterkrallen kurz nach der Geburt entfernen zu lassen. Manchmal wird die Afterkralle auch "*Wolfsklaue*" genannt, was insofern ein merkwürdiger Ausdruck ist, als die Wölfe nie einen fünften Zeh an der Hinterpfote haben.
12 - 30	**nekel** (niederländisch für doppelte Afterkralle)	Beim **Briard** ist beispielsweise eine *doppelte Afterkralle* vorgeschrieben. Diese doppelte Hubertusklaue hat beim ursprünglichen Arbeitseinsatz der Hunde überhaupt keinen Sinn. Wie es heißt, ging man beim Aufbau dieser Rasse lediglich von einigen ausgezeichneten Tieren aus, die zufällig dieses besondere Merkmal aufwiesen. Der Standard hat sich nach guten Arbeitshunden gerichtet, die diesen Fehler hatten, einen Fehler, der nun von der ganzen Rasse verlangt wird.
12 - 31	**Hungerrille**	Eine Bezeichnung für eine eingefallene Flankenpartie, die besonders bei mageren Hunden gut zu sehen ist, aber auch bei vielen Windhunderassen (siehe 10 - 22).
12 - 32	**Unterbrust**	
12 - 33	**Vordermittelfuß**	
12 - 34	**Flanke**	

14-1

14-2

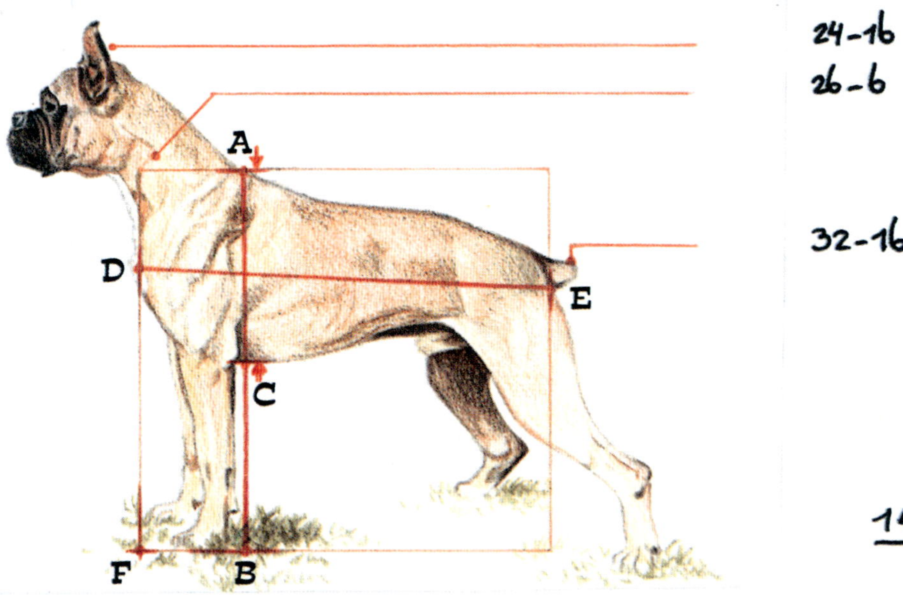

14-19

14 - 1	**Extremitäten** abgebildete Rasse: DEUTSCHER SCHÄFERHUND	Die äußersten Punkte des Hundes werden zusammengefaßt als **EXTREMITÄTEN** bezeichnet. Das sind: a) die Ohrenspitzen b) die Nasenspitze c) die Lefzen d) die Zehen e) die Schwanzspitze.
14 - 2	**äußere Linie** abgebildete Rasse: PUDEL	Unter äußerer **Linie** versteht man den *Umriß* oder die *Silhouette* des Hundes. Man spricht von einer guten äußeren Linie, wenn die Umrißlinie ohne Brüche und fließend verläuft. Es ist ein Begriff, der mehr nach dem Gefühl als nach konkret nachmeßbaren Kriterien verwendet wird.
14 - 3	**Adel**	Auch **Adel** wird eher mit dem Gefühl erfaßt, als daß man ihn an bestimmten Punkten nachweisen könnte. Wenn ein Hund nicht nur alle guten Eigenschaften seiner Rasse besitzt, sondern daneben noch eine elegante Bewegung (*cachet, allure*) aufweist, dann sagt man, er habe Adel. Wenn auch verständlicherweise der Begriff "Adel" vor allem bei Rassen wie etwa den Windhunden angewendet wird, kann man natürlich bei jeder Rasse einen gewissen Adel erkennen.
14 - 4	**corky** (= englisch)	Ein kompakter Hund, der sich aufgeweckt und lebhaft verhält, keine Spur von Angst oder Aggressivität zeigt, wird als **corky** bezeichnet (zum Beispiel "ein corky Rottweiler") [auf deutsch etwa: "ein lebhafter, selbstbewußter Rottweiler"]°.
14 - 5	**Ausdruck**	Unter **Ausdruck** versteht man in erster Linie den Ausdruck des Kopfes. Hierbei spielen vor allem -aber nicht allein- Augenausdruck und Form der Fangpartie eine Rolle. Daneben bestimmen aber auch die Lidränder, die Ohrenstellung, das Haarkleid (und die Farbe des Fells) und bestimmte Falten den Ausdruck oder beeinträchtigen ihn. (So kann zum Beispiel ein Bernhardiner einen etwas düsteren Ausdruck haben, was heißen soll, daß der Gesamteindruck des Kopfes als ein wenig dunkel empfunden wird.) Manchmal wird auch nur vom *Augenausdruck* gesprochen.
14 - 6	**flashy** (= englisch)	Einen Hund, der von Gesamterscheinung und Typ einen besonders ansprechenden Eindruck macht, bei näherer Betrachtung aber stark abfällt, nennt man **flashy** [auf deutsch etwa: "glänzend, auffallend"]°, ein "eye catcher" ohne Inhalt. Oft spielen dabei die Farbe und der Glanz des Fells eine wichtige Rolle.
14 - 7	**sound, soundness** (= englisch)	Von einem Hund, der sich augenscheinlich in bestmöglicher Kondition befindet und der sich sehr geschmeidig bewegt, sagt man, der Hund sei **sound**, er besitze **soundness**.
14 - 8	**game** (= englisch)	Ein Hund mit viel Jagdpassion wird **game** genannt.
14 - 9	**bone** (= englisch)	Mit **bone** wird eigentlich nichts anderes bezeichnet als das Knochengerüst (Skelett). [In Deutschland wird meistens der Ausdruck "Knochen" gebraucht]°. In der praktischen Anwendung beim Richten werden mit diesem Ausdruck jedoch Umfang, Beschaffenheit und Stärke der Knochen bezeichnet, soweit diese zu fühlen oder zu sehen sind. ***Knochen kann man nicht verbessern: entweder der Hund hat sie, oder er hat sie nicht.*** Das Wort "Knochen" gebraucht man auch bei Umschreibungen wie "ein Hund mit genügend Knochen" oder "ein Rüde mit kräftigen Knochen". In allen Fällen bezieht sich der Ausdruck auf die Solidität der Knochen.
14 - 10	**Substanz** (englisch: **body**)	Die Gesamtheit von Muskeln und Knochen, soweit sie von außen sicht- oder fühlbar ist, bezeichnet man als **Substanz**. *Sie beschreibt nur das richtige Verhältnis, dicke Hunde sind damit nicht gemeint.* Die Substanz kann man durch richtige Fütterung und.vor allem angemessene Bewegung verbessern, wenn der Knochenbau in Ordnung ist.
14 - 11	**cobby** (= englisch)	Dieses Wort bezeichnet einen Hund, der einen gedrungenen Körper mit genügend Substanz hat (kräftig untersetzt, gedrungen und quadratisch gebaut; dieser Ausdruck wird zum Beispiel beim Cocker Spaniel - vor allem dem Amerikanischen Cocker- gebraucht.)
14 - 12	**cloddy** (= englisch)	Ein schwerer, massiger Hund, meist mit kürzeren (oder kurzen) Läufen. Eine Bulldogge darf **cloddy** sein; bei anderen Rassen ist dies oftmals ein zuchtausschließender Fehler (z. B.: *diese Hündin ist zu cloddy*).
14 - 13	**weedy** (= englisch)	Ein Hund, der zu zartgliedrig ist und zuwenig Substanz besitzt, wird **weedy** genannt.
14 - 14	**coarse** (= englisch)	Ein grobschlächtiger Hund ohne jeglichen Adel; ["coarse" bedeutet soviel wie: "grob, ohne Adel"]°; wird gegensätzlich zu "weedy" gebraucht.
14 - 15	**shelly** (= englisch)	Ein schmaler, magerer Hund ohne jegliche Substanz wird **shelly** genannt.
14 - 16	**trocken** (englisch: **creaseless**)	Ein **trockener Hund** ist ein gut bemuskelter Hund, dessen Haut straff am Körper anliegt, ohne eine Spur von Fett (siehe auch: 28 - 4). Diesen Ausdruck gebraucht man bei Bracken oder Windhunden, aber auch beispielsweise beim Boxer ["creaseless" = faltenlos]°.
14 - 17	**racy** (= englisch)	Ein **racy Hund** hat eine Körperform, die auf das Erreichen von großer Schnelligkeit angelegt ist (*stromlinienförmig*). Naturgemäß ist dieser Ausdruck fast ausschließlich bei den Windhunden gebräuchlich ("ein Windhundtyp").
14 - 18	**rangy** (= englisch)	Ein Hund mit einem langen Körper, aber mit bedeutend mehr Substanz als ein "racy" Hund wird **rangy** genannt.
14 - 19	**Körpermaße** abgebildete Rasse: BOXER	Die Körpermaße eines Hundes gibt man an mit: Linie A - B: **Schulterhöhe** = **Widerristhöhe** (= Stockmaß) Linie D - E: **Rumpflänge** Linie A - C: **Brusttiefe** Linie B - C: **Bodenabstand** Linie D - F: **Bughöhe** Der Ausdruck "Stockmaß" ist verwirrend, weil man bei den Pferden die Schulterhöhe damit bezeichnet. Die Schulterhöhe der Pferde mißt man mit einem langen Stock mit Meßeinteilung. Deshalb ist es ratsam, diesen Ausdruck nicht zu gebrauchen, wenn man Körpermaße des Hundes damit bezeichnen will.

16-2 16-3 16-4

A

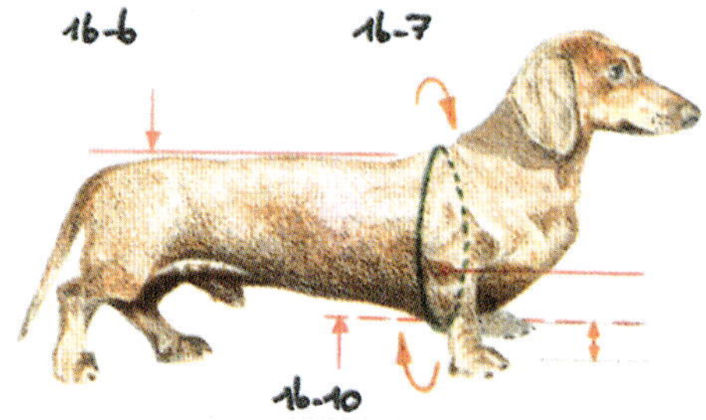

B

16-14

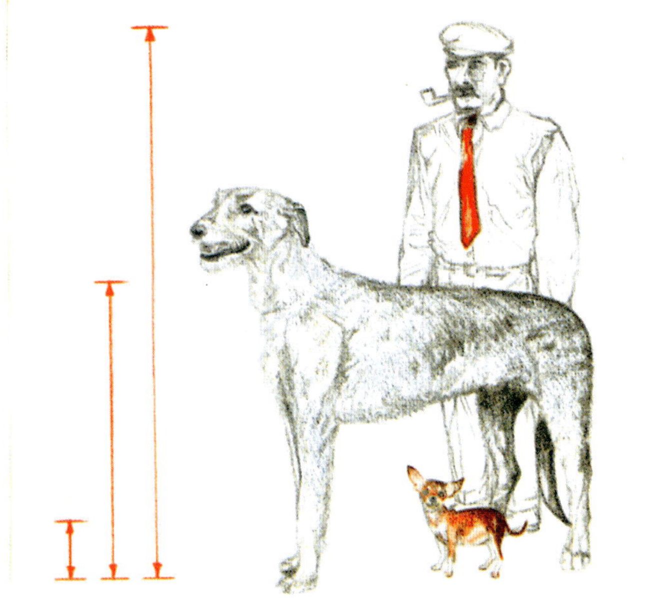

16-12

16 - 1	abgebildete Rassen:	**Körperlänge**	Der Ausdruck **Körperlänge** richtet leicht Verwirrung an. Manchmal wird damit die gedachte Linie zwischen Buggelenk und Sitzbeinhöcker gemeint (= Rumpflänge). In einigen (englischen) Rassestandards versteht man darunter jedoch den Abstand zwischen Schulter und Rutenansatz (= Rückenlinie). *Deshalb ist es ratsam, den Ausdruck "Körperlänge" nicht zu gebrauchen und stattdessen immer den Ausdruck "Rumpflänge" anzuwenden.*
16 - 2		**quadratisch**, **bréviligne**, **square** (= englisch)	Wenn Schulterhöhe und Rumpflänge ungefähr gleich sind, nennt man den Hund **quadratisch** oder **bréviligne** (zum Beispiel Pudel und Boxer). **Square** wird auch manchmal benutzt, um einen quadratischen Kopf zu bezeichnen. (Der "square" Kopf ist breiter und grober als erwünscht, siehe auch unter 18 - 15.)
16 - 3		**médioligne**	Eine selten gebrauchte Bezeichnung, wenn die Rumpflänge sichtbar etwas größer ist als die Schulterhöhe (wie etwa bei Basenji, Labrador Retriever und vielen anderen Rassen); "von mittleren Körperproportionen".
16 - 4		**gestreckt**, **longiligne**	Wenn die Rumpflänge beträchtlich größer ist als die Schulterhöhe, nennt man solch einen Hund **gestreckt** oder **longiligne** (zum Beispiel Dackel oder Basset).
16 - 5		**gedrungen**	Wenn bei einem Hund der quadratische oder médioligne Körperbau mit viel Masse verbunden ist, so sagt man, der Hund sei **gedrungen**.
16 - 6	KURZHAAR-TECKEL	**topline** (= englisch), **obere Linie**	Mit **topline** (deutsch: **obere Linie**) wird die Rückenlinie bezeichnet. Unter "topline" wäre eigentlich die ganze obere Linie vom Nackenansatz bei den Ohren bis zur Rute zu verstehen. Unter "Rückenlinie" (englisch: **backline**) muß dann die obere Linie vom Widerrist bis zum Rutenansatz verstanden werden. Aber: meistens wird -auch in den englischsprachigen Ländern- mit dem Begriff "topline" nur die Rückenlinie bezeichnet.
16 - 7		**Brustumfang**	Vor allem beim Dackel wird der **Brustumfang** für die Einteilung in die verschiedenen Schläge gemessen: **Standardteckel**: Brustumfang über 35 cm **Zwergteckel**: Brustumfang 30 - 35 cm **Kaninchenteckel**: Brustumfang nicht größer als 30 cm
16 - 8		**Körpergewicht**	Bei einigen Rassen werden die Hunde auch nach ihrem **Körpergewicht** eingeteilt, zum Beispiel der Bullterrier und der Miniatur-Bullterrier. Der Miniatur-Bullterrier sollte früher nicht schwerer als 16 englische Pfunde (7,26 kg) sein. Beim Keeshond und beim Dwergkeeshond darf letzterer nicht schwerer als 3,75 kg sein.
16 - 9 16 - 10 16 - 11		**Bodenabstand** **Brustlinie** (**untere Linie**) **Ellbogen**	Der **Bodenabstand** ist der Abstand vom untersten Punkt des Brustbeins bis zum Boden. Für Teckel -und andere in Höhlen und Röhren arbeitende Hunde- ist es wichtig, einen geringen Bodenabstand zu haben; das erleichtert die Fortbewegung in engen Räumen. Es hängt mit den Erdarbeiten in Röhren zusammen, daß beim Teckel die Ellbogen *oberhalb der Brustlinie* liegen. Der Bodenabstand darf bei Teckeln *nicht mehr als ein Drittel* der Widerristhöhe betragen.
16 - 12	IRISH WOLFHOUND CHIHUAHUA	**Größenverhältnisse**	Auf dieser Abbildung wird ganz allgemein das Verhältnis zwischen Mensch, größtem Rassehund (Irischer Wolfshund, Widerristhöhe ca. 95 cm) und kleinstem Rassehund (Chihuahua, Widerristhöhe ca. 16 - 20 cm) wiedergegeben.
16 - 13		**Chondrodystrophie**	(auch *Chondrodysplasie* genannt). Erbliche Fehlbildung, bei der das Knorpelgewebe (der ungeborenen Frucht) nicht genügend verknöchert und das Knochenwachstum gehemmt wird.
16 - 14	A. HANNOVERSCHER SCHWEISSHUND B. GLATTHAARIGER TECKEL	**Achondroplasie**	Tiere, die eine Form von **Zwergwuchs** aufweisen, bei der einzelne Körperteile verzwergen. Manchmal beschränkt sich die Verkürzung auf die Läufe (Dackel), mitunter findet sie zugleich an anderen Körperteilen statt (vor allem zum Beispiel am Kopf: *Kurzköpfigkeit*); hierfür gibt es viele Beispiele.

Da der Mensch aufrecht auf seinen Beinen steht, ist ein Vergleich der Maße von Mensch und Hund sehr schwierig. Die Beine des Menschen sind durch den aufrechten Gang länger geworden, und auch das Becken ist anders gelagert als bei den Vierfüßlern.

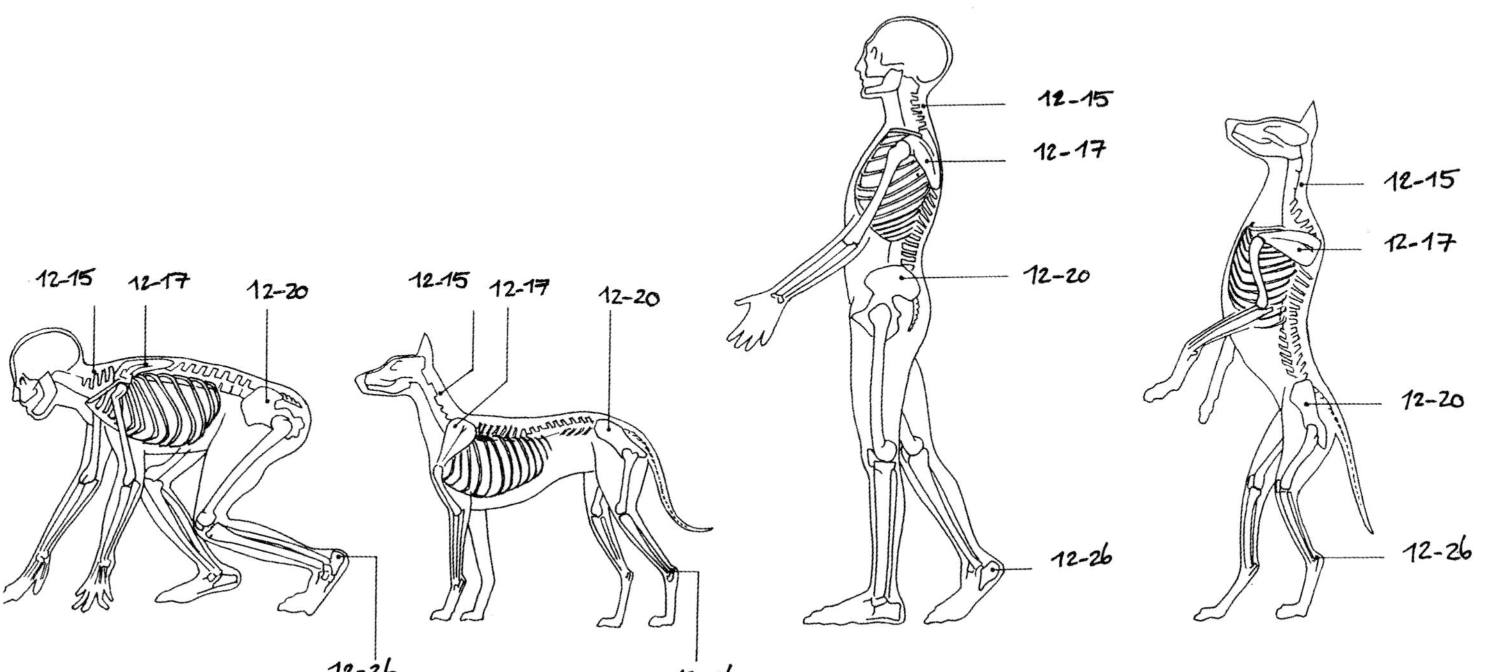

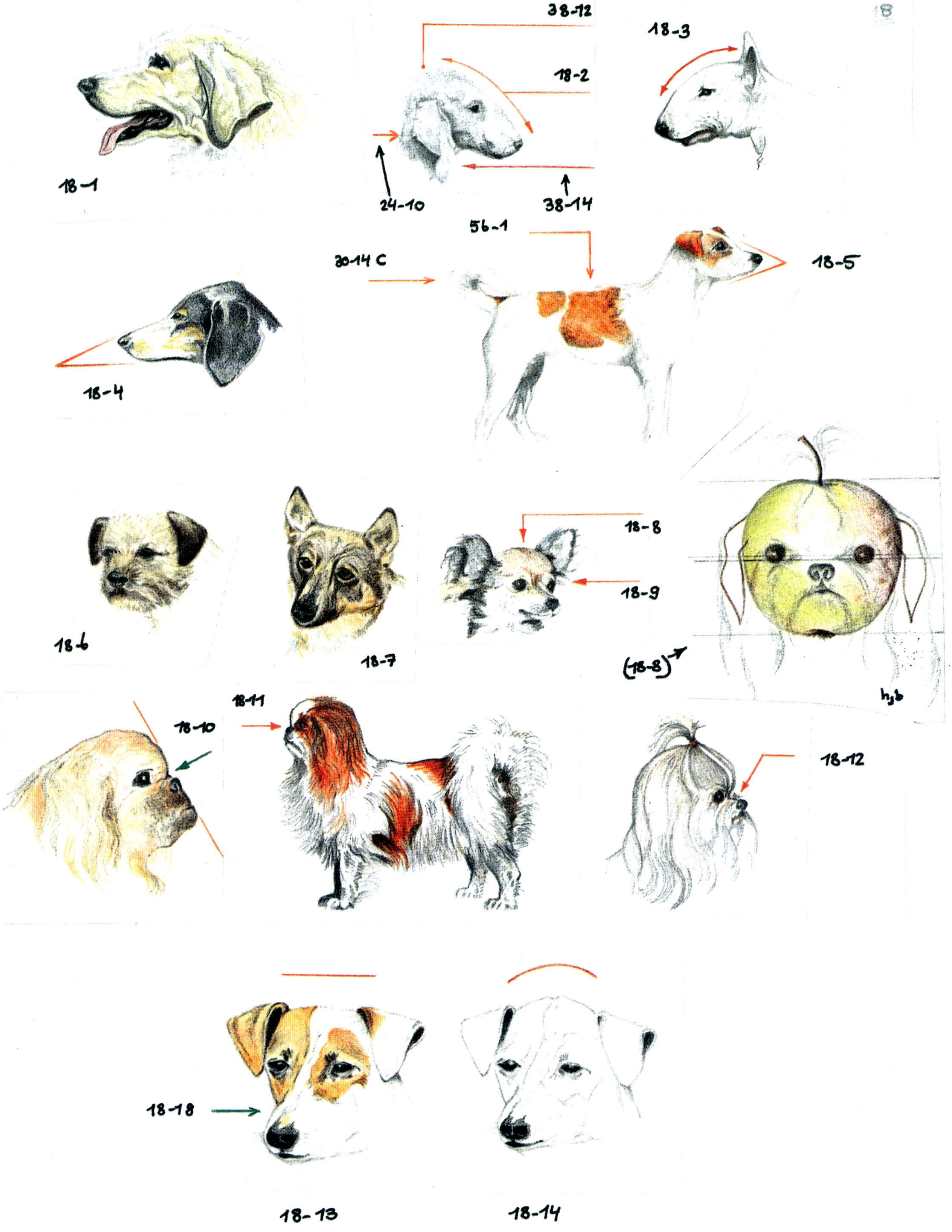
38-12
18-3
18-2
18-1
24-10
38-14
56-1
20-14 C
18-5
18-4
18-8
18-9
18-6
18-7
(18-8)
hjb
18-11
18-10
18-12
18-18
18-13
18-14

DER KOPF

Beim Kopf werden folgende Punkte näher betrachtet:

A. KOPFFORM
B. FORM DES NASENRÜCKENS
C. NASE
D. AUGEN
E. OHREN
F. VERSCHIEDENES

	abgebildete Rassen:		A. KOPFFORM
18 - 1	KUVASZ	**Normalform**	Ein "normal" geformter Hundekopf hat einen mehr oder minder breiten Oberkopf, ist ziemlich flach zwischen den Ohren und geht allmählich in ein mehr oder weniger spitzes Vorgesicht über. Abweichungen vom "normalen" Hundekopf erhalten besondere Bezeichnungen.
18 - 2	BEDLINGTON TERRIER	**downface** (= englisch)	Wenn der Kopf vom Hinterkopf bis zum Nasenspiegel nach außen gewölbt (= konvex) ist, folglich nahezu keinen Stop hat, bezeichnet man ihn als **downfaced**. Bullterrier haben diesen Kopf. Auch den Kopf der Bedlington Terrier nennt man "downfaced", obwohl hier die Art des Trimmens eine große Rolle spielt.
18 - 3	BULLTERRIER	**Papageienkopf**	Ein kurzer, zu stark nach außen gewölbter Kopf wird auch **Papageienkopf** genannt.
18 - 4	LUZERNER NIEDERLAUF-HUND	**kegelförmiger Kopf**	Dieser Kopf ist, sowohl von der Seite als auch von oben gesehen, dreieckig geformt; damit verbunden, weist er meistens wenig Stop auf. Diese Kopfform finden wir zum Beispiel beim Dackel und beim Saluki (= lang-kegelförmig) und bei mehreren anderen Rassen.
18 - 5	KROMFOHR-LÄNDER	**keilförmiger Kopf**	(englisch: *wedge-shaped*). Dieser Kopf ähnelt dem kegelförmigen Kopf, er ist jedoch kürzer und bildet ein Dreieck mit stumpferem Winkel.
18 - 6	BORDER TERRIER	**Otterkopf**	Er sieht dem Kopf eines Otters ähnlich, (für den Border Terrier ist er typisch).
18 - 7	VÄSTGÖTA-SPETS	**Fuchskopf**	Er hat ein verhältnismäßig schmales und spitzes Vorgesicht, (wie etwa der Keeshond und der Welsh Corgi).
18 - 8	KING CHARLES SPANIEL	**Apfelkopf**	Ist der Hirnschädel sowohl von vorn nach hinten als auch zwischen den Ohren kugelig, dann nennt man ihn **Apfelkopf**. Gewöhnlich ist er mit einem deutlichen **Stop** verbunden. Bei vielen Zwergrassen kommen Apfelköpfe vor. Im Rassestandard für den Mops wird darauf hingewiesen, daß ein Apfelkopf bei dieser Rasse *fehlerhaft* ist.
18 - 9	LANGHAARIGE R	**Stirnabsatz** oder **Stop**	
18 - 10	CHIHUAHUA PEKINESE	**maximaler Stop**	Beim **maximalen Stop** ist der Nasenrücken nicht mehr sichtbar (zum Beispiel bei Mops, Pekingese, Griffon Bruxellois).
18 - 11	JAPAN CHIN	**broken-up-face** (= englisch)	Die Kopfform mit dem maximalen Stop, wie sie zum Beispiel der Pekingese hat, wird auch **broken-up-face** (= englisch) genannt.
18 - 12	SHIH TZU	**ausgeprägter Stop**	Man spricht von einem **ausgeprägten Stop** bei einem sehr kurzen Nasenrücken und einem steilen Übergang vom Nasenrücken zum Oberkopf (beispielsweise beim English Bulldog).
18 - 13	JACK RUSSELL TERRIER	**flacher Schädel**	Wenn der Hirnschädel sowohl von vorn wie von der Seite gesehen mehr oder weniger flach ist, dann spricht man von einem **flachen Schädel**. Er wird bei vielen Rassen gefordert.
18 - 14	MISCHLING	**runder Schädel**	Ist der Hirnschädel zwischen den Ohren *gewölbt* (von vorne gesehen), wird er **runder Schädel** genannt.
18 - 15		**blocky** (= englisch)	Ein (betont) *viereckiger Kopf* wird **blocky** genannt, (zum Beispiel beim Staffordshire Bullterrier, siehe 26 - 13, und beim Boston Terrier).
18 - 16		**brick-shaped** (= englisch)	**Brick-shaped** (das bedeutet: "ziegelförmig") wird ein rechteckiger Kopf genannt, (wie zum Beispiel beim Airedale Terrier, siehe 56 - 1).
18 - 17		**stumpf**	Mit dem Ausdruck **stumpf** kann ein kantig aussehender Kopf gemeint sein (siehe auch "blocky"), jedoch bezeichnet er eher eine -sowohl von vorn als von der Seite gesehen- *stumpfe Fangpartie*. Als typisches Beispiel sei die Fangpartie des American Cocker Spaniels genannt.
18 - 18	JACK RUSSELL TERRIER	**chiselled** (= englisch)	(auch: **chiselling**). Diese englische Bezeichnung wird manchmal als "gemeißelt" übersetzt. "Chiselling" bezeichnet eine besonders schlank geformte Fangpartie. Man spricht dann über die Partie unter und vor den Augen; die Konturen müssen glatt sein (mit straffer Haut), ohne starke Bemuskelung. Als Beispiel kann man den glatthaarigen Foxterrier nennen. *Es darf jedoch auf keinen Fall zu einem schmalen, spitzen Vorgesicht ausarten.* Im Deutschen sagt man dazu etwa: "gut geschnitten", "gut geformt".

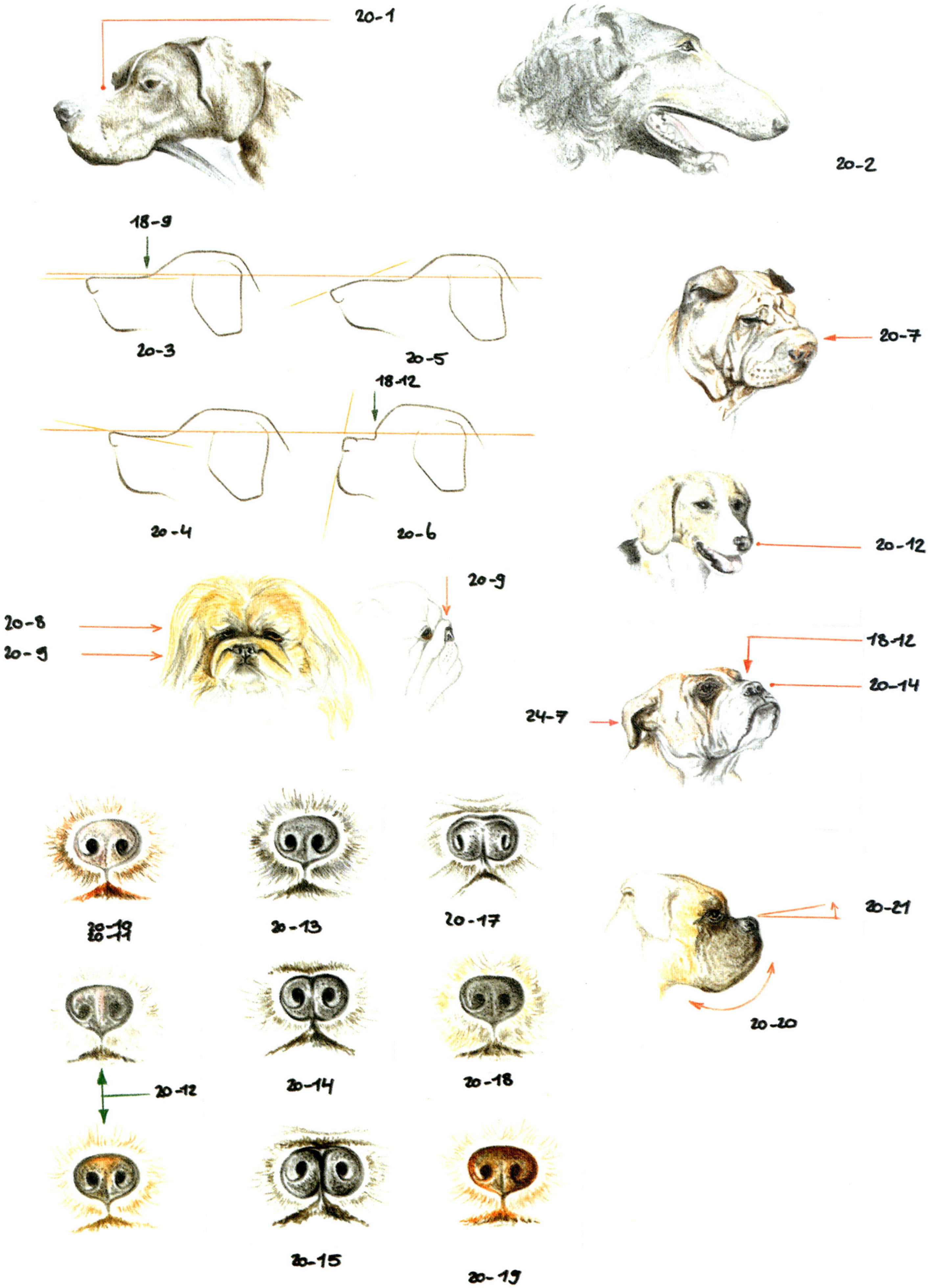
20-1
20-2
18-9
20-3
20-5
20-7
18-12
20-4
20-6
20-12
20-9
20-8
20-9
18-12
20-14
24-7
20-10
20-11
20-13
20-17
20-21
20-20
20-12
20-14
20-18
20-15
20-19

B. Form des Nasenrückens

Das Geruchsvermögen des Hundes hängt in beträchtlichem Ausmaß von der Länge des Nasenrückens ab.

	abgebildete Rassen:		
20 - 1	POINTER	**Pointer**- oder **Sattelnase**, **nez pointu** (= französisch), **dishfaced** (= englisch)	Wenn ein Hund einen eingesenkten (= konkaven) Nasenrücken und eine nach oben weisende Nasenspitze hat, dann nennt man das **Pointer**- oder **Sattelnase** (**nez pointu, dishfaced**). Beim Pointer, bei dem eine solche Nase selbstverständlich erwünscht ist, müssen die Nasenlöcher genauso *hoch liegen wie der tiefste Punkt des Stops*. Unter **dish-face (dishfaced)** wird eigentlich -von der Seite gesehen- jeder eingesenkte Nasenrücken verstanden. Auch die Nase des English Bulldog, (die man auch **broken-up-face** nennt), kann darunter gefaßt werden, wenn man einigen Autoren folgt, (ebenso wie der Nasenrücken von Mops, Pekingese und womöglich auch noch Boxer). Wir sind der Meinung, daß bei derartig kurzen bis sehr kurzen Nasenrücken kaum von "dishfaced" gesprochen werden kann; wir beschränken uns deshalb auch auf eingesenkte Nasenrücken von normaler Länge, so wie die Pointernase (siehe hierzu auch: "turn-up" und "up-faced", 20 - 20 und 20 - 21).
20 - 2	BARSOI	**Ramsnase, roman nose**	Hat ein Hund einen nach oben gewölbten Nasenrücken, dann ist das eine sogenannte **Ramsnase**. Obwohl Hunde, die "downfaced" sind, automatisch eine Ramsnase haben, ist es nicht so, daß Ramsnasen nur bei Hunden mit "downface" vorkommen. Der Barsoi beispielsweise hat einen deutlichen Stop und dazu eine Ramsnase.
20 - 3		**"normaler" Nasenrücken**	
20 - 4		**Pointer- oder Sattelnase**	
20 - 5		**roman finish** (= englisch)	
20 - 6		**Bulldognase**	(englisch: *broken-up-face*)
20 - 7	SHAR PEI	**Nasenumbau**	Eine starke, weiche Verdickung auf dem Nasenrücken, wie es etwa ein typisches Merkmal des Shar Pei ist, wird **Nasenumbau** genannt.
20 - 8	PEKINGESE	**Überhang, overhang** (= englisch)	Falten (vor allem beim Pekingesen) auf der Stirn und neben und über der Nase.
20 - 9	PEKINGESE	**roll** (= englisch)	Eine ausgeprägte Falte auf der Nase beim Pekingesen wird **roll** genannt.

C. Die Nase

20 - 10		**fleischfarbene Nase (Fleischnase)**	Ein Nasenspiegel, der ganz oder fast ganz rosa ist, wird **Fleischnase** genannt; sie ist bei fast allen Rassen uneingeschränkt fehlerhaft.
20 - 11		**Ledernase, dudley nose** (= englisch)	Als **Ledernase (dudley nose)** bezeichnet man einen rosa oder hellbraunen Nasenspiegel, der bei nahezu allen Rassen als fehlerhaft gilt. Er ist jedoch beispielsweise beim Pharaohund und beim Epagneul Breton erlaubt. Einen English Bulldog mit rosa Nasenspiegel nennt man Dudley.
20 - 12	DEUTSCHE BRACKE	**Schmetterlingsnase butterfly nose** (= englisch)	Rosa oder andersfarbige helle Flecken auf einem ansonsten gut gefärbten Nasenspiegel sind bei der Deutschen Bracke (und der Steinbracke) ausgesprochen typisch für die Rasse. Bei dieser Rasse nennt man das **Schmetterlingsnase**. Bei anderen Rassen beschreibt man diese Erscheinung mit: "*eine nicht vollständig durchpigmentierte Nase*" (Pigment = Farbstoff). Bei Beurteilungen kann das gewertet werden von "unerwünscht" (Bullterrier) bis "disqualifizierend" oder "zuchtausschließend" (Staffordshire Bullterrier und viele andere Rassen).
20 - 13		**Wechselnase**	Ein Nasenspiegel, der zeitweilig heller wird, etwa wegen Läufigkeit, Krankheit oder aus klimatologischen Gründen, wird **Wechselnase** genannt.
20 - 14	ENGLISH BULLDOG	**Bulldognase**	Der Nasenspiegel der Bulldogge weicht um einiges von dem anderer Hunderassen ab. Erstens neigt sich die Nase *nach hinten*; zweitens befindet sich zwischen den beiden Nasenlöchern *ein Spalt*. Dieser Aufbau der Nase ermöglicht es dem Hund, eine "Beute", in die er sich verbissen hat, lange festzuhalten, ohne in Atemnot zu geraten.
20 - 15		**Spaltnase (Doppelnase)**	Eine "gespaltene" Nase, bei welcher der Spalt sehr tief ist und bis zur Oberkante des Nasenspiegels durchgeht, ist eine **Spaltnase** (fehlerhaft, siehe auch 68 - 37).
20 - 16		**Krustennase, crusty nose**(= englisch)	Einen Nasenspiegel, der nicht glatt glänzend, sondern matt körnig-krustig wirkt, nennt man **Krustennase (crusty nose)**.
20 - 17		**geschlossene Nase**	Bei kurznasigen Rassen, zum Beispiel dem Pekingesen, kommt es vor, daß die Nasenlöcher *nicht offen genug* sind; dann spricht man von einer **geschlossenen Nase** (ein Fehler).
20 - 18 20 - 19		**schwarze Nase, braune Nase**	Eine Hundenase muß nicht unbedingt schwarz sein. Viele braune Hunde haben braune Nasen (zum Beispiel Dobermann Pinscher). Hellbraune Nasen finden sich bei bestimmten hellfarbigen Hunden (wie Vizsla, Weimaraner). *Schwarze Nasen müssen allerdings immer tiefschwarz sein, nicht fahl.*
20 - 20		**turn-up, upsweep** (= englisch)	Mit diesen englischen Ausdrücken bezeichnet man die von der Seite gesehen stark nach oben gebogene Form des Unterkiefers, die bezeichnend ist für kurzschädelige Rassen (vor allem Bulldoggen). Man spricht von gutem, ausreichendem oder auch schlechtem **upsweep** (oder **turn-up**), je nachdem ob der Unterkiefer gut nach oben gebogen oder fast gerade ist.
20 - 21		**up-faced** (= englisch)	Ein Ausdruck, der vor allem bei kurzschädeligen Rassen gebraucht wird; er bezeichnet die nach oben gebogene Linie des Nasenrückens.

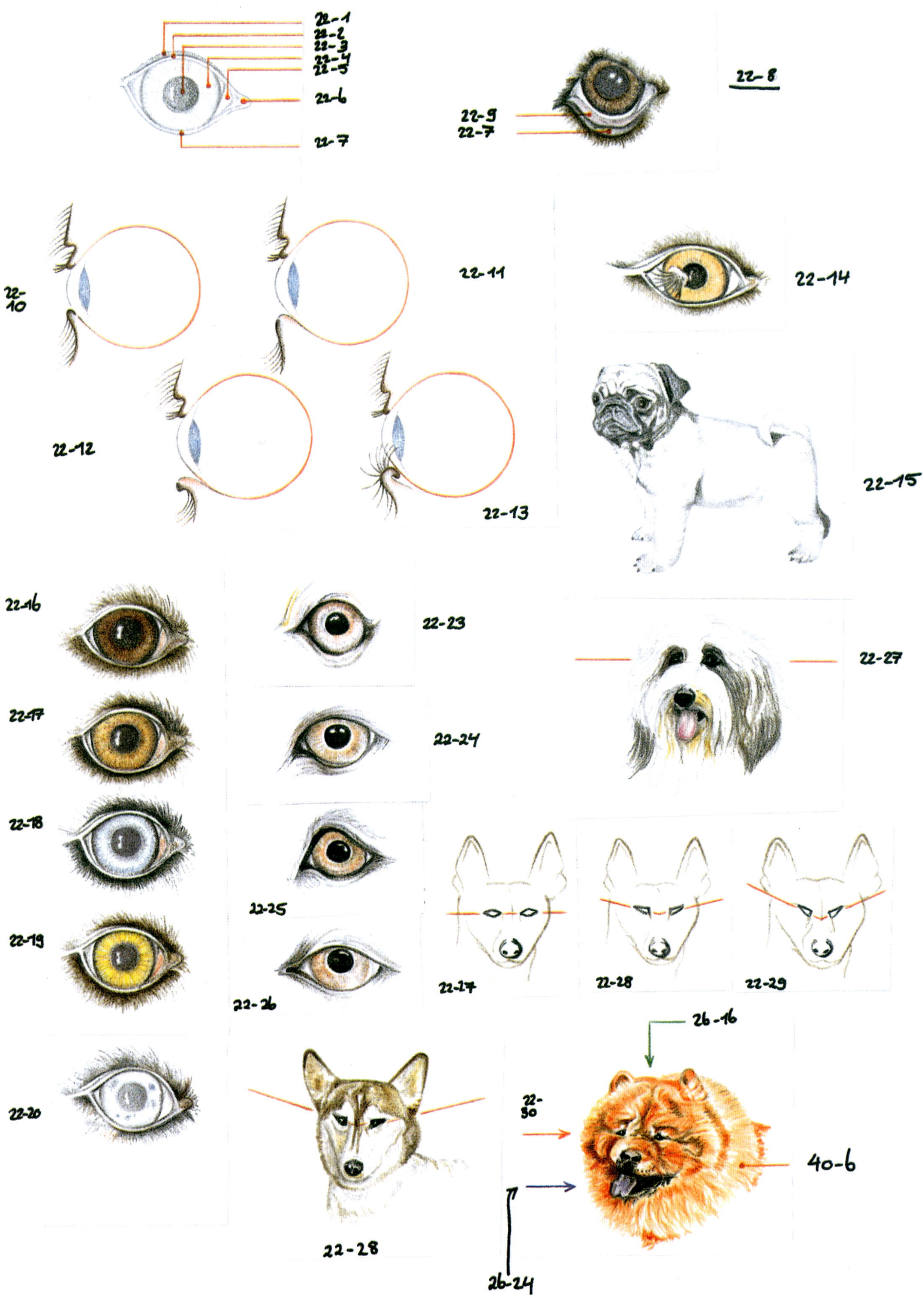
22-1
22-2
22-3
22-4
22-5
22-6
22-7
22-8
22-9
22-7
22-10
22-11
22-14
22-12
22-13
22-15
22-16
22-23
22-27
22-17
22-24
22-18
22-25
22-19
22-26
22-27
22-28
22-29
26-16
22-20
22-30
40-6
22-28
26-24

D. Die Augen

22 - 1 **Wimper**

22 - 2 **Oberlid**

22 - 3 **Pupille**

22 - 4 **Regenbogenhaut (Iris)**

22 - 5 **Nickhaut**
Die **Nickhaut** ist das sogenannte dritte Augenlid. Bei Boxern und anderen Rassen muß die Nickhaut (fälschlicherweise oft auch als Bindehaut bezeichnet) dunkel (schwarz) sein. Wenn sie unpigmentiert (farblos) ist, gilt das als Fehler.

22 - 6 **innerer Augenwinkel** (an der Seite des Nasenrückens)

22 - 7 **Unterlid**

22 - 8 **offenes Auge**, **haw** (= englisch)
Liegt das Unterlid nicht fest an, weil es etwa durch die schwere Kopfhaut gleichsam herabgezogen wird, dann spricht man von einem **offenen Auge** (oder **haw**). Das kommt unter anderem beim Bluthund vor. Das englische Wort "haw" bezeichnet eigentlich nichts anderes als die Innenseite des Unterlides. Meistens wird das Wort im Sinne von "sichtbare Bindehaut" gebraucht.

22 - 9 **Bindehaut**
Unter der **Bindehaut** versteht man die Schleimhaut an der Innenseite der Augenlider.

22 - 10 **normales Auge**
Die Augenlider liegen fest an.

22 - 11 **offenes Auge**
(englisch: **haw**)

22 - 12 **Ektropium**
Man darf ein offenes Auge *nicht* verwechseln mit einem **Ektropium**, einer erblichen Fehlbildung, bei der sich das untere Augenlid *nach außen stülpt*. Ein Ektropium ist ein absoluter Fehler.

22 - 13 **Entropium**
Ein **Entropium** ist ein erblicher Fehler, bei dem sich das Unterlid *nach innen rollt*. Dadurch reizen die Wimpern das Auge, die Augen beginnen zu tränen, und der Hund hat große Schmerzen. Das kann bis zur Erblindung führen.

Durch eine sorgfältig ausgeführte Operation kann den Qualen abgeholfen werden. Da es sich hier jedoch um einen Erbfehler handelt, darf mit diesen Hunden *nicht* gezüchtet werden.

22 - 14 **Korneadermoid**
Ein Korneadermoid ist eine Mißbildung, bei der von Geburt an Haare auf der Hornhaut wachsen. Diese Anomalie kann bei fast jeder Rasse spontan auftreten. Soweit bekannt, wird Erblichkeit nicht angenommen. Es kann operativ entfernt werden, wobei jedoch die Schwierigkeit besteht, daß nach der Operation keine durchsichtige Hornhaut, sondern weiße Lederhaut an der operierten Stelle nachwächst. Wenn dies nur eine kleine Stelle betrifft, hat es keinen oder nur wenig Einfluß auf das Sehvermögen. Die Gefahr vollkommener oder teilweiser Erblindung kann jedoch nicht ausgeschlossen werden.

22 - 15 **heraustretende Augen, Glotzaugen**
(englisch: **globular eye** oder **prominent eye**). Große, etwas heraustretende Augen. Sie kommen meistens beim Mops und bei Zwerghunderassen mit Apfelköpfen (zum Beispiel Chihuahua) vor.

Deutlich aus den Augenhöhlen hervorquellende Augäpfel (englisch: **goggled eye**, **bulging eye** oder **protruding eye**) kommen manchmal bei kurzschädeligen Rassen vor. Das ist bei allen Rassen ein Fehler; bei dieser Erscheinung kann es passieren, daß der Augapfel aus der Augenhöhle ganz heraustritt (*Luxatio bulbi*).

abgebildete Rasse: JUNGER MOPS

22 - 16 **dunkles Auge**

22 - 17 **helles Auge**

22 - 18 **Glasauge** oder **Porzellanauge**, **china eye** (= englisch)
Glasaugen treten unter anderen bei Collie, Bobtail und Corgi auf; sie sind bei den "blue merles" gestattet.

22 - 19 **Raubvogelauge**
(Englische Bezeichnungen: **hawk-eye**, **bird-eye**, **prey-eye**). Raubvogelaugen kommen unter anderem beim Weimaraner vor.

22 - 20 **wall eyes** (= englisch)
(Manchmal auch **marbled eyes**, marmorierte Augen genannt). Marmorierte Augen kommen beispielsweise bei den Blue-Merle-Farbschlägen von Collie, Sheltie, Corgi vor und sind erlaubt.

In den englischsprachigen Ländern herrscht viel Verwirrung bei der Benennung der Augenfarben. So werden für die marmorierten Augen (wall eyes oder marbled eyes) verschiedene andere -in Wirklichkeit unzutreffende- Bezeichnungen gebraucht wie: "glass eye" (Glasauge), "china eye" (Porzellanauge) und "jewel eye" (aufleuchtendes Auge). Daneben findet man noch Ausdrücke wie "silver eye" und "fish-eye", Bezeichnungen, die in diesem Zusammenhang kaum etwas aussagen.

22 - 21 **odd-eyed** (= englisch)
Manchmal kommt es bei bestimmten Rassen vor, daß Hunde verschiedenfarbige Augen haben, zum Beispiel ein Sibirischer Husky mit einem blauen Auge (Glas- oder Porzellanauge) und einem braunen Auge (dunkles Auge). Das ist nach dem Standard zulässig.

22 - 22 **jewel eyes** (= englisch)
Aufleuchtende Augen: kastanienrot, smaragdgrün oder violett. Das kann bei allen Rassen vorkommen und ist manchmal deutlich zu sehen, (siehe auch 94 - 14).

AUGENFORM

Obwohl viele Namen gebräuchlich sind, um die Augenform zu bezeichnen, kennen wir eigentlich nur vier Formen: rund, oval, dreieckig und mandelförmig.

22 - 23 **rundes Auge**
Die Augenlider umschließen den Augapfel so, daß das Auge einer Murmel ähnlich sieht. Es kommt vor allem bei kleinen und Zwergrassen vor, aber auch beispielsweise beim American Cocker Spaniel. Das Auge darf *nicht* hervorstehen (siehe: Glotzaugen, 22 - 15).

22 - 24 **ovales Auge**
(englisch: **oval eye**, **oblong eye**). Das Auge ist elliptisch oder oval geformt; diese Augenform kommt am meisten vor.

22 - 25 **dreieckiges Auge**
Das Auge wirkt dreieckig, weil das Oberlid etwas mehr aufwärtsgebogen ist als beim ovalen Auge (zum Beispiel beim Bullterrier).

22 - 26 **mandelförmiges Auge**
Die Augenlider sind hierbei etwas "geschlossener" (weniger gerundet) als beim ovalen Auge; es kommt bei vielen Rassen vor.

Die Augenform, die man gern bei orientalischen Windhunden (wie Afghanen, Salukis) sieht, müßte unserer Meinung nach als mandelförmig eingeordnet werden, obwohl einige Autoren sie als dreieckige Augen bezeichnen.

abgebildete Rasse: BEARDED COLLIE

22 - 27 **square eyes** (= englisch)
Dieser englische Ausdruck wird oft verkehrt aufgefaßt. Das sind keine "viereckigen" Augen, (obwohl es wörtlich so zu übersetzen wäre); es bedeutet, daß die Längsachse durch die -ovalen oder mandelförmigen- Augen waagerecht verläuft.

22 - 28 **schrägstehende Augen**

22 - 29 **Mongolenaugen**
Wenn die äußeren Augenwinkel höher liegen, so daß die Achsen einen Winkel bilden, dann spricht man von **schrägstehenden Augen** (englisch: **slanted eyes** oder **obliquely eyes**) oder bei sehr schräg stehenden Augen von **Mongolenaugen** (englisch: **mongolian eyes**). Beim Bullterrier und beim Alaskan Malamute beispielsweise wird manchmal von schrägstehenden Augen gesprochen. Mongolenaugen sind immer fehlerhaft.

abgebildete Rasse: SIBERIAN HUSKY

22 - 30 **tiefliegende Augen**
Ein sogenanntes tiefliegendes Auge wird unter anderen beim Chow Chow und beim Bullterrier geschätzt. Das heißt bei diesen Rassen aber nur, daß die Umgebung der Augen recht knochig ist. Es darf auf keinen Fall bedeuten, daß die Augen klein sind (mit zu stark geschlossenen Augenlidern; in diesem Fall spricht man von **Schweinsäuglein**, einer fehlerhaften Augenform).

abgebildete Rasse: LANGHAARIGER CHOW CHOW

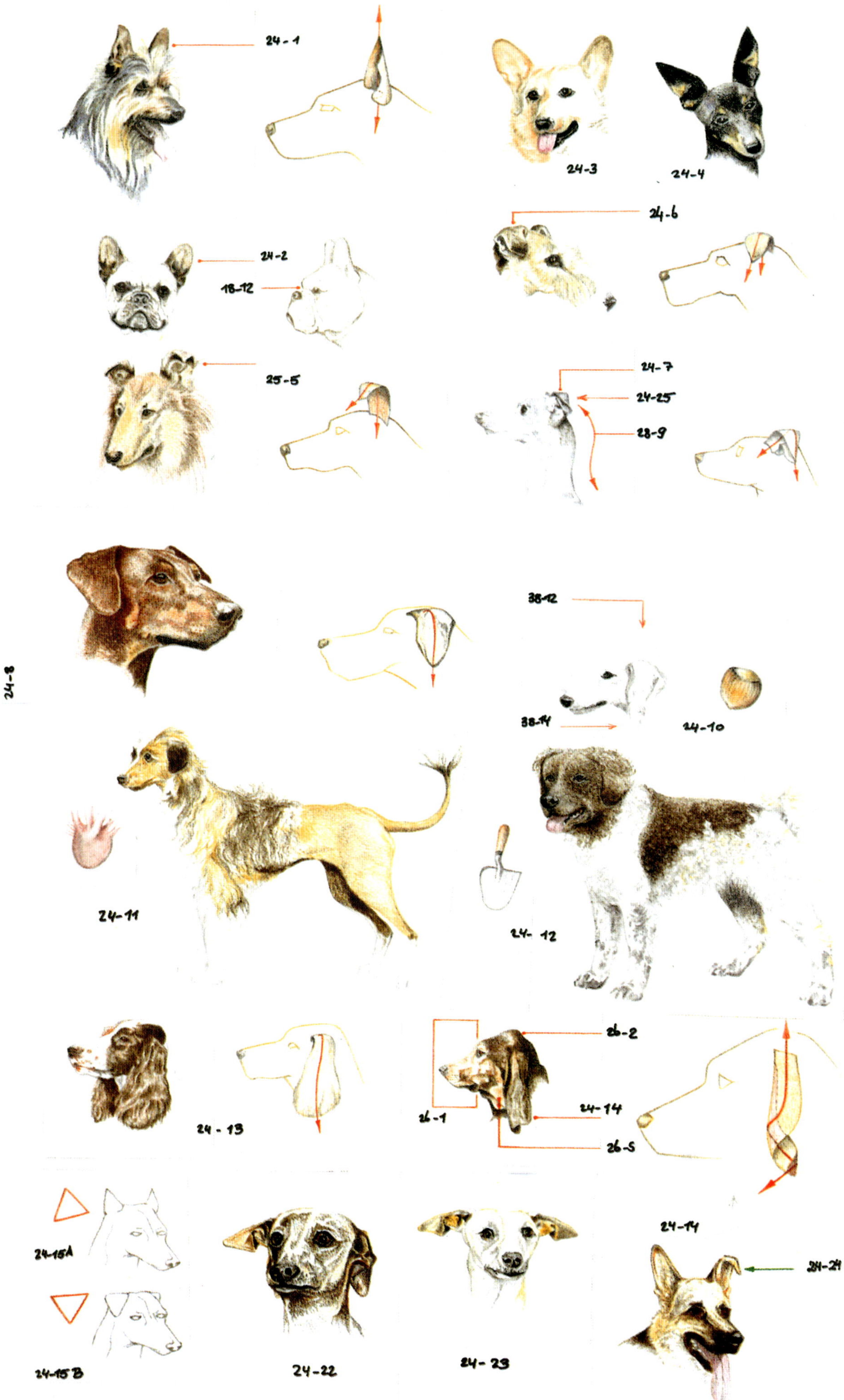
24 - 1
24-3
24-4
24-2
18-12
24-6
25-5
24-7
24-25
28-9
24-8
38-12
38-14
24-10
24-11
24- 12
26-2
24 - 13
26-1
24-14
26-5
24-14
24-15A
24-15B
24-22
24- 23
24-24

E. Die Ohren

Obwohl alle wilden Verwandten des Haushundes Stehohren haben, ist das beim Haushund nicht immer der Fall.
Wir können bei den Haushundrassen drei Hauptgruppen von Ohrformen (mit insgesamt vierzehn verschiedenen Typen) unterscheiden:

a) **Stehohren** (englisch: **erect ear, upright ear**)
b) **halb stehende Ohren**
c) **Hängeohren** (englisch: **drop-ear, dropped ear, pendent ear, pendulous ear**).

	abgebildete Rassen:		
24 - 1	Australian Terrier	**Stehohr,** **prick ear** (= englisch)	Ein spitzes, kräftiges *Stehohr*, wie zum Beispiel beim Deutschen Schäferhund.
24 - 2	Französische Bulldogge	**Tulpenohr**	Ein breites, abgerundetes, kräftiges *Stehohr*. Tulpenohren stehen (nahezu) senkrecht auf dem Kopf: *die Längsachsen laufen beinahe parallel* (beispielsweise bei der Französischen Bulldogge und beim Basenji). In England wird die Bezeichnung "*tulip ear*" (Tulpenohr) manchmal auch gebraucht, um ein mehr oder weniger aufrecht getragenes Rosenohr zu beschreiben. Dieser Ausdruck ist unkorrekt und sollte besser nicht benutzt werden.
24 - 3	Welsh Corgi	**Fledermausohr,** **bat ear** (= englisch)	Ein breites, abgerundetes, kräftiges *Stehohr*. Fledermausohren stehen in einem gewissen Winkel zum Kopf: *die Längsachsen verlaufen nicht parallel* (zum Beispiel beim Welsh Corgi oder der Französischen Bulldogge, die laut Standard bat ears hat).
24 - 4	English Toy Terrier	**candleflame ear** (= englisch)	Spezielle Bezeichnung für die sehr großen *Stehohren* beim English Toy-Terrier (*flammenförmiges Ohr*). Siehe auch: American Toy Terrier (58 - 7).
24 - 5	Collie	**Kippohren,** **cocked ear,** **tipped ear** (= englisch)	Ein Stehohr mit einer nach vorne umkippenden Spitze (zum Beispiel bei Sheltie oder Collie).
24 - 6	Drahthaariger Foxterrier	**Knopfohr**	Ein hoch angesetztes, dünnes, dreieckiges Ohr, das so *nach vorne* fällt, daß die Gehörgangsöffnung verdeckt ist. *Die Klappfalte muß über der Schädeldecke liegen* (zum Beispiel bei Irish Terrier, Welsh Terrier, Lakeland Terrier).
24 - 7	Italienisches Windspiel	**Rosenohr,** **rose ear** (= englisch)	Ein *nach hinten* gefaltetes, *herabhängendes*, dünnes Ohr, wie es etwa Windhunde und English Bulldog haben.
24 - 8	Dobermann Pinscher	**Hängeohr**	Ein Ohr, das vom Ansatz *gerade nach unten* hängt.
24 - 9		**Behang**	Bei **Jagdhunden** nennt man die Hängeohren "Behang".
24 - 10	Bedlington Terrier	**Haselnußohr,** **filbert-shaped ear** (= englisch)	Spezielle Bezeichnung für das haselnußförmige Ohr des Bedlington Terriers.
24 - 11	Cão De Água Português	**herzförmiges Ohr**	Dieser Ausdruck wird manchmal gebraucht, um ein herzförmiges Ohr bei Pekingese, Portugiesischem Wasserhund und anderen Rassen zu bezeichnen.
24 - 12	Wetterhoun	**kellenförmiges Ohr**	Mit diesem speziellen Ausdruck beschreibt man die Ohrform beim Wetterhoun und beim Stabij. Für diese Ohrform ist die Behaarung typisch: lang am Ohransatz, dann allmählich kürzer werdend und kurzhaarig im letzten Drittel.
24 - 13	English Cocker Spaniel	**Schlappohr**	Ein *Hängeohr*, das schmal am Ansatz ist, dann nach und nach breiter wird und in einem stumpfen Ende ausläuft (zum Beispiel bei den Spaniels).
24 - 14	Jura-Laufhund	**Korkenzieherohr**	Ein langes, dünnes *Hängeohr*, dessen *Spitze nach hinten einwärts* gedreht ist. Es ist für den Bluthund und viele andere Bracken typisch.
24 - 15	Fox Terrier	**dreieckiges Ohr**	Dieser Ausdruck wird sowohl auf Steh- wie auf Hängeohren angewandt. Unter einem dreieckigen Ohr versteht man ein Ohr, das an der Basis (dem Ohransatz) genauso groß ist wie in der Länge; im allgemeinen ist es ein ziemlich kurzes, spitzes Ohr. In den englischsprachigen Ländern wird ein dreieckiges Hängeohr meistens "**V-shaped**" (24 - 15 B) genannt, das dreieckige Stehohr "**triangular-shaped**" (24 - 15 A).
24 - 16	Deutsche Dogge	**kupiertes Ohr**	Bei manchen Rassen, zum Beispiel Boxern, Deutschen Doggen und Pinschern, wurden die Ohren kupiert, das heißt, ein von Natur aus hängendes Ohr wurde künstlich zum Stehen gebracht, indem man einen Teil des Ohres abschnitt. Liebhaber kupierter Ohren finden, daß die Hunde dadurch ein markanteres Aussehen bekommen. Das Kupieren von Hundeohren ist in vielen Ländern (auch in Deutschland) **verboten**. In England ist das Kupieren der Ohren zwar nicht verboten, aber Hunde mit kupierten Ohren werden auf Ausstellungen nicht gerichtet. Bei einigen Rassen, bei denen man Stehohren (sprich: kupierte Ohren) gewöhnt war, versucht man, von Natur aus stehende Ohren zu züchten. Beim Bullterrier ist das geglückt. Bei einigen Rassen versucht man wiederum, ein schönes Hängeohr zu züchten, siehe 24 - 8.
24 - 17		**Bärenohr,** **bear ear** (= englisch)	Ein Stehohr, das besonders stark gerundet ist, wird manchmal als Bärenohr bezeichnet (beim Samojeden zum Beispiel ist es fehlerhaft).
24 - 18		**Gemsenohr**	Ein dünnes und schlaff hängendes Ohr; dieser Ausdruck wird oft abwertend benutzt. Es kommt unter anderem bei schlappohrigen Boxern als Übergangsform bei der Zucht auf unkupierte Ohrformen vor.
24 - 19	Deutsch Kurzhaar	**Fleischohr,** **fleshy ear** (= englisch)	Ein Ohr, das zu dick ist und das deshalb zu weit vom Schädel entfernt herabhängt. (Beim Deutsch Kurzhaar ist das zum Beispiel ein Fehler). Es ist das Gegenteil zum Gemsenohr. Da beispielsweise beim Boxer sowohl Gemsen- als auch Fleischohren vorkommen, ist es schwierig, schöne Hängeohren herauszuzüchten.
24 - 20		**totes Ohr,** **dead ear** (= englisch)	Ein *Hängeohr*, das deutlich tief unterhalb der Schädeldecke angesetzt ist und nahe am Schädel nach unten hängt. Durch diese Ohrform geht oft ein Teil vom Ausdruck des Kopfes verloren. Bei vielen Rassen ist sie fehlerhaft. Manchmal begegnet man auch dem Ausdruck "*hound ear*": Ohren, wie sie einige Hounds (englische Laufhunde) tragen und die nach den Standardanforderungen anderer Rassen fehlerhaft sind.
24 - 21		**offen getragenes Ohr**	Ein Knopfohr, das zu seitlich getragen wird, so daß die Gehörgangsöffnung nicht verdeckt wird (ein Fehler).
24 - 22	Whippet	**fliegendes Ohr,** **flying ear** (= englisch)	Diesen Ausdruck gebraucht man hauptsächlich bei Rassen mit Rosenohr (zum Beispiel bei Windhunden), wobei ein Ohr ständig -also nicht nur bei Aufmerksamkeit- zu sehr aufgerichtet wird (und damit waagerecht absteht). Werden beide Ohren so getragen, dann spricht man auch von **Propellerohren.**
24 - 23	Whippet	**Propellerohren**	Ein fliegendes Ohr kann vorübergehend als Jugendleiden bei Zahnwechsel, Krankheit und ähnlichem auftauchen; die Ohren können dann später wieder richtig getragen werden, (dies kommt bei mehreren Rassen vor).
24 - 24		**Knickohr,** **flop ear** (= englisch)	Bei Hunden mit Stehohren kann sich manchmal, vor allem beim jungen Hund, ein Knick oder eine Falte in einem oder in beiden Ohren zeigen, wobei die Ohrspitze nach vorne fällt. Das nennt man Knickohr. Manchmal ist es lediglich eine Jugenderscheinung, die beim Zahnwechsel oder beispielsweise einer Erkrankung auftritt.
24 - 25		**burr** (= englisch)	Mit diesem englischen Ausdruck bezeichnet man die sichtbare, faltige Innenseite des Rosenohres (zum Beispiel beim English Bulldog).

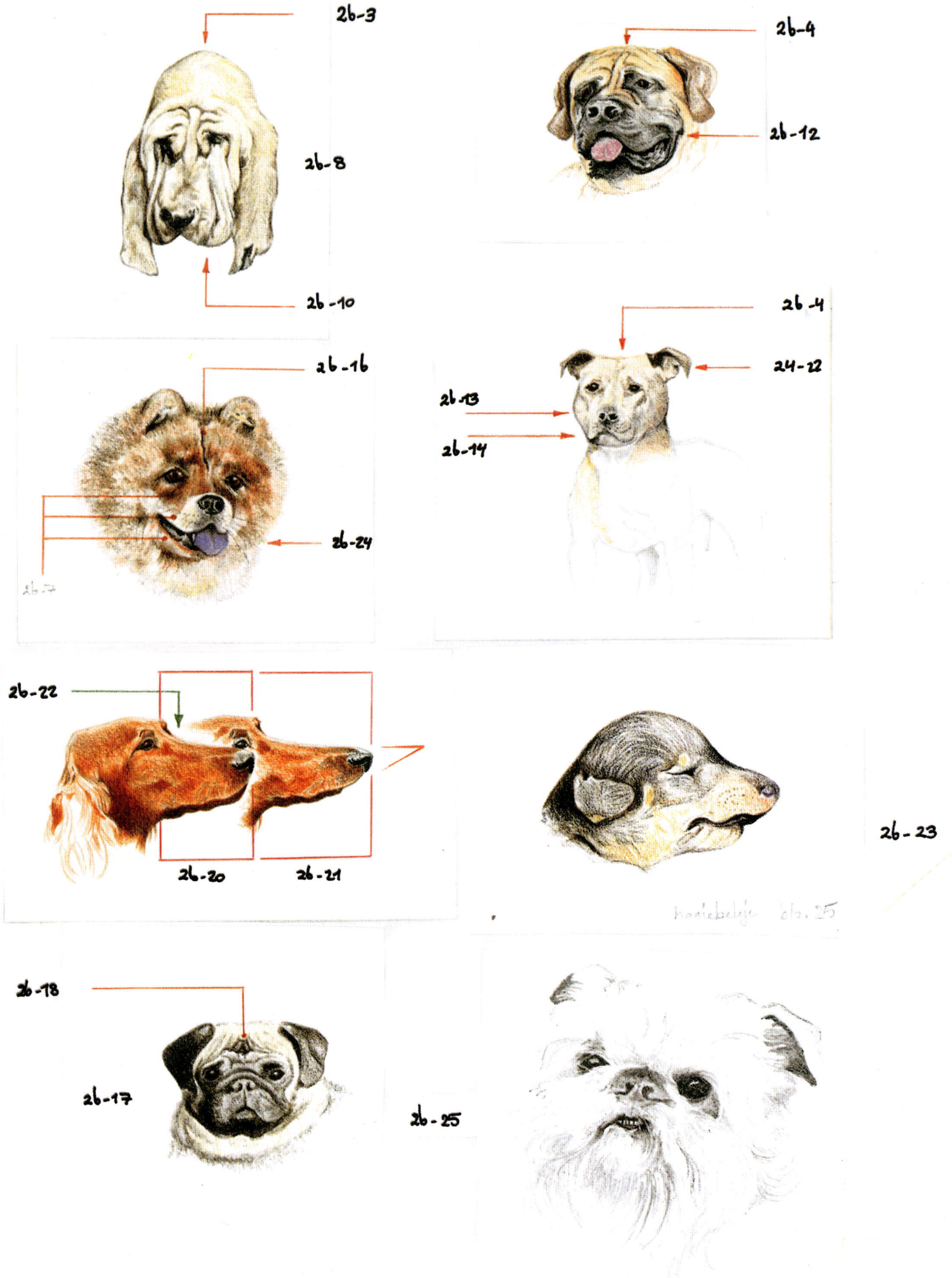
26-3
26-4
26-8
26-12
26-10
26-16
26-4
24-12
26-13
26-14
26-24
26-7
26-22
26-20
26-21
26-23
26-18
26-17
26-25

F. Verschiedenes

26 - 1	abgebildete Rassen:	**Fang**	Unter **Fang** versteht man: die Nase und den Nasenrücken sowie den Teil von Ober- und Unterkiefer, der vor den Augen gelegen ist. Dieser Ausdruck wird meistens bei *Jagdhunden* gebraucht (siehe Seite 24, siehe auch: 26 - 20 Vorgesicht).
26 - 2		**Hinterhauptbein Jagdknubbel, occiput, apex** (= englisch)	Der **Jagdknubbel** ist ein knöcherner Höcker am Hinterhauptbein, der bei vielen Rassen deutlich sichtbar ist, zum Beispiel bei Bracken und Settern (siehe Seite 24).
26 - 3		**peak** (= englisch)	**Peak** ist der Spezialausdruck für das Hinterhauptbein bei Bluthund und Bassethound.
26 - 4		**Stirnfurche, furrow** (= englisch)	Eine Furche auf der Stirn, die sich vom Nasenrücken bis zur Schädeldecke zieht. Sie ist vor allem bei *breitschädeligen Rassen* häufig sichtbar.
26 - 5		**Wamme, dewlap** (= englisch)	Schwere Hängefalten zwischen Kehle und Brust (zum Beispiel bei Bracken) nennt man **Wamme**.
26 - 6		**trockener Hals**	Ein **trockener Hals** zeigt keinerlei Hautfalten (siehe Boxer, 14 - 19).
26 - 7		**jowls** (= englisch)	Lefzen- und Wangenpartie; die Wangen sind unterhalb der Augen meistens etwas aufgefüllt.
26 - 8	Bloodhound	**Falte, wrinkle** (= englisch)	Falten zwischen den Augenbrauen und an beiden Seiten des Vorgesichts unter den Augen, beispielsweise bei Bluthund, Basenji und Mops.
26 - 9		**ropey** (= englisch)	*Zu viel* Falten (wrinkles); zu viel oder zu tiefe Falten für einen korrekten Ausdruck.
26 - 10		**chops** (= englisch)	Schwere, obere Lefzen, die so hängen, daß sie den Unterkiefer ganz bedecken, zum Beispiel bei Bluthund, English Bulldog und Settern.
26 - 11		**Hängelefzen, lippy** (= englisch)	Wenn die Lefzen -seien es obere oder untere- zu tief hängen, nennt man das "lippy", zum Beispiel beim Bluthund oder beim Bernhardiner (wobei tief hängende Unterlefzen starkes Sabbern verursachen).
26 - 12	Mastiff	**cushion** (= englisch), **Lefzenkissen**	Mit diesem englischen Ausdruck bezeichnet man beispielsweise die vollen, dicken Lefzenkissen von Mastiff und Bulldogge .
26 - 13	Stafford-shire Bullterrier	**Backen**	Stark entwickelte Kaumuskeln; bei den meisten Rassen sind sie unerwünscht, weil sie die gute Kopflinie stören. Beim Staffordshire Bullterrier dagegen werden sie verlangt, sie gehören zum Typ.
26 - 14		**cheeky** (= englisch)	Stark entwickelte, ausgeprägte Backen; sie sind beispielsweise bei Bulldogge und Staffordshire Bullterrier korrekt und erwünscht. Bei vielen anderen Rassen jedoch sind sie unerwünscht oder fehlerhaft; hier bezeichnet man sie auch als "jowly"(= englisch), zu schwer entwickelte Lefzen.
26 - 15		**Augenbrauenwulst, brows** (= englisch)	Bei einigen Rassen sind die Augenbrauenwülste (ein Teil des Stirnbeins) kräftiger entwickelt. Je nach Rasse spricht man dann von "ausgeprägten" oder "kräftigen" Augenbrauenwülsten (etwa beim English Bulldog) oder "gut entwickelten" Augenbrauenwülsten (wie zum Beispiel beim Beagle, siehe 32 - 2).
26 - 16	Chow Chow	**scowl** (= englisch)	Der typisch finstere Ausdruck beim Chow Chow wird durch Hautfalten auf der Stirn verursacht. Obwohl es hierfür die deutsche Bezeichnung "**Runzeln**" gibt, wird in der Regel der englische Ausdruck "**scowl**" benutzt.
26 - 17	Mops	**chaps** (= englisch)	So nennt man besonders bei Bulldogge und Mops die Lefzenpartie.
26 - 18		**Prinzenzeichen, diamond** (= englisch)	Ein durch Falten gebildetes Viereck auf dem Kopf eines Mopses wird in den Niederlanden "**Diamant**" genannt. Manchmal stößt man stattdessen auf die Bezeichnung "**Daumenabdruck**" (englisch: *thumb mark*). Diesen Ausdruck wendet man jedoch auch als Namen für schwarze Flecken auf den Pfoten an (siehe 56 - 18).
26 - 19		**Froschgesicht, frog face** (= englisch)	So nennt man das *Gesicht von kurzhaarigen Hunden mit maximalem Stop* (zum Beispiel Bulldogge, Mops, Boston Terrier), deren Vorgesicht zu lang ist, deren Nasenrücken nicht genügend nach oben weist (zu wenig "*up-face*") und deren Unterkiefer zu gerade (ohne *turn-up*) und zu wenig entwickelt ist; diese Kopfform ist *fehlerhaft*.
26 - 20	Irish Setter	**Vorgesicht, foreface** (= englisch)	Das ist der Teil des Kopfes, der vor den Augen gelegen ist und der auf englisch "**foreface**" genannt wird, was nicht verwechselt werden darf mit "**muzzle**", der englischen Bezeichnung für das Vorgesicht *ohne den Unterkiefer*. Manchmal wird der (englische) Ausdruck "**muzzle**" auch benutzt, um das ganze Vorgesicht zu bezeichnen ("pointed muzzle", snipy muzzle"); das ist allerdings nicht ganz korrekt (siehe auch: Fang, 26 - 1).
26 - 21		**snipey** (= englisch)	Das Vorgesicht ist zu spitz, weil die Kiefer schwach entwickelt und die Lefzen schmal sind (**snipey**, auch manchmal **snipy** geschrieben)..
26 - 22		**fill in** (= englisch), **ausgefüllt**	Gut entwickeltes Jochbein (das ist der Knochen unterhalb der Augen). Meistens wird dieser Ausdruck bei Rassen benutzt, bei denen es daran mangeln kann: "*Dieser Rüde ist nicht genügend ausgefüllt*" oder "*Dieser Hund hat eine gute Ausfüllung*".
26 - 23		**Haifischschnauze**	Manchmal wird ein Welpe mit einem stark verkürzten Unterkiefer geboren ; meistens haben diese Hunde auch eine kugelförmige Schädeldecke; weil solche Welpen nicht normal bei ihrer Mutter trinken können, haben sie *keine Überlebenschancen*.
26 - 24		**blaue Zunge**	Eine blaue Zunge ist ausgesprochen charakteristisch für einige -ursprünglich chinesische- Rassen, wie etwa Chow Chow oder Shar Pei. Kleine blaue Flecken auf der Zunge kommen übrigens bei vielen Hunden vor.
26 - 25	Griffon Bruxellois	**blitzen**	Werden die Zähne -trotz geschlossenem Mauls- sichtbar, so spricht man von "blitzen". Das ist ein Fehler, der bei vielen Rassen vorkommen kann, meistens jedoch bei Rassen mit einem kurzen Vorgesicht (zum Beispiel bei Boxer, Bulldogge, Shih-Tzu und anderen kleinen Rassen) oder bei starkem Vorbiß (siehe 72 - 8). Bei Rassen mit einem sehr kurzen Vorgesicht ist oft auch die Zungenspitze zu sehen.

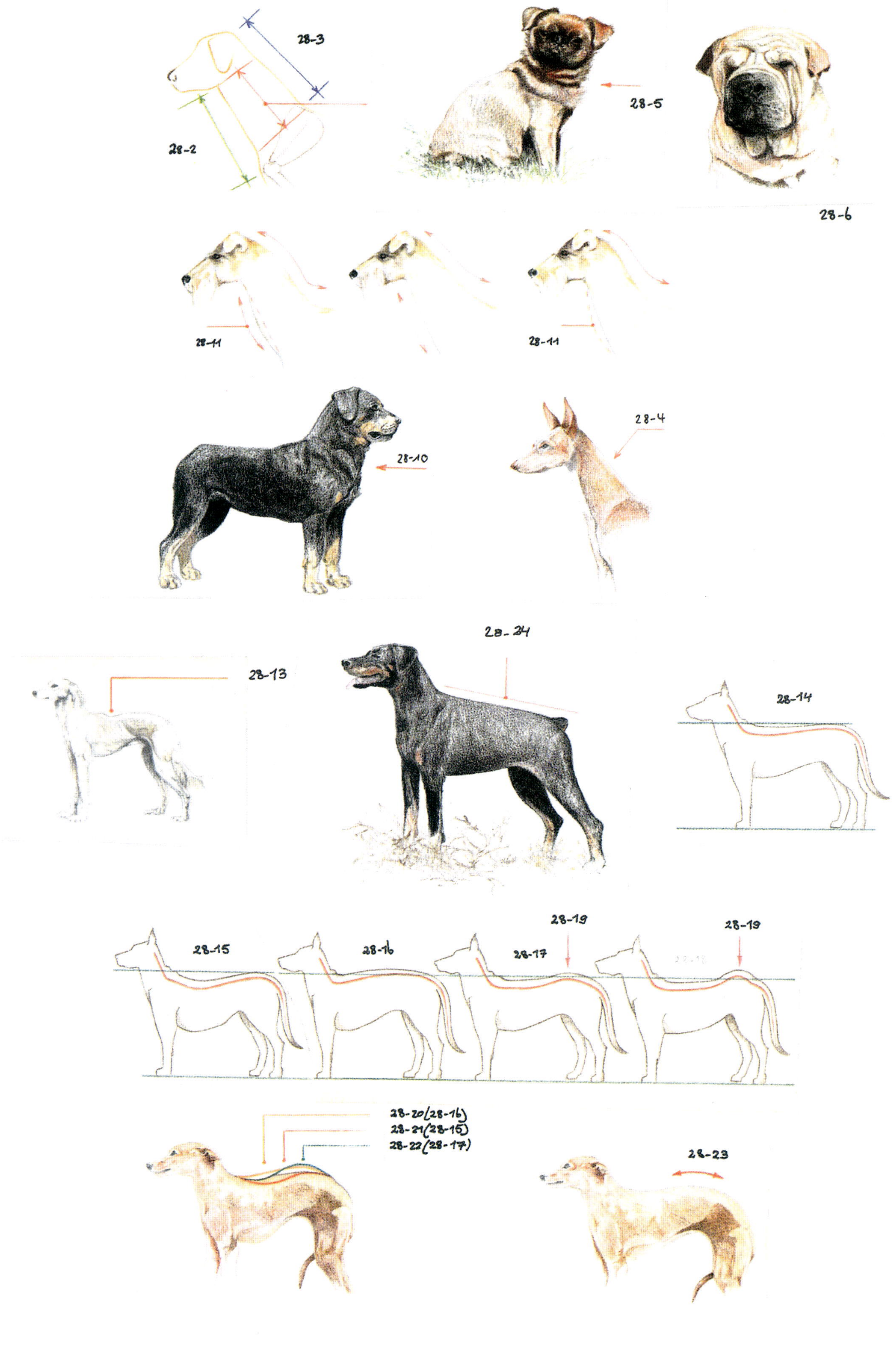
28-3
28-2
28-5
28-6
28-11
28-11
28-10
28-4
28-24
28-13
28-14
28-15
28-16
28-19
28-17
28-19
28-20(28-16)
28-21(28-15)
28-22(28-17)
28-23

Der Hals

28 - 1	abgebildete Rassen:	**Hals**	Der Körperteil, der Kopf und Rumpf miteinander verbindet. Die typischen Bezeichnungen wie "Brackenhals" und "Hals geben" haben nichts mit dem Körperteil zu tun, sondern bezeichnen die charakteristische Art des Lautgebens von Bracken während der Jagd.
28 - 2		**Kehle**	Die *Vorderseite des Halses*; sie verläuft von der linken und rechten Hälfte des Unterkiefers bis zur Vorbrust. An dieser verwundbaren Stelle befinden sich Luft- und Speiseröhre.
28 - 3		**Nacken**	Die *Rückseite des Halses*; sie verläuft vom Hinterhauptbein bis zum Widerrist. Der Nacken ist kraftvoll durch sieben Halswirbel und durch starke Sehnen (Nackenband), siehe auch: 12 - 15 und 116 - 16. An der rechten und linken Seite laufen die Halsschlagadern zum Kopf.
28 - 4		**trocken**	Elastische und glatt anliegende Haut (siehe auch "*trockener Hals*", 26 - 6 und 14 - 16).
28 - 5	Brabançon	**Kehlhaut**, **throaty** (= englisch)	Lose Hautfalten am Hals (an der Kehle), bei den meisten Rassen unerwünscht. Bei Rassen (wie etwa dem Bluthund), bei denen sie erlaubt sind, nennt man sie "**Wamme**" (oder **dewlap**, siehe 26 - 5).
28 - 6	Shar Pei	**lose Haut**	Die Haut des Shar Pei beispielsweise, die so reichlich ist, daß sie Falten schlägt, nennt man **lose Haut**.
28 - 7		**gerader Hals**	Ein Hals, der nahezu ohne Wölbung fließend in Widerrist und Vorbrust übergeht.
28 - 8		**Hirschhals**, **ewe neck** (= englisch)	Der **Hirschhals** zeigt einen nach dem Hinterhauptbein leicht aufgewölbten Nacken; der Übergang zum Widerrist verläuft nicht fließend, sondern mehr oder weniger abrupt. Diese Art Hals sieht man bisweilen bei Rassen wie Airedale Terrier und Foxterrier; sie wird als *fehlerhafte* Halsform bewertet.
28 - 9		**Schwanenhals**, **swan neck** (= englisch)	Auch der **Schwanenhals** ist nahe dem Hinterhauptbein deutlich gewölbt; der Übergang zum Widerrist verläuft jedoch ziemlich fließend. *Die Begriffe Hirschhals und Schwanenhals werden oft miteinander verwechselt. Eine klare Abgrenzung ist in der Praxis auch recht schwierig.* Den langen, kräftig geschwungenen Hals (die Halslinie) von Italienischem Windspiel oder Bedlington Terrier etwa nennt man *Schwanenhals*. Bei anderen Rassen kann diese Halsform fehlerhaft sein.
28 - 10	Rottweiler	**Stiernacken**, **bull neck** (= englisch)	Ein *sehr schwerer, kurzer, gedrungener Hals*. Der Hals kann durch kräftige Muskeln kurz wirken; auch durch eine steile Schulter kann dieser Eindruck entstehen. Wenn der Hals an Brust- und Rückenansatz außerordentlich breit ist, dann nennt man ihn auch schon einmal **Schweine**- oder **Specknacken**.
28 - 11		**Kropfhals**	An der Kehlseite zeigt sich eine deutliche Wölbung, die meistens zusammen mit einer nach innen geschwungenen Nackenlinie auftritt (Hirschhals, Schwanenhals).
28 - 12	Pharao-hound	**Giraffenhals**	Ein gerader Hals, der besonders lang und dünn wirkt. Manchmal liegt das an einer schlechten (ungenügenden) Bemuskelung. Manchmal kann jedoch lediglich durch die Fellzeichnung der Eindruck erweckt werden, daß der Hals zu lang und zu dünn sei. Das kommt zum Beispiel beim Pharaohund und beim Cirneco dell'Etna vor.

Der Rumpf

A. Der Rücken

28 - 13	Saluki	**dip** (= englisch)	Eine *Einsenkung* direkt hinter dem Widerrist nennt man "**dip**"; Saluki und Barsoi sind hierfür typische Beispiele. (Gelegentlich wird das Wort "dip" auch gebraucht, um den Übergang von der Stirn zum Nasenrücken, den Stop, zu bezeichnen. Das trägt sehr zur Verwirrung bei.)
28 - 14		**gerader Rücken**, **level back** (= englisch)	Der Rücken ist fast gerade; die Lenden befinden sich mit dem Widerrist auf gleicher Höhe oder liegen nur geringfügig niedriger.
28 - 15		**Sattelrücken**	Weicher oder Senkrücken. Die englischen Bezeichnungen hierfür sind: "*hollow back, dippy back, saddle back, swampy back, sway back*". Mit dem englischen Ausdruck "**slack back**" bezeichnet man einen Rücken, der nur ein wenig abgesackt ist.
28 - 16		**Karpfenrücken**, **camel back** (= englisch)	Ein Rücken, der vom Widerrist an bis zur Kruppe *stark nach oben gewölbt* ist. Man findet ihn beispielsweise beim Bedlington Terrier. Manchmal stößt man auch auf den englischen Ausdruck **camel back** [camel = Dromedar = einhöckeriges Kamel]°. Beim camel back soll ein deutlicher Knick im Rücken sein, der Karpfenrücken soll etwas weniger gewölbt sein. In der Praxis ist nur schwer ein Unterschied festzustellen.
28 - 17		**aufgewölbter Rücken**	Stark gewölbte Lendenpartie; *überbaut* (englisch: **roach back**). Verläuft die Wölbung über die Kruppe hinaus, dann nennt man dies "**Radrücken**" (englisch: **wheel back**). Den englischen Ausdruck **roach back** oder **roached back** finden wir oft auch in der Bedeutung von "*runder Rücken*", womit demnach jede Form einer gewölbt verlaufenden Rückenlinie gemeint ist.
28 - 18		**Kamelrücken**	Sehr stark aufgewölbte und gekrümmte Lendenpartie; *überbaut* (kein "camel back").
28 - 19		**überbaut**	Die Kruppe (die Lendenpartie) ist höher als der Widerrist.
28 - 20	Whippet	**Karpfenrücken**	
28 - 21		**Sattelrücken**	
28 - 22		**aufgewölbter Rücken**	
28 - 23		**Karpfenlende**	*Aufgewölbte Lenden*; leicht aufgewölbte Lendenpartie steigert die Schnelligkeit; man findet sie hauptsächlich bei Windhunden.
28 - 24	Dobermann	**abfallender Rücken**, **sloping back** (= englisch)	Ein Rücken, der in gerader Linie vom Widerrist zur Schwanzwurzel abfällt. Es kann ein schwach abfallender Rücken sein, wie zum Beispiel beim Dobermann, oder auch ein stark abfallender Rücken, wie er bei einigen Deutschen Schäferhunden zu sehen ist.
28 - 25		**crouch** (= englisch)	Eine absenkende Rückenlinie, wobei die Lenden deutlich niedriger liegen als der Widerrist, etwa beim Italienischen Windspiel.
		droop (= englisch)	Beim Deerhound (und anderen) wird eine solche Rückenlinie "**droop**" genannt. Beides darf man *nicht mit der abfallenden Kruppe verwechseln*, bei der es sich um einen fehlerhaften Rutenansatz handelt (siehe hierzu 30 - 13).

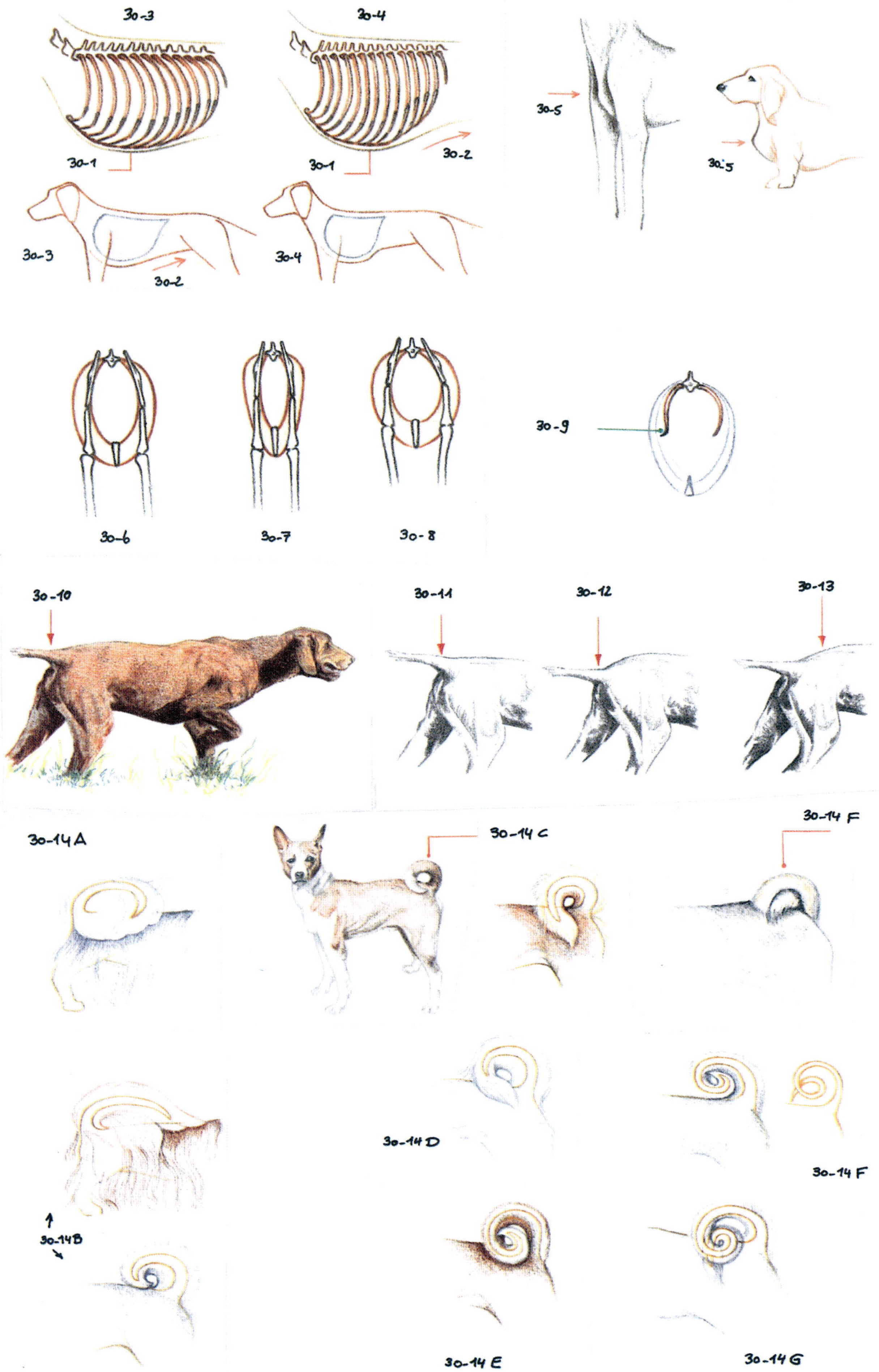
30-3
30-4
30-1
30-1
30-2
30-3
30-2
30-4
30-5
30-5
30-6
30-7
30-8
30-9
30-10
30-11
30-12
30-13
30-14 A
30-14 C
30-14 F
30-14 D
30-14 F
30-14B
30-14 E
30-14 G

		B. Der Brustkorb
30 - 1	**Brustbeinkamm, Sternum, keel** (= englisch)	Der tiefste Punkt des Rumpfes (siehe auch unter 16 - 10: Brustlinie), Sternum.
30 - 2	**tuck-up** (= englisch)	Die zu den Flanken ansteigende untere Begrenzung des Brustkorbes. Bei Windhunden (besonders beim Whippet, 28 - 20) steigt sie ziemlich stark an (= "viel tuck-up", siehe auch 10 - 22); bei anderen Rassen gilt starkes tuck-up als fehlerhaft.
30 - 3	**normaler Brustkorb** (Seitenansicht)	Er bietet Herz und Lungen genügend Platz. Der wissenschaftliche Ausdruck ist: **Thorax**. Auf Englisch heißt er: *chest* oder *brisket*.
30 - 4	**kurzer Brustkorb**	(englisch: **herring gut**). Wenn das Brustbein sehr kurz ist oder der knorpelähnliche Teil des Brustbeins sich stark nach innen biegt, scheint der Brustkorb plötzlich aufzuhören. Man spricht dann von einem **kurzen Brustkorb**; er kommt unter anderen beim Teckel vor.
30 - 5	**Hühnerbrust**	A - (englisch: **pigeon breast**), ein stark hervorstehendes Brustbein; zu viel und zu spitze Vorbrust. B - *Oder*: das Brustbein steht -von der Seite gesehen- nicht hervor, aber es ragt in der Vorderansicht schmal und spitz heraus; die Buggelenke treten wegen des schmalen Brustkorbs deutlich hervor, und tiefe Salzfässer (dimples, siehe 34 - 4) sind zu sehen.
30 - 6	**normaler Brustkorb** (Vorderansicht)	Ist der Brustkorb *oval* geformt, dann spricht man von "*gut gewölbten Rippen*".
30 - 7	**abgeplattete Rippen** (schmaler Brustkorb)	Wenn der Brustkorb schmal ist und die Rippen nach unten hin nicht oval verlaufen, spricht man von **abgeplatteten Rippen**. Dies ist oft kombiniert mit einer schmalen Front (siehe 34 - 10), die bei vielen Rassen fehlerhaft ist. *Man sieht unter anderen bei Windhunden häufig einen weniger ovalen (tiefen) Brustkorb; aber auch bei diesen Rassen dürfen keine abgeplatteten Rippen vorkommen.*
30 - 8	**tonnenförmige Brust** (runder Brustkorb)	(englisch: **barrel-chested**). Hierbei ist der Brustkorb *eher rund als oval*; häufig ist eine breite Front (siehe 34-11) damit kombiniert. Sie kommt regelmäßig bei breitgebauten Hunden vor, wie etwa dem English Bulldog, und ist bei diesen (meist kurzbeinigen) Rassen kein absoluter Fehler, vorausgesetzt, sie ist *gut geformt*.
30 - 9	**Hakenrippe**	(Brustkorb von hinten gesehen). Die dreizehnte (schwebende) Rippe kann am äußeren Ende umgebogen sein. Dies kommt meistens nur auf einer Seite vor und ist recht gut zu fühlen. Man nennt das **Hakenrippe**.

Die Rute

	abgebildete Rassen:		
			A. Der Rutenansatz
30 - 10	Deutsch Kurzhaar	**guter Rutenansatz**	Die Rückenlinie muß fließend in die Rutenlinie übergehen.
30 - 11		**zu hoher Rutenansatz**	Wird die Rückenlinie zu früh durch die Rutenlinie unterbrochen, dann spricht man von einem hohen Rutenansatz.
30 - 12		**zu niedriger Rutenansatz**	Verläuft die Rückenlinie zu weit, dann scheint der Rutenansatz abgesunken, und man spricht von einem zu niedrigen Rutenansatz. In einigen Richterberichten liest man, daß "*die Rute zu hoch (oder zu niedrig) angesetzt*" sei oder auch, daß "*die Rute zu hoch (oder zu niedrig) eingesteckt*" sei. Es empfiehlt sich, solche Umschreibungen nicht anzuwenden, sondern nur von einem guten, einem zu hohen oder zu niedrigen Rutenansatz zu sprechen.
30 - 13		**abfallende Kruppe, goose rump** (= englisch)	Wenn die Rückenlinie in der Nähe der Hüfte abschüssig verläuft, scheint der Hund einen zu niedrigen Rutenansatz zu haben. Diese Erscheinung nennt man **abfallende Kruppe**; sie ist meistens die Folge einer falschen Stellung der Hüftbeine.
			B. Die Rutenform
30 - 14	Basenji	**Ringelrute, curled tail** (= englisch)	Die Ringelrute kommt in vielen Formen vor; einige Erscheinungsformen haben eigene Bezeichnungen. **Achtung**: Wir sprechen hier über den fleischigen Teil der Rute ohne die Behaarung.
30 -14A		**pot-hook tail** (= englisch)	a) die Rute wird mitten über dem Rücken getragen und berührt ihn nicht (Shih Tzu); b) Rute mit einem einzigen Ringel, der mitten über dem Rücken liegt und diesen berührt (zum Beispiel beim Lhasa Apso und beim Elchhund, 30 - 14B; Topfhenkelrute);
30 -14C		**Ringelrute**	c) Rute mit nur einem Ringel, wobei die Rutenspitze neben dem Rücken liegt (zum Beispiel bei Basenji, Finnenspitz, Akita Inu, siehe auch Seite 18: Kromfohrländer); d) Rute mit nur einem Ringel, wobei der Ringel auf dem Rücken liegt und der Rest der Rute auf der Seite (zum Beispiel beim Samojeden und beim Spitz, 30 - 14D).
30 -14E		**doppelt geringelte Rute**	e) Doppelt geringelte Rute, die schief auf dem Rücken getragen wird (Basenji);
30 -14F	Mops	**twist** (= englisch)	f) doppelt geringelte Rute, die auf dem Rücken getragen wird (Mops); g) Doppelt geringelte Rute, die spiralförmig neben dem Rücken getragen wird (Wetterhoun, 30 - 14G). Der Pyrenäen-Berghund trägt die Rute im Ruhezustand herabhängend mit leicht eingerollter Rutenspitze (englisch: **swirl** oder **hook,** siehe 32 - 18). In der Erregung schwingt er die Rute hoch über den Rücken. Auf Englisch nennt man das "**making the wheel**".

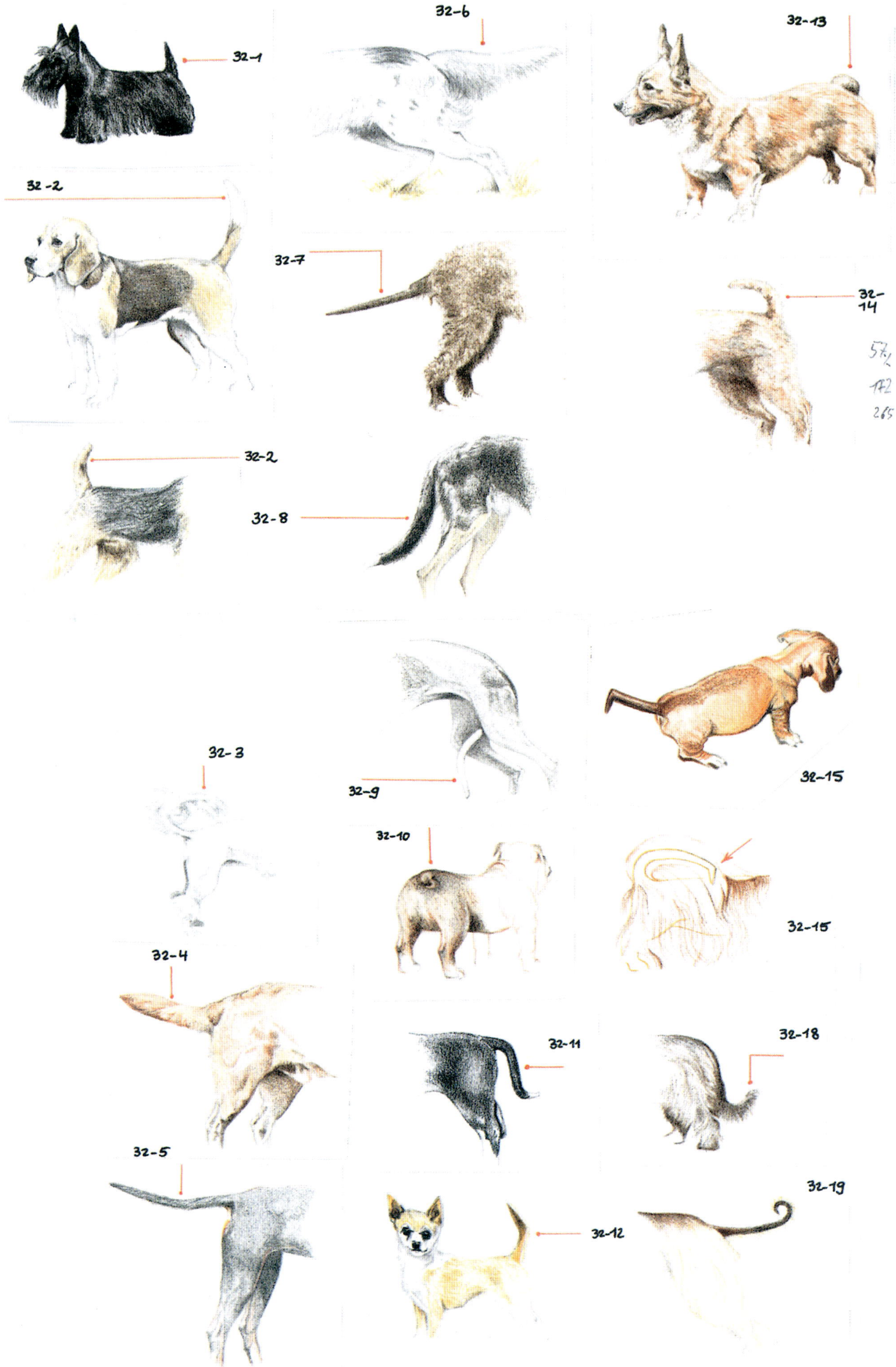
32-1
32-6
32-13
32-2
32-7
32-14
57/2
172
265
32-2
32-8
32-3
32-9
32-15
32-10
32-15
32-4
32-11
32-18
32-5
32-12
32-19

abgebildete Rassen:			
32 - 1	SCOTTISH TERRIER	**Wurzelrute, carrot-shaped tail** (= englisch)	Kurze, kräftige Rute, die aufrecht getragen wird und sich zur Spitze hin verjüngt, (findet sich bei verschiedenen kurzläufigen Terrierrassen, unter anderen bei Cairn Terrier, West Highland White Terrier, Scottish Terrier).
32 - 2	BEAGLE	**fröhlich getragene Rute,**	Eine mehr oder weniger aufrecht getragene Rute; eine unkupierte Rute wird auch englisch **flagpole** genannt (zum Beispiel bei Foxhound, Beagle, Harrier).
	LAKELAND TERRIER	**gay tail** (= englisch)	Auch eine kupierte Rute wird als fröhlich getragen bezeichnet, wenn sie so kupiert ist, daß ungefähr ein Drittel der Rute übriggeblieben ist; meistens wird sie etwas nach vorn gebogen getragen (bei vielen Terrierrassen).
32 - 3	LÖWCHEN	**Sichelrute**	Eine mehr oder weniger kreisförmige Rute, die mitten über dem Rücken getragen wird. *Sie darf nicht seitwärts fallen.* Unter anderen kommt sie beim Sibirischen Husky vor.
32 - 4	LABRADOR RETRIEVER	**Otterrute**	Eine waagerecht nach hinten getragene Rute, die relativ kurz, dick und rundum dicht (jedoch nicht sehr lang) behaart ist.
32 - 5	MANCHESTER TERRIER	**Peitschenrute, whip tail** (= englisch)	Eine waagerecht nach hinten getragene Rute, die kurz behaart, lang und dünn ist .
32 - 6	ENGLISH SETTER	**Fahnenrute**	Eine reich befederte Peitschenrute; sie kommt unter anderen bei Settern und beim Kooikerhondje vor.
32 - 7	IRISH WATER SPANIEL	**Rattenrute**	Eine nackte, unbehaarte Rute, die fast waagerecht nach hinten getragen wird, (sie kommt -wahrscheinlich- nur beim Irish Water Spaniel vor).
32 - 8	KURZHAAR-COLLIE	**Säbelrute**	Eine Hängerute, die leicht bis mäßig S-förmig gebogen ist. Sie kommt unter anderen bei Holländischen, Belgischen und Deutschen Schäferhunden vor.
32 - 9	ITALIENISCHES WINDSPIEL	**Windhundrute**	Eine Hängerute, die deutlich S-förmig gebogen ist, so daß das Rutenende zwischen den Hinterläufen getragen wird.
32 - 10	ENGLISH BULLDOG	**Korkenzieherrute, screw tail** (= englisch)	Kennzeichnend für die Bulldogge; sie ist eine kurze Rute, die einen oder mehrere Knicke aufweist und unter anderen bei der Französischen Bulldogge und beim Boston Terrier vorkommt.
32 - 11	STAFFORD-SHIRE BULLTERRIER	**Pumpenschwengel-rute, crank tail** oder **pumphandle** (= englisch)	Eine Rute, die wie ein Pumpenschwengel geformt ist (unter anderen beim Staffordshire Bullterrier).
32 - 12	KURZHAAR-CHIHUAHUA	**abgeflache Rute, flat tail** (= englisch)	Eine Rute, die sich zur Mitte hin verbreitert und punktförmig ausläuft; sie ist typisch für den kurzhaarigen Chihuahua.
32 - 13	WELSH CORGI PEMBROKE	**Stummelrute, Mutzschwanz, bob tail** (=englisch)	Bestimmte Hunderassen werden nahezu ohne Rute geboren. *Man kann nicht gezielt auf rutenlose Hunde züchten*, denn das völlige Fehlen von Schwanzwirbeln kann *tödlich* sein (ein sogenannter *Letalfaktor*), weil es einen Schaden an der Wirbelsäule darstellt. Falls bei im allgemeinen "rutenlosen" Rassen doch einige Hunde mit kurzen Ruten geboren werden, dann werden diese kupiert. Stummelrutige Rassen sind beispielsweise: Schipperke, Welsh Corgi Pembroke, Bobtail.
32 - 14	IRISH TERRIER	**übergeschlagene Rute, squirrel tail** (= englisch)	Eine Rute ohne Ringel, die sich nach vorn über den Rücken biegt, aber diesen nicht berührt. Beim Pekingesen und beim Papillon ist sie erlaubt, bei anderen Rassen ist sie fehlerhaft. Manchmal kommt sie bei einer kupierten fröhlich getragenen Rute vor (bei Terriern).
32 - 15	JUNGER DACKEL	**Knickrute, kinked tail** (= englisch)	Sind ein oder mehrere Rutenwirbel von Geburt an miteinander verwachsen, weist die Rute einen Knick auf. Man kann sie nicht -ohne Gewalt- zum geraden Hängen bringen. Sie kommt vor und ist erlaubt beim Lhasa Apso und bei der Französischen Bulldogge, während sie zum Beispiel beim Dackel fehlerhaft wäre.
32 - 16		**kupierte Rute, docked tail** (= englisch)	Eine Rute, die auf eine bestimmte Länge gekürzt wird, beim Weimaraner etwa auf eine Länge von 4 bis 4 1/2 cm. Bei vielen Rassen ist sie (noch) üblich (Boxer, viele Terrierrassen).
32 - 17		**Bürstenrute, brush** (= englisch)	Die Rute vom langhaarigen Collie und vom Sheltie wird "**brush**" genannt.
32 - 18	BEARDED COLLIE	**Hakenrute, swirl, hook** (= englisch)	Die nach oben gekrümmte Rutenspitze wird vor allem bei Collie und Sheltie "**swirl**" (Wirbel) genannt; auch die Bezeichnung "**hook**" wird hierfür benutzt, beispielsweise beim Briard und beim Pyrenäen-Berghund.
32 - 19	AFGHANISCHER WINDHUND	**Ringelrute, ring** (= englisch)	Die in einem Ringel endende Rutenspitze beim Afghanischen Windhund wird englisch **ring** genannt, in den Niederlanden spricht man auch von apestaart oder apekrul (Affenschwanz oder Affenringel).

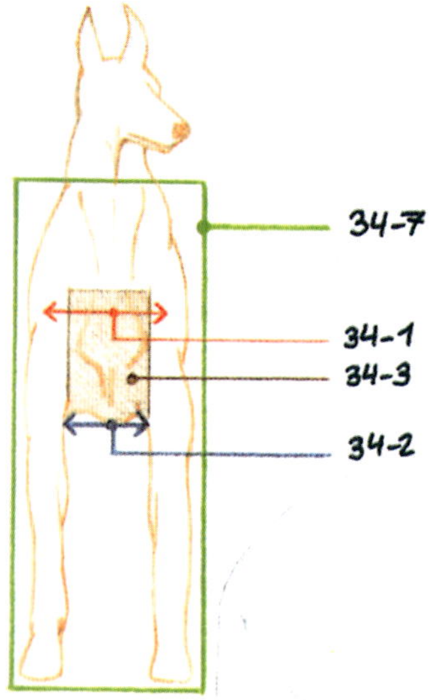

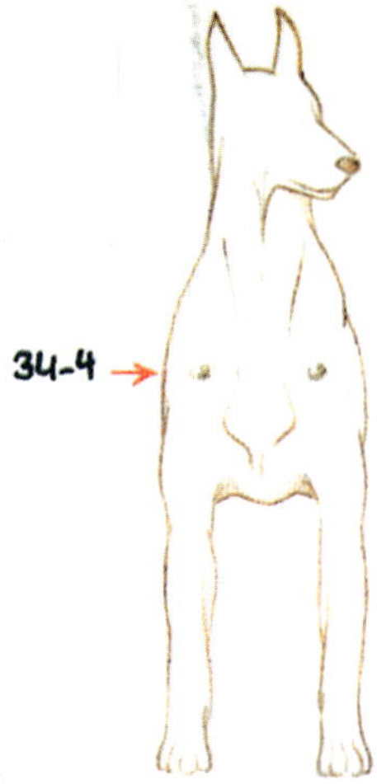

34-8

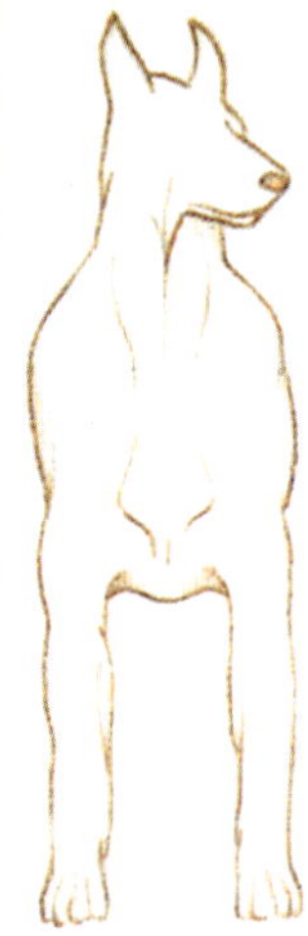
34-9

34-10

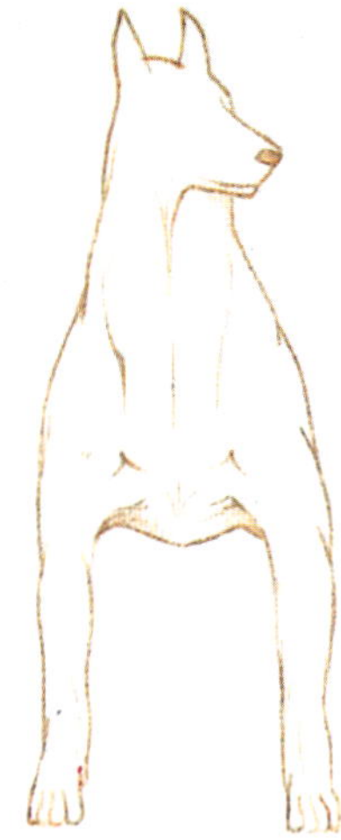
34-11

34-12

34-13

34-14

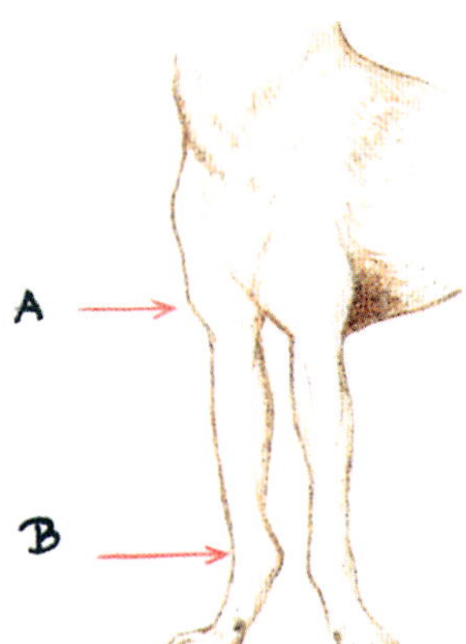

34-15

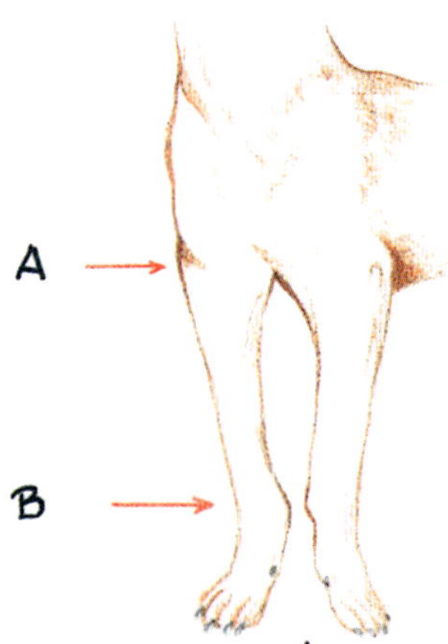

34-16

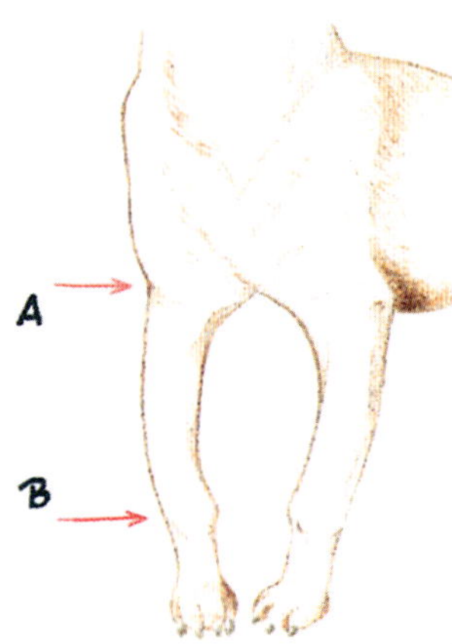

34-17

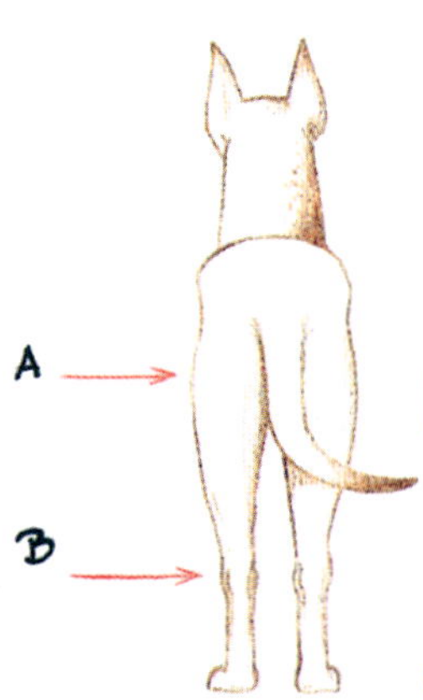

N
34-18

X
34-19

O
34-20

Y
34-21

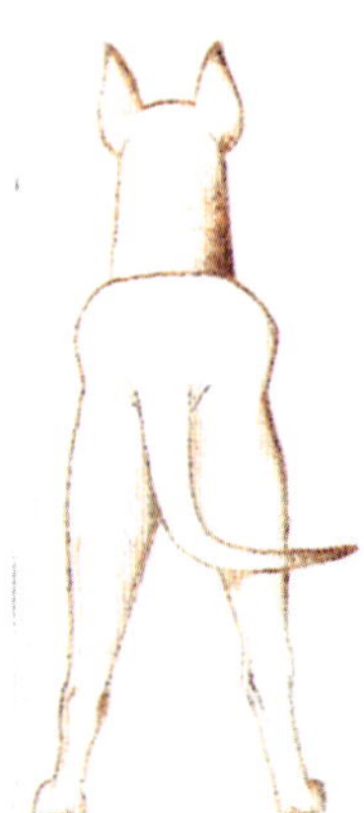
A
34-22

Die Front

34 - 1	**Bugbreite**	Der Abstand zwischen den *Buggelenken.*
34 - 2	**Brustweite**	Der Abstand zwischen den Läufen in Höhe der Ellenbogen. Manchmal wird sie im Zusammenhang mit einer schmalen oder breiten Front genannt.
34 - 3	**Vorbrust**	Der Teil des Brustkorbs, den man von vorne (= *frontal*) sieht. Man spricht auch von "genügend" oder "nicht genügend" Vorbrust. Das kann mit der Bugbreite zusammenhängen. Manchmal wird es im Zusammenhang mit einer schmalen oder breiten Front genannt. Der Begriff **Vorbrust** wird auch häufig als Bezeichnung für den (aus der Seitenansicht) hervorstehenden Teil des Brustkorbs gebraucht (siehe 30 - 5).
34 - 4	**Halsgrube, dimples** (= englisch)	Vertiefungen in der Vorbrust zu beiden Seiten des Brustbeins (zwischen Bug und Brust), auch Salzfäßchen genannt.
34 - 5	**Ziegenbrust**	Eine zu schmale Vorbrust.
34 - 6	**Löwenbrust**	Eine kräftig bemuskelte, breite Vorbrust. Der Ausdruck wird vor allem im positiven Sinn gebraucht (zum Beispiel für eine Brust von guter Breite beim Rottweiler, siehe 28 - 10).
34 - 7	**Front**	Unter **Front** versteht man bei Hunden die Vorderansicht der Brust zusammen mit den Schulterblättern und den Vorderläufen. Es gibt keine gute Front für alle Rassen; was bei der einen Rasse als gute Front gilt, kann bei einer anderen als völlig fehlerhaft beanstandet werden.
34 - 8	**normale Front**	Obwohl die **normale Front** von Rasse zu Rasse verschieden ist, kann als allgemeine Richtlinie gelten: ein ziemlich breiter Brustkorb, Läufe gerade unter dem Körper und (von vorn gesehen) etwas nach innen gedrehte Schulterblätter (die Spitzen der Schulterblätter liegen näher beieinander als die Buggelenke).
34 - 9	**überladene Schultern, bossy, loaded** (= englisch)	Zu schwere Schultermuskeln, wodurch die *Linie* (von vorne gesehen) gestört wird. Meistens sind die Muskeln *unter* dem Schulterblatt zu kräftig ausgelegt, wodurch die Schulterblätter mehr als normal vom Brustkorb abstehen und die Schulterspitzen weiter auseinander stehen.
34 - 10	**schmale Front**	Zu schmaler Brustkorb, wobei die Vorderläufe ziemlich gerade unter dem Körper stehen.
34 - 11	**breite Front**	Zu breiter Brustkorb; die Vorderläufe stehen leidlich gerade unter dem Körper; die Schulterblätter sind zuweilen nach außen oder nach vorn gedreht. (Vergleiche dazu: tonnenförmige Brust, bei der die Schulterblätter nicht oder sehr wenig gedreht sind.)

Die Läufe

A. Stand der Vorderläufe (von vorne gesehen)

34 - 12	**Houndstand** abgebildete Rasse: FOXHOUND	Eine typische Stellung der Vorderläufe bei vielen *Hounds* (englischen Laufhunden), wobei die Zehen leicht nach innen gedreht sind, während die Läufe ziemlich gerade unter dem Körper stehen (also keine O-beinige Front).
34 - 13	**Zehendreher**	**Zehendreher** nennt man einen Hund, der die Zehen nach innen gedreht hat bei leicht O-beiniger Front, aber im übrigen gerade unter dem Körper stehenden Läufen. Diesen Ausdruck gebraucht man bei Rassen, die *nicht zu den sogenannten Hounds* gehören; ein fehlerhafter Stand.
34 - 14	**auswärts gedrehte Pfoten** abgebildete Rasse: PEKING PALASTHUND	(englisch: *slew feet, east-west feet*). Sie sind bei einigen Rassen mit kurzen Läufen, wie etwa dem Pekingesen und dem Dackel erlaubt; bei den meisten Rassen sind sie fehlerhaft.
34 - 15	**französischer Stand** A = Ellenbogen B = Vorderfußwurzelgelenk	**Französischer Stand**: schmale Brust; sowohl die Ellenbogen als auch die Vorderfußwurzelgelenke stehen zu dicht beieinander; die Pfoten sind nach außen gedreht. Dieser Stand ist fehlerhaft. *French front und französischer Stand dürfen nicht miteinander verwechselt werden. Der englische Begriff french front meint dasselbe wie fiddle front.*
34 - 16	**fiddle front** (= englisch)	**Fiddle front**: Wenn ein Hund ausgedrehte Ellenbogen hat, die Vorderfußwurzelgelenke dicht beieinander stehen und die Pfoten wieder nach außen gedreht sind, so nennt man das eine *fiddle front* [fiddle = Geige]°. Dieser Stand ist fehlerhaft.
34 - 17	**O-beinige Front** A = Ellenbogen B = Vorderfußwurzel-gelenk	O-beinige Front: meistens eine zu breite Brust; die Ellenbogen sind nach außen und die Pfoten nach innen gedreht. Ein fehlerhafter Stand (englisch: *bandy front, bowed front*). *Französischer Stand und O-beinige Front können eine Folge der sogenannten Englischen Krankheit (Rachitis) sein.*

B. Stand der Hinterläufe (von hinten gesehen)

34 - 18	**normaler Stand (N-Stand)** A = Kniegelenk B = Sprunggelenk	Obwohl es nicht für alle Rassen zutrifft, betrachtet man im allgemeinen als **normalen Stand** der Hinterläufe, wenn sie (von hinten gesehen) gerade unter dem Körper stehen (kurzgefaßt: N - Stand).
34 - 19	**kuhhessig (X-Stand)**	**Kuhhessig**: die Kniegelenke sind nach außen, die Sprunggelenke nach innen gedreht, die Pfoten stehen wieder nach außen. (Kurzgefaßt: X - Stand), eine fehlerhafte Stellung.
34 - 20	**O-beiniger Stand (O-Stand)**	**O-beiniger Stand**: Knie- und Sprunggelenke sind nach außen gedreht; die Pfoten stehen einwärts (kurzgefaßt: O -Stand). Bei den meisten Rassen ist das eine fehlerhafte Stellung.
34 - 21	**enghessiger Stand (Y-Stand)**	**Enghessiger Stand**: sowohl die Sprunggelenke als auch die Pfoten sind zu dicht beieinander; die Pfoten stehen häufig etwas auswärts gedreht. (Kurzgefaßt: Y - Stand), eine fehlerhafte Stellung.
34 - 22	**breiter Stand (A-Stand)**	**Breiter Stand**: die Läufe sind zwar korrekt gerade, aber die Pfoten stehen zu weit auseinander. (Kurzgefaßt: A-Stand), eine fehlerhafte Stellung. Statt enghessiger oder weiter Stand liest man häufig in Berichten: "...dieser Hund steht hinten etwas eng" oder "...ein Rüde mit einem guten Gangwerk, aber im Stand hinten zu breit".

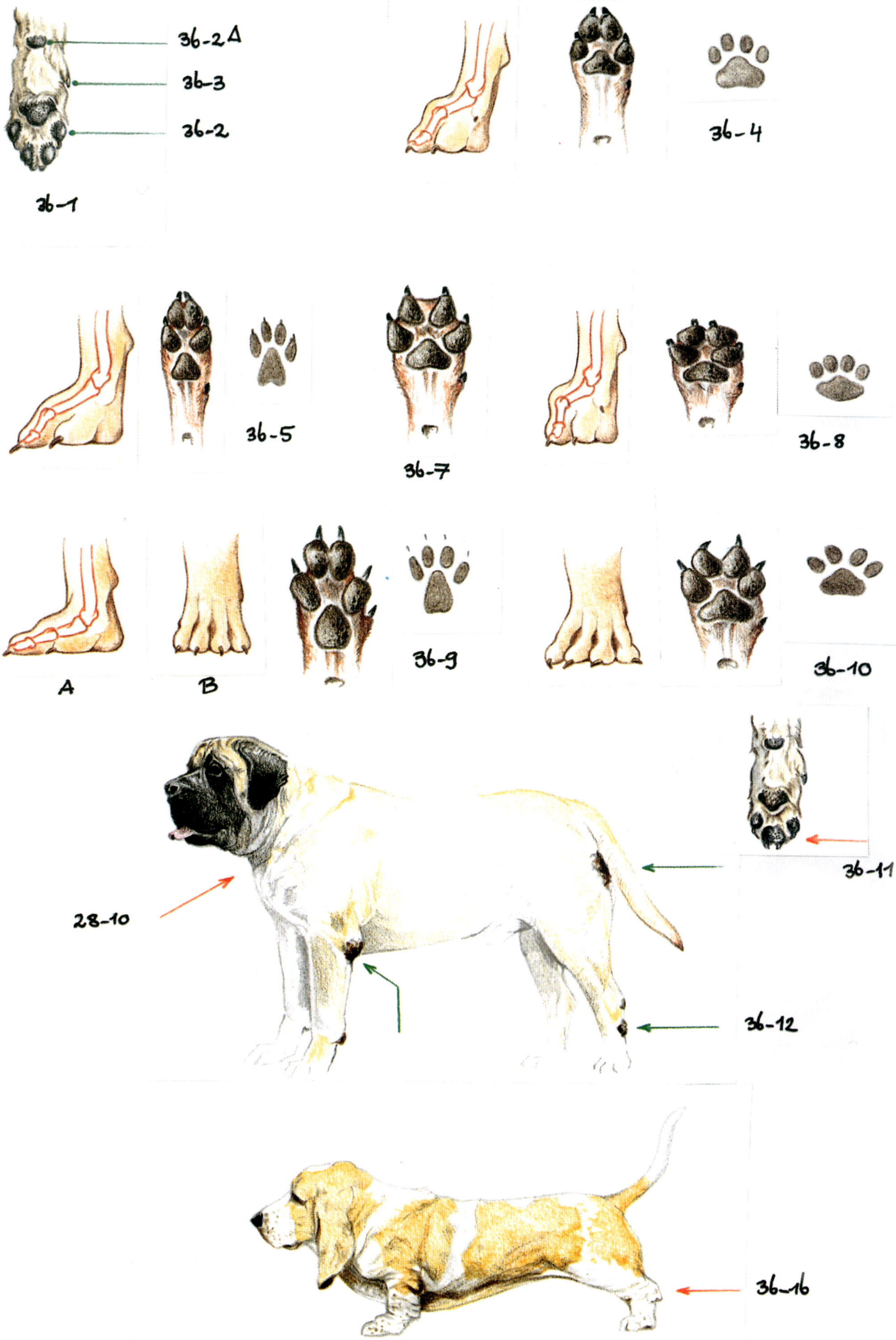
36-2A
36-3
36-2
36-1
36-4
36-5
36-7
36-8
A
B
36-9
36-10
36-11
28-10
36-12
36-16

C. Der Fuss

36 - 1 (linker) **Vorderfuß**

36 - 2 **Ballen**

Die Ballen der *Vorderpfoten* heißen **Karpalballen**, die der *Hinterpfoten* werden **Tarsalballen** genannt. Der hinterste obere (Fußwurzel)ballen (36-2A) berührt beim Bremsen den Boden.

Siehe auch 12 - 29.

36 - 3 **fünfte Zehe, Afterkralle**

36 - 4 **Katzenpfote**

Die sogenannte **Katzenpfote**, eine kleine, runde Pfote mit geschlossenenen Zehen, ist wahrscheinlich die bei Rassehunden am häufigsten vorkommende Pfotenform (zum Beispiel bei Spitzen, vielen Terrierrassen und einigen Doggenartigen).

36 - 5 **Hasenpfote**

Die **Hasenpfote** ist eine vor allem bei Windhunden vorkommende Pfotenform. Man gebraucht diesen Ausdruck für einen Pfote mit langen, kräftigen Zehen und meist langen Nägeln.

36 - 6 **Wolfspfote**

Eine schmale Form der Hasenpfote, die beispielsweise bei vielen französischen Bracken vorkommt, nennt man **Wolfspfote.**

36 - 7 **Schwimmpfote, webbed foot** (= englisch)

Die sogenannte "Schwimmpfote", die man etwa bei Neufundländern und Landseern antrifft, muß eine breite, runde Pfote mit viel Haaren zwischen den Zehen und stark entwickelter Zwischenzehenhaut sein. Sowohl beim Schwimmen als auch beim Laufen im Schnee ist eine große Fußoberfläche vorteilhaft. (Auch Schlittenhunde haben oft ähnliche Pfoten).

36 - 8 **kurze Pfote**

Die **kurze Pfote** ist eine fehlerhafte Form. Bedingt durch die steilen Mittelfußknochen, ist die Pfote zu kurz und gedrungen, und deshalb sind die Nägel häufig stark abgeschliffen.

36 - 9 **Senkpfote**

Eine ziemlich durchgetretene Pfote, bei der die Zehen nicht mehr geschlossen sind, wird **Senkpfote** genannt.

36 - 10 **Spreizpfote**

Die Zehen sind weit auseinandergespreizt, die Nägel oft schlecht geformt.

36 - 11 **zusammengewachsener Pfotenballen**

Mit fortschreitender Entwicklung des Haushundes kann man gegenwärtig immer häufiger beobachten, daß die zwei mittleren Fußballen zusammengewachsen sind.

LUNDEHUND: Bei dieser Rasse kommen an allen vier Pfoten je sechs Zehen vor, wobei fünf Zehen vollständig entwickelt sind und die sechste Zehe als Kralle ausgebildet ist. Es wird behauptet, daß diese Rasse in felsigem Gelände besser klettern könne als ein Hund mit "normalen" Pfoten.

abgebildete Rasse:
LUNDEHUND

D. Verschiedenes

36 - 12 **Liegeschwielen**

Schwielige Stellen an Ellenbogen, Sprunggelenken und mitunter an den Sitzbeinhöckern nennt man Liegeschwielen. Sie kommen häufig bei mageren, älteren Hunden vor. Diese Liegeschwielen erinnern entfernt an Pfotenballen. Besonders anfällig sind alle großen und schweren Rassen.

abgebildete Rasse:
MASTIFF

34 - 13 **Sitzbeinhöcker, buttocks** (= englisch)

Buttocks nennt man entweder die Sitzbeinhöcker oder schwere, fleischige Hinterbacken. In England wird die Rumpflänge eines Hundes gemessen vom "point of shoulder" (womit das Buggelenk gemeint ist) bis zum "buttock" (Sitzbeinhöcker).

36 - 14 **bullig, beefy** (= englisch)

Die Muskeln an den Hinterläufen sind besonders stark ausgeprägt. Früher kam das regelmäßig bei Hunden vor, die vor einen Wagen gespannt wurden; durch die oft schwere Arbeit entwickelten sich die Schubmuskeln der Hinterläufe unverhältnismäßig stark. Manchmal wird auch ein besonders kräftig bemuskelter Hund *beefy* genannt.

36 - 15 **hochbeinig, leggy** (= englisch)

Wenn ein Hund zu lange Beine hat, wird er hochbeinig genannt. Bei jungen Hunden kann das eine Entwicklungsphase sein; bei ausgewachsenen Hunden kann entweder der Körper zu fein gebaut sein, oder die Beine sind zu lang (siehe auch: 100 - 4).

36 - 16 **Taschenbildung, pouch** (= englisch)

Die losen Hautfalten an der Ferse, die man bei manchen Hunden (wie zum Beispiel beim Basset Hound) antrifft, bezeichnet man als *pouch* (ab und zu wird hierfür auch der Ausdruck **Tasche** benutzt).

abgebildete Rasse:
BASSET HOUND

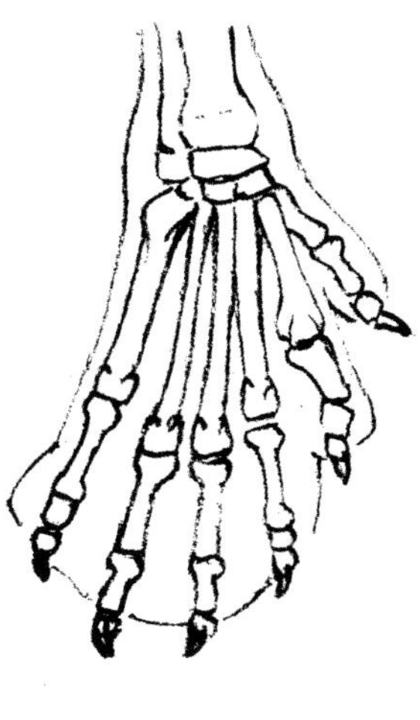

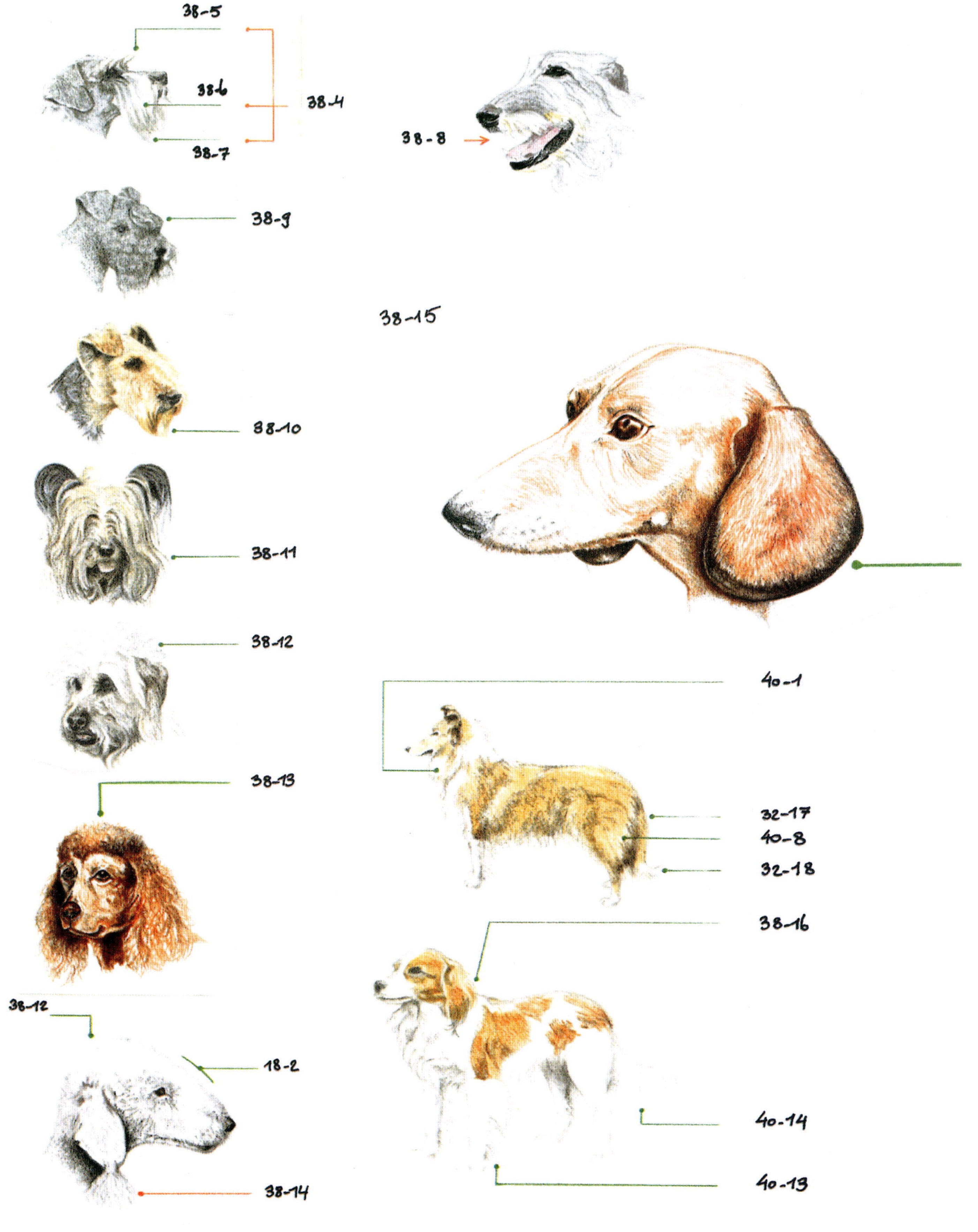

38-5
38-6
38-4
38-7
38-8
38-9
38-15
38-10
38-11
38-12
40-1
38-13
32-17
40-8
32-18
38-16
38-12
18-2
40-14
38-14
40-13

A. ALLGEMEIN

38 - 1	**bloom** (= englisch)	**Bloom** ist die Behaarung eines Hundes mit schönem, glänzenden Fell, das auf eine hervorragende Kondition hinweist.
38 - 2	**fluffy** (= englisch)	Ein Fell, das wie plustrig aufgeblasen wirkt, wird **fluffy** genannt. Das kann folgende Ursachen haben: Das Haar ist zu fein und zu lang, oder es wurde nach dem Waschen mit dem Föhn getrocknet.
38 - 3	**furnishings** (= englisch)	Ganz allgemein ist das ein Ausdruck für reichliche Behaarung an den Extremitäten (Ohren, Rute, Läufe) oder auf dem Kopf. Ein Hund mit reicher Garnitur oder zum Beispiel einer guten Befederung an der Rute ist *"well -furnished"*.

B. TYPISCHE BEZEICHNUNGEN FÜR HAARWUCHS AN BESTIMMTEN STELLEN

Für typische Formen des Haarwuchses sind besondere Bezeichnungen, meistens englische Ausdrücke, gebräuchlich.

	abgebildete Rassen:		
38 - 4	SCHNAUZER	**Garnitur**	**Garnitur** ist eine Sammelbezeichnung für *lange Haare an Augenbrauen, Schnauzbart und Bart.*
38 - 5		**Augenbrauen**	
38 - 6		**Tasthaare**	
38 - 7		**Bart**	
38 - 8	DEERHOUND	**Schnauzbart, moustache** (= französisch)	Auffällig längere, harte Behaarung am Oberkiefer, die wie ein Schnauzbart aussieht (unter anderen beim Deerhound).
38 - 9	KERRY BLUE TERRIER	**Stirnlocke, fore-lock** (= englisch)	**Stirnlocke** (englisch: **fore-lock**): reichlich wachsende Haare auf dem Oberkopf, die nach vorne fallen; sehr typisch für den Kerry Blue Terrier.
38 - 10	WELSH TERRIER	**Schnurrbart, whiskers** (= englisch)	Der *dünne* Bart, der bei einigen Terrierrassen auftritt, wird **whiskers** (Schnurrbart) genannt.
38 - 11	SKYE TERRIER	**fall** (= englisch)	Reichlichen Haarwuchs oberhalb und seitlich der Augen nennt man **fall** (= englisch); auch die Haarlocke auf dem Kopf des Yorkshire Terriers wird *fall* genannt.
38 - 12	DANDIE DINMONT TERRIER	**Haarschopf, top-knot** (= englisch)	Der **Haarschopf** (englisch: **top knot**) ist ein *Büschel Haare oben auf dem Kopf*, das meistens wolliger oder seidiger und häufig etwas heller in der Farbe ist als die restliche Körperbehaarung. Obwohl schwieriger zu sehen, findet man zum Beispiel auch beim Bedlington Terrier einen Haarschopf. Das Haarbüschelchen, das auf dem Kopf des Shih Tzu beispielsweise zusammengebunden wird, nennt man auch manchmal Haarschopf.
38 - 13	ÉPAGNEUL DE PONT-AUDEMER	**toupet** (= französisch)	Ein Schopf auf dem Kopf, wie er speziell beim Épagneul de Pont-Audemer vorkommt, wird **toupet** (= französisch) genannt. Auch der Irish Water Spaniel hat einen derartigen (ein wenig lockereren) Schopf, der bei dieser Rasse *bis zu einer Spitze zwischen den Augen verlaufen muß*. Den Schopf (toupet) beim Irish Water Spaniel nennt man manchmal auch **peak** (= englisch).
38 - 14	BEDLINGTON TERRIER	**Ohrenquaste, earring** (= englisch)	Das kleine *Haarbüschel an der Ohrspitze*, besonders beim Bedlington Terrier, wird **Ohrenquaste** genannt.
38 - 15	GLATTHAAR-DACKEL	**Lederende**	Von einem Lederende spricht man, wenn die Behaarung des Ohres nicht über den Rand hinausreicht; man sieht dann einen dunkelgefärbten, schwach glänzenden Ohrrand. Dies ist eine besonders für Dackel gebräuchliche Bezeichnung.
38 - 16	KOOIKERHOND	**oorbel** (= niederländisch)	Das ist eine sehr typische Bezeichnung für die besonders langen, schwarzen Haare an der Ohrspitze beim Kooikerhond.

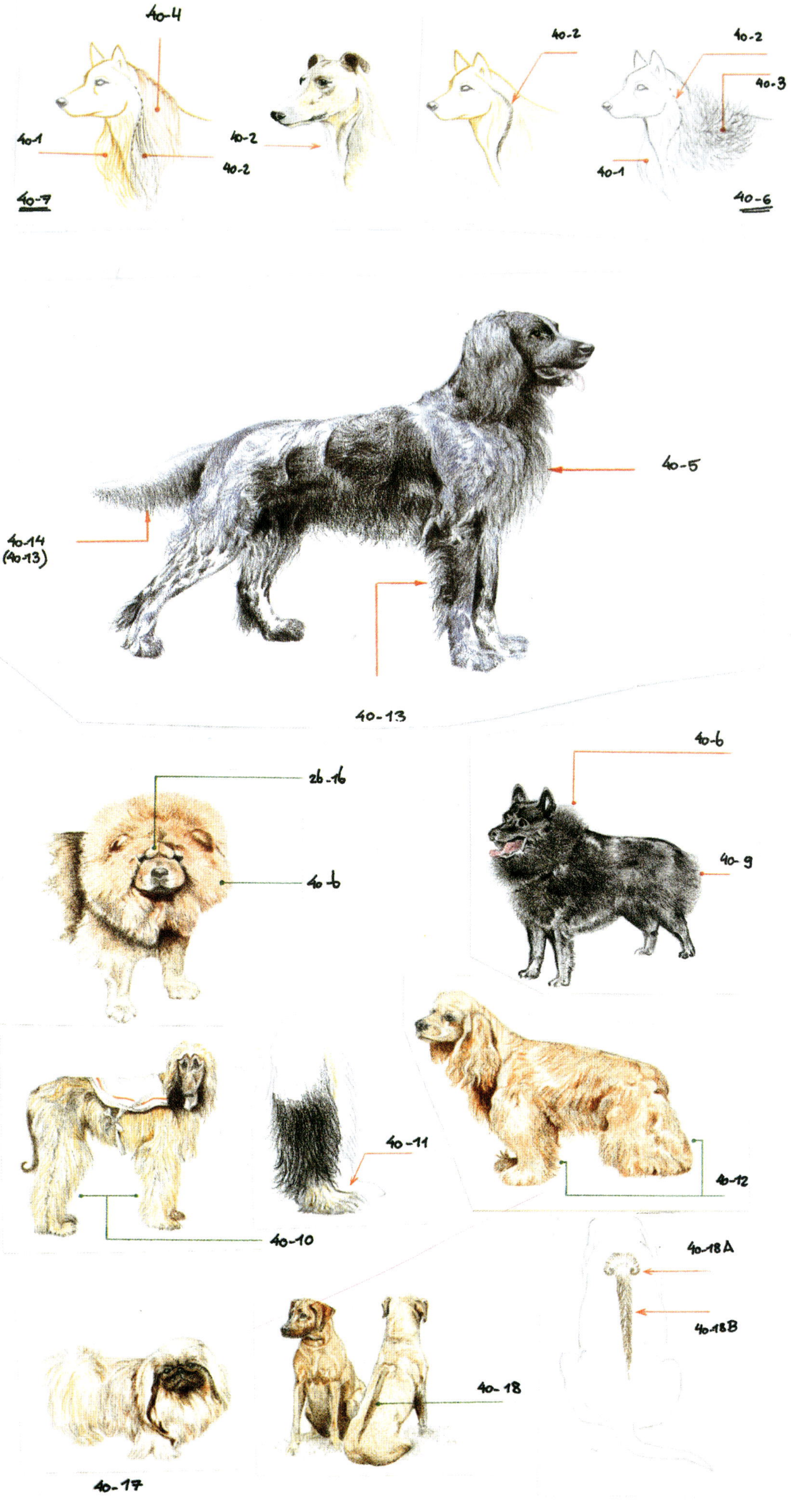

40-4
40-2
40-2
40-3
40-1
40-2
40-2
40-1
40-7
40-6
40-5
40-14
(40-13)
40-13
40-6
26-16
40-6
40-9
40-11
40-12
40-10
40-18A
40-18B
40-18
40-17

	abgebildete Rassen:		
40 - 1	Shetland Sheepdog (Sheltie) siehe Seite 38	**Schürze,** **apron** (= englisch)	Eine längere Behaarung an Kehle und Vorbrust, die man vor allem bei Settern und Collies findet, nennt man **apron** (= englisch).
40 - 2	Greyhound	**frill** (= englisch), **Brustkrause**	Ein Rand aufrecht gegeneinander stehender Haare, der seitlich des Halses ungefähr vom Ohransatz bis zur Kehle verläuft. Er ist vor allem bei kurzhaarigen Hunden oft gut zu beobachten. Auch die lange Behaarung längs des Halses nennt man häufig **frill**. Beim Halskragen (40 - 6) stellt der frill die Verbindung zwischen Mähne (40 - 4) und apron (40 - 1) her. Beim Malinois heißt die etwas längere Behaarung **collarette**.
40 - 3		**cape** (= englisch)	Das lange, etwas steife Haar, das bei einer Vielzahl von Rassen die Schultern -als Teil des Halskragens- bedeckt, wird **cape** genannt (Schipperke, Bobtail).
40 - 4		**Mähne,** **mane** (= englisch)	Wenn die Behaarung am Nacken lang ist und seitlich am Hals herabhängt, nennt man das **Mähne**. Die Mähne bildet auch einen Teil des Halskragens.
40 - 5	Grosser Münster-länder	**Brustbefederung**	Die längere Behaarung auf der Vorbrust, oft verbunden mit einem Halskragen, wird Brustbefederung genannt (unter anderen beim Groenendael).
40 - 6	Langhaarige r Chow Chow	**Halskragen,** **jabot** (= französisch)	Ist die Behaarung rund um den Hals so reichlich geworden, daß sie gleichsam einen Kragen bildet, dann nennt man das auch wirklich **Halskragen** oder **jabot** (= französisch). Ein Halskragen ist besonders für den Schipperke typisch.
40 - 7		**ruff** (= englisch)	Dichte, lange, etwas abstehende Behaarung rund um den Hals (umfaßt Mähne, frill und apron). Hierbei ist deutlich kein cape vorhanden, das beim jabot wohl vorkommt.
40 - 8		**Hosen,** **breeches** (= englisch)	Eine lange und dichte Behaarung an den Oberschenkeln heißt **Hosen** (siehe Seite 38). Namentlich beim langhaarigen Chihuahua nennt man die Hose auch schon einmal **pants**. Auch den Rand gegeneinander hochstehender Haare an der inneren Rückseite der Hinterläufe nennt man bei kurzhaarigen Rassen **breeches**.
40 - 9	Schipperke	**culotte** (= französisch)	Die Hosen beim Schipperke heißen **culotte** (= französisch). In englischsprachigen Ländern nennt man solche Hosen **breeching**. Bei dieser Art Hose soll die Behaarung nicht gerade abstehen, sondern gleichsam wieder etwas zurückgebogen sein.
40 - 10	Afghanische r Windhund	**trousers** (= englisch)	Setzt sich die üppigere Behaarung rund um die Hinterbeine fort, dann spricht man von **trousers**. Seltsamerweise sagen wir dann nichts anderes als Hosen, ist doch das englische Wort dafür trousers. Meistens kommt bei trousers auch eine üppige Behaarung an den Vorderläufen vor. *Der abgebildete Afghanische Windhund trägt eine sogenannte Renndecke auf dem Rücken.*
40 - 11		**cuffs** (= englisch)	Die kurze Behaarung vorne auf den Pfoten beim Afghanischen Windhund.
40 - 12	American Cocker Spaniel	**plus eights** (= englisch)	Vor allem der American Cocker Spaniel ist auf eine kräftige Behaarung rund um alle Beine gezüchtet. Diese Behaarung wird für das Vorführen auf einer Ausstellung so gekämmt, daß sie besonders schwer und voll wirkt. Eine solche, etwas übertrieben anmutende Behaarung nennt man auf englisch: **plus eights**.
40 - 13		**Befederung,** **feathering** (=englisch)	Mit dem Ausdruck **Befederung** bezeichnet man meistens eine längere Behaarung, die an den Ohren und/oder an der Rückseite der Läufe und/oder an der Rute vorkommt (siehe auch Seite 38).
40 - 14		**Fahne,** **flag** (=englisch)	Hat die Rute deutlich lang herabhängende Haare, dann bezeichnet man dies als **Fahne** (siehe auch Seite 38).
40 - 15		**comb** (=englisch)	Die lange, ziemlich dünne Behaarung (Befederung, Fahne) an der Rute speziell beim Setter heißt **comb.**
40 - 16		**brush** (=englisch)	Die fuchsartige Behaarung an der Rute bei etlichen Rassen (unter anderen dem Siberian Husky, 42 - 2) nennt man **brush** (siehe auch 32 - 17: die Rute beim langhaarigen Collie).
40 - 17	Pekingese	**Fransen,** **fringes** (=englisch)	Eine besonders lange Befederung bei langhaarigen Hunden heißt **Fransen** (englisch: **fringes**); es ist recht typisch, daß sie auch an den Pfoten vorkommen. **Ear-fringes** ist die Bezeichnung für die lange Behaarung an den Ohren des Pekingesen.
40 - 18	Rhodesian Ridgeback	**ridge** (= englisch), **pronk** (afrikaans)	Eine sehr typische Behaarung, die beim Rhodesian Ridgeback und beim Phu Quoc (einer südasiatischen Rasse) vorkommt. Bei beiden Rassen wächst ein mehr oder weniger breiter Streifen Haare mitten auf dem Rücken in entgegengesetzter Richtung zur restlichen Behaarung. Dieser Streifen wird pronk oder auf englisch **ridge** genannt. Wegen dieser starken und charakteristischen Ähnlichkeit zwischen beiden Rassen glaubt man, daß eine enge Verwandtschaft bestehen muß. Der Ridge besteht aus einer Krone (= einem Haarwirbel; 40 - 18A) und einem Haarstreifen (40 - 18B). Der Standard für den Rhodesian Ridgeback erwähnt: "Charakteristisch ist der Ridge auf dem Rücken, der durch Haare gebildet wird, die entgegengesetzt zur übrigen Fellrichtung wachsen. Der Ridge ist das unverkennbare Kennzeichen der Rasse. Er muß deshalb klar abgegrenzt, symmetrisch und spitz auslaufend sein. Er beginnt unmittelbar hinter der Schulter, fortlaufend bis zur Hüfte. Er darf nur zwei identische crowns [Kronen; sprich: Wirbel]° haben, die sich genau gegenüber liegen. Die unteren Ränder der Wirbel dürfen nicht weiter reichen als maximal bis zu einem Drittel des gesamten Ridges. Der Ridge soll circa 5 cm breit sein."

42-2

42-4

42-5

42-6

42-7

42-8

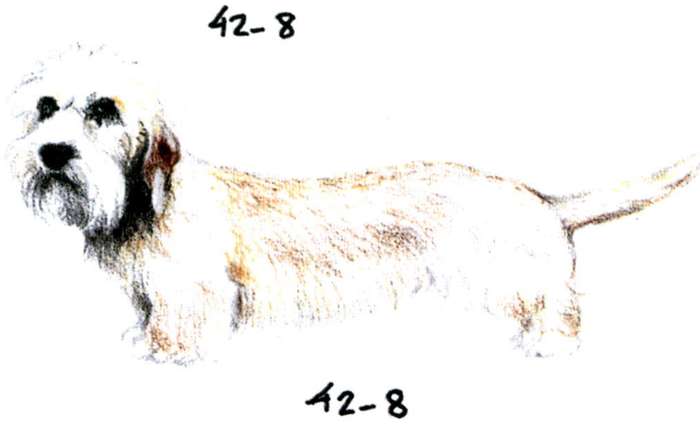

42-8

C. Die Haarfarbe

42 - 1	abgebildete Rassen:	**Pigmentierung**	Die Fellfarbe wird durch die **Pigmentierung** (Pigmentfarbe) der einzelnen Haare bestimmt. Man unterscheidet zwei Hauptpigmente: **dunkles Pigment** (die Farben Schwarz und Braun) und **helles Pigment** (die Farben Rot und Gelb). Die Anordnung der Pigmentfarben und die Häufigkeit, in der eine bestimmte Pigmentfarbe in einem Haar vorkommt, bestimmen die Farbe dieses einzelnen Haares. Gelbe Hunde sollen ein Fell haben, bei dem die einzelnen Haare (streifenweise) mit hellem Pigment gefärbt sind, in dem die Farbe Gelb vorherrscht. So entsteht der Gesamteindruck eines gelben Fells. Wenn in solch einem Fell bestimmte Haargruppen anders gefärbt sind (zum Beispiel mit dunklem Pigment), dann entsteht der Gesamteindruck eines gelben Hundes mit farbigen Flecken. Solch ein Muster nennt man **Abzeichen**. Obwohl in der Vererbungslehre schon ziemlich viel über die Vererbung der Farben bei Hunden bekannt ist, ist es dennoch nahezu unmöglich, die Farben, die wir beim Hund antreffen (und benennen), in einem Schema unterzubringen. Viele Faktoren spielen eine Rolle, welchen Farbeindruck ein einzelner Hund gibt. Weil das Pigment durchaus nicht gleichmäßig über das einzelne Haar verteilt zu sein braucht, sondern beispielsweise an einer Seite des Haares stärker eingelagert sein kann als an der anderen, kann das den Gesamteindruck der Farbe beeinflussen. Obendrein können die Deckhaare eine andere Farbe haben als die Haare der Unterwolle, was selbstverständlich wiederum den Eindruck der Fellfarbe beeinflußt. Auch die Richtung, in der die Haare wachsen (siehe: Rhodesian Ridgeback), und die Querschnittsform des einzelnen Haares (rund, oval, nierenförmig oder abgeplattet), können eine Rolle spielen.
42 - 2	Alaskan Malamute	**wildfarben, agutifarben, wolfsgrau**	Wenn sowohl helles als auch dunkles Pigment gut gemischt vorkommt, sprechen wir von **Wildfarbe** oder **Aguti** (auch: Wolfsgrau). Wenn das dunkle Pigment (schwarz) überwiegt, wird die Wildfarbe dunkel (schwarz)grau sein wie bei vielen Nordischen Hunden (Elchhund), vielen Wildhunden (Wolf) und einem bestimmten Schlag des deutschen Schäferhundes. *Der Ausdruck Aguti wird auch gebraucht für ein in Bahnen gestreiftes einzelnes Haar* (Querstreifen in Schwarz und Grau, siehe 60 - 38).
42 - 3		**le poil Louvard** (= französisch)	Die Wildfarbe bei der französischen Rasse Poitevin wird **le poil Louvard** genannt.
42 - 4	Rauhhaar-Dackel	**saufarben**	Die Wildfarbe kann auch dunkelbraun-grau sein, wie sie bei einem bestimmten Teckelschlag auftritt.
42 - 5	Saarloos Wolfhond	**helle Wildfarbe** oder **schwach agutifarben**	Wenn die Wildfarbe abgeschwächt ist (also das dunkle Pigment weniger vorherrscht), dann sprechen wir von **schwach agutifarben** oder **heller Wildfarbe** (ganz typisch für den Saarloos Wolfhond).
42 - 6	Schnauzer	**Pfeffer und Salz**	Wenn die Wildfarbe eher grau mit einem Stich ins Blau-Braune ist (im dunklen Pigment also Braun überwiegt), dann nennt man das beim Schnauzer **Pfeffer-und-Salz-farben**.
42 - 7	Dandie Dinmont Terrier	**pfefferfarben, pepper** (= englisch)	Ist die Wildfarbe bläulich-schwarz bis silbergrau (so wie bei einem Farbschlag des Dandy Dinmont Terriers), dann nennt man das **pfefferfarben.**
42 - 8		**senffarben, mustard** (= englisch)	Herrscht das helle Pigment mehr vor als das dunkle und ist dadurch die Farbe eher beige oder rötlich-braun, dann nennt man das beim Dandy Dinmont Terrier **senffarben**.
42 - 9		**grau**	Manchmal stößt man auf den Begriff **grau**, mit dem die Farbe eines Hundes bezeichnet wird, der nahezu über den ganzen Körper eine ziemlich dunkle Wildfarbe hat. Von diesem Begriff ist abzuraten. Mit Grauwerden wird nämlich das Ergrauen der Behaarung bezeichnet, wenn der Hund älter wird. (Das muß nicht nur eine Alterserscheinung sein, sondern kann auch als Farbveränderung auftreten, wenn der Hund erwachsen wird, zum Beispiel beim Kerry Blue Terrier). Die Farbe Grau wird bei Hunden (bei bestimmten Rassen) als besondere Farbe betrachtet.
42 - 10		**grizzle** (= englisch)	**Grizzle** nennt man eine gräuliche Färbung, die der Wildfarbe am meisten ähnelt und eine Mischung aus schwarzen und grauen Haaren ist. Beim **Border Terrier** wird diese Bezeichnung auch für ein mit schwarzen Haaren vermischtes **rotes** Fell gebraucht.

44-2

38-13

44-3

44-4

44-5

44-8

44-6

44-11

44-12

44-13

44 - 1	abgebildete Rassen:	**einfarbig,** **self-colour** (= englisch)	Ein einfarbiges Fell von gleichmäßigem Schwarz bis Weiß heißt **self-colour** (= englisch).
44 - 2	SCHWARZER NEUFUND-LÄNDER	**einfarbig schwarz**	Wenn das dunkle Pigment stark vorherrscht, bekommen wir dunkle Hunde (schwarz oder braun). Das nennen wir **einfarbig dunkel**.
44 - 3	IRISH WATER SPANIEL	**einfarbig braun**	*Es gibt keine einfarbig dunklen Hunde, die nicht irgendwo etwas Weiß haben. Es kann ein einzelnes Haar hier oder da auf dem Körper sein oder eine geringe Anzahl wei ßer Haare auf Kopf oder Hals.*
44 - 4	IRISH TERRIER	**rot,** **red** (= englisch)	Herrscht das helle Pigment vor, dann bekommen wir rötliche oder gelbliche Hunde. Hierbei unterscheiden wir eine Anzahl von Farbtönen: **rot** (englisch: **red**), **lohfarben** (englisch: **tan**) und **sandfarben** (englisch: **sandy**; bei dieser Färbung überwiegt der Faktor Gelb).
44 - 5	PHARAO-HOUND	**lohfarben,** **tan** (= englisch)	**Tan** (= englisch) ist ein schwierig zu beschreibender Farbton; er ist heller als rot mit einem Stich ins Braune (auf deutsch: **lohfarben).**
44 - 6	SLOUGHI	**sandfarben**	Ein Farbton, bei dem der Faktor Gelb vorherrscht.
44 - 7		**aufgelichtet,** **diluted** (= englisch)	Wenn eine oder mehrere Pigmentfarben sich abschwächen, entstehen Zwischenfärbungen: **aufgelichtete Farben**. *Wenn die Fellfarbe bei einem bestimmten Hund ganz oder teilweise heller ist als nach dem Standard erwünscht, spricht man manchmal auch von einer verblaßten Fellfarbe.*
44 - 8	BORDEAUX-DOGGE	**rehfarben,** **fawn** (= englisch), **falbfarben**	Einfarbige Hunde mit einer hellroten oder hellbraunen (beige) Färbung werden häufig **rehfarben, falbfarben** oder **fawn** (= englisch) genannt. Dieser Farbton stimmt wieder in etwa mit der Sandfarbe überein. Der Nasenspiegel ist bei rehfarbenen Hunden oft braun, manchmal fleischfarben. *Für fawn siehe auch unter cremefarben.*
44 - 9		**isabellfarben**	**Isabell** ist eine sehr verblaßte hellbraune Farbe, die auch wieder der Sandfarbe nahekommt (diese Bezeichnung ist unter anderen beim Dobermann Pinscher gebräuchlich).
44 - 10		**brachefarben,** **fallow** (= englisch)	**Brachefarben** oder **fallow** nennt man eine blaßgelbe Fellfarbe.
44 - 11	HOLLANDSE SMOUS	**deadgrass** (= englisch), **sedge** (= englisch)	Mit den Namen **deadgrass** oder **sedge** wird eine Fellfarbe bezeichnet, die man am besten als **strohfarben** beschreibt. **Deadgrass** (totes Gras) ist hell strohfarben, **sedge** (Binsen) ist dunkel strohfarbig.
44 - 12	SOFT COATED WHEATEN TERRIER	**weizenfarben,** **wheaten** (= englisch)	Ein verblaßtes Rot ergibt die **Weizenfarbe** (englisch: **wheaten**). Sie kommt unter anderen beim Akita Inu vor; früher gab es sie auch häufiger beim Border Terrier.
44 - 13	BASSET FAUVE DE BRETAGNE	**fauve** (= französisch)	**Fauve** (= französisch) ist eine dunkelweizenfarbige (etwas rostige) Tönung. Diese Farbbezeichnung ist vor allem gebräuchlich bei französischen Bassets (zum Beispiel beim Basset Fauve de Bretagne).

46-1

46-2

46-3

46-5

46-4

46-9

46-10

46-8

46-11

46-12

	abgebildete Rassen:		
46 - 1	SKYE TERRIER	**blau**	Die Farbe **Blau** (eine Verdünnung der Pigmentfarbe Schwarz) kommt unter anderen bei der Deutschen Dogge vor.
46 - 2	YORKSHIRE TERRIER	**stahlblau**	Die bläuliche Färbung des Fells beim Yorkshire Terrier und auch bei bestimmten Deutschen Doggen nennt man **stahlblau**. Die Fellstruktur ruft den Eindruck eines stahlharten, glänzend blauen Farbtons hervor. Wenn im Blau (zum Beispiel des Silky Terriers) Tan-Flecken vorkommen, nennt man dies (auf englisch) **smut (rußig)**.
46 - 3	OTTERHOUND	**schiefergrau**	Bei Hunden mit einem lockereren, zottigen Fell (Old English Sheepdog, Bearded Collie) wirkt die blaue Färbung matter. Wir sprechen dann von **Schiefergrau** (englisch: **slate grey**).
46 - 4	CHEASAPEAKE BAY RETRIEVER	**leberfarben,** **liver** (= englisch)	Ein ganz besonderer Farbton, der durch das Unterdrücken (oder wohl auch Verdünnen) der schwarzen Pigmentfarbe entsteht, ist die **Leberfarbe**. Zu ihr gehören helle Augen und ein brauner Nasenspiegel. Den Irish Water Spaniel (siehe unter einfarbig braun, 44 - 3) bezeichnet man bisweilen auch als leberfarben. Statt leberfarben sagt man bei bestimmten Rassen auch **schokoladenfarben** oder **schokoladenbraun**. Bei den Pudeln heißt diese Fellfärbung einfach **braun**.
46 - 5	NOVA SCOTIA DUCK TOLLING	**kastanienrot**	**Kastanienrot** ist eine Farbbezeichnung, die man unter anderem gebraucht, um zum Beispiel die Fellfarbe von Irish Setter und rotem Dackel zu benennen.
46 - 6	RETRIEVER	**ruby** (= englisch)	**Ruby** ist ein kastanienroter Farbton. Diesen Begriff wendet man allein als Farbbezeichnung beim *einfarbig roten* King Charles Spaniel und beim Cavalier King Charles Spaniel an.
46 - 7		**fuchsrot,** **fulvo** (= italienisch)	So nennt man denselben rötlichen Farbton beim Cirneco dell'Etna. Der Bezeichnung **fuchsrot** begegnen wir auch bei Rassen mit einer warm-roten Fellfarbe (zum Beispiel dem Finnenspitz, siehe 8 - 4).
46 - 8	WEIMARANER	**mausgrau**	Eine sehr charakteristische Farbe, die nur beim Weimaraner vorkommt, wird als **mausgrau** beschrieben. Wer einmal diese Färbung, die weder grau noch leberfarben, noch blau ist, gesehen hat, wird immer wieder einen Weimaraner erkennen. In England nennt man diese Farbe **ghostly grey**.
46 - 9	PUDEL	**grau**	**Grau** (auch **silber** genannt) ist eine Farbbezeichnung, die man zum Beispiel bei Pudeln gebraucht.
46 - 10		**apricot** (= englisch)	**Apricot** ist eine Farbe, die speziell beim Pudel vorkommt. Beim Pudel sind verschiedene Farben (schwarz, grau, braun, apricot und weiß) erlaubt. Die Hunde müssen jedoch ganz einfarbig (*self-colour*) sein.
46 - 11	ZWERGSPITZ	**orange**	**Orange** ist eine Farbbezeichnung, die bei einigen Rassen für ein helles Rotbraun oder eine Farbe zwischen Gelb und Rot gebräuchlich ist (unter anderen beim Barsoi).
46 - 12	LÖWCHEN	**zitronenfarben,** **lemon** (= englisch)	Die erwünschtesten Farben beim Löwchen sind weiß, schwarz und **zitronenfarben**. Der Clumber Spaniel darf zitronenfarbene Flecken im Fell haben.

48-1

48-4

48-5

48-7

48-9

48-12

48-11 48-13 48-14 48-15

48-10

A B C D E

48-12

	abgebildete Rassen:		
48 - 1 48 - 2 48 - 3	AKITA INU	**cremefarben,** **elfenbeinfarben,** **biskuitfarben**	Eine sehr helle Färbung, nicht ganz weiß, aber mit etwas creme- oder beigefarbenem Schimmer wird (bei verschiedenen Rassen) **cremefarben, elfenbein**- oder **biskuitfarben** genannt. (Manchmal stößt man auch auf den englischen Ausdruck **fawn**; tatsächlich muß fawn jedoch einen Ton dunkler sein.) Es gibt mehrere Rassen, deren Fell im Standard als weiß oder reinweiß bezeichnet wird, die jedoch in Wirklichkeit cremefarben sind. Um diese Hunde (zum Beispiel für eine Hundeausstellung) "schön weiß" zu machen, behandelt man ihr Fell mit Kreide. Mit dem Kreiden geht meistens der silbrige Glanz des Haares (der Haarspitzen) verloren. In den meisten Ländern ist heute auf Ausstellungen Kreiden verboten.
48 - 4	MALTESER	**weiß**	Ein gutes Beispiel für einen **weißen** (**reinweißen**) Hund ist der Spitz. Bei diesem Weiß (des Fells) müssen Nägel, Nase und Augen pigmentiert sein. Die Fellfarbe des West Highland White Terrier (mit der vom Standard geforderten Farbe Reinweiß) hat denselben erblichen Ursprung wie die der cremefarbenen Hunde. Das weiße Fell des Spitzes dagegen stammt aus einer anderen Erbanlage.
48 - 5		**Albinismus**	*Ein weißer Hund ist kein Albino.* **Albinismus** ist das vollkommene Fehlen von Pigment (= Farbe) in Fell, Haut, Nägeln und Augen. Er ist meistens verbunden mit einem schlechteren Seh- und Hörvermögen, manchmal auch mit dem Verlust geistiger Fähigkeiten. Albinismus kommt bei Hunden selten vor.
48 - 6		**Leuzismus**	**Leuzismus** ist eine Form des Albinismus. Hierbei findet man ein weißes (= farbloses) Haarkleid und unpigmentierte Nägel, aber noch (schwach) pigmentierte Augen und eine (schwach) pigmentierte Haut.
48 - 7		**Cornaz**	**Cornaz** (oder **Cornaz-Albino**) ist kein vollständiger Albinismus. Dabei sehen wir einen hellgrauen Hund mit blaßblauen Augen. Das kommt bisweilen beim Pekingesen vor.
48 - 8		**skewbald** (= englisch)	Einen albinoweißen Hund mit Cornaz-Flecken nennt man **skewbald**. (Dieser Ausdruck stammt aus der Pferdewelt und bezeichnet eigentlich unregelmäßige, nicht schwarze Schimmelflecken auf weißem Untergrund. Er wird in der Kynologie allerdings nie im selben Sinn gebraucht.)
48 - 9	WELSH CORGI CARDIGAN	**blue merle** (= englisch)	**Blue merle** ist eine intermediär vererbte Farbe, die bei einigen Rassen (Collie, Sheltie, Corgi) entsteht, wenn man einen weißen Hund mit einem dreifarbigen (tricolor) Hund gekreuzt hat. Man rät davon ab, einen Blue-Merle-Hund mit einem anderen Blue-Merle-Hund zu kreuzen, weil dabei tote (weiße) Welpen geboren werden (oder im Mutterleib mit den manchmal üblen Folgen absterben). Um den Blue-Merle-Schlag zu erhalten, kreuzt man einen Blue-Merle-Hund mit einem Tricolor-Hund, wobei dann außer Tricolor-Welpen auch einige Blue-Merle-Welpen geboren werden können. Eine Mischung aus schwarzen und weißen Haaren ergibt die grizzle Fellfarbe; wir sehen außerdem schwarze Flecken oder Platten und häufig weiße Abzeichen. Blue-Merle-Hunde haben oft ein oder zwei *Glasaugen* oder *walleyes*.
48 - 10		**angerußt**	Bei bestimmten Rassen mit gelblichem oder braunem Fell haben die einzelnen Haare schwarze Spitzen. Man nennt das **angerußt** (siehe auch 60 - 40).
48 - 11		**charbonée** (= französisch)	Beim Malinois und beim Tervueren haben wir ein Fell von gelblichen Haaren mit schwarzen Haarspitzen. Dieses Farbmuster nennt man **charbonnée** (= französisch), (siehe auch 60 - 40).
48 - 12	SHETLAND SHEEPDOG	**zobelfarben,** **sable** (= englisch)	Rotbraunes bis rehfarbenes Haar mit schwarzen Haarspitzen nennen wir **zobelfarben** oder **sable**. Es kommt unter anderen bei Shetland Sheepdog und Collie vor .
48 - 13		**dachsfarben**	**Dachsfarben** nennt man ein **Fell** *von braunen Haaren mit schwarzen Spitzen.* Wir finden es unter anderen beim Bloodhound (siehe auch 60 - 40).
48 - 14		**löwenfarben**	Beim Leonberger kommt ein **rotgelbes Fell** (manchmal mit *mit dunklen Haarspitzen)* vor. Man nennt das **löwenfarben** (siehe auch 60 - 40).
48 - 15		**vargélet** (= französisch)	**Vargélet** (= französisch) ist eine Bezeichnung für ein **fahlbraunes** oder **fahlrotes** (fawn) **Fell** mit **dunklen** *(nicht schwarzen) Haarspitzen* (siehe auch 60 - 40).

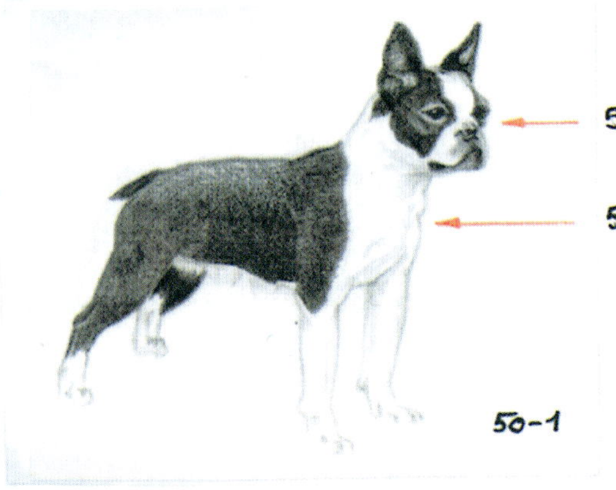

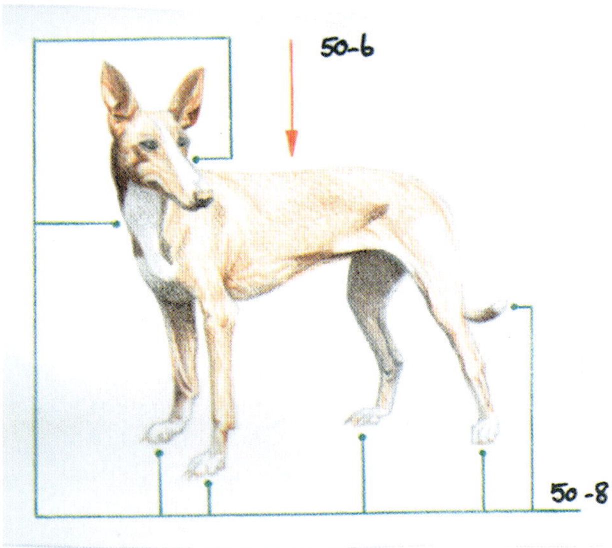

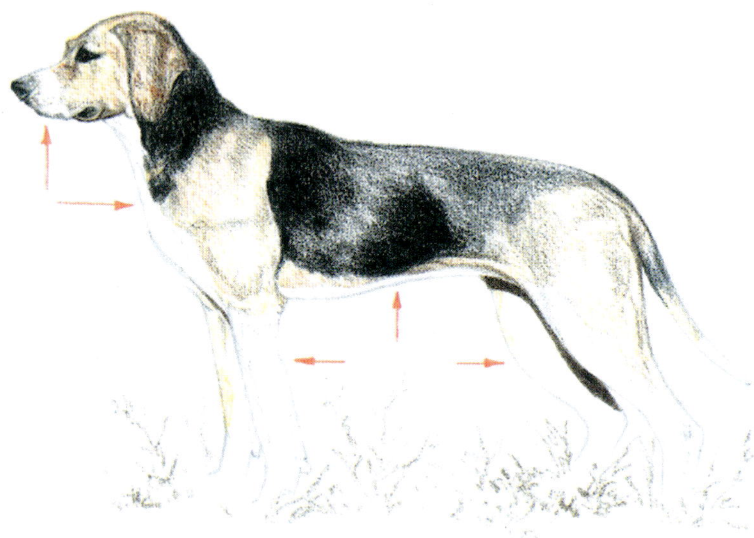

50-7

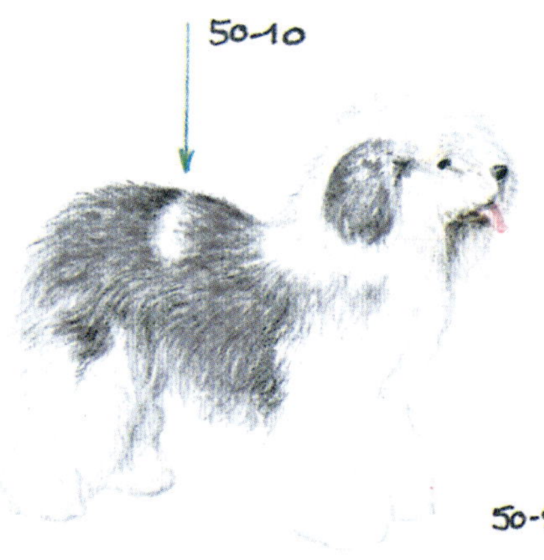

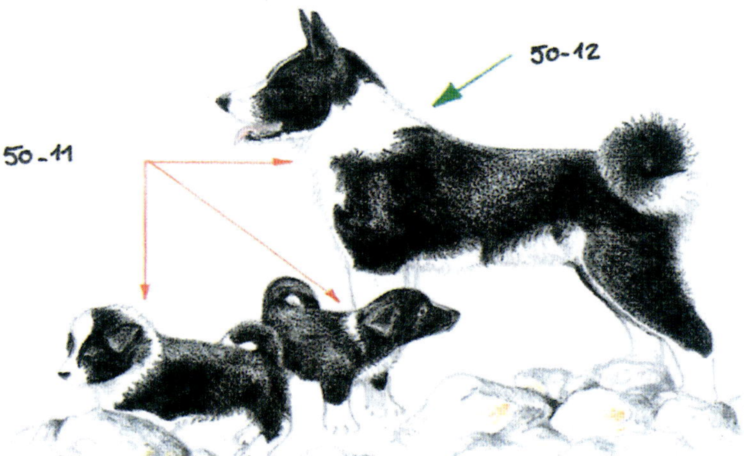

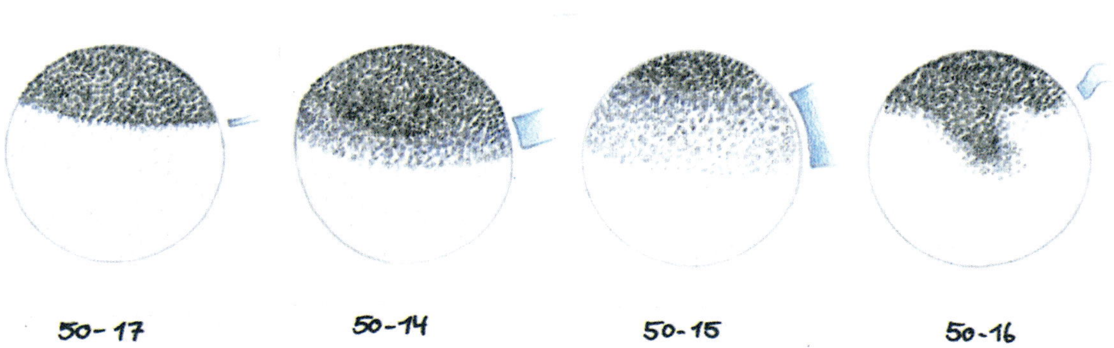

50-17 50-14 50-15 50-16

D. Die Fellabzeichen

	abgebildete Rassen:		
50 - 1	Boston Terrier	**rassetypische Abzeichen**	Die Abzeichen entstehen durch verschiedenfarbige Behaarung. Für gewisse Rassen ist im Standard eine bestimmte Markierung als Rassekennzeichen festgelegt. Boston Terrier: "Weiße Schnauze, gleichmäßig weiße Blesse über Kopf, Hals, Brust, einen Teil oder die ganzen Vorderläufe und die Hinterläufe unterhalb des Sprunggelenks." Die rassetypischen Abzeichen in Weiß beim Welsh Corgi Cardigan werden (auf englisch) **flashings** genannt. Die Markierung bei dieser Rasse ist: Weiße Blesse auf dem Kopf, weiß rund um den Hals und auf der Vorbrust, von dort durchlaufend unter den Bauch, weiße Pfoten und weiße Rutenspitze.
50 - 2		**muzzle band** (= englisch)	Mit diesem englischen Ausdruck bezeichnet man die *weiße Markierung rund um das Vorgesicht*, vor allem beim Boston Terrier.
50 - 3	Cavalier King Charles Spaniel	**Blenheim-Abzeichen**	**Blenheim** nennt man speziell beim King Charles Spaniel und beim Cavalier King Charles Spaniel die Farbvariante von *kastanienroten Abzeichen auf weißem Untergrund* (nicht zu verwechseln mit ruby, womit ein ganz kastanienroter Hund bezeichnet wird). Die Abzeichen müssen vor allem auf dem Kopf symmetrisch verteilt sein.
50 - 4		**Schönheitsfleck beauty spot, lozenge mark** (= englisch)	Ein typisches Merkmal von King Charles Spaniel und Cavalier King Charles Spaniel (und Bestandteil des Blenheim-Musters) ist ein *rautenförmiger Fleck im Weißen hoch oben auf der Stirn.* Diesen Fleck bezeichnet man bei den genannten Rassen als **beauty spot** (oder auch **lozenge mark**) [lozenge = Raute]°. Beim Blenheim Cavalier King Charles Spaniel wird dieser Fleck (sehr zur Verwirrung) ab und zu auch **kissing spot** genannt (siehe auch 56 - 11). Auch der Cocker Spaniel hat häufig einen derartigen Schönheitsfleck hoch oben auf der Stirn.
50 - 5		**smudge** (= englisch)	Einen dunklen Flecken, der auf dem Kopf eines Welpen zu sehen ist, nennt man **smudge**. Er ist bei vielen Rassen zu beobachten.
50 - 6	Cirneco dell´Etna	**Mantel**	**Mantel**: Der Hund ist weitgehend von einer Farbe, die jedoch an der Brust, den Pfoten, der Rutenspitze und (manchmal) der Nasenspitze nicht auftritt. Man findet ihn zum Beispiel beim Basenji und bei Manteldoggen (siehe auch Seite 52).
50 - 7	Hamilton-Stövare	**Decke, blanket** (= englisch)	Dieser Ausdruck wird vor allem für gewisse Brackenarten gebraucht, um ein Farbmuster zu bezeichnen, bei dem eine dunklere Fellfarbe einen großen Teil von Rücken und Nacken (und Teile des Kopfes) bedeckt, während Bauch, Läufe, Kehle und Vorgesicht weiß sind. Es handelt sich hierbei um einen Mantelhund, bei dem die deutlichen weißen Abzeichen als ein großer weißer Fleck ineinander verlaufen.
50 - 8		**self-marked** (= englisch)	Die weißen Abzeichen bei einem Mantelhund nennt man **self-marked** (nicht zu verwechseln mit self-colour!).
50 - 9	Old English Sheepdog (Bobtail)	**Holländermuster**	Wenn die Schulterpartie zu Farbverlust neigt, nennt man dies (nach einer Kaninchenrasse) **Holländermuster**. Scharf abgegrenzt ist der vordere Teil des Hundes weiß, von anderer Farbe als der übrige Hund. Die dunkle Farbe des Hinterkörpers bedeckt auch im Ohrenbereich den Kopf. Dieses Holländermuster finden wir regelmäßig beim Old English Sheepdog (siehe auch Seite 52).
50 - 10		**flash** (= englisch)	Ein weißer Fleck in der dunklen Farbe beim Old English Sheepdog wird **flash** genannt. Man beurteilt ihn je nach Größe als weniger erwünscht bis unerwünscht.
50 - 11	Karelischer Bärenhund	**Kragen, collar** (= englisch)	Ein weißes Band, das vom Nacken bis über die Vorbrust durchläuft. Man unterscheidet zwischen einem **schmalen** und einem **breiten Kragen** (oder **collar**). Verläuft das Band nicht ganz um den Hals, nennt man das einen **unterbrochenen Kragen**. Einen schönen breiten Kragen, der ganz bis über die Vorbrust durchläuft, nennt man beim Bobtail **royal collar** (= englisch: einen königlichen Kragen).
50 - 12		**Irish spotting** (= englisch), **irische Fleckung**	Irische Fleckung (**Irish spotting**) ist das Abzeichenmuster, das sich aus der Form des Mantels ergibt. So bezeichnet man zum Beispiel die Markierung des Boston Terriers (50 - 1). Auch beim Basenji tritt sie auf (siehe auch 50 - 6 und Seite 52).
50 - 13		**weiße Abzeichen**	*Weiße Haare auf rosa Haut* (wie zum Beispiel beim Boston Terrier, 50 - 1) nennt man bei einem farbigen Hund **weiße Abzeichen.** Wenn der Rand zwischen weißem und dunklem Haar, etwa bei der irischen Fleckung, nicht scharf abgegrenzt ist, sind dafür verschiedene Bezeichnungen in Gebrauch:
50 - 14		**gesäumt**	**Gesäumt:** In einer *schmalen Übergangszone* wachsen weiße und dunkle Haare durcheinander, doch der Rand hebt sich im übrigen ziemlich deutlich ab.
50 - 15		**gemischt, verschwommen**	**Gemischt (verschwommen):** Weil über *breite Streifen* (manchmal stellenweise) weiße und dunkle Haare durcheinanderwachsen, ist die scharfe Begrenzung der Markierung nicht überall deutlich zu erkennen.
50 - 16		**ausgefranst (unregelmäßig)**	**Ausgefranst;** Die Linie der Markierung ist nicht regelmäßig, sondern wirkt wie ausgefranst.
50 - 17		**scharfer Markierungsrand**	

52-3

52-4

52-5

52-12

52- 7

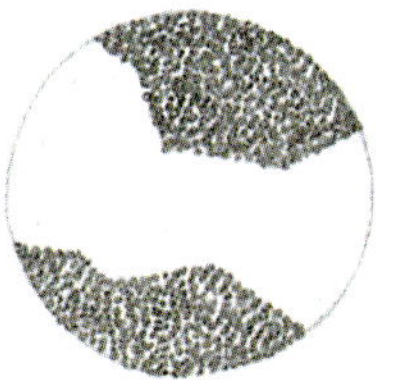

A

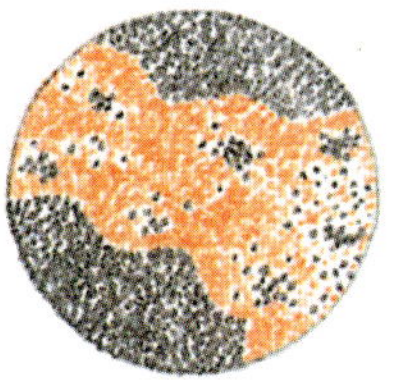

B

52-9

50-6 ↓ 50-7 ↓ 50-12 ↓ 50-9 ↓

A B C D

E F G H I

52-1 | 52-3 (52-2) | 52-5 (52-2) | 52-10 52-11 | 52-13

52 - 1	abgebildete Rassen:	**piebald spotting** (= englisch) **Scheckung**	Wenn das Markierungsmuster noch mehr zurückweicht, so daß die Irische Fleckung sich in ein Muster mit großen (dunklen) Flecken auf Rücken und Kopf verändert, dann nennt man dies Scheckung oder **piebald spotting**. Die Flecken sollen vorzugsweise symmetrisch an beiden Seiten des Körpers vorkommen (bei einigen US-Rassen nennt man das auch **Pinto**).
52 - 2		**pied** (= englisch), **gefleckt**	Wenn das Farbmuster nur noch aus Flecken und Platten besteht, so heißt das **pied**. Die Flecken können dann verschiedene Farben haben mit verschiedenen Farbbezeichnungen: *badger pied, hare pied, lemon pied* (dachsfarben, hasenfarben, zitronenfarbig).
52 - 3	IRISH RED AND WHITE SETTER	**Platten**	Die *ziemlich großen, regelmäßigen, leicht runden Flecken* auf dem Körper bei der gescheckten Fleckung (piebald spotting) nennt man **Platten** (unter anderen bei Stabijhoun und Kooikerhond).
52 - 4	DUNKER	**Harlekin**	**Harlekin** ist bei bestimmten Rassen ein Name für eine Zeichnung von schwarzen oder blau-grauen Platten auf weißem Untergrund. Vorzugsweise sollten Hals und Vorbrust von Farbplatten (Deutsche Dogge) frei sein. Die Bezeichnung Harlekin wird (bei einigen Rassen) zugleich gebraucht für ein Muster von schwarzen Flecken auf bläulich-grauem Untergrund mit weißen Abzeichen (zum Beispiel beim Dunker): *Blau-Harlekin*.
52 - 5	DEUTSCHE DOGGE	**Flecken**	Die *mittelgroßen, unregelmäßigen Farbfelder* bei einem Piebald-Spotting-Muster nennt man **Flecken**.
52 - 6		**Porzellanflecken**	*Farbfelder* (Platten, Flecken) *mit einem grau-blauen Saum* (siehe unter: 50 - 15 gemischt) nennen wir **Porzellanflecken.**
52 - 7		**danoisé** (= französisch)	Beim Beauceron zum Beispiel findet man ein Fell, das *grau gefärbt mit schwarzen Flecken ist.* Dieses Farbmuster wird **danoisé** (= französisch) genannt.
52 - 8		**blaireau** (= französisch)	**Blaireau-Zeichnung**: Hierunter versteht man ein *weißes Fell mit dachsfarbenen Flecken von grauem oder rehfarbenem Haar mit schwarzen Spitzen* (verrußt) oder mit Flecken von grauem oder rehfarbenem Haar, die mit schwarzen Haaren durchsetzt sind. Diese Zeichnung kommt unter anderen beim Pyrenäen-Berghund vor.
52 - 9		**getigert** A = DOGGE B = DACHSHUND	Bei der **Deutschen Dogge** nennt man eine Fleckung mit *großen, eckig-geränderten Flecken* **getigert**. Das ist eigentlich eine seltsame Bezeichnung, weil die Zeichnung überhaupt nicht dem Zeichnungsmuster eines Tigers ähnelt. Der Ausdruck stammt aus der Pferdewelt, wo getigert soviel bedeutet wie: Ein Tier mit kleinen Flecken. Noch schwieriger wird es, wenn wir sehen, daß bei Dachshunden der Ausdruck getigert als Name für ein Schimmelmuster gebraucht wird (siehe auch 54 - 4).
52 - 10		**dapple** (= englisch)	So nennt man ein Muster von (unregelmäßigen) großen und kleineren dunklen Flecken auf hellerem Untergrund. Diese Bezeichnung ist vor allem gebräuchlich bei *kurzhaarigen* Rassen. Der Unterschied zum Harlekinmuster ist die Unregelmäßigkeit der Flecken, außerdem dürfen sie auch auf Hals und Vorbrust vorkommen (unter anderen beim Dackel).
52 - 11		**merle** (= englisch)	Das ist dasselbe Muster wie dapple, jedoch gebraucht man diese Bezeichnung vor allem bei *langhaarigen Rassen* (und ausnahmsweise beim kurzhaarigen Collie). Merle kommt in verschiedenen Farbschlägen vor, zum Beispiel *liver merle* (leberfarben) und *red merle* (rot). **Blue merle** ist eine besondere Form, siehe hierzu 48 - 9.
52 - 12	MAGYAR AGÁR	**caille** (= französisch)	Ein *weißes Fell mit gestromten Flecken* wird bei bestimmten Rassen **caille** (= französisch) genannt. Dies kommt bei der Französischen Bulldogge und beim Magyar Agár vor.
52 - 13		**Weiß mit Kopfabzeichen**	**Weiß mit Kopfabzeichen** ist das weitestgehende Zurückweichen des Markierungsmusters, wenn man vom Mantel ausgeht. *Dabei dürfen hinter dem Kopf keine Farbflecken mehr vorkommen* (wie man es unter anderen beim weißen Bullterrier und der Argentinischen Dogge findet). Beim kurzhaarigen Foxterrier kommen sowohl Piebald-Spotting wie auch Weiß mit Kopfabzeichen vor.

A - (50 - 6) - MANTEL (SELF-MARKED)
B - (50 - 7) - BLANKET
C - (50 -12) - IRISCHE FLECKUNG (IRISH SPOTTING)
D - (50 - 9) - HOLLÄNDERMUSTER
E - (52 - 1) - SCHECKUNG
F - (52 - 3) - PLATTEN (52 - 2)
G - (52 - 5) - FLECKEN (52 - 2)
H - (52 -10) - DAPPLE
- (52 -11) - MERLE
I - (52 -13) - EXTREM BUNT

54-1
54-2
B
54-5
A
40-13
54-3
54-5 A
54-5 B
54-5 E
A
(54-1)
B
(54-2)
C
(54-3)
D
(54-4)
E
(54-6)

	abgebildete Rassen:		
			Die Namen für die Abzeichenmuster und Farbfelder sind oft sehr verwirrend. Es ist deshalb auch ziemlich unmöglich, genaue Unterschiede anzugeben zwischen spots, Sprenkelung, ticking und Schimmelung.
54 - 1	DALMATINER	**spots** (= englisch)	**Spots** sind kleinere, rundliche Flecken (sehr typisch für den Dalmatiner).
54 - 2	BRAQUE DU BOURBONNAIS	**Sprenkelung**	**Sprenkel** nennt man kleine, meistens rundliche Tüpfel. Man spricht im allgemeinen von Sprenkeln, wenn die Flecken in größerer Menge vorkommen (charakteristisch für viele französische Bracken).
54 - 3	WELSH SPRINGER SPANIEL	**ticking** (= englisch)	Unter **ticking** versteht man kleine, farbige Flecken *auf einem weißen Fell*, oft in großer Anzahl und manchmal in verschiedenen Farben vorkommend (typisch für Setter, Pointer und Spaniels).
		flecked (= englisch)	**Flecked** meint nicht dasselbe wie gefleckt im Deutschen, sondern bedeutet: mit weniger Sprenkelung oder ticking.
54 - 4		**Schimmelung, roan** (= englisch)	Unter **Schimmelung** versteht man ein weißes Fell, das mit vielen dunklen Haaren durchsetzt ist, meistens als Fleckchen angeordnet. Je nach der Farbe der dunkleren Haare spricht man von **Gelb-, Rot-, Braun-** oder **Schwarzschimmel**. Bei deutschen Vorstehhunden kann man von schimmelfarben sprechen; in englischsprachigen Ländern nennt man sie jedoch ticking. Bei Dachshunden heißt ein Schimmelmuster mit größeren, unregelmäßigen Flecken und kleinen, rundlichen Flecken (ohne Weiß) zur Abwechslung wieder einmal *getigert*. Mit den (englischen) Bezeichnungen **badger** (Dachs), **beaver** (Biber), **hare** (Hase) oder **jasper** (Jaspis) beschreibt man eine Fellfarbe aus einer Mischung von weißen, grauen, braunen Haaren (manchmal mit schwarzen Haarspitzen) und schwarzen Haaren. Die verschiedenen Namen geben wieder, in welchem Verhältnis die Farben vorkommen.
54 - 5	ENGLISH SETTER	**belton** (= englisch)	Besonders beim English Setter nennt man das weiße Haarkleid mit kleinen farbigen Flecken **belton**. Belton ist eigentlich eine Form des Schimmelmusters. Man unterscheidet zwischen: A. **blue belton**: schwarze Fleckchen, die bläulich wirken, weil Schwarz mit Weiß vermischt ist; B. **lemon belton**: gelbliche Fleckchen; C. **orange belton**: ins Orange gehende Fleckchen (die oft weitgehend mit lemon belton übereinstimmen, weshalb diese Bezeichnung auch wenig gebräuchlich ist); D. **liver belton**: dunkelbraune (leberfarbene) Fleckchen; eine selten vorkommende Variante; E. **blue belton and tan**: schwarze mit lohfarbenen Fleckchen (ein Tricolor-Hund mit belton); die Fleckchen müssen bei diesem Hund allerdings an charakteristischen Stellen vorkommen.
54 - 6		**gestichelt**	Ein farbiges Fell, das mit weißen Haaren durchsetzt ist, nennen wir **gestichelt**. Bei Dachshunden jedoch versteht man unter gestichelt entweder dunklere Haare in einem sogenannten *Tigermuster* (52 - 9) oder *einen nicht sauberen Brand* (56 - 16).
54 - 7		**splash** (= englisch)	Weiße Flecken im Fell einfarbiger Hunde nennt man **splash**; sie sind fehlerhaft.

A. **spots**
B. **Sprenkelung**
C. **ticking**
D. (Braun)**schimmel**
E. **gestichelt**

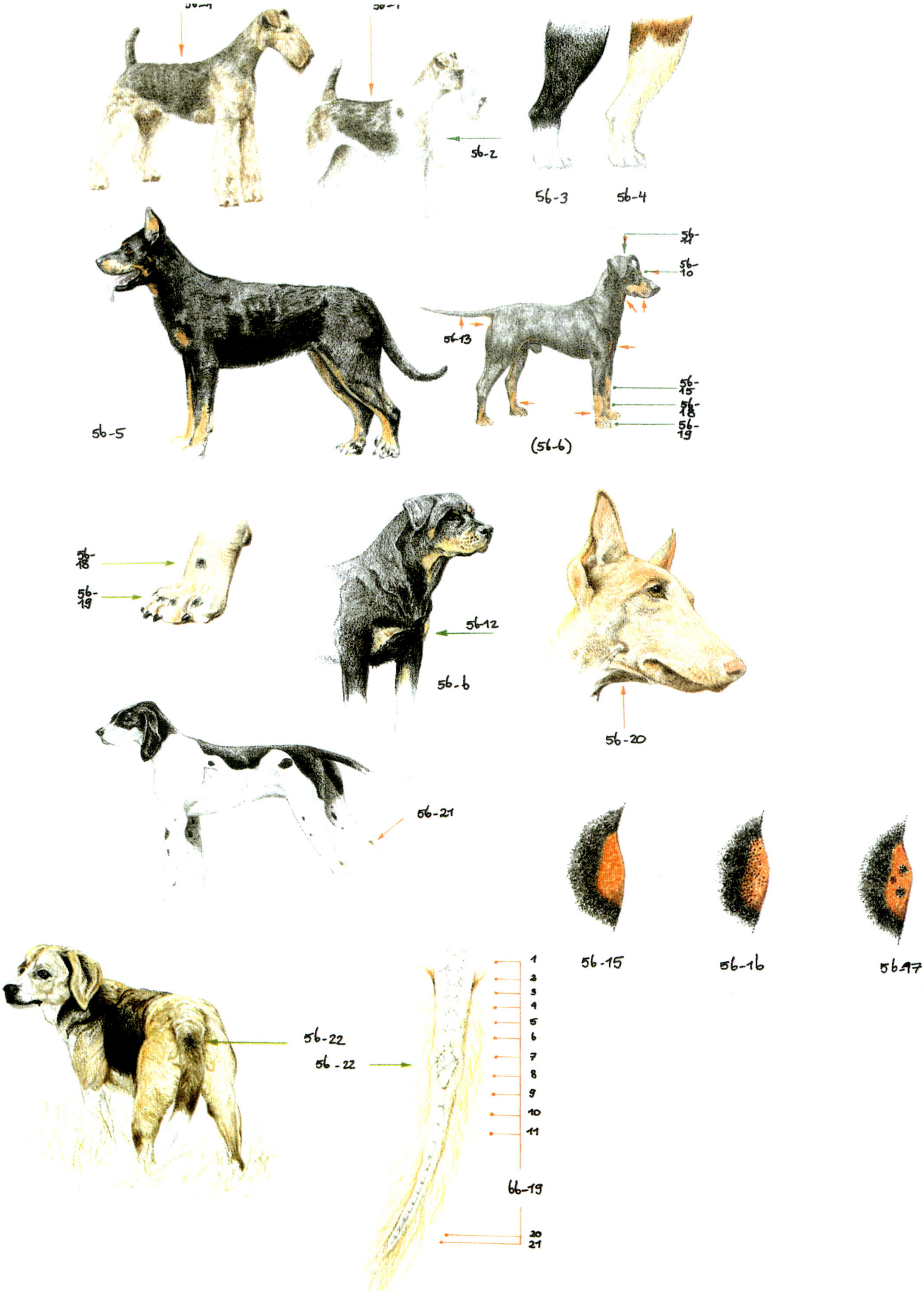
56-2
56-3
56-4
56-5
56-10
56-13
56-15
56-18
56-19
(56-6)
56-18
56-19
56-12
56-6
56-20
56-21
56-15
56-16
56-17
56-22
56 - 22
1
3
3
4
5
6
7
8
9
10
11
66-19
20
21

	abgebildete Rassen:		
56 - 1	AIREDALE TERRIER	**Sattel**	Einen mehr oder weniger sattelförmigen schwarzen Flecken auf Rücken und Flanken nennt man **Sattel**. Beim Kromfohrländer ist ein von einem weißen Streifen durchbrochener Sattel (siehe 18 - 5) die erwünschteste Markierung.
56 - 2	DRAHT-HAARIGER FOXTERRIER	**hound-marked** (= englisch)	Das Farbmuster vieler **Hounds** charakterisiert einen weißen Hund mit roten Abzeichen und schwarzem Sattel. Trifft man dieses Abzeichenmuster bei *anderen Rassen als den Hounds* an, so nennt man diese **hound-marked**.
56 - 3		**Socken**	Weiße Pfoten (an den Hinterläufen bis unterhalb der Sprunggelenke und an den Vorderläufen bis unterhalb der Vorderfußwurzelgelenke).
56 - 4		**Strümpfe**	Eine Markierung in einer anderen Farbe (meistens in Weiß) an den Läufen (an den Hinterläufen bis unter das Knie und an den Vorderläufen bis zum Ellenbogen) heißt **Strümpfe**.
56 - 5	BEAUCERON	**Rotstrumpf, bas rouge** (= französisch)	Ein schwarzer Hund mit rot-brauner Markierung an den Läufen, die besonders *an der Innenseite der Läufe* weit hinaufreicht (sehr typisch für den Beauceron).
56 - 6 56 - 7 56 - 8 56 - 9	MANCHESTER TERRIER	**black and tan** **red and tan** **liver and tan** **blue and tan** (schwarz, rot, leberfarben, blau mit Lohfarbe oder Brand)	Für Hunde in **Black and Tan**, **Red and Tan** (siehe 24 - 8), **Liver and Tan** und **Blue and Tan** gibt es ein *festgelegtes Markierungsmuster*. Die Tan-Abzeichen sind an den (durch rote Pfeile an der Abbildung des Manchester Terriers gekennzeichneten) Stellen **erwünscht**:
56 - 10		**Vieräugli, quatr´oeil** (= französisch)	A. Kleine Flecken oberhalb der Augen, die sogenannten **Vieräugli** (= deutsch) oder **quatr'oeil** (= französisch) oder **pips** (= englisch). Beim Basenji spricht man manchmal auch von **melon pips**; unter anderen beim Berner Laufhund werden sie gelegentlich auch **Feuerflecken** genannt.
56 - 11		**kissing spots** (= englisch)	B. Kleine, runde Flecken auf den Backen (**kissing spots**); ferner: Flecken auf der Schnauze, einem sich der Kehle anschließenden kleinen Teil und auf den Buggelenken;
56 - 12	ROTTWEILER	**Rosetten**	C. (sind die Flecken auf oder unter den Buggelenken ziemlich groß, dann nennt man sie **Rosetten**; sie kommen unter anderen auch beim Dobermann Pinscher vor); D. auf den Vorderbeinen ungefähr ab den Vorderfußwurzelgelenken und an den Hinterbeinen an der Innenseite;
56 - 13		**Spiegel, vent** (= englisch)	E. und schließlich noch ein Fleck an der Unterseite der Rute und ein Fleck unter dem Rutenansatz (dem **Spiegel**). (Bei manchen Rassen findet man die Tan-Markierung auch noch an der Innenseite der Ohren.)
56 - 14		**kiss marks** (= englisch)	Mit dem (englischen) Begriff **kiss marks** meint man die *Kombination von Vieräugli und kissing spots.*
56 - 15		**Brand**	Die lohfarbene (Tan-)Markierung im Black-and-Tan-, Red-and-Tan-, Liver-and-Tan- und Blue-and-Tan-Muster nennt man **Brand**. Wenn die Farbe der Tan-Flecken zu hell ist, dann sprechen wir von **hellem Brand**.
56 - 16		**unsauberer Brand, rußiger Brand**	Wenn der Brand mit Haaren anderer Farbe durchsetzt ist (bei Black-and-Tan-Hunden also mit Schwarz), dann spricht man von **unsauberem Brand**. Manchmal stößt man auch hier wieder auf den Begriff *gestichelt.*
56 - 17		**Rost**	Wenn im Brand ganze Flecken andersfarbig sind, (bei Black-and-Tan-Hunden also schwarze Flecken in der Tan-Markierung), dann nennt man dies **Rost**.
56 - 18		**Daumenmarken, thumb marks** (= englisch)	Beim Black-and-Tan-Muster zum Beispiel sehen wir oft *knapp über der Pfote* deutlich kleine schwarze Flecken. Diese Flecken nennt man **Daumenmarken** (auf englisch: **thumb marks**). Beim English Toy Terrier bezeichnet man die Flecken auf der Pfote zusammen mit den Flecken unter dem Kinn als **thumb marks** (**Daumenmarken**).
56 - 19		**pencellings** (= englisch), **Bleistiftstriche**	Auch auf den Zehen sind oft im Brand kleine schwarze Streifen zu sehen, die **pencellings** (auf englisch) oder **Bleistiftstriche** heißen.
56 - 20	PHARAO-HOUND	**moles** (= englisch)	(auch manchmal *Hexenwarzen* genannt). Das sind kleine, oft dunkelgefärbte, warzenartige Buckel auf Wangen und Kiefer, gewöhnlich mit ein paar kurzen, harten Haaren. Es gibt sie bei vielen Rassen; am bekanntesten sind sie beim Mops.
56 - 21	BRAQUE FRANÇAIS BLANC ET NOIR	**marque chevreuil** (= französisch), **rehfarbener Fleck**	**Marque chevreuil** (= französisch) oder rehfarbenen Fleck nennt man einen charakteristischen, gräulichen Flecken ("wie von toten Blättern") *knapp oberhalb des Sprunggelenkes*, der typischerweise bei einigen französischen Jagdhunden, wie zum Beispiel dem Grand Gascon Saintongeois (einem Laufhund oder chien courant) und dem Braque Français Blanc et Noir (einem Vorstehhund oder braque) vorkommt.
56 - 22		**Violdrüse**	Markiert durch dunklere Haare, die in unterschiedlicher Ausdehnung (von einigen Haaren bis zu Flecken von der Größe eines Markstückes) an einer Drüse auf der Rute in Höhe der Sitzbeinhöcker (ungefähr zwischen dem siebten und neunten Schwanzwirbel) wachsen. Bei Erregung schwillt die Drüse an, und die Haare stellen sich auf. Dies kommt bei vielen Rassen vor und ist mehr oder weniger deutlich zu sehen.
56 - 23		**hackles** (= englisch)	Die Haare auf Nacken und Rücken, die sich bei Erregung oder Aggression senkrecht aufrichten.

58-1
58-2
58-6
58-13
58-3
58-4
58-5
58-5
58-9
58-8
58-12
58-14
58-16
58-11
58-10
58-18
58-7
52-12
58-18
58-15

	abgebildete Rassen:		
58 - 1	Tibet Spaniel	**smut** (= englisch)	Ein einfarbiger Hund mit *schwarzer Maske* wird **smut** genannt. Den Ausdruck **smut** gebraucht man auch als Bezeichnung für (fehlerhafte) Tan-Flecken im Blau, zum Beispiel beim Silky Terrier (siehe 46 - 2).
58 - 2	Leonberger	**Maske**	Ein in der Farbe abweichendes, dunkleres Vorgesicht heißt **Maske** (zum Beispiel bei Mops, Sloughi und vielen anderen Rassen).
58 - 3	Sibirischer Husky	**Brille(nmaske),** **spectacles** (= englisch)	Bei nordischen Hunden nennt man die hellere Markierung am Vorgesicht ebenfalls **Maske**; diese Maske erstreckt sich über die Augenpartie hinaus. Je nach dem Eindruck, den die Maske erweckt, spricht man von einer **Brille**(nmaske) (auf englisch: **spectacles**) oder von einer **Haubenmaske** (englisch: **caps**).
58 - 4	Alaskan Malamute	**Haubenmaske,** **cap** (= englisch)	
58 - 5	Deutscher Schäferhund Saluki	**Witwenhaube,** **widow´s peak** (= englisch) **domino**	Die **Witwenhaube** ist eine dunklere Zeichnung auf dem oberen Kopf, die in einem Punkt zwischen den Augen ausläuft (zum Beispiel bei Welsh Corgi, Collie, Sheltie und einigen deutschen Schäferhunden.) Sie weist Ähnlichkeit mit der Haubenmaske auf. Beim Afghanischen Windhund und zum Beispiel beim Saluki wird eine ähnliche Maske **domino** (oder auch -speziell beim Saluki- **grizzle**) genannt.
58 - 6	Glatt-haariger Foxterrier	**Löwenmaske**	Eine **Löwenmaske** (englisch: **leo-marked**) ist eine gleichmäßig verteilte (weiße) Maske mit einem weißen Streifen in Richtung Stirn und einem kleinen, *kreisförmigen (gelb-weißen) Fleck auf der Stirn*; sie kommt besonders beim Foxterrier vor.
58 - 7	American Toy Terrier	**Clownsgesicht**	Gelegentlich sieht man bei einzelnen Rassen (unter anderem beim Fox Terrier und beim weißen Bullterrier) eine Farbmarkierung auf dem Kopf, die ihn nahezu in eine rechte und eine linke Hälfte aufteilt, wobei eine Seite dunkel und eine hell ist. Dies nennt man **Clownsgesicht**. Das ist oft verbunden mit Kopfabzeichen (siehe 52 - 13).
58 - 8	Border Collie	**Blesse,** **blaze** (= englisch)	Als **Blesse** bezeichnet man die weiße Zeichnung zwischen Nasenspiegel und Hinterhauptstachel (oder über eine etwas kürzere Entfernung), die weder die Augen noch die Ohren berühren darf und die bei vielen Rassen vorkommt (unter anderem bei Sennenhunden).
58 - 9	Entlebucher Sennenhund	**stripe** (= englisch)	Eine schmale Blesse, die bis zum Nasenspiegel oberhalb der Lefzen verläuft.
58 - 10	Border Collie	**Stern,** **star** (= englisch)	Der sternförmige Rest einer Blesse, die nur noch oberhalb der Augenpartie verläuft (das Vorgesicht ist demnach voll durchgefärbt und ohne Weiß).
58 - 11	Border Collie	**unterbrochene Blesse**	Eine weiße Zeichnung auf dem Vorgesicht, die nahe den Augen aufhört und sich erst auf der Stirn wieder als weißer Strich durchzieht, nennt man **unterbrochene Blesse.**
58 - 12	Border Collie	**flare** (= englisch)	So nennt man eine Blesse, die sich oberhalb der Augen verbreitert.
58 - 13	Berner Sennenhund	**Brustkreuz**	Von der Vorbrust bis unter das Kinn verlaufende weiße Zeichnung auf dunkler Behaarung, die von einem weißen Streifen gekreuzt wird, sie ist bei allen Sennenhunden erwünscht.
58 - 14	Mops	**Aalstrich,** **trace** (= englisch)	Der **Aalstrich** ist ein dunkelfarbiger Haarstreifen vom Widerrist bis zum Rutenansatz. Beim Mops sieht man diesen Aalstrich gerne so schwarz wie möglich; leider verschwindet in der Rasse diese charakteristische Markierung immer mehr. Der Aalstrich kommt auch beim Weimaraner vor und beim in diesem Farbschlag nicht anerkannten, selten vorkommenden rot-gelben Rottweiler. Es ist auffällig, daß die Welpen verschiedener Rassen während der ersten Monate auch einen Aalstrich haben, der allmählich wieder verschwindet.
58 - 15	Gammel Dansk Hönsehund	**zweifarbig,** **bi-colour** (= englisch)	Damit meint man bei Bracken ein Farbmuster mit ziemlich großen, farbigen Flecken auf weißem Fell. Bei anderen Rassen bezeichnet man damit meistens ein feststehendes Zeichnungsmuster (zum Beispiel beim King Charles Spaniel; siehe auch unter: black and tan, 56 - 6).
58 - 16	Basset Griffon Vendéen	**dreifarbig,** **tri-colour** (= englisch)	Dreifarbige Hunde (meist beschränkt auf schwarz-lohfarbene mit Weiß) nennen wir **tri-colour**. Beispiele: verschiedene Spaniels, Sennenhunde, Collie, Sheltie.
58 - 17		**parti-colour** (= englisch)	**Parti-colour** nennt man die gleichmäßige Verteilung von Weiß und einer Farbe, wobei möglichst das Weiß und die Farbe zu gleichen Teilen vorkommen sollten; dieser Ausdruck ist beim Pekingesen und bei Spaniels gebräuchlich.
58 - 18	Holländischer Schäferhund	**gestromt,** **brindle** (= englisch)	Wenn auf einer einheitlichen Grundfarbe schmale Streifen oder Linien von dunklerer Farbe (schwarz oder beinahe schwarz) vorkommen, spricht man von einem **gestromten Hund** (englisch: **brindle**). Die Bezeichnung der Stromung hängt von der Grundfarbe ab: **dunkelgestromt**: dunkle Grundfarbe mit schwarzer Stromung; **hellgestromt**: helle Grundfarbe mit dunkler Stromung; **goldgestromt**: gelb-braune Grundfarbe mit dunkler Stromung; **silbergestromt**: gräuliche Grundfarbe mit dunkler Stromung. Gestromte Hunde gibt es unter anderem bei der Deutschen Dogge, dem Boxer, der Bulldogge, dem Greyhound.
58 - 19		**verwaschene Stromung**	Wenn die Linien der Stromung nur unzureichend scharf begrenzt sind, spricht man von **verwaschener Stromung**.

60-1 t/m 60-26 ↙

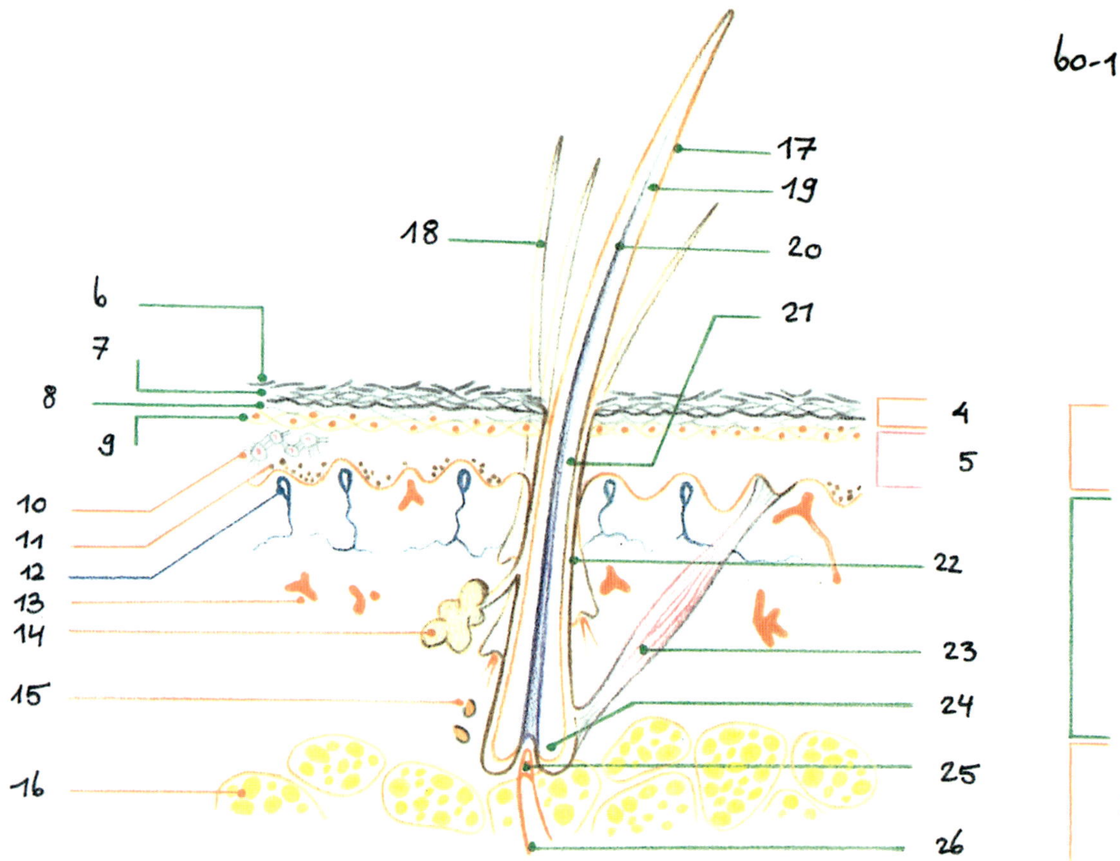

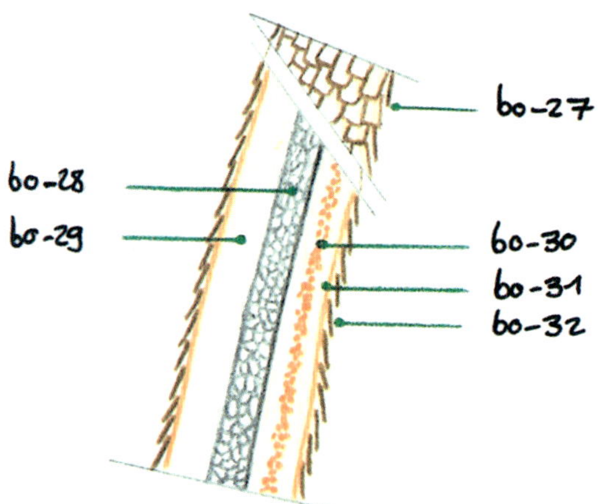

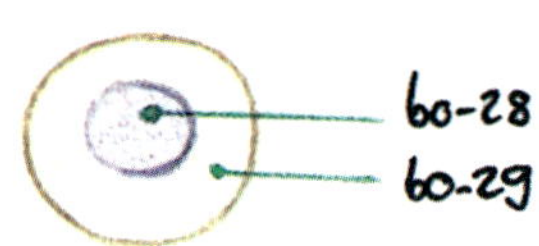

60-33

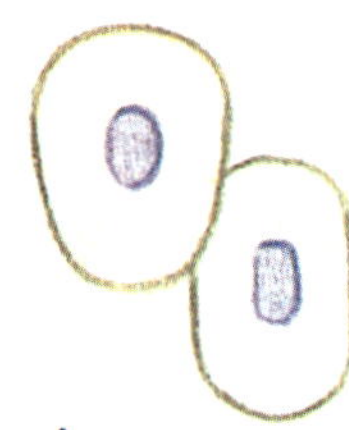

60-34

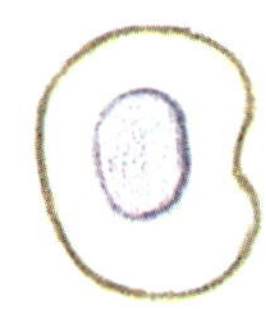

60-35

60-36

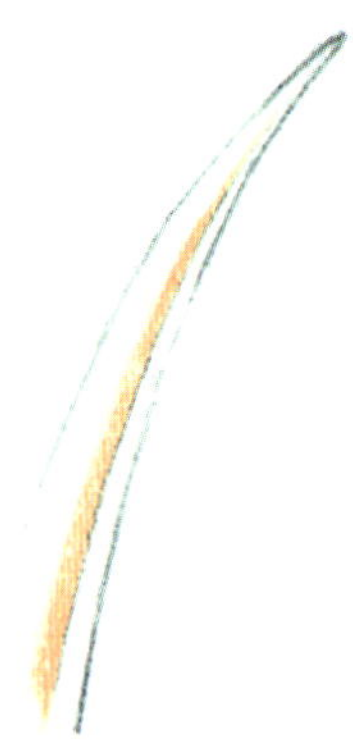

60-37

60-38

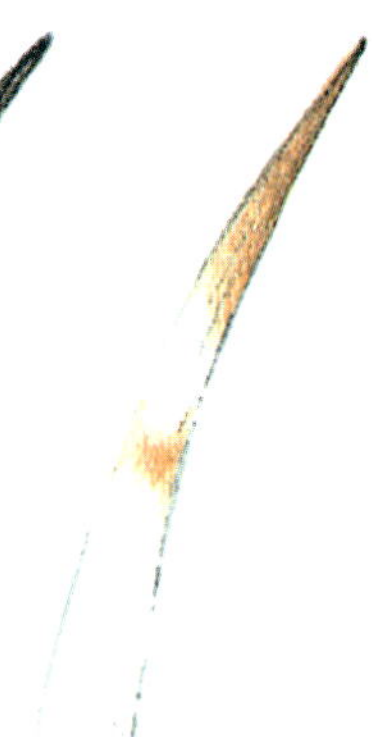

60-39

E. Aufbau des Haares

60 - 1	**Oberhaut (Epidermis)**	Siehe auch: 60 - 4 und 60 - 5.
60 - 2	**Lederhaut**	Bindegewebe, in dem die Zellen der Oberhaut gebildet werden.
60 - 3	**Unterhautzellgewebe**	Siehe auch: 60 - 16.
60 - 4	**Hornschicht**	Bestehend aus verhornten Zellen der Oberhaut (siehe auch: 60 - 6, 60 - 7 und 60 - 8).
60 - 5	**Keimschicht**	Auch genannt: Netz von Malpighi; in dieser Schleimschicht wird der Haarbalg gebildet.
60 - 6	**Hautschuppen**	Abgestorbene Hautzellen, die abgestoßen werden.
60 - 7	**verhornte Zellen**	
60 - 8	**helle Schicht**	Es ist keine deutliche Zellstruktur mehr zu beobachten; der Verhornungsprozeß hat bereits begonnen (stratum lucidum).
60 - 9	**Körnerschicht**	Eine Schicht von degenerierten Zellen (stratum granulosum).
60 - 10	**Stachelzellen-** oder **Reizschicht**	Die Zellen in dieser Schicht sind durch hervorstehende Teile miteinander verbunden. (Einige Zellen sind auf der Zeichnung schematisch dargestellt) (stratum spinosum).
60 - 11	**Pigmentkörner** *(Melaninkörner)*	Sie befinden sich ganz unten in der Keimschicht und geben der Haut die Farbe. (An bestimmten Stellen sind sie manchmal stark angehäuft).
60 - 12	**Nervenkörperchen**	(mit Nervenfasern)
60 - 13	**Blut-Haargefäß**	zur Ernährung der Lederhaut.
60 - 14	**Talgdrüse**	Sie sondert *Talg* (= *Haarfett*) ab, der die Außenseite des Haares einfettet. Dadurch bleibt das Haar geschmeidig, wird vor Austrocknung geschützt und wasserabstoßend gemacht. Die Talgdrüse mündet in den Haarbalg.
60 - 15	**Lymphgefäß**	
60 - 16	**Fett**	
60 - 17	**Haarschaft**	Der sichtbare, über die Haut hinausragende Teil eines Haares.
60 - 18	**Haarschaft** *(Nebenhaar)*	Bei Hunden kommen aus einem Haarbalg mehrere Haare: meistens ein dickes Haar und mehrere (dünnere) Nebenhaare.
60 - 19	**Haarrinde**	In der Oberhaut des Haarschafts (siehe Oberhäutchen des Haares, 60 - 31) finden wir die **Haarrinde**, die Umhüllung des Haarmarks. In der Haarrinde befindet sich meistens das Pigment (= Farbstoff), das das Haar färbt.
60 - 20	**Haarmark** *(Medulla)*	Etwas poröse, schwammartige Zellen, die für die Ernährung des Haares sorgen. Auch das Haarmark kann etwas Pigment enthalten, wodurch das Haar weniger durchsichtig wird.
60 - 21	**Haarwurzel**	Der Teil des Haares, der sich im Haarbalg befindet (der nicht sichtbare Teil also).
60 - 22	**Haarbalg**	Umhüllung des eigentlichen Haares.
60 - 23	**Haarmuskel**	Er kann das Haar bei Reizen sich gerade aufrichten lassen.
60 - 24	**Haarkeim** *(Haarzwiebel)*	Das äußerste Ende der Haarwurzel.
60 - 25	**Haarpapille**	Einstülpung im Haarkeim, in die Blutgefäße münden, die für die Ernährung des Haarmarks sorgen.
60 - 26	**Blut-Haargefäß**	

F. Längsschnitt eines Haares

60 - 27	**Haarschaft**	Außenansicht: besetzt mit kleinen Schuppen, die dachziegelartig übereinander liegen. Liegen die Schuppen glatt und flach aneinander, dann sieht das Haar glatt und glänzend aus. Wenn die Schuppen auseinander stehen, macht das Haar einen stumpferen Eindruck. (Diese Art Haar soll auch schneller *verkletten*).
60 - 28	**Haarmark (Strang)**	Siehe 60 - 20.
60 - 29	**Haarrinde**	Siehe 60 - 19.
60 - 30	**Pigmentkörner**	*(Melanin)* in der Haarrinde; es gibt dem Haar die Farbe.
60 - 31	**Oberhäutchen des Haares**	Abschließende Oberflächenschicht.
60 - 32	**Haarschuppen**	Siehe 60 - 27.

G. Querschnitt eines Haares

60 - 33	**rundes Haar**	Steifes, hartes Haar hat einen runden Querschnitt und oft einen dicken Strang Haarmark.
60 - 34	**eiförmiges** *(abgeplattetes)* **Haar**	Bei schlichtem und schwach gewelltem Haar sehen wir einen eiförmigen oder abgeplatteten Durchschnitt und einen dünnen Strang Haarmark.
60 - 35	**bohnen-** oder **nierenförmiges Haar**	Bohnen- oder nierenförmiges Haar neigt stark zum Kräuseln.

H. Haarfarbe

60 - 36	**ganz durchgefärbt**	Über die ganze Länge des Haares gefärbt (manchmal mit einem heller gefärbten Längsstreifen).
60 - 37	**längsgestreift**	Farbiger (farbige) Streifen längs des Haares.
60 - 38	**quergestreift (Aguti-Zeichnung)**	Gefärbte Bahnen rund um ein Haar; es können viele oder nur wenige Bänder vorkommen; die Spitze ist oft dunkler als die Farbe der Bänder. Bei der **Aguti-Zeichnung** hat das Haar eine hellere (*aber nicht weiße*) und eine dunklere Bänderung.
60 - 39	**dunkle Spitze (colour-tipped)**	Weißes Haar mit dunkler Spitze (und oft einem einzelnen Band): *blue-tipped, red-tipped.*
60 - 40	**angerußt**	Farbiges Haar mit einer schwarzen Spitze (*sable, charbonnée, dachsfarben*); *löwenfarben* und *vargélet* ist farbiges Haar mit einer dunklen Spitze, wobei löwenfarben auch ohne dunkle Haarspitzen vorkommt (siehe auch Seite 49).

b2-5

b2-9

b2-10

b2-11

b2-12

			I. Haarformen
62 - 1	abgebildete Rassen:	**Deckhaar, Fellhaar**	Das Fell des Hundes besteht im allgemeinen aus zwei Schichten: dem Deckhaar und der Unterwolle. Das Deckhaar ist oft steifer und dicker als die Unterwolle, meistens ist es auch nicht gewellt.
62 - 2		**Grannenhaar**	Gelegentlich gebraucht man diese andere Bezeichnung für das Deckhaar (Granne = steife Borste).
62 - 3		**Schutzhaare**	An bestimmten Stellen wachsen Gruppen von oft dickeren und manchmal etwas längeren Deckhaaren, die Schutzfunktion besitzen, zum Beispiel die Haarbüschel zwischen den Fußballen, die Augenbrauen und die Behaarung in den Ohrmuscheln. Diese schützenden Haargruppen nennt man **Schutzhaare**.
62 - 4		**Tasthaare**	**Tasthaare** sind längere, steife, (meistens dunkle) Haare, die über den Augen, an den Backen, am Fang (als sogenannte Schnurrbarthaare) und unter dem Unterkiefer (als sogenannte Barthaare) vorkommen. Sie ragen aus dem normalen Fell hervor und entsprießen oft einer Art Warze; sie sind mit den Tastnerven verbunden.
62 - 5	BERGAMASKER HIRTENHUND	**Unterwolle**	Die **Unterwolle** ist dünner als das Deckhaar, sie ist oft wellig und neigt zum Verfilzen. Die Unterwolle schützt vor Witterungseinflüssen (Kälte, Regen, Sonne).
62 - 6		**Stockhaar**	Unter Stockhaar versteht man ein Fell, das sowohl aus Deckhaar als auch aus dichter Unterwolle besteht. Die Bezeichnung **Stockhaar** ruft manche Verwirrung hervor: manchmal wird gerades, glattes und hartes Haar als Stockhaar bezeichnet. Wir haben uns für die allgemeine Beschreibung entschieden und das stockhaarige Fell weiter in Gruppen eingeteilt.
62 - 7		**linty** (= englisch)	Spezielle Bezeichnung für die Fellstruktur des Bedlington Terriers.
62 - 8		**pily** (= englisch)	Wenn zwei Haarformen auf einem Hund vorkommen (zum Beispiel weiches und hartes Haar beim Dandie Dinmont Terrier oder langes und kurzes Haar beim Afghanischen Windhund), dann heißt das **pily**. Die zwei Felltypen dürfen nicht vermengt zu finden sein, sondern deutlich gesondert an den charakteristischen Stellen.
62 - 9	CAIRN TERRIER	**shaggy** (= englisch)	Ein sehr rauhes, oft etwas hartes Fell nennt man **shaggy** (typisch beim Cairn Terrier, shaggy = struppig).
62 - 10	GROSSER MEXIKANISCHER NACKTHUND	**Nackthund**	Von den sogenannten Nackthunden sind einige Rassen bekannt. Aus Mexiko: der kleine mexikanische Nackthund und der große mexikanische Nackthund (Xoloitzcuintle). Aus China: der chinesische Schopfhund oder Chinese Crested Dog Aus Afrika: der afrikanische Nackthund (oder abessinische Sandterrier).
62 - 11	CHINESISCHER SCHOPFHUND (CHINESE CRESTED DOG)	**Schopf**	Abgesehen von ein wenig Behaarung auf dem Kopf (der chinesische Schopfhund hat, wie der Name schon sagt, einen richtigen **Schopf** auf seinem Kopf), sind die Hunde nahezu haarlos. Der chinesische Schopfhund hat noch etwas Behaarung an den Pfoten und an der Rute. Die Haut der Nackthunde fühlt sich leicht fettig und warm an.
62 - 12		**powder puff** (= englisch)	In einem Wurf von Nackthunden findet man meistens auch einige behaarte Welpen. Diese behaarten Hündchen nennt man (auf englisch) **powder puffs**.

64-1

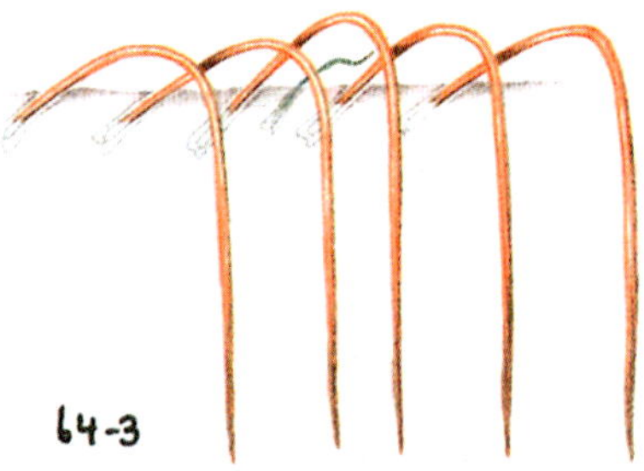

64-3

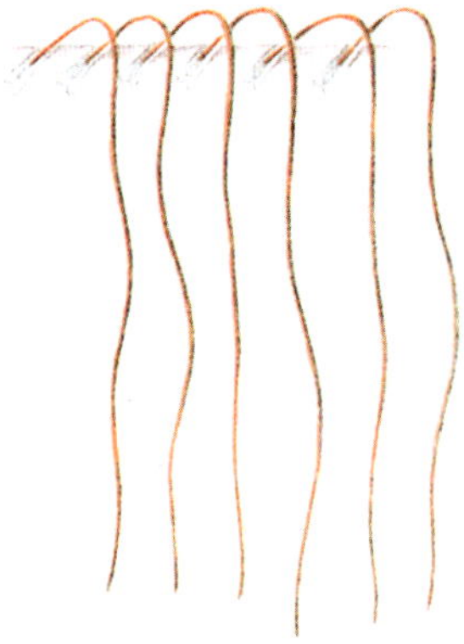

64-4

64-2

64-5

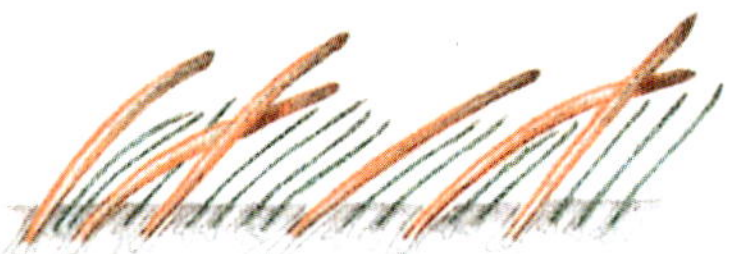

64-6

64-7

64-8

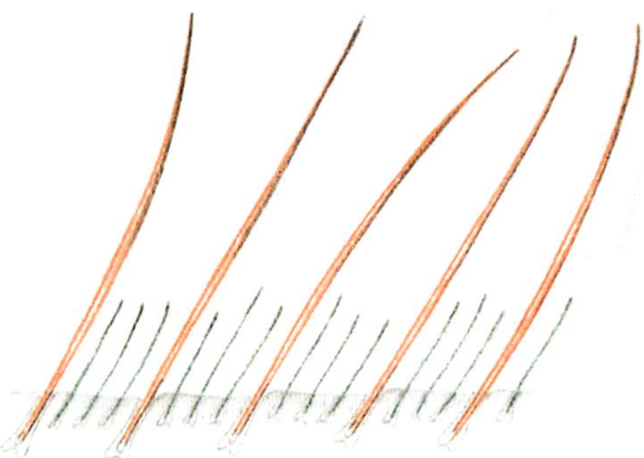

64-9

64-10

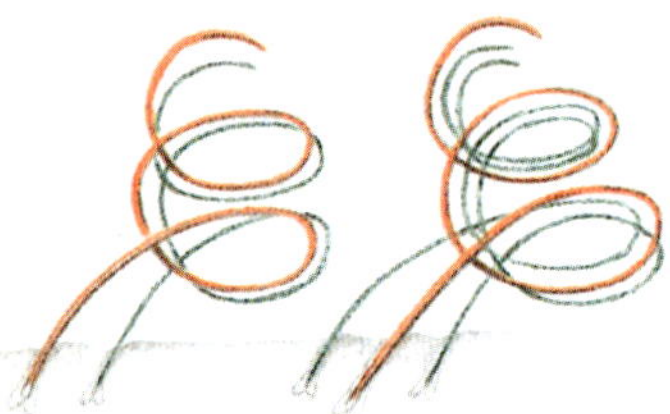

64-12

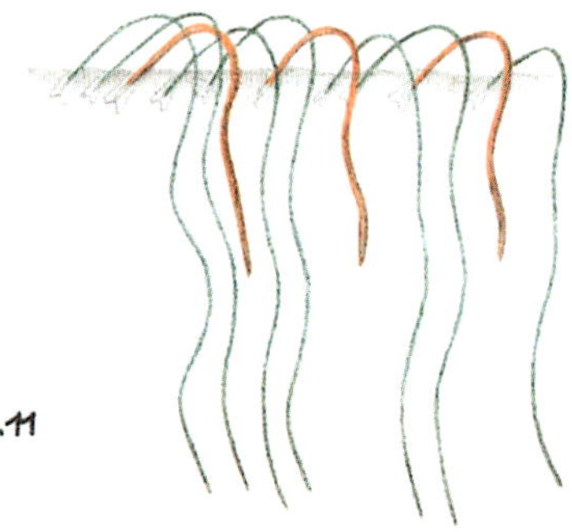

64-11

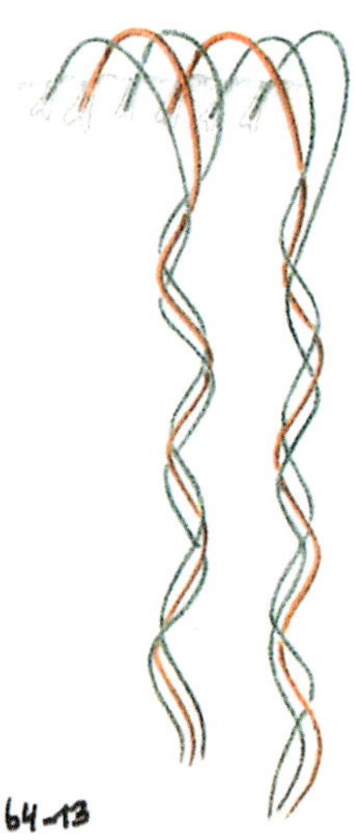

64-13

64-14

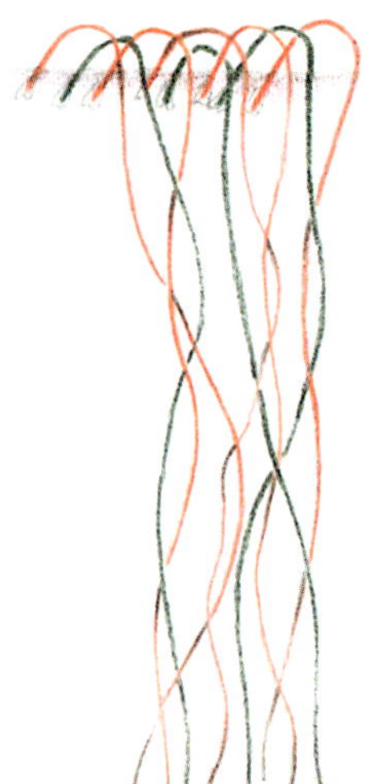

64-15

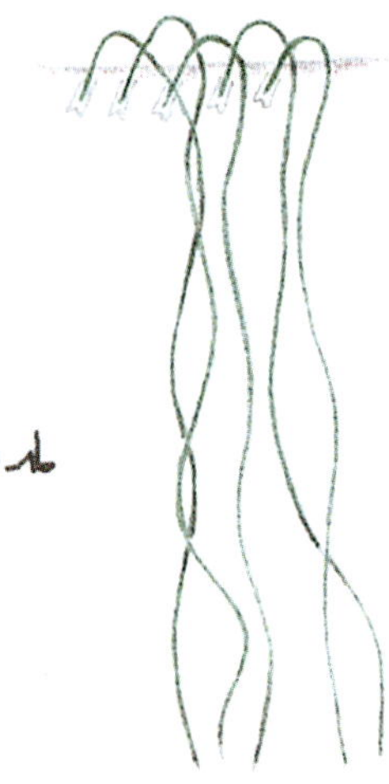

64-16

J. Fellformen

A. Deckhaar

nur oder fast nur Deckhaar

- **Kurzhaar** – kurzes Deckhaar, keine oder fast keine Unterwolle

kurzhaarig	64 - 1	kurzes, gerades Deckhaar; keine oder wenig Unterwolle (Pinscher und einige Terrier)
gekräuselt	64 - 2	kurzes, gewelltes oder gekräuseltes Deckhaar; keine oder wenig Unterwolle (Kerry Blue Terrier)

- **Langhaar** – langes Deckhaar, keine oder fast keine Unterwolle

langhaarig	64 - 3	lange, dünne, weiche Deckhaare, sehr wenig Unterwolle (Setter)
seidenhaarig	64 - 4	sehr dünne, lange und weiche Deckhaare, sehr wenig Unterwolle (Malteser)

B. Stockhaar

Sowohl Deckhaar als auch Unterwolle ist deutlich vorhanden

- **kurze Unterwolle** – Unterwolle ist immer kürzer als Deckhaar
  - **kurzes Stockhaar** – Deckhaar 3 bis 4 cm lang

glatthaarig	64 - 5	kurzes Deckhaar, in einer Richtung liegend; kurze Unterwolle; Fell fühlt sich glatt an (glatthaariger Foxterrier)
drahthaarig	64 - 6	sehr hartes, kurzes Deckhaar; Haare liegen mehr oder weniger in einer Richtung; kurze Unterwolle; Fell fühlt sich hart an
rauhhaarig	64 - 7	Deckhaar wächst in alle Richtungen, weil die Haare in unterschiedlichen Winkeln eingesetzt sind; kurze Unterwolle

  - **langes Stockhaar** – Deckhaar länger als 5 cm

schlichthaarig	64 - 8	langes Deckhaar, herabhängend, schlicht oder sehr wenig gewellt; kurze Unterwolle
steifhaarig	64 - 9	langes, steif abstehendes Deckhaar; kurze Unterwolle (Spitz)
stichelhaarig	64 - 10	langes Deckhaar, fühlt sich hart an; kurze Unterwolle

- **lange Unterwolle**

wellhaarig	64 - 11	Deckhaar meistens kurz; sowohl Unterwolle als auch Deckhaar wellig (Barsoi)
kraushaarig	64 - 12	sowohl Deckhaar als auch Unterwolle kraus (Pudel)
schnürenhaarig	64 - 13	langes Kraushaar, das nicht (Pumi) oder wenig (Schnüren-Pudel) verfilzt und sogenannte Schnüren formt
filzhaarig	64 - 14	sowohl Unterwolle als auch Deckhaar als schmale Platten (keine Schnüre) verfilzt; Unterwolle und Deckhaar lang (Puli, Komondor)
zotthaarig	64-15	sowohl Unterwolle als auch Deckhaar sind ziemlich lang und wirr, aber nicht verfilzt (Bobtail, Pyrenäenhund)

C. Unterwolle

64 - 16

nur Unterwolle vorhanden

D. Nackt

Sowohl Deck- als auch Unterwolle fehlen (kommt nur bei Nackthunden vor und selbst sie sind nicht ganz nackt)

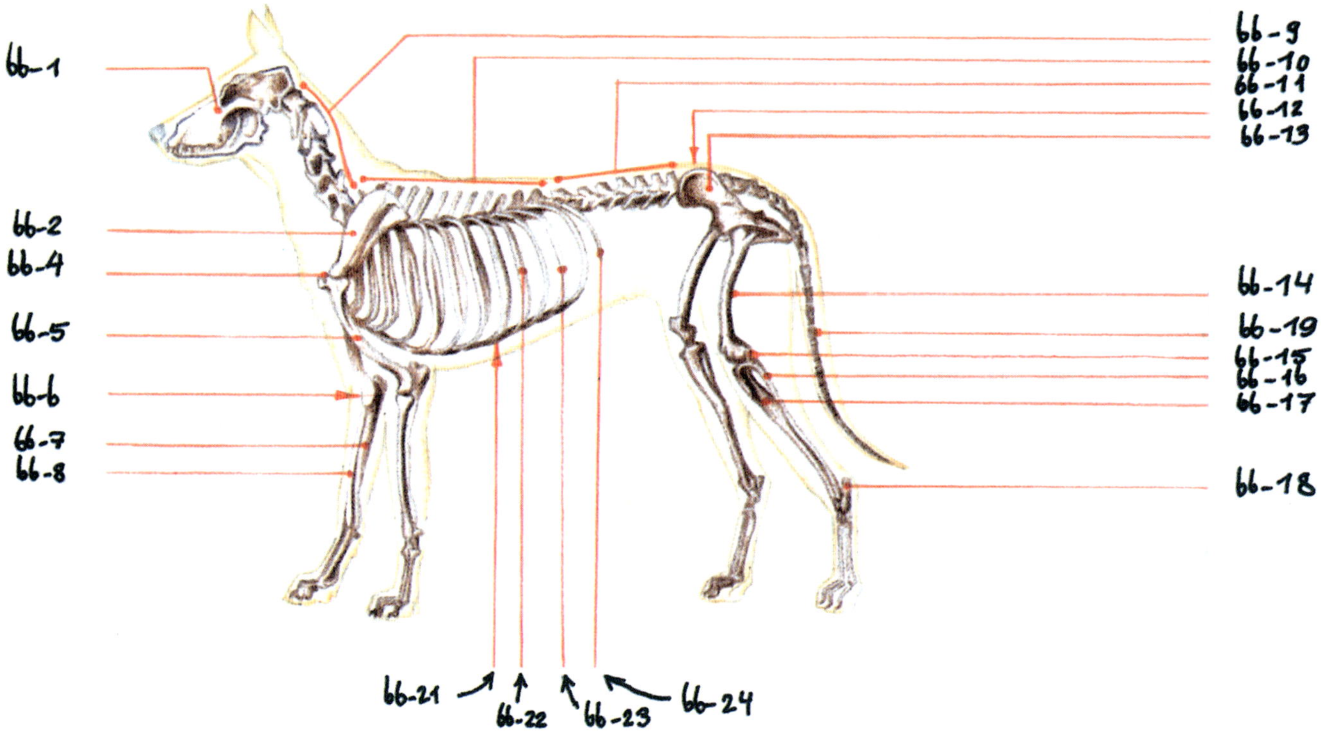
66-1
66-2
66-4
66-5
66-6
66-7
66-8
66-9
66-10
66-11
66-12
66-13
66-14
66-19
66-15
66-16
66-17
66-18
66-21
66-22
66-23
66-24

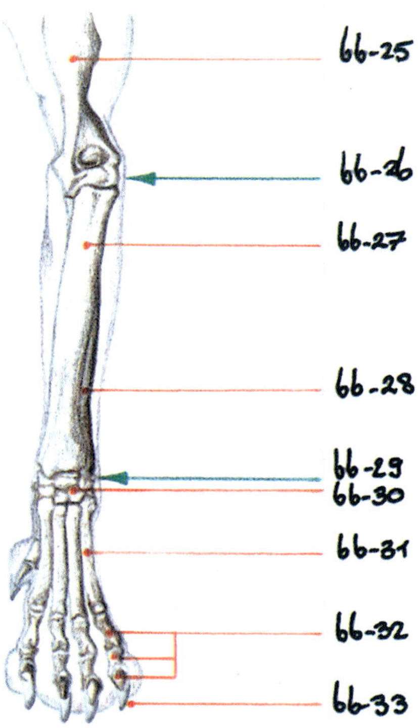
66-25
66-26
66-27
66-28
66-29
66-30
66-31
66-32
66-33

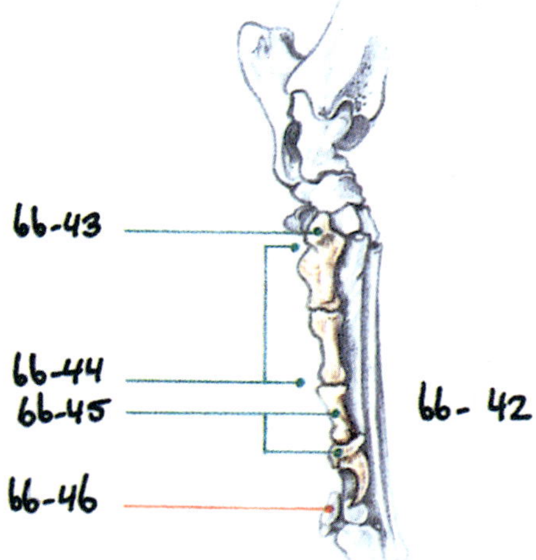
66-43
66-44
66-45
66-46
66-42

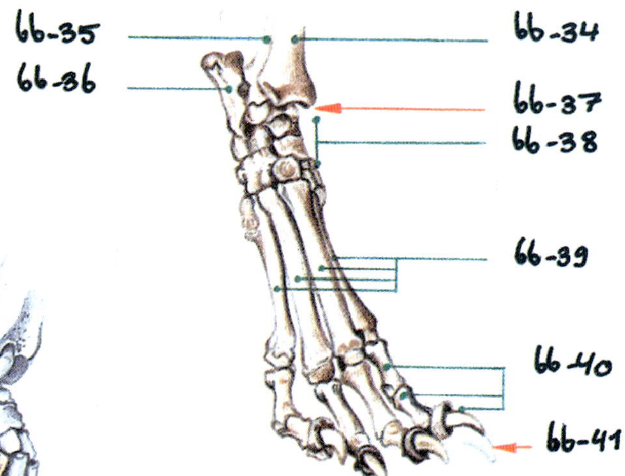
66-35
66-36
66-34
66-37
66-38
66-39
66-40
66-41

TEIL 3 - DAS INNERE

Das **Innere** -der Hund von innen- wird mit einem (in diesem Zusammenhang) häßlichen Wort auch manchmal INTÉRIEUR genannt.
Um etwas von der Ernährungslehre und zum Beispiel von der Bewegungslehre begreifen zu können, ist es nötig, verschiedene Ausdrücke, Bezeichnungen und Begriffe kennenzulernen.
In den hier folgenden Abbildungen sind viele der bekanntesten Bezeichnungen angegeben.

DAS KNOCHENGERÜST (SKELETT)

A. ALLGEMEINES

66 - 1	**Schädel**	
66 - 2	**Schulterblatt**	(wissenschaftlicher Name: *Scapula*)
66 - 3	**Buggelenk**	Das Bug- oder Schultergelenk ist der Scharnierpunkt zwischen Schulterblatt und Oberarmknochen (Oberarmbein).
66 - 4	**Bughöcker**	Die Spitze des Oberarmknochens, der Schulter.
66 - 5	**Oberarmbein**	(wissenschaftlicher Name: *Humerus*)
66 - 6	**Ellenbogengelenk**	
66 - 7	**Elle**	(wissenschaftlicher Name: *Ulna*)
66 - 8	**Speiche**	(wissenschaftlicher Name: *Radius*)
66 - 9	**Halswirbel**	Der Hund hat sieben Halswirbel,
66 - 10	**Brustwirbel**	dreizehn Brustwirbel und
66 - 11	**Lendenwirbel**	sieben Lendenwirbel.
66 - 12	**Kreuzbein, Os sacrum**	Das Kreuzbein (oder Os sacrum) wird geformt aus *drei miteinander verschmolzenen* Kreuzbein- oder Sakralwirbeln.
66 - 13	**Becken**	(wissenschaftlicher Name: *Pelvis*)
66 - 14	**Oberschenkelknochen**	(wissenschaftlicher Name: *Femur*)
66 - 15	**Kniegelenk**	
66 - 16	**Spange, Wadenbein**	(wissenschaftlicher Name: *Fibula*)
66 - 17	**Schienbein**	(wissenschaftlicher Name: *Tibia*)
66 - 18	**Fersenbein**	(wissenschaftlicher Name: *Calcaneus*)
66 - 19	**Schwanzwirbel**	Der normale Hund hat *zwanzig bis dreiundzwanzig Schwanzwirbel.*
66 - 20	**Wirbelsäule** (Rückgrat)	Die Gesamtzahl aller Wirbel beträgt also 50 bis 53 Stück; alle zusammen nennt man die Wirbelsäule.
66 - 21	**Brustbein**	(wissenschaftlicher Name: *Sternum*)
66 - 22	**echte Rippen**	Der Hund hat *neun Paar* echte Rippen, die durch Knorpel mit dem Brustbein verbunden sind.
66 - 23	**falsche Rippen**	Die folgenden drei Rippenpaare sind durch Muskeln miteinander und mit dem Brustbein verbunden. Zusammen mit dem letzten Rippenpaar bilden sie die falschen Rippen.
66 - 24	**schwebende Rippe**	Die letzte Rippe nennt man schwebende Rippe, weil sie keine Verbindung mit den anderen Rippen oder dem Brustbein hat.

B. VORDERPFOTEN

66 - 25	**Oberarmbein**	(wissenschaftlicher Name: *Humerus*)
66 - 26	**Ellenbogengelenk**	
66 - 27	**Speiche**	(wissenschaftlicher Name: *Radius*)
66 - 28	**Elle**	(wissenschaftlicher Name: *Ulna*)
66 - 29	**Vorderfußwurzelgelenk**	
66 - 30	**Vorderfußwurzelknochen**	Auch manchmal Handwurzelknochen genannt, (wissenschaftlicher Name: *Ossa carpi*).
66 - 31	**Vordermittelfußknochen**	(wissenschaftlicher Name: *Ossa metacarpalia*)
66 - 32	**Zehenknochen**	(wissenschaftlicher Name: *Phalanx*)
66 - 33	**Kralle**	

C. HINTERPFOTEN

66 - 34	**Schienbein**	(wissenschaftlicher Name: *Tibia*)
66 - 35	**Spange, Wadenbein**	(wissenschaftlicher Name: *Fibula*)
66 - 36	**Fersenbein**	(wissenschaftlicher Name: *Calcaneus*)
66 - 37	**Sprunggelenk**	Knöchelgelenk
66 - 38	**Fußwurzelknochen**	(wissenschaftlicher Name: *Ossa tarsi*)
66 - 39	**Mittelfußknochen**	(wissenschaftlicher Name: *Ossa metatarsalia*) Die wissenschaftlichen Bezeichnungen für die Fußwurzelknochen und die Mittelfußknochen von Vorder- und Hinterpfoten sind unterschiedlich.
66 - 40	**Zehenknochen**	(wissenschaftlicher Name: *Phalanx*)
66 - 41	**Kralle**	
66 - 42	**Afterkralle**	Die Afterkralle ist dem Daumen einer Hand vergleichbar.
66 - 43	**Fußwurzelknochen**	
66 - 44	**Mittelfußknochen**	Der Mittelfußknochen ist bei der Afterkralle zweigeteilt. Der obere Teil ist -ob mit dem Fußwurzelknochen verschmolzen oder nicht- immer noch beim Hund vorhanden (rudimentäre Zehe).
66 - 45	**Zehenknöchel**	Der untere Teil, die zwei Zehenknöchel, der Nagel und der Fußballen können fehlen (Degeneration). Die Degeneration beginnt beim untersten Teil des Mittelfußknochens; danach fehlen die Zehenknöchel, so daß der Nagel und der Fußballen ohne knöcherne Verbindung an der Haut sitzen. Dann fehlt der Nagel und schließlich der Fußballen.
66 - 46	**Sesambeine**	An jeder Zehe finden wir zwei Sesambeine, die sich auf beiden Seiten des Gelenkes befinden.

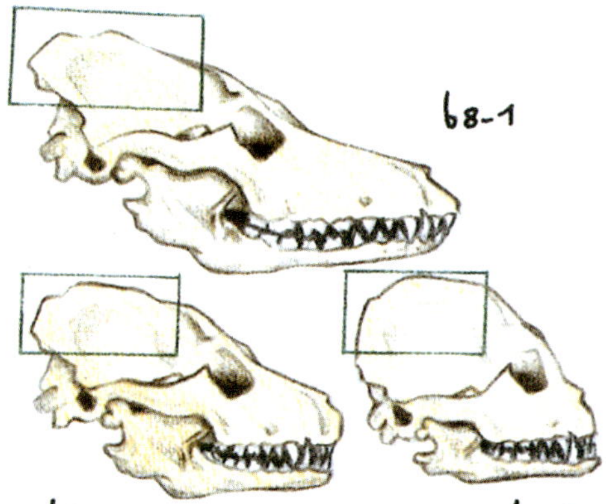
68-4
68-1
68-2
68-3

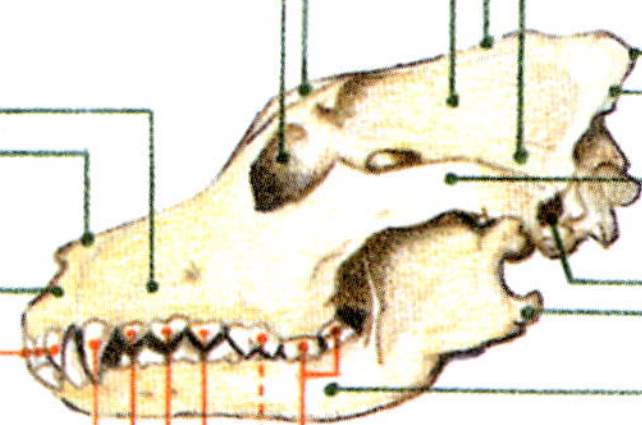
68-9
68-8
68-7
68-6
68-5
70-1
70-2
70-3
70-4
68-10
68-11
68-12
68-13
68-14
68-15
68-16
68-17
68-18

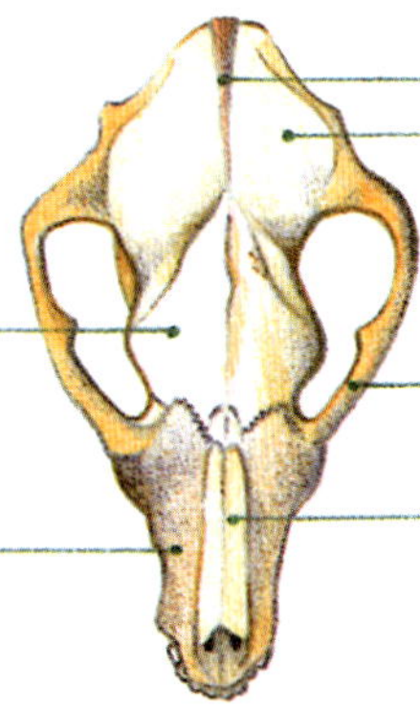
68-24
68-23
68-19
68-22
68-20
68-21

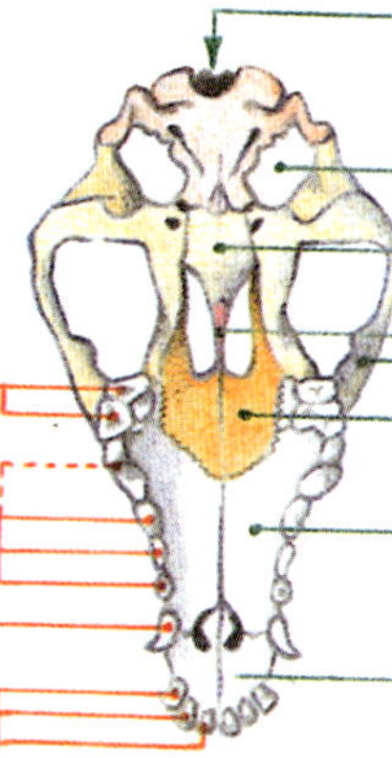
68-25
68-26
68-27
68-28
68-29
68-30
70-4
70-3
70-2
68-31
68-32
70-1

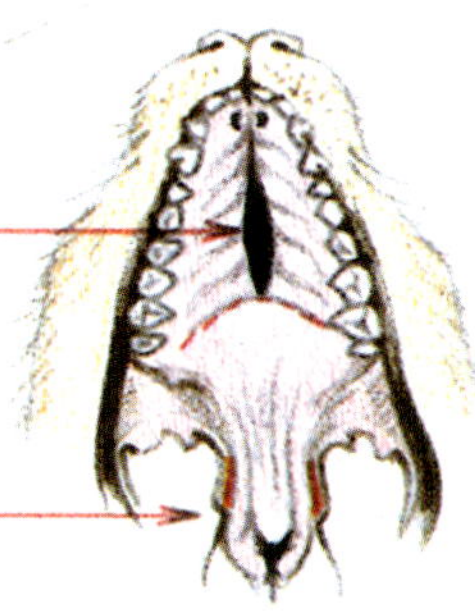
68-36
68-35

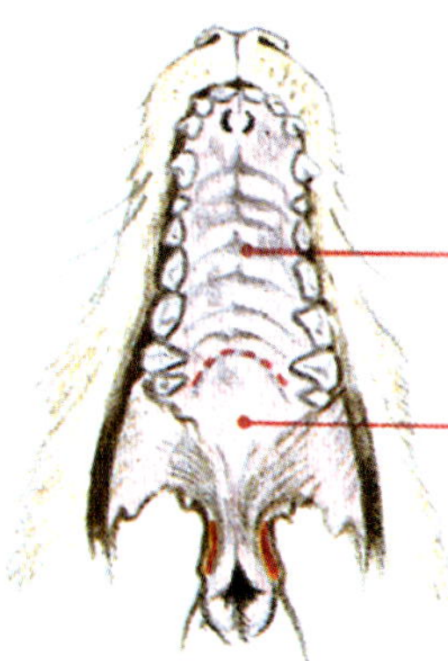
68-33
68-34

68-37

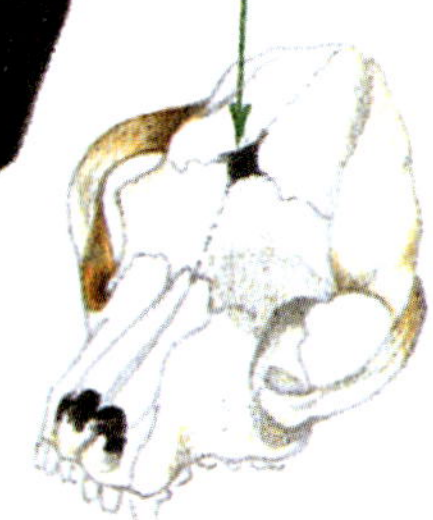
68-38

D. Schädel

1. Form des Schädels

68 - 1 **dolichocephal**
Hunde mit einem verhältnismäßig langen Kopf (langen Nasenrücken) nennt man *dolichocephal*. Windhunde gelten als typisch dolichocephal.

68 - 2 **mesocephal**
Hunde mit einem weniger langen Kopf (Bullmastiffs beispielsweise) werden *mesocephal* genannt.

68 - 3 **brachycephal**
Typisch *kurzköpfige* Hunde, wie zum Beispiel Pekingesen, Bulldog und Griffon Bruxellois, nennt man *brachycephal.*

68 - 4 **Hirnschädel**
oberster Teil des Schädels (*Cranium*)

2. Schädel (Seitenansicht)

68 - 5 **Zwischenkiefer** (wissenschaftlicher Name: *Os incisivum*)
68 - 6 **Nasenbein** (wissenschaftlicher Name: *Os nasale*)
68 - 7 **Oberkieferbein** (wissenschaftlicher Name: *Maxilla*)
68 - 8 **Augenhöhle**
68 - 9 **Stirnbein** (wissenschaftlicher Name: *Os frontale*)
68 - 10 **Scheitelbein** (wissenschaftlicher Name: *Os parietale*)
68 - 11 **Scheitelleiste** (wissenschaftlicher Name: *Crista sagittalis externa*)
68 - 12 **Schläfenbein** (wissenschaftlicher Name: *Os temporale*)
68 - 13 **Hinterhauptstachel** (wissenschaftlicher Name: *Protuberantia occipitalis externa*)
68 - 14 **Hinterhauptbein** (wissenschaftlicher Name: *Os occipitale*)
68 - 15 **Jochbein,** Jochbogen (wissenschaftlicher Name: *Os zygomaticum*)
68 - 16 **äußere Gehöröffnung**
68 - 17 **Unterkieferast-Fortsatz** (wissenschaftlicher Name: *Processus angularis*), Vorsprung, an dem der Kaumuskel befestigt ist.
68 - 18 **Unterkieferknochen** (wissenschaftlicher Name: *Mandibula*)

3. Schädel (von oben gesehen)

68 - 19 **Stirnbein**
68 - 20 **Oberkieferbein**
68 - 21 **Nasenbein**
68 - 22 **Jochbein,** Jochbogen
68 - 23 **Scheitelbein** auch manchmal *Schädelbein* genannt.
68 - 24 **Scheitelleiste**

4. Schädel (von unten gesehen)

Hierbei ist der Unterkiefer entfernt, so daß wir die Unterseite des Oberkiefers und des Schädels sehen können.

68 - 25 **Hinterhauptsloch** (wissenschaftlicher Name: *Foramen magnum*)
68 - 26 **Paukenblase** (wissenschaftlicher Name: *Bulla tympanica*)
68 - 27 **Keilbein** (wissenschaftlicher Name: *Os sphenoidale*)
68 - 28 **Pflugscharbein** (wissenschaftlicher Name: *Vomer*)
68 - 29 **Jochbein,** Jochbogen
68 - 30 **Gaumenbein** (wissenschaftlicher Name: *Os palatinum*)
68 - 31 **Oberkieferbein**
68 - 32 **Zwischenkiefer**

5. Gaumen

68 - 33 **harter Gaumen**
68 - 34 **weicher Gaumen**

Er besteht aus einem **harten Gaumen** und einem **weichen Gaumen**. Der harte Gaumen wird an drei Seiten durch den Oberkiefer begrenzt. An der Rückseite (Kehlseite) verläuft die Begrenzung von den hinteren Zähnen an mehr oder weniger nach vorne gebogen. Der harte Gaumen bildet das "Dach" der Mundhöhle und ist mit 6 - 10 Riffeln besetzt. Der weiche Gaumen ist bei Hunden gut entwickelt. Im Grunde wird der ganze harte Gaumen vom weichen Gaumen umkleidet; in der Praxis nennt man allerdings nur den hinteren Teil weichen Gaumen. Er beginnt an einer Verdickung der Gaumenhaut auf dem harten Gaumen in Höhe von einem der letzten Zähne. Der weiche Gaumen eines "normalen" Hundes ist 6cm lang, 5cm breit und an den hinteren Zähnen 5mm dick (gelegentlich verdickt sich der weiche Gaumen bis zu einer Stärke von 1cm). Die stärkste Verdickung ist ungefähr nach der Hälfte erreicht, danach vermindert sie sich allmählich wieder.

68 - 35 **verlängerter Gaumen**

Bei brachycephalen Hunden (Kurzköpfigen) kommt es vor, daß der weiche Gaumen mehr oder weniger seine "normale" Länge behalten hat. Das nennt man dann einen **verlängerten weichen Gaumen**. Das kann zu geräuschvollem Atmen und Schnarchen (bei geringer "Verlängerung") führen, sowie zu Beklemmungen bei gewissen Wetterverhältnissen (Hitze) bis hin zu ernsthaften Atembeschwerden bei einer großen "Verlängerung".
Funktion des harten Gaumens: Abstützplatz für die Zunge beim Schlucken.
Funktion des weichen Gaumens: elastischer Verschluß zwischen Atmungsorgan und Verdauungsorganen.

68 - 36 **Spaltrachen**

Wenn während der fötalen Entwicklung bei einem Welpen die beiden harten Gaumenplatten nicht ganz zusammenwachsen, dann wird der Welpe mit einem **gespaltenen Gaumen (Spaltrachen)** geboren. Wenn dieser Fehler nur gering ausgebildet ist, wird er meistens nicht bemerkt. Manchmal ist der Spalt jedoch größer und auch die Gaumenhaut verschließt ihn nicht. Der Welpe kann dann entweder gar nicht oder nur mit großer Mühe schlucken; die Milch kommt aus der Nase wieder heraus.

68 - 37 **Hasenscharte,**
hare lip (= englisch)

Reicht die Verwachsung weit nach vorn, dann kann eine **Hasenscharte** vorliegen. Obwohl dies bei allen Rassen vorkommen kann, beobachten wir es bei Brachycephalen doch am meisten. Bei einer sehr schlimmen Verwachsung finden wir neben einem Spaltrachen und einer Hasenscharte noch eine gespaltene Nase. Diese Welpen sind mißgebildet und werden meistens tot geboren.

6. Fontanelle

68 - 38 **Fontanelle,**
molera (= englisch)

Wenn die Knochen der Schädelkapsel nicht vollständig zusammenwachsen, verbleibt eine Öffnung: die **Fontanelle**. Die Scheitelleiste ist dann schlecht entwickelt; anstelle der Verbindung zwischen Stirnbein und Scheitelbein bleibt ein Loch. Diese Öffnung ist nur durch die zähe, harte Hirnhaut bedeckt und ist meistens gut zu fühlen. Das kommt bei Zwergrassen und vor allem beim Chihuahua vor. Natürlich ist dies eine verwundbare Stelle, und es ist demnach auch uneingeschränkt fehlerhaft, wenn diese Schwäche auftritt. In englischsprachigen Ländern nennt man die Fontanelle auch **molera**.

abgebildete Rasse:
Chihuahua

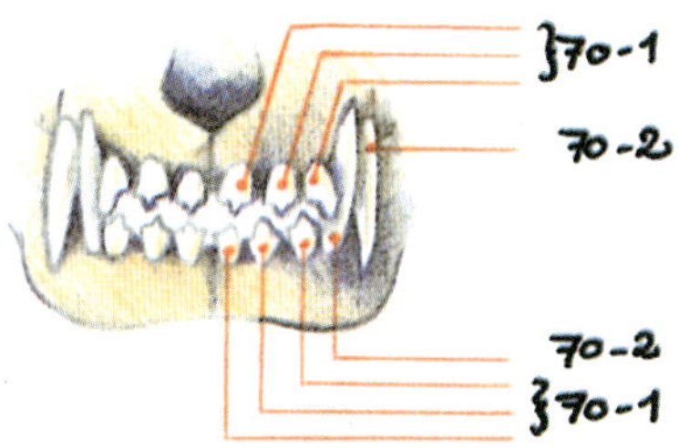

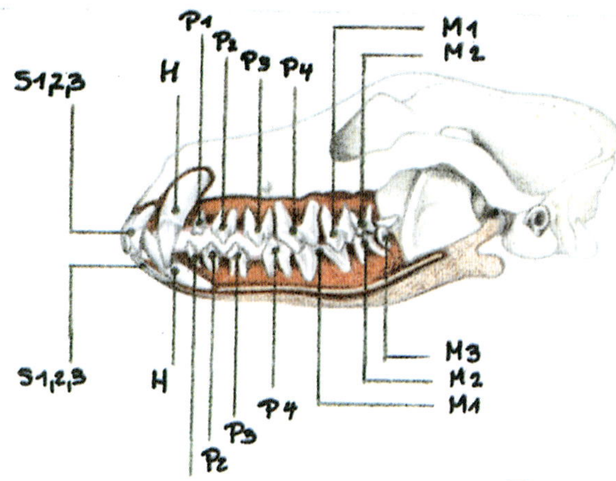

70-5

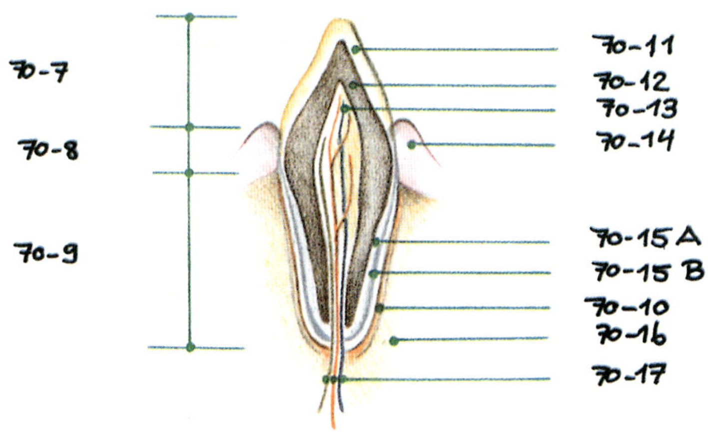

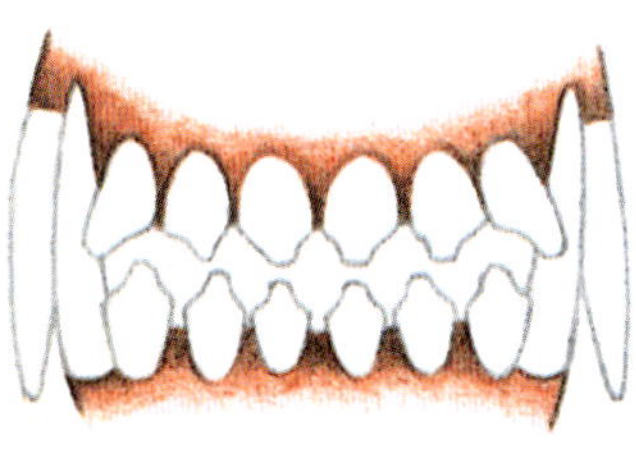

70-18

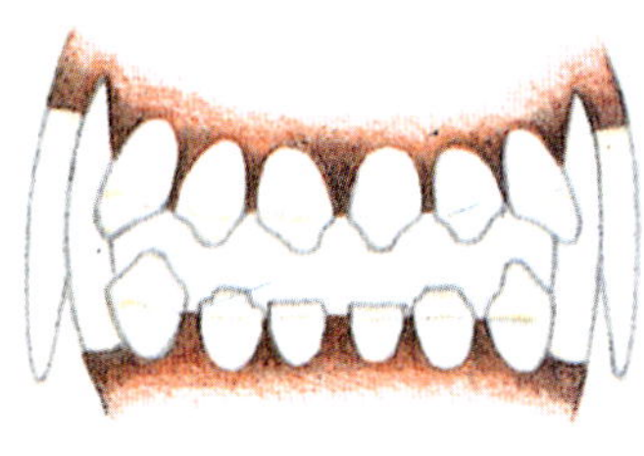

70-19

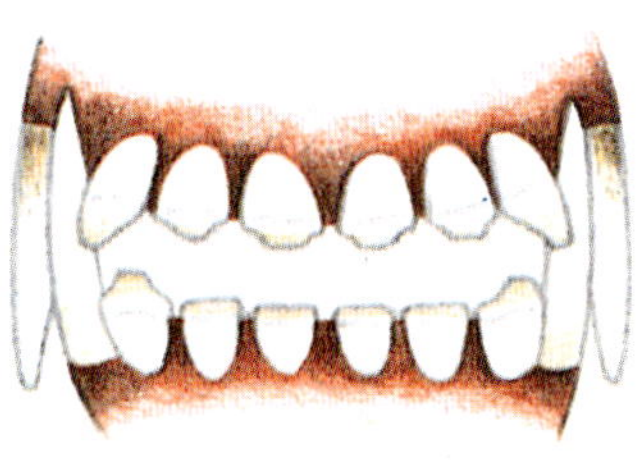

70-20

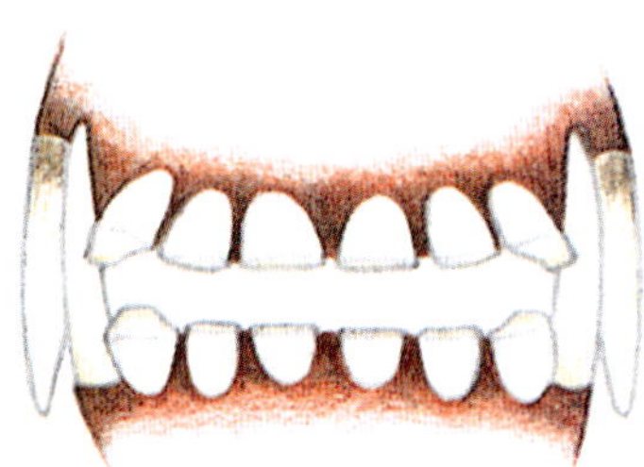

70-21

E. Das Gebiss

1. Allgemeines

70 - 1 **Schneidezähne**
(wissenschaftlicher Name: *Dentes incisivi*). Die insgesamt zwölf Schneidezähne dienen bei den Raubtieren zu den Feinarbeiten wie Flöhe-Totbeißen oder Splitter-Ausziehen.

70 - 2 **Fangzähne**
Sie werden manchmal auch *Haken-*, *Eck-*, *Hunds-* oder *Augenzähne* genannt. (Wissenschaftlicher Name: *Dens caninus*). Die insgesamt vier Fangzähne sind zum Festhalten der Beute unentbehrlich.

70 - 3 **Prämolaren**
Sie werden auch **Reißzähne** oder *schneidende Zähne* genannt; man bezeichnet sie ebenfalls als wechselnde Zähne, weil sie beim Zahnwechsel mit einer Ausnahme gewechselt werden. (Wissenschaftlicher Name: *Dentes praemolares*). Es sind insgesamt sechzehn Stück.

Die Prämolaren haben scharfe Ränder; die Prämolaren von Ober- und Unterkiefer arbeiten zusammen wie eine Schere. Ein Raubtier beißt mit der Seitenkante der Backen einzelne Fleischstücke ab. Das Fleisch wird in großen Brocken hinuntergeschlungen und kaum vorher gekaut.

Einer der Praemolaren (P1) wechselt nicht. Er wird dennoch zu den wechselnden Zähnen gerechnet, weil er erst nach dem Wechseln erscheint.

70 - 4 **Molaren**
Sie werden gewöhnlich **Backenzähne** genannt. (Wissenschaftlicher Name: *Dentes molares*). Insgesamt sind es zehn Stück, vier im Oberkiefer, sechs im Unterkiefer. Die Backenzähne sind stumpf, sie haben eine zermahlende Wirkung. Bei Raubtieren haben sie nicht die Mahlfunktion wie bei den pflanzenfressenden Tieren. Der Unterkiefer der Raubtiere ist nämlich nur senkrecht zu bewegen; bei Pflanzenfressern kann er auch gut in der Waagerechten bewegt werden. Bei Allesfressern (wie zum Beispiel Mensch und Affen) ist er waagerecht ein wenig beweglich.

70 - 5 **Zahnformel**
Die Zahnformel gibt die Anzahl der Zähne im Ober- und Unterkiefer wieder.

3. 1. 4. 2.
3. 1. 4. 3.

Die **wechselnden Zähne** (*Prämolaren*) werden gewöhnlich mit dem Großbuchstaben P (P1 - P4) gekennzeichnet.
Die **bleibenden Zähne** (*Molaren*) erhalten den Großbuchstaben M (M1 - M3).
Man kann die Zahnformel auch anders wiedergeben:

I1.2.3. C1. P1.2.3.4. M1.2.
I1.2.3. C1. P1.2.3.4. M1.2.3.

Es wird also von vorn nach hinten gezählt: der P1 ist der vorderste Backenzahn , der M2 (beziehungsweise M3) der hinterste.

70 - 6 **vollständiges Gebiß**
Bei einem normalen, kompletten Gebiß finden wir also zweiundvierzig Zähne.
Längst nicht immer ist das Gebiß so vollständig. Manchmal fehlt der P4; obgleich das immer häufiger vorkommt, wird es bei vielen Rassen (noch) als Fehler vermerkt. Oft fehlen auch der M2 des Oberkiefers und der M3 des Unterkiefers. Der P1 des Unterkiefers schließlich ist oft sehr klein oder gar nicht vorhanden.

2. Längsschnitt durch einen Zahn

70 - 7 **Krone** — Der Teil des Zahnes, der aus dem Zahnfleisch herausragt und demnach normalerweise sichtbar ist.
70 - 8 **Hals** — Der Übergang zwischen Krone und Wurzel, im Zahnfleisch eingebettet.
70 - 9 **Wurzel** — Der Teil des Zahnes, der im Zahnfach des Ober- oder Unterkiefers festsitzt.
70 - 10 **Zahnfach** — Die Vertiefung im Kieferknochen, in die der Zahn eingebettet ist.
70 - 11 **Zahnschmelz** — Auch bisweilen *Email* genannt.
70 - 12 **Zahnbein** — Auch bisweilen *Elfenbein* oder *Dentin* genannt.
70 - 13 **Zahnhöhle** (oder Pulpahöhle) — Die Zahnhöhle ist mit weichem Gewebe gefüllt: der *Pulpa*.
70 - 14 **Zahnfleisch**
70 - 15 **A. Zahnzement**
B. Wurzelhaut
70 - 16 **Kieferknochen**
70 - 17 **Blut-** und **Lymphgefäße** sowie **Nerven**

3. Abnutzung der Schneidezähne

70 - 18 **Schneidezähne nach einem Jahr**
Im Alter von einem Jahr sind alle Schneidezähne noch gut gelappt und hellweiß.

70 - 19 **Schneidezähne nach zwei Jahren**
Ab dem Lebensalter von zwei Jahren beginnen die mittleren Schneidezähne des Unterkiefers Spuren von Abnutzung zu zeigen: die Lappen sind deutlich abgeschliffen, und die Farbe der Schneidezähne ist nicht mehr hellweiß.

70 - 20 **Schneidezähne nach drei Jahren**
Ab dem Lebensalter von drei Jahren zeigen die Schneidezähne des Unterkiefers deutlichen Verschleiß. Auch an den Schneidezähnen des Oberkiefers sind Abnutzungserscheinungen zu beobachten. An den Eckzähnen des Oberkiefers ist Zahnsteinbildung zu erkennen.

70 - 21 **Schneidezähne nach vier Jahren**
Ab einem Lebensalter von vier Jahren sehen wir, daß auch die Schneidezähne des Oberkiefers deutlich abgenutzt sind.
Ab dem fünften Lebensjahr sind alle Lappen der Schneidezähne nahezu ganz abgeschliffen.

72-1

72-2

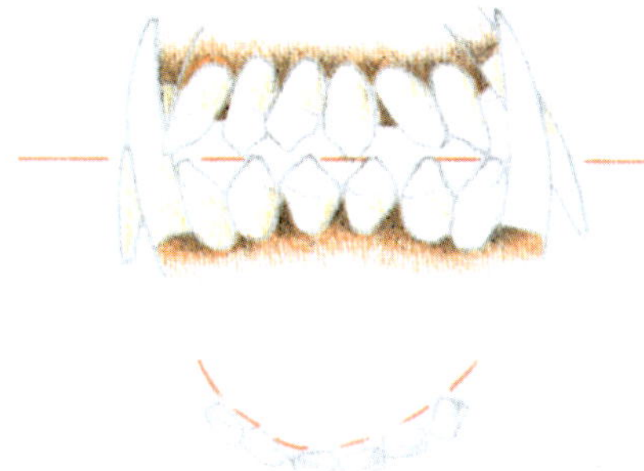

72-10

72-3

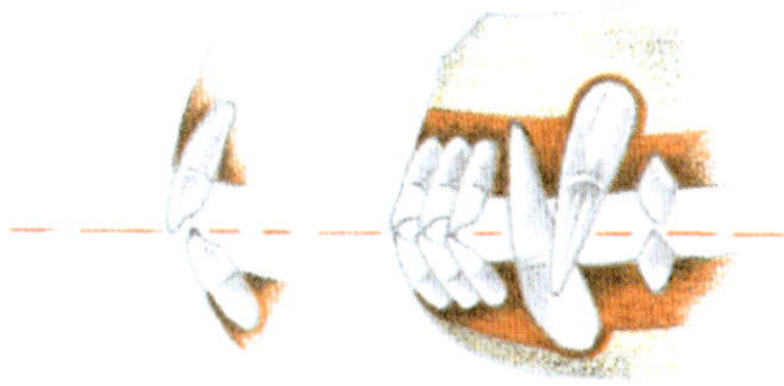

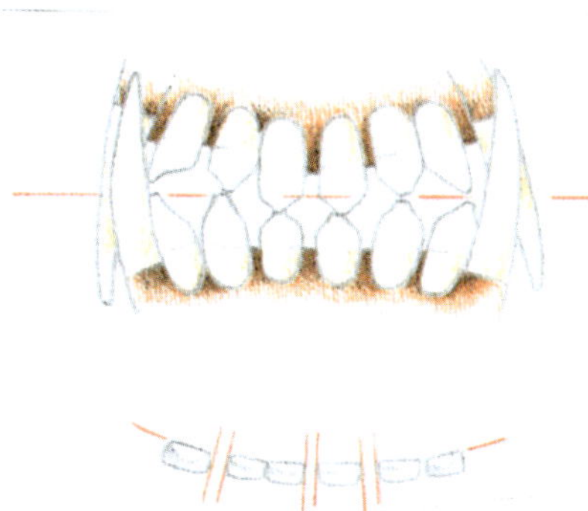

72-11

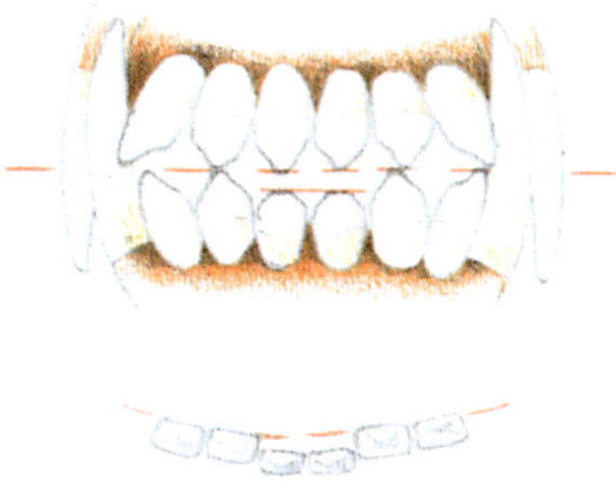

72-4

72-12

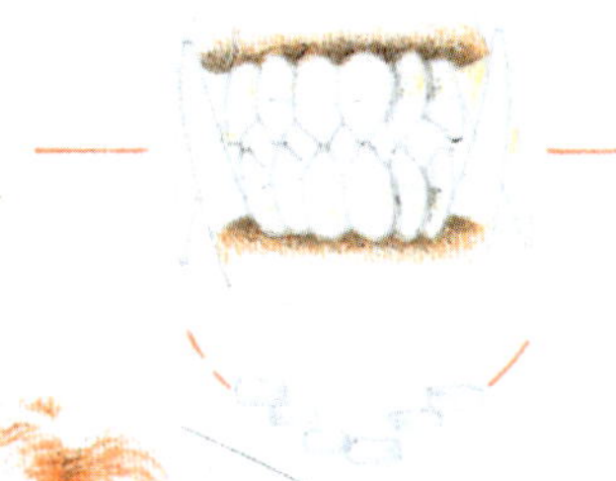

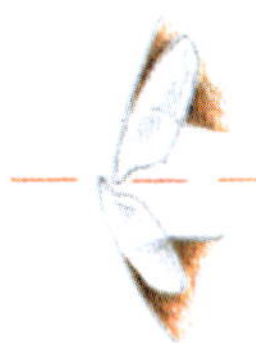

72-6

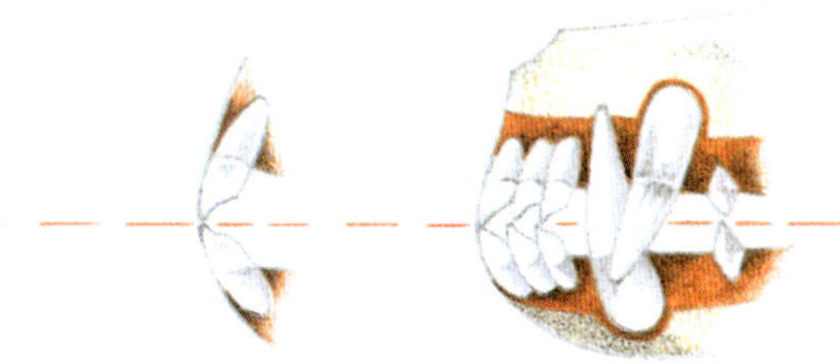

72-5

72-13

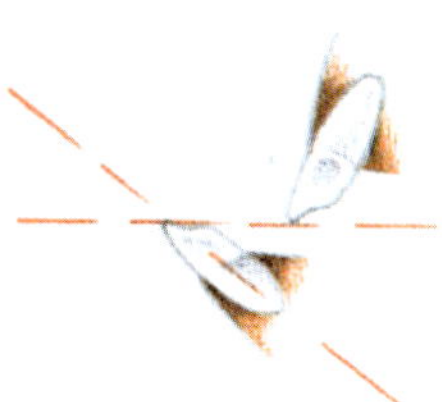

72-8

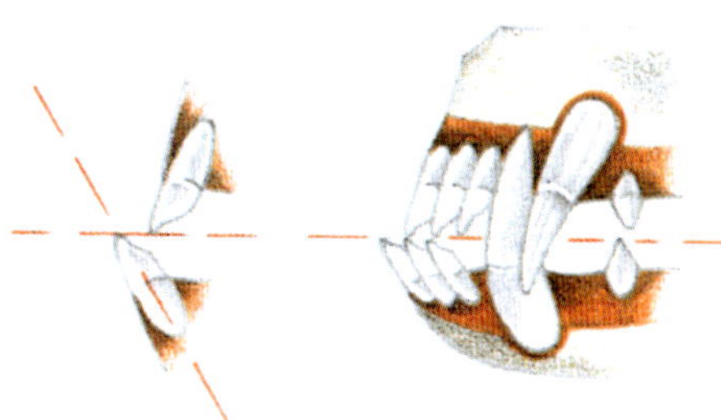

72-7

72-13

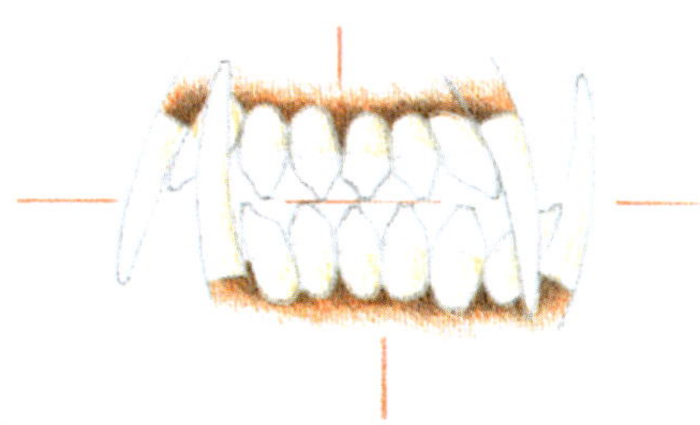

72-14

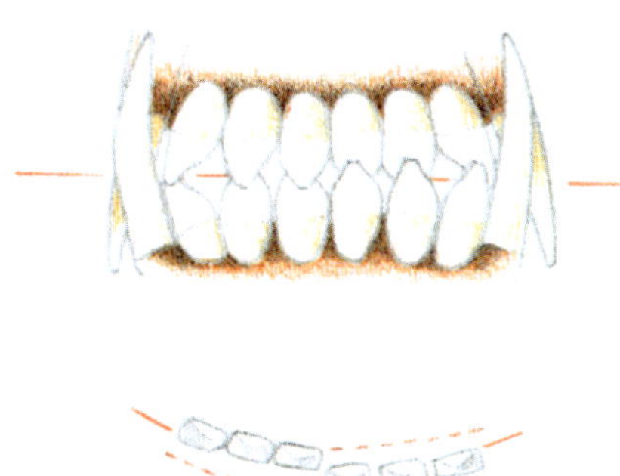

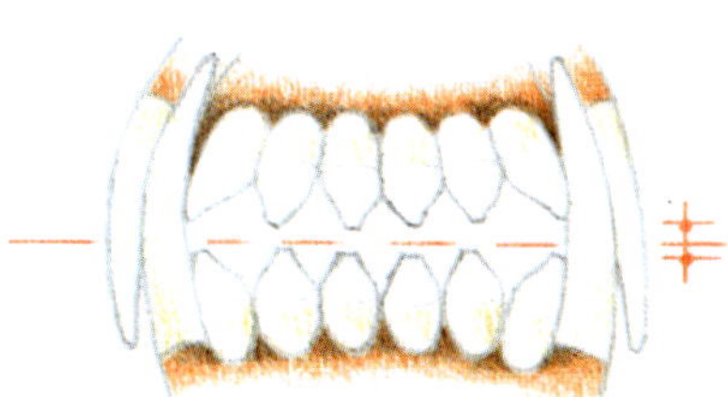

72-9

		4. Gebißformen
72 - 1	**Schweinsschnauze,** **pig jaw** (= englisch)	Diesen Ausdruck gebraucht man bisweilen, um oben stark vorbeißende und schräg nach vorn gerichtete Schneidezähne zu bezeichnen.
72 - 2	**Rückbiß,** **overshot bite** (= englisch)	Bei einem verkürzten Unterkiefer (Rückbiß, Opistognathie) stehen die oberen Zähne weit vor den unteren Zähnen. Je nach der Größe des Abstandes zwischen oberen und unteren Zähnen spricht man von einem starken oder einem leichten Rückbiß. Starken Rückbiß nennt man auf englisch: *parrot mouth*; bei einem besonders kurzen Unterkiefer spricht man von einer Haifischschnauze (auf englisch: *shark mouth*).
72 - 3	**Scherengebiß,** **scissor bite** (= englisch)	Bei einem Scherengebiß liegen die Spitzen der oberen Schneidezähne dicht vor den Spitzen der unteren Schneidezähne.
72 - 4	**vorstehende Schneidezähne**	Hierbei stehen die zwei mittleren unteren Schneidezähne etwas tiefer und etwas mehr nach vorn als der Rest der unteren Schneidezähne. Die zwei mittleren Schneidezähne unten und oben stoßen dann zangenartig aufeinander, während der Rest als Schere schließt. Diese Gebißform ist ein Übergang zwischen Scheren- und Zangengebiß. Sie kommt ziemlich häufig vor.
72 - 5	**Zangengebiß,** **pincer bite** (= englisch)	Bei einem Zangengebiß stoßen die Kronen der oberen Schneidezähne genau auf die Kronen der unteren Schneidezähne. Diese Gebißform kommt im allgemeinen bei den sogenannten wilden Hundeartigen (Wolf) vor. In englischsprachigen Ländern spricht man manchmal auch von *level teeth*, womit ein Zangengebiß gemeint ist. Das ist sehr verwirrend, weil man etwas anderes mit level bite bezeichnet (siehe 72 - 15). Weil der Unterkiefer auch bei älteren Hunden oft noch etwas nachwächst, kann ein Zangengebiß sich bei älteren Hunden zu einem Vorbiß verändern. Ein Scherengebiß beim jungen Hund kann sich in späteren Lebensjahren in ein Zangengebiß umwandeln. Da ein Vorbiß als Fehler gewertet wird, strebt man in der Hundezucht danach, gute Scherengebisse zu züchten.
72 - 6	**umgekehrtes Scherengebiß,** **reverse scissor bite** (= englisch)	Beim umgekehrten Scherengebiß stehen die Spitzen der oberen Schneidezähne dicht hinter den Spitzen der unteren Schneidezähne.
72 - 7	**leichter Vorbiß,** **undershot bite** (= englisch)	Bei einem leichten Vorbiß stehen die unteren Zähne etwas vor den oberen Zähnen. Diese Gebißform wird bei vielen Rassen mit einem kurzen Vorgesicht (English Bulldog, Pekingese, Shih Tzu und so weiter) als richtig anerkannt. Bei vielen anderen Rassen ist das ein absoluter Fehler.
72 - 8	**starker Vorbiß**	Die unteren Schneidezähne stehen hierbei weit vor den oberen Schneidezähnen. Dies ist bei allen Rassen absolut fehlerhaft. Eine derartige Gebißform wird manchmal *Spardose* genannt. Als Folge eines starken Vorbisses kann das sogenannte *Blitzen* auftreten (siehe 26 - 25).
72 - 9	**Fischmaul,** **nicht schließendes Gebiß**	Bei einem Fischmaul berühren die Schneidezähne einander nicht, auch wenn die anderen Zähne dichtschließend aufeinander stehen. Dieser Fehler ist Folge einer besonders starken Entwicklung der Backenzähne und somit ein Fehler im Kopfskelett. Er kommt bei Hunden mit einem etwas zu breiten und etwas zu kurzen Vorgesicht vor.
72 - 10	**unregelmäßiges Gebiß,** **irregular bite** (= englisch), **scrambled mouth** (wird es auf englisch beim Lhasa Apso genannt)	Hierbei stehen die Zähne mehr oder weniger kreuz und quer. Das kommt bei einigen Zwergrassen und bei Nackthunden vor.
72 - 11	**Palisadengebiß**	Die Zähne stehen im Kiefer richtig, jedoch sind sie unterschiedlich hoch. Es kann auch vorkommen, daß die Zähne etwas Abstand voneinander haben.
72 - 12	**Kulissengebiß**	Die Zähne stehen nicht nebeneinander im Kiefer, ab und zu steht sogar ein Zahn teilweise vor dem folgenden Zahn; die Höhe der Zähne ist gleich.
72 - 13	**Schiefmaul,** **wry mouth** (= englisch)	Der Unterkiefer steht schief im Verhältnis zum Oberkiefer. Das kommt bei Hunden mit kurzem Vorgesicht (English Bulldog, Pekingese) ständig vor.
72 - 14	**Kreuzbiß**	Der Stand der Zähne im Unterkiefer ist im Verhältnis zum Stand der Zähne im Oberkiefer verschoben.
72 - 15	**level bite** (= englisch), **level mouth** (= englisch)	Dieser Ausdruck stiftet viel Verwirrung; er bezieht sich auf die gleiche Länge von Ober- und Unterkiefer. Der Stand der Zähne kann noch variieren und muß genauer bezeichnet werden. Oft wird level bite auch fälschlicherweise übersetzt als Zangengebiß.
72 - 16	**Prognatismus**	Schiebt sich der Unterkiefer etwas nach vorn (siehe: leichter Vorbiß), nennt man das auch Prognatismus.

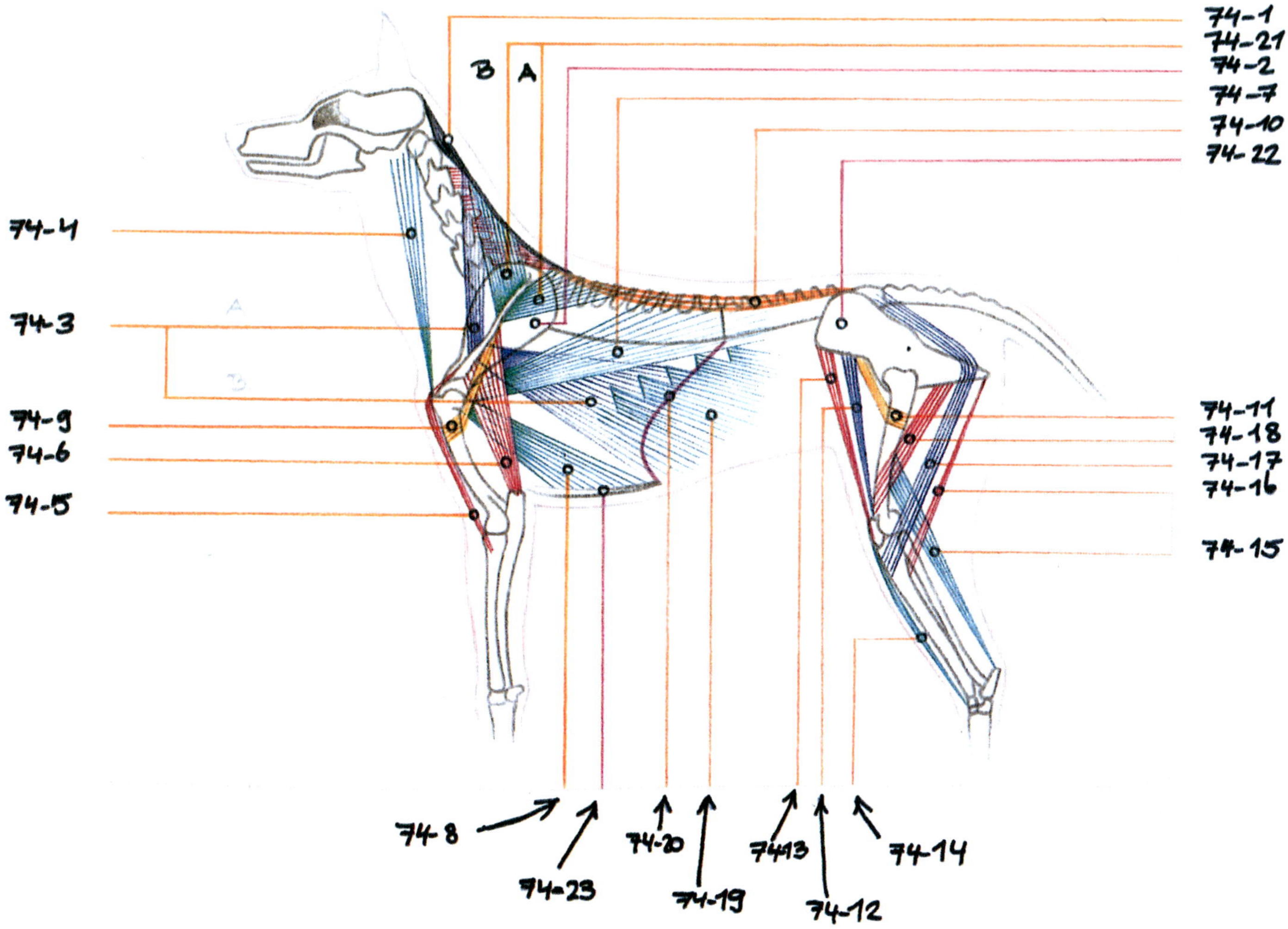

74-1
74-21
B
A
74-2
74-7
74-10
74-22
74-4
74-3
74-9
74-6
74-5
74-11
74-18
74-17
74-16
74-15
74-8
74-23
74-20
74-19
7413
74-12
74-14

DIE MUSKELN

(Auf den Abbildungen sind -mehr oder weniger schematisch- die wichtigsten Muskeln wiedergegeben.)

A. NAMEN UND FUNKTIONEN

74 - 1 **Nackenband** (*Ligamentum nuchae*). Ein langes, etwas dehnbares Sehnenband, das vom Dreher bis zum vierten Rückenwirbel verläuft. Das Nackenband ist mit kurzen Muskeln vom dritten bis zum siebten Halswirbel und an den ersten vier Rückenwirbeln befestigt.
Funktion: 1. stützt Nacken und Kopf; 2. regelt die Bewegung des Kopfes; 3. dient als Verbindungsstelle der Muskeln, die die Vorwärtsbewegung des Vorderlaufes herbeiführen, und der Muskeln, die die Spitze des Schulterblattes weitgehend an ihrem Platz halten, wenn der Vorderlauf sich nach hinten bewegt.

74 - 2 **oberster Schultermuskel, Kapuzen- oder Kappenmuskel** (*Musculus trapezius*) (grün markiert). Er setzt sich aus zwei Teilen zusammen. Sie sind an der Schulterblattgräte befestigt, einer an der Vorderseite (kopfwärts) und einer an der Rückseite (rumpfwärts). Der vordere Teil ist ferner am Nackenband (ab dem dritten oder vierten Halswirbel) und den ersten Rückenwirbeln befestigt. Der hintere Teil ist außerdem am zweiten bis zum neunten (oder zehnten) Rückenwirbel befestigt.
Funktion: 1. Hält die Spitze des Schulterblattes auf ihrem Platz; 2. regelt die Bewegung der oberen Hälfte des Schulterblattes; 3. beteiligt sich am Heben und Vorwärtsführen des Vorderlaufes.

74 - 3 **unterster Schultermuskel, gezahnter oder Sägemuskel** (*Musculus serratus*) (blau markiert). Er besteht ebenfalls aus zwei Teilen: einem an der Kopfseite und einem an der Rumpfseite des Schulterblatts. Er ist am unteren Teil der Schulterblattgräte befestigt. Der vordere Teil ist außerdem verbunden mit dem Nackenband (ab dem dritten Halswirbel); der hintere Teil ist an den Rippen bis zur siebten (oder achten) Rippe befestigt.
Funktion: 1.Regelt die Bewegung der unteren Hälfte des Schulterblattes; 2. ist an den Bewegungen des Vorderlaufes beteiligt; 3. trägt den Rumpf.
Die Tätigkeiten von Musculus serratus und Musculus trapezius sind unlösbar miteinander verbunden: 74 - 2A und 74 - 3A und 74 - 2B und 74 - 3B arbeiten zusammen.

74 - 4 **Kopf - Hals - Armmuskel** (*Musculus brachiocephalicus*) (grün markiert). Ein langer Muskel, der von der Schädelbasis zum Kopf des Oberarmknochens verläuft.
Funktion: 1. Wenn das Nackenband gespannt ist (und der Kopf deshalb hochgetragen wird), zieht dieser Muskel den Vorderlauf durch Zusammenziehen hoch; 2. ist das Nackenband entspannt, dann wird durch das Zusammenziehen dieses Muskels der Kopf nach unten gezogen.

74 - 5 **Beuger des Ellenbogengelenks** (*Musculus biceps brachii*) (rot markiert). Ein dünner Muskel, der von der unteren Hälfte der Schulterblattgräte vor den Kopf des Oberarmknochens und längs des Oberarmknochens zum Kopf der Speiche verläuft.
Funktion: 1. Beuger des Ellenbogengelenks; 2. hält den Kopf des Oberarmknochens an seinem Platz.

74 - 6 **Strecker des Ellenbogengelenks** (*Musculus triceps brachii*) (rot markiert). Ein starker Muskel, der an der Schulterblattgräte und an der Spitze der Elle befestigt ist.
Funktion: Streckt das Ellenbogengelenk (und damit also den Vorderlauf).

74 - 7 **breiter Rückenmuskel** (*Musculus latissimus dorsi*) (grün markiert). Ein breiter Muskel, der an der Rückseite mit einer großen Sehnenplatte an den Lenden und den letzten vier Rückenwirbeln befestigt ist. Von dort läuft er über die Rippen zum Kopf des Oberarmknochens.
Funktion: Führt -im Zusammenspiel mit dem Brustmuskel- die Schulter zurück.

74 - 8 **Brustmuskel** (*Musculus pectoralis*) (grün markiert). Er ist am Brustbein oder an der Unterseite der Rippen befestigt und am anderen Ende am Kopf des Oberarmknochens.
Funktion: Führt -im Zusammenspiel mit dem breiten Rückenmuskel- die Schulter zurück.

74 - 9 **Buggelenksbeuger** (*Musculus deltoideus*) (orange markiert). Er ist an der Schulterblattgräte und der oberen Hälfte des Oberarmknochens befestigt.
Funktion: Beugt das Buggelenk.

74 - 10 **langer Rückenmuskel** (*Musculus longissimus*) (orange markiert). Dieser sehr wichtige Muskel ist an den Lenden und bis zum Nacken an allen Rückenwirbeln befestigt.
Funktion: 1. Bildet die Basis des Nackenbandes; 2. hält das Rückgrat an seinem Platz (festigt das Rückgrat, das ja bloß aus mehr oder weniger "losen" Wirbeln besteht), läßt aber gleichzeitig zu, daß durch die Tätigkeit anderer Muskeln eine Bewegung der Wirbelsäule -zum Beispiel Beugen- möglich bleibt; 3. bewirkt das vollständige Ausnutzen der Schubkraft aus der Hinterhand (gibt die Schubkraft über die Wirbelsäule weiter); 4. trägt einen beträchtlichen Teil des Rumpfes.

74 - 11 **Beuger des Hüftgelenks** (orange markiert). Er ist an den Hüftknochen und an der oberen Hälfte des Oberschenkelknochens befestigt.
Funktion: Beugen des Hüftgelenks.

74 - 12 **Zieher des Oberschenkels** (blau markiert). Das eine Ende ist an den Hüftknochen und das andere unten am Oberschenkelknochen befestigt.
Funktion: Zieht den Oberschenkelknochen (und damit den Hinterlauf) nach vorn.

74 - 13 **Strecker des Kniegelenks** (rot markiert). Er läuft von den Hüftknochen zum Kopf des Schienbeins.
Funktion: Hält das Kniegelenk gestreckt, wenn der Hinterlauf nach vorne bewegt wird.

74 - 14 **Beuger des Sprunggelenks** (grün markiert). Er ist am Kopf des Schienbeins und am Sprunggelenk angeheftet.
Funktion: Beugt das Sprunggelenk.

74 - 15 **Strecker des Sprunggelenks** (*Musculus gastrocnemius*) (grün markiert). Er ist an der unteren Hälfte des Oberschenkelknochens und mit einem sehnigen Ende (Achillessehne) am Fersenhöcker befestigt.
Funktion: Streckt das Sprunggelenk (Antagonist zum Beuger des Sprunggelenks).

74 - 16 **Beuger des Kniegelenks** (*Musculus biceps femoris*) (rot markiert). Er ist am Sitzbein und am Schienbein angebracht.
Funktion: Ist imstande, das Kniegelenk zu beugen, wenn die Antriebsmuskeln nicht arbeiten.

74 - 17, 74 - 18 **Antriebsmuskeln** (*Musculus semitendinosus*). Das sind zwei kräftige Muskeln. Der auf der Zeichnung rot markierte Muskel (74 - 18) ist am Hüftknochen und am anderen Ende knapp oberhalb des Kniegelenks befestigt.
Der auf der Zeichnung blau markierte Muskel (74 - 17) kommt vom Kreuzbein und läuft über das Sitzbein bis knapp unter das Kniegelenk (Kopf des Schienbeins). Beide Muskeln laufen um das Kniegelenk, so daß sie das Kniegelenk sowohl bei Vorwärts- wie auch bei Rückwärtsstellung des Laufes gestreckt halten.
Funktion: 1. Beim Aufsetzen auf den Boden (Bein nach vorn) dienen die Muskeln als Stoßdämpfer. Sie halten dann das Kniegelenk gestreckt. Der Strecker des Sprunggelenks hält das Sprunggelenk gestreckt. 2. Nach dem Aufsetzen auf den Boden ziehen sich diese Muskeln zusammen und liefern so die Schubkraft, mit welcher der Rumpf nach vorne bewegt wird.
Knie- und Sprunggelenk müssen gestreckt sein, um die größtmögliche Schubkraft zu erzielen.

74 - 19 **schiefer Bauchmuskel** (grün markiert). Er ist an den Rippen und an einer Sehnenplatte am unteren Bauch befestigt.
Funktion: Regelung der Atmung.

74 - 20 **Zwerchfell** (*Diaphragma*). Das Zwerchfell ist eine Muskelplatte, die zwischen den Rippen von oben abwärts schräg nach vorn verläuft. Sie ist an der siebten Rippe befestigt und danach zum Ende des Brustbeins wieder zurückgebogen. An der Oberseite ist die Muskelplatte an die Lenden geheftet.
Funktion: Regelung der Atmung.

74 - 21 **Schulterblatt** (*Scapula*)

74 - 22 **Hüftknochen** (*Pelvis*)

74 - 23 **Brustbein** (*Sternum*)

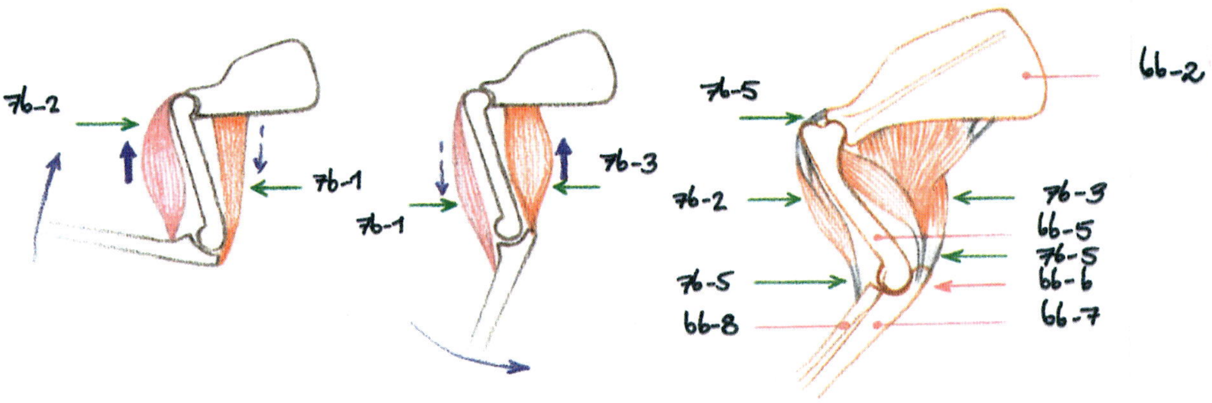
76-2
76-1
76-1
76-3
76-5
66-2
76-2
76-3
66-5
76-5
76-5
66-6
66-8
66-7

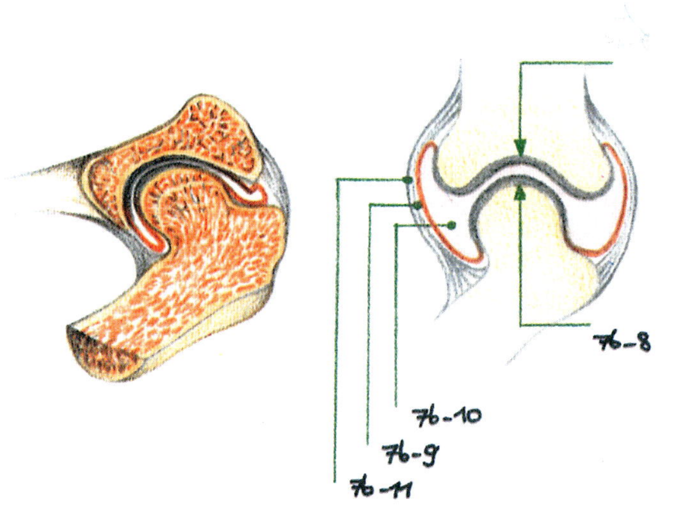
76-8
76-10
76-9
76-11

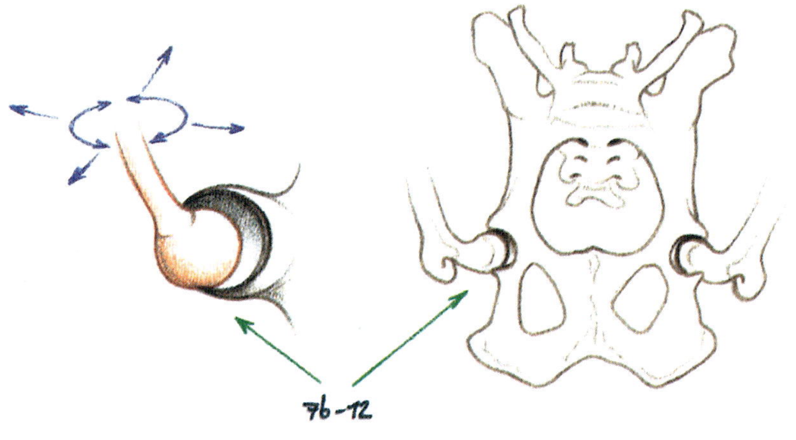
76-12

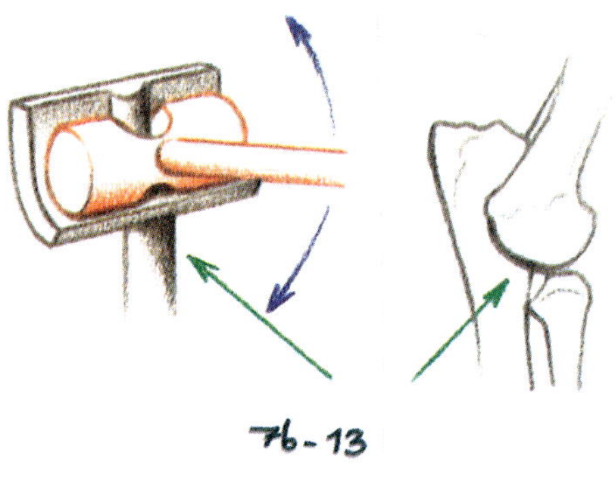
76-13

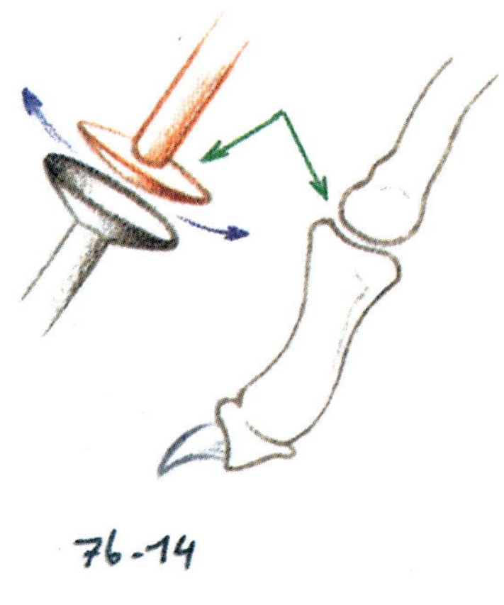
76-14

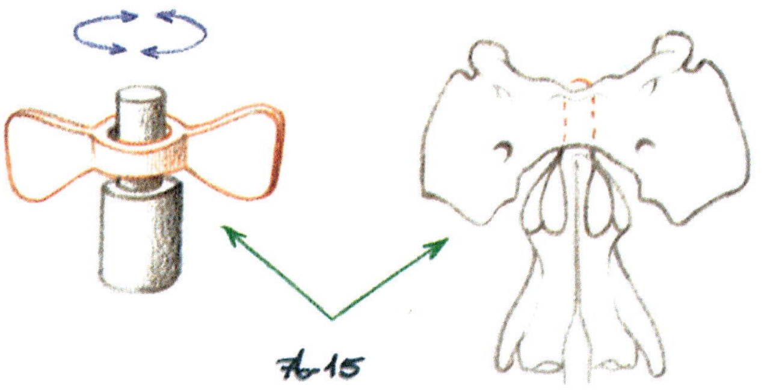
76-15

B. Einzelne Begriffe

Jede Bewegung ist abhängig von Muskelfunktionen. Gelenke, und dadurch die Knochen, werden durch die Arbeit der Muskeln bewegt.

76 - 1 **Antagonist**

An jedem Gelenk sind mindestens zwei Muskeln tätig, die füreinander Gegenspieler (**Antagonisten**) sind. Zieht sich der eine Muskel zusammen, dehnt sich der Muskel an der anderen Seite des Gelenks aus (oder besser gesagt: er entspannt sich). Der sich verkürzende Muskel ist dann der arbeitende Muskel und der sich entspannende sein Antagonist. Zur Muskelarbeit siehe Teil 4.

76 - 2 **Beuger**

Unter einem **Beuger** versteht man einen Muskel, der ein Gelenk beugt.

76 - 3 **Strecker**

Unter einem **Strecker** versteht man einen Muskel, der ein Gelenk streckt (wieder gerade macht). Beuger sind oft etwas kräftiger als Strecker.

76 - 4 **Zieher**

Einen Muskel, der ein Gelenk beugt, aber zugleich (in Zusammenarbeit mit anderen Muskeln) einen ganzen Komplex von Knochen bewegt (zum Beispiel den gesamten Lauf), nennen wir einen **Zieher**. Ein Zieher arbeitet niemals allein, andere Muskeln (Strecker) halten bestimmte Gelenke gestreckt, während der Zieher *ein* Gelenk beugt.

76 - 5 **Sehne**

Das ist das sehr wenig oder gar nicht dehnbare Ende eines Muskels, womit er an einem Knochen befestigt ist.

Gelenke

76 - 6 **Gelenk**

Ein Gelenk ist eine bewegliche Verbindung zwischen zwei oder mehreren Knochen.

76 - 7 **Aufbau eines Gelenkes**
76 - 8 **Gelenkknorpel**
76 - 9 **Gelenkkapsel**
76 - 10 **Gelenkspalt, Gelenkhöhle**

Die gegenüberliegenden Enden der Knochen sind mit einer glatten Schicht *Gelenkknorpel* bedeckt. Bei den meisten Gelenken gleiten diese glatten Schichten aufeinander (manchmal, so zum Beispiel beim Kniegelenk, sind noch besondere Zwischenscheiben oder -stücke aus Knorpel vorhanden). Die Gelenkknorpel werden von einer Flüssigkeit geschmiert, die von der umgebenden Gelenkkapsel (in die Gelenkhöhle) abgesondert wird.

Die Knorpelschichten (oder -scheiben) sitzen so satt aufeinander, daß nur ein sehr schmaler Spalt zwischen ihnen freibleibt.

76 - 11 **Gelenkbänder**

Gelenkbänder sind Bänder aus Bindegewebe, die mit der Gelenkkapsel verwachsen sind. Sie halten die Knochen zusammen und somit das Gelenk an seiner Stelle. Oft sind in diesem Bindegewebe zusätzliche Knorpelstücke eingeschlossen, die die Beweglichkeit des Gelenks fördern (zum Beispiel *Kniescheibe, Sesambeine*).

Wir kennen eine Anzahl verschiedener Gelenkformen. Ein paar der am häufigsten vorkommenden werden hier erwähnt.

76 - 12 **Pfannengelenk, Kugelgelenk**

Hierbei befindet sich am Ende des einen Knochens eine deutliche und ziemlich tiefe Mulde (Pfanne), in der sich der kugelförmige Kopf des anderen Knochens runddrehen kann. Grundsätzlich ist der kugelförmige Kopf in viele Richtungen drehbar; Begrenzungen in der Bewegung werden durch Bänder, Sehnen und Muskeln sowie durch hervorstehende Ränder der Pfanne verursacht.

Beim Hund finden wir diese Art Gelenk beim *Hüftgelenk*.

76 - 13 **Scharniergelenk**

Wie der Name schon sagt, passen hierbei die Enden von zwei Knochen wie ein Scharnier ineinander. Diese Form läßt prinzipiell nur Bewegungen in einer Richtung zu. Scharniergelenke finden wir -in unterschiedlichen Ausführungen- beim Hund an verschiedenen Stellen (*Ellenbogengelenk, Kniegelenk*).

76 - 14 **Sattelgelenk**

Sattelgelenke finden wir zum Beispiel beim Anschluß der Fußwurzelknochen an die Mittelfußknochen. Diese Art Gelenk läßt Bewegungen in zwei rechtwinklig zueinander stehenden Ebenen zu.

76 - 15 **Zapfengelenk**

Das bekannteste Beispiel für ein Zapfengelenk ist die Verbindung zwischen *Atlas* (1. Halswirbel) und *Dreher* (2. Halswirbel). Der Atlas dreht sich in horizontaler Richtung um einen hervorstehenden knöchernen Zapfen des Drehers.

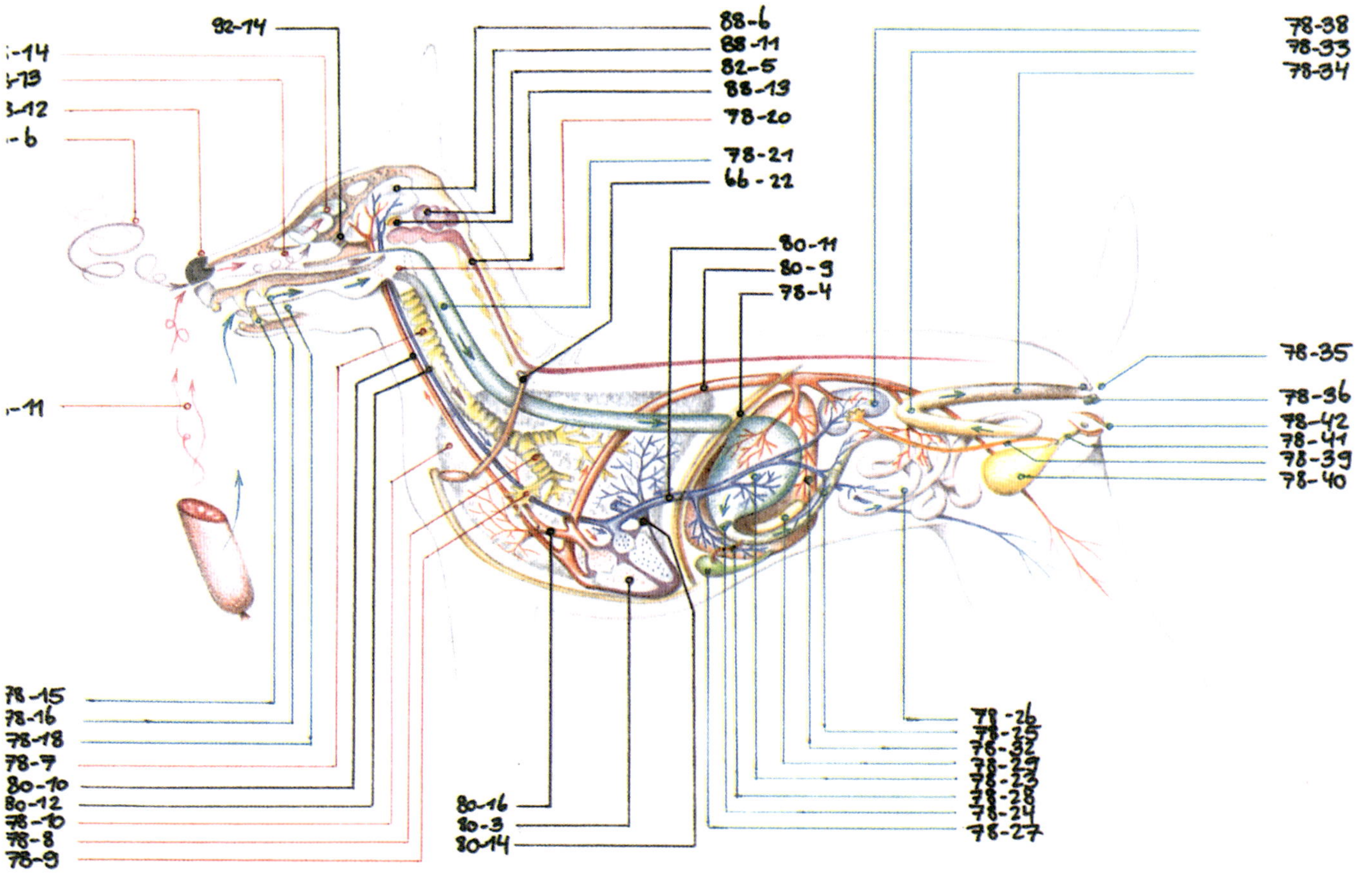

92-14
88-6
88-11
82-5
88-13
78-20
78-21
66-22
80-11
80-9
78-4
78-38
78-33
78-34
78-35
78-36
78-42
78-41
78-39
78-40
78-15
78-16
78-18
78-7
80-10
80-12
78-10
78-8
78-9
80-16
80-3
80-14
78-26
78-25
78-32
78-29
78-23
78-28
78-24
78-27

78 - 1 **Stoffwechsel** Unter Stoffwechsel versteht man: das Aufnehmen von Stoffen aus der Außenwelt, das Verarbeiten im Organismus und das Ausscheiden von unnützen Bestandteilen.

A. ATMUNG

78 - 2 **Atemzentrum** Die Atmung geschieht nahezu automatisch. Sie wird durch das Atemzentrum gesteuert, das sich im verlängerten Mark befindet. Das Atemzentrum wird durch das Kohlendioxyd im Blut angeregt.

78 - 3 **Einatmung,**

78 - 4 **Zwerchfell** Das Einatmen ist eine aktives Tun. Es geschieht durch das Zusammenziehen von Muskeln. Wir unterscheiden zwei Formen:

Brustatmung (durch Zusammenziehen der Zwischenrippenmuskeln) und

Bauchatmung (durch Zusammenziehen und dadurch Flacherwerdens des Zwerchfells).

Eingeatmete Luft enthält:

ca. 20 % Sauerstoff, ca. 80 % Stickstoff, ca. 0,04 % Kohlendioxyd.

78 - 5 **Ausatmung** Das Ausatmen ist eine passive Verrichtung; es geschieht durch das Entspannen der Muskeln.

Ausgeatmete Luft enthält:

ca. 14% Sauerstoff, ca. 80 % Stickstoff, ca. 6% Kohlendioxyd.

78 - 6 **Luft** Bei der Atmung wird sauerstoffreiche Luft durch die Luftröhre, die Bronchien und die kleinen Bronchien den Lungen zugeführt.

78 - 7 **Luftröhre**

78 - 8 **Bronchien**

78 - 9 **kleine Bronchien**

78 - 10 **Lunge** Die Lunge ist einer großen Weintraube mit vielen kleinen Trauben in Form von Bläschen vergleichbar. Die vielen Bläschen haben zusammen eine sehr große Wandoberfläche, die von einem feinen Netz von Blutgefäßen überzogen ist. Die eingeatmete Luft füllt die Bläschen. Durch die Wände der Bläschen und der Blutgefäße wird Sauerstoff aus der eingeatmeten Luft ins Blut aufgenommen. Dafür kommt Kohlendioxyd aus dem Blut zurück in die Lungenbläschen. Die kohlendioxydreiche Luft wird wieder ausgeatmet.

78 - 11 **Geruch** Beim Einatmen werden zugleich mit der Luft auch diverse Gerüche aufgenommen.

78 - 12 **Nase** In der Nase werden allerlei Verunreinigungen, wie Staub, Bakterien und so weiter aus der Luft gefiltert.

78 - 13 **Nasenhöhle,**

78 - 14 **Riechzentrum** Die Luft mit den Gerüchen gelangt danach in die Nasenhöhle. In der Nasenhöhle befinden sich die Riechnerven, welche die Gerüche bewerten. Wird ein Geruch als bedeutsam empfunden, dann wird er noch einmal aufgeschnüffelt, wodurch er ins Riechzentrum gelangt, von wo aus der Reiz an das Gehirn zur Verarbeitung weitergeleitet wird.

(Siehe "Sinnesorgane"). Der Riechnerv zum Gehirn passiert das Siebbein.

B. VERARBEITUNG DER NAHRUNG

78 - 15 **Gebiß** Mit den Schneide- und den Reißzähnen wird Fleisch von den Beutetieren gerissen; die Reißzähne zerkleinern große Fleischstücke.

78 - 16 **Mundhöhle**

78 - 17 **Speichel** Im allgemeinen werden ziemlich große Brocken hinuntergeschlungen. Um das Schlucken zu erleichtern, produziert der Hund Speichel. Die Speichelproduktion kommt schon dann in Gang, wenn der Hund Futter wahrnimmt. Der Speichel des Hundes hat keine vorverdauende Wirkung auf die Nahrung wie der des Menschen.

78 - 18 **Zunge** Aufgaben der Zunge: 1. Geschmacksorgan; 2. Hilfsorgan, um die Nahrung in die Rachenhöhle zu befördern; 3. Lecken (Wunden, Welpen, Sozialkontakt und anderes); 4. Kühlfläche (Zunge aus dem Maul halten); 5. Klangbeeinflussung der hervorgebrachten Laute (bellen, heulen, winseln); 6. Trinken, Flüssigkeiten auflecken.

78 - 19 **Zungenwurm** Wurmartiger, kleiner Strang aus Bindegewebe an der Zungenunterfläche des Hundes. Früher glaubte man, der Hund könne vor der Tollwut bewahrt werden, wenn man den Zungenwurm abschnitte.

78 - 20 **Kehlkopf** Hier kommen Mundhöhle und Nasenhöhle auf der einen Seite, und Speiseröhre und Luftröhre auf der anderen Seite zusammen. Im Kehlkopf befinden sich Klappen, die entweder Speiseröhre oder Luftröhre verschließen.

78 - 21 **Speiseröhre** Die Speiseröhre ist eine mit Schleimhaut und kleinen Muskeln bedeckte schlaffe Röhre, die lediglich dem Nahrungstransport dient.

78 - 22 **peristaltische Bewegung** Durch regelmäßiges Zusammenziehen der Speiseröhre, die peristaltische Bewegung, wird die Nahrung zum Magen transportiert.

78 - 23 **Magen** Der Magen des Hundes ist ziemlich groß. Die Magenwand enthält kleine Drüsen, die Magensaft absondern, und Muskeln, welche die Nahrung gründlich durchkneten. Der Magensaft -eine starke Säure- ist für die Verdauung von Eiweiß und Fetten wichtig.

78 - 24 **Pförtner** Am Ausgang des Magens befindet sich ein Muskelring, Pförtner genannt. Sobald ein bestimmter Säuregrad im Magen erreicht ist, entspannen sich die Muskeln am Magenausgang und lassen eine bestimmte Menge verdauter Nahrung passieren; die Muskeln des Magenausgangs, die sich darmseitig befinden, sind gegen Säure sehr empfindlich und ziehen sich unter dem Einfluß der Säure zusammen, worauf der Pförtner sich wieder schließt, so daß immer nur kleine Mengen durchgelassen werden.

78 - 25 **Zwölffingerdarm,** 78 - 26 **Dünndarm,** 78 - 27 **Gallenblase,**

78 - 28 **Gallengang,** 78 - 29 **Bauchspeicheldrüse** Der Nahrungsbrei befindet sich nun im Zwölffingerdarm. Der Zwölffingerdarm ist der erste Teil des Dünndarms. In den Zwölffingerdarm mündet eine Röhre, die von der Gallenblase aus der Leber Galle herbeiführt. Diese Galle zerteilt Fett in kleine Tropfen, so daß es einfacher durch die Flüssigkeit der Bauchspeicheldrüse verdaut werden kann, die weiter unten in den Zwölffingerdarm mündet. Die Flüssigkeit der Bauchspeicheldrüse ist -so wie die Absonderung vieler Drüsen, die sich in der Darmwand befinden- auch für die Verdauung von Eiweißen und Kohlehydraten sehr wichtig. *Die Bauchspeicheldrüse produziert auch Insuline zur Verdauung von Zucker in Glykogen.*

78 - 30 **Darmzotten** Die Wand des Dünndarms ist an der Oberfläche nicht glatt, sondern fein gefaltet, wodurch eine sehr große Oberfläche entsteht, die eine sehr intensive Verbindung mit dem Darminhalt eingeht. Die Falten nennt man Darmzotten.

78 - 31 **Darmflora** Im Darm lebt eine Vielfalt von Bakterien, die mitarbeiten, aus der Nahrung verwertbare Stoffe zu machen. Das nennt man Darmflora. Durch die reich mit Blutgefäßen versehene Darmwand wird die verdaute Nahrung in das Blut aufgenommen. Der Darminhalt wird durch regelmäßiges Zusammenziehen der Darmwand transportiert (*peristaltische Bewegung*).

78 32 **Leber** Die Leber ist eine Drüse mit zahlreichen Funktionen: 1. Sie produziert Galle. Diese Galle wird in der Gallenblase gelagert und ab und zu in den Dünndarm entleert. Galle neutralisiert den sauren Nahrungsbrei. 2. Sie speichert aus der Nahrung Zucker in Form von Glykogen und gibt dieses nach Bedarf an das Blut ab. 3. Sie lagert Fette. 4. Sie bildet Harnstoff und Harnsäure aus Abfallstoffen des Eiweißabbaus. 5. Sie entzieht abgestorbenen roten Blutkörperchen den Blutfarbstoff. Daraus wird der Gallenfarbstoff gebildet. Freiwerdende Eisensalze werden gespeichert. 6. Sie reinigt Blut, das mit der Nahrung Schadstoffe aus dem Darm aufgenommen hat.

78 - 33 **Dickdarm** Die Wand des Dickdarms ist nicht gefaltet. Hier werden Feuchtigkeit und aufgelöste Stoffe dem Darminhalt entzogen.

78 - 34 **Mastdarm** Die übrigbleibende, eingedickte Substanz (Abfallstoffe) wird im Mastdarm gesammelt.

78 - 35 **Anus (After)** Hat sich eine genügend große Menge angesammelt, öffnet sich der Anus (After), ein Ringmuskel am Ende des Mastdarms (Entleerung).

78 - 36 **Analbeutel** Am After liegen die Analbeutel (auch *After-* oder *Stinkdrüsen* genannt), die den After befeuchten, damit der Kot leichter hindurchgleiten kann. Diese Flüssigkeit ist stark- und übelriechend und dient den Hunden untereinander als Erkennungsmerkmal (*Beschnüffeln unter der Rute*).

78 - 37 **Abfallstoffe** Die Abfallstoffe, die ein Körper produziert, können ihn vornehmlich auf dreierlei Weise verlassen: 1. gasförmig durch die Lungen; 2. fest durch den Darm; 3. flüssig durch die Nieren.

78 - 38 **Nieren** In den Nieren werden die Abfallstoffe des Körpers aus dem Blut gefiltert und mit Feuchtigkeit (Wasser) aus dem Körper entfernt. Die Abgabe der Stoffe an die Nieren findet in der *Rindenschicht der Niere* statt; in der *Markschicht der Niere* werden die Stoffe gefiltert. Noch brauchbare Stoffe werden ins Blut zurückgegeben, wertlose Stoffe sammeln sich mit Wasser im *Nierenbecken. Stoffe, die durch die Nieren weggeschafft werden, sind: Harnsäure und Harnstoff, Gifte, Farbstoffe, zu viel Salz und Zucker, andere Abbaustoffe.*

78 - 39 **Ureter (Harnleiter)** Das Gemisch aus Abfallstoffen und Wasser (Urin) tröpfelt vom Nierenbecken durch den Harnleiter in die Blase.

78 - 40 **Blase** In der Blase wird der Urin gelagert.

78 - 41 **Urethra (Harnröhre)** Wenn sich eine bestimmte Menge Urin in der Blase angesammelt hat, entleert sich die Blase durch die Urethra nach außen.

78 - 42 **Vagina (Scheide)** Bei weiblichen Tieren liegt die Mündung der Urethra in der Scheide (siehe "Weibliche Geschlechtsorgane").

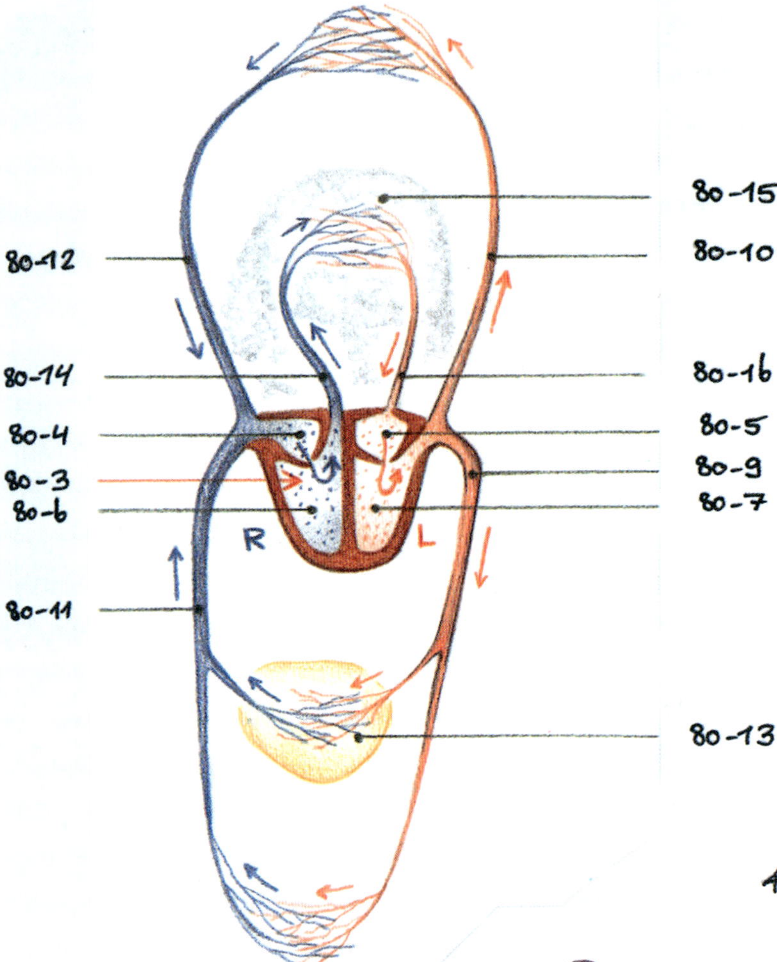
80-15
80-10
80-12
80-14
80-16
80-4
80-5
80-3
80-9
80-6
80-7
R
L
80-11
80-13

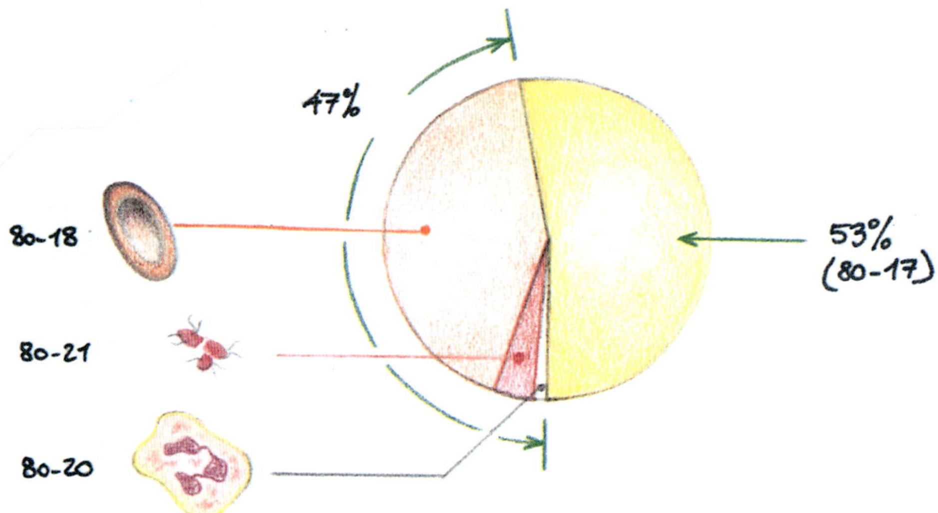
47%
80-18
53%
(80-17)
80-21
80-20

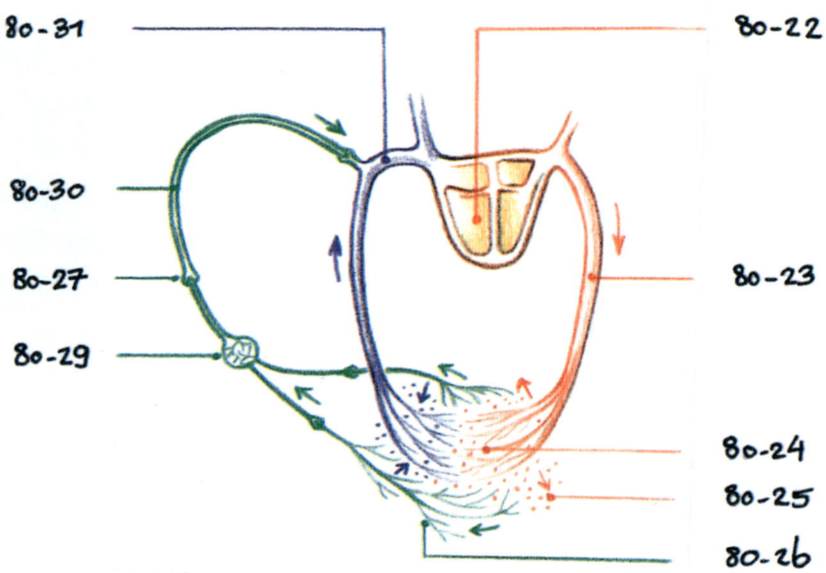
80-31
80-22
80-30
80-27
80-23
80-29
80-24
80-25
80-26

C. Blutkreislauf

(siehe auch Zeichnung auf Seite 78)

Die wichtigste und größte Aufgabe des Blutes ist der Transport. Jedes Teilchen des Körpers benötigt Nahrung und Sauerstoff und muß seine Abfallstoffe loswerden. Auf den Zeichnungen sind nur die allerwichtigsten Schlagadern (Arterien) und Blutadern (Venen) wiedergegeben. In Wirklichkeit ist das Netz aus Arterien, Venen, Blutgefäßen und Haargefäßen über und durch den ganzen Körper verteilt.

80 - 1 **Schlagader, Arterie**

Eine Schlagader ist eine Transportröhre für das Blut mit einer elastischen Wand, die Muskelzellen enthält. Sie hat einen konstanten Blutdruck.

80 - 2 **Blutader, Vene**

Eine Blutader ist eine Transportröhre für das Blut mit einer schlaffen Wand. (Klappen in den Blutadern verhindern, daß das Blut zurückfließt). Sie hat fast keinen Blutdruck.

80 - 3 **Herz**

Das Herz pumpt das Blut durch das Blutgefäßsystem. Das Herz ist ein Hohlmuskel mit einer sehr dicken Wand. Das Herz wird längs in zwei Hälften durch eine undurchbrochene Zwischenwand geteilt. Diese beiden Hälften sind selbst wieder durch eine Muskelwand zweigeteilt, die von Klappen unterbrochen wird.

80 - 4 **rechter Vorhof**
80 - 5 **linker Vorhof**

Die kleineren Räume, die dem Kopf des Hundes am nächsten liegen, nennt man Vorhöfe.

80 - 6 **rechte Kammer**
80 - 7 **linke Kammer**

Die größeren Räume nennt man Kammern. Das Blut strömt über die Vorhöfe in das Herz; aus den Kammern wird es wieder herausgepumpt.

80 - 8 **Blutkreislauf**

Den Lauf des Blutes durch den Körper nennt man Blutkreislauf. Man unterscheidet zwischen großem und kleinem Blutkreislauf.

Großer Blutkreislauf

80 - 9 **Aorta**
80 - 10 **Halsschlagader**
80 - 11 **hintere Hohlvene**
80 - 12 **vordere Hohlvene**
80 - 13 **Organe**

Sauerstoffreiches Blut verläßt durch die Aorta (eine Arterie) und die Halsarterie die linke Kammer. Es verrichtet Transportarbeit zu allen Teilen des Körpers. Durch die hintere und die vordere Hohlvene strömt es in den rechten Vorhof zurück.

Unterwegs nimmt es vom Darm Nährstoffe auf. Mit Nährstoffen angereichertes Blut wird von der Leber gesiebt und von der Niere saubergefiltert. Die Abbauprodukte werden abgegeben.

Kleiner Blutkreislauf

80 - 14 **Lungenschlagader**
80 - 15 **Lunge**
80 - 16 **Lungenblutader**

Sauerstoffarmes Blut verläßt die rechte Herzkammer durch die Lungenarterie. Es strömt in die Lungen, wo Kohlendioxyd gegen Sauerstoff ausgetauscht wird. Das sauerstoffreiche Blut strömt durch die Lungenvene in den linken Vorhof zurück.

Zusammensetzung des Blutes

Die Gesamtmenge des Blutes beträgt ungefähr ein Vierzehntel des Körpergewichts. Bestandteile des Blutes sind:

80 - 17 **Blutplasma**

1. Blutplasma (*Blutflüssigkeit*) von hellgelber Farbe. In ihm sind unter anderem Eiweiße, Fette und Glukose gelöst.

80 - 18 **rote Blutkörperchen**
80 - 19 **Hämoglobin**

2. Rote Blutkörperchen (*Erythrozyten*) geben dem Blut die rote Farbe. Der rote Farbstoff (Hämoglobin) bindet Sauerstoff an sich und spielt bei der Verarbeitung des Kohlendioxyds eine wichtige Rolle.
   Die roten Blutkörperchen werden im *Knochenmark* gebildet und in *Leber* und *Milz* abgebaut.
   Ein Kubikmillimeter Blut enthält ungefähr 6.200.000 rote Blutkörperchen.

80 - 20 **weiße Blutkörperchen**

3. Weiße Blutkörperchen (*Leukozyten*) spielen bei der Bekämpfung von Infektionen eine Rolle und nehmen Bakterien in sich auf. Bei diesen Aktivitäten gehen sie massenweise zugrunde (sie bilden unter anderem den Hauptanteil des bei Entzündungen auftretenden *Eiters*).
   Ein Kubikmillimeter Blut enthält ungefähr 8.000 bis 12.000 weiße Blutkörperchen.

80 - 21 **Blutplättchen**

4. Blutplättchen (*Thrombozyten*) sind farblose, zarte Blutbestandteile. Wenn sie die Blutgefäße verlassen (Wunden), werden sie zerstört und verursachen so die Gerinnung des Blutes.
   Ein Kubikmillimeter Blut enthält ungefähr 300.000 Blutplättchen.

D. Lymphgefässsystem

Das ganze Lymphgefäßsystem muß als eine Art Reinigungssystem betrachtet werden.

80 - 22 **Herz**
80 - 23 **Schlagader**

Die Schlagader verzweigt sich in immer kleinere Blutgefäße; die dünnsten Blutgefäße heißen Haargefäße.

80 - 24 **Haargefäße (Kapillare)**
80 - 25 **Blutplasma**
80 - 26 **Lymphe**

Am Anfang dieser Haargefäße tritt das Blutplasma (Blutflüssigkeit) aus (rote Pfeilchen). Die ausgetretene Flüssigkeit wird nun Lymphe genannt. Sie fließt in und zwischen den Geweben und nimmt Krankheitskeime (zum Beispiel Bakterien) auf. Lymphe besitzt keinen eigenen Antriebsmechanismus (so wie das Herz für das Blut), sondern sie wird durch das Zusammenziehen der Muskeln vorwärtsbewegt. Sie versammelt sich dann in kleinen Kanälen, in denen sich Klappen befinden, die ein Zurückströmen verhindern. Die Blutflüssigkeit, die nicht als Lymphe benötigt wird, wird am Ende der Haargefäße wieder als Blutplasma in die Blutadern aufgenommen (blaue Pfeilchen). Das ist der größte Teil.

80 - 27 **Lymphgefäß**

Da die Öffnungen der Lymphgefäße größer sind als die der Bluthaargefäße, können Krankheitskeime darin leichter aufgenommen werden. Die feinen Lymphgefäße fügen sich zu immer größeren Kanälen zusammen, dem Lymphgefäßsystem (grüne Pfeilchen).

80 - 28 **Lymphgefäßsystem**
80 - 29 **Lymphknoten**

An bestimmten Plätzen befinden sich sogenannte Lymphknoten (fälschlicherweise auch manchmal *Lymphdrüsen* genannt). Die Lymphknoten befinden sich hauptsächlich am Übergang von einem Körperteil zum anderen (Achselhöhle, Leistengegend, Hals). Sie dienen als Reinigungsstationen, als letzte Möglichkeit zur Vernichtung von Krankheitskeimen.

Zugleich werden hier weiße Blutkörperchen produziert. Fallen viele Krankheitskeime an, schwellen die Lymphknoten an und erhöhen die Produktion der weißen Blutkörperchen. Die Schwellung ist beispielsweise bei einer schweren Halsentzündung (Mandeln = Tonsillen; Lymphknoten im Hals) am Hals gut zu fühlen .

80 - 30 **Brustgang**
80 - 31 **Hohlvene**

Aus den Knoten fließt die Lymphe durch rechten und linken Brustgang (die großen Lymphsammelkanäle) in die vordere Hohlvene und damit wieder ins Blut.

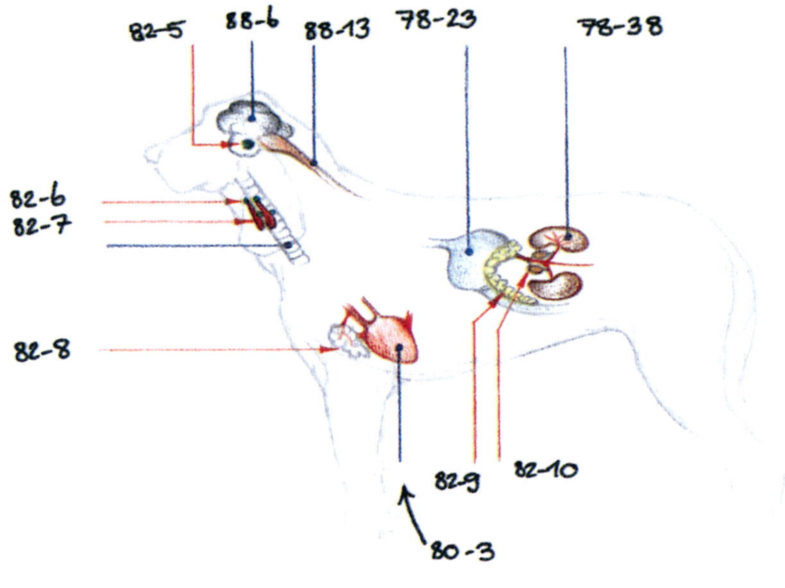
82-5
88-6
88-13
78-23
78-38
82-6
82-7
82-8
82-9
82-10
80-3

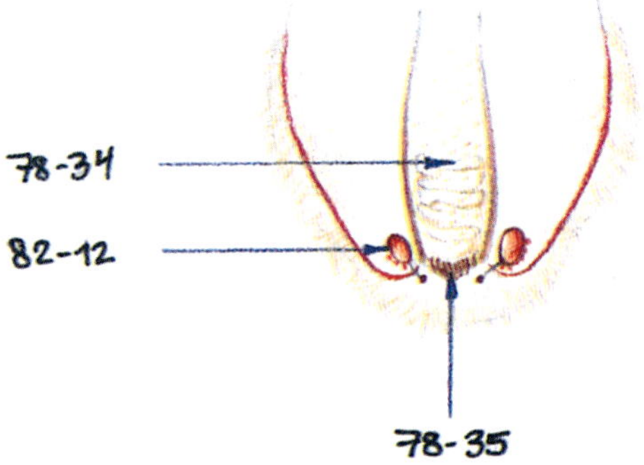
78-34
82-12
78-35

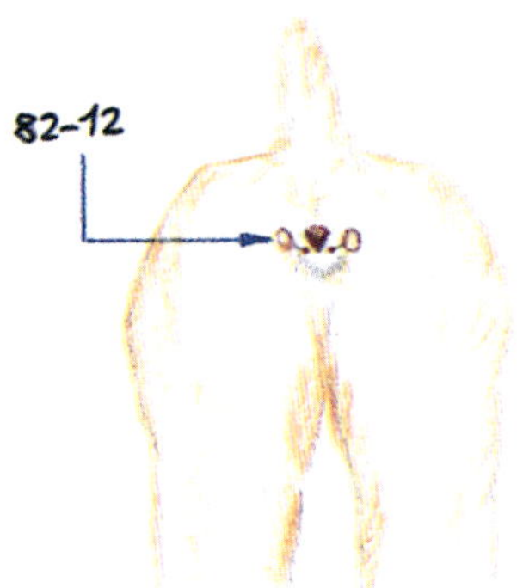
82-12

82-14

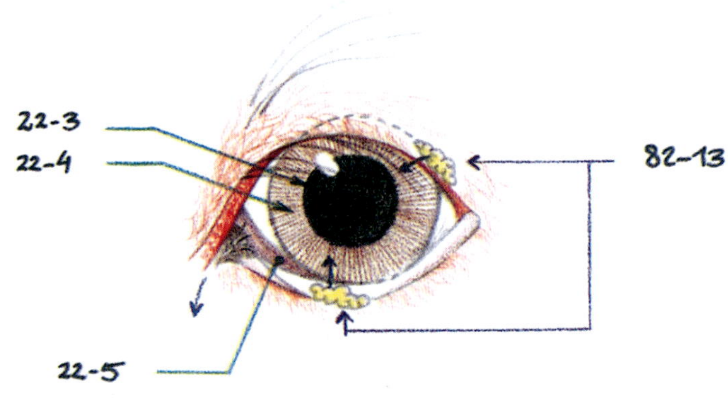
22-3
22-4
82-13
22-5

Drüsen

Stoffe, die im Körper keine Aufgabe mehr haben und manchmal sogar schädlich sind, müssen aus dem Körper entfernt werden.

82 - 1 **Ausscheidung (Exkretion)**

Diese Stoffe nennen wir *Exkrete (Schweiß, Urin)*. Die Beseitigung dieser Stoffe heißt Ausscheidung oder Exkretion.

82 - 2 **Absonderung (Sekretion)**

Stoffe, die durch Drüsen erzeugt werden, damit sie bei den Körperfunktionen eine Aufgabe erfüllen können, nennen wir *Sekrete*. Die Tätigkeit der Drüsen heißt Absonderung oder Sekretion.

Im Gegensatz zu Drüsen, die einen Stoff produzieren, der über ein Röhrchen direkt zum Ort der Bestimmung gelangt (*Drüsen mit äußerer oder externer Sekretion, wie zum Beispiel Tränendrüsen, Analbeutel, Speicheldrüsen*), gibt es auch Drüsen, die einen Stoff produzieren, der nicht abfließt, sondern ans Blut abgegeben wird.

82 - 3 **endokrine Drüsen**

Diese nennt man *Drüsen mit innerer oder interner Sekretion* (endokrine Drüsen).

82 - 4 **Hormon**

Den Stoff, den sie produzieren, nennt man Hormon. Die Hormone sind für das Funktionieren des Körpers sehr wichtig. Die verschiedenen Hormone befinden sich unter normalen Umständen zueinander im Gleichgewicht.

Die wichtigsten Drüsen mit innerer Sekretion sind:

82 - 5 **Hypophyse**

Die Hypophyse ist eine ganz kleine, aber unglaublich wichtige Drüse:

- regelt die Arbeit vieler anderer Drüsen;
- produziert unter anderem Hormone, welche die Produktion der Geschlechtshormone, die Milchabsonderung nach der Geburt und die Arbeit von Schilddrüse und Nebenniere regeln.

Außerdem produziert die Hypophyse unter anderem noch *Wachstumshormone* (bei Mangel entsteht Zwergwuchs) und ein Hormon, das dafür sorgt, daß sich die Gebärmutter zusammenzieht. Letzteres Hormon wird von Tierärzten eingesetzt, um schwache Wehen zu verstärken.

82 - 6 **Nebenschilddrüse**

Die Nebenschilddrüsen (*Epithelkörperchen*) bilden ein Hormon, das den Kalk- und Phosphorstoffwechsel regelt.

82 - 7 **Schilddrüse**

Die Schilddrüse stellt das Hormon *Thyroxin* her, das die Wirksamkeit des Stoffwechsels (Grundumsatz) regelt.

82 - 8 **Bries (Thymus)**

Die Thymusdrüse, die vor allem bei jungen Hunden aktiv ist, regelt das Wachstum und die Entwicklung der Geschlechtsdrüsen. Gegen Ende des Wachstums verschwindet diese Drüse.

82 - 9 **Bauchspeicheldrüse (Pankreas)**

Die Bauchspeicheldrüse (Pankreas) bildet das Hormon *Insulin*, das den Zuckerstoffwechsel regelt.

82 -10 **Nebennieren**

Im *Nebennierenmark* wird unter anderem das Hormon *Adrenalin* hergestellt, das Herzschlag und Blutdruck beeinflußt. Bei starken Aufregungen wird dieses Hormon in den Blutkreislauf gepumpt, wodurch der Körper befähigt wird, größere Leistungen zu vollbringen.

In der *Nebennierenrinde* wird eine große Anzahl von Hormonen gebildet. Besonders wichtig sind die Hormone, die den Fett-, den Kohlehydrat- und den Eiweißstoffwechsel sowie den Wasserhaushalt des Körpers regeln.

82 - 11 **Geschlechtsdrüsen**
(siehe Seite 84)

Die Geschlechtsdrüsen: (siehe unter Fortpflanzungsorgane, Seite 85).

Die Geschlechtsdrüsen sind beim männlichen Tier die Hoden und beim weiblichen die Eierstöcke. Die Hoden produzieren das männliche Geschlechtshormon, das typisch männliche Eigenschaften und Merkmale hervorruft. In den Eierstöcken werden zwei wichtige Hormone gebildet: Das Follikelhormon *Östrogen* ist verantwortlich für die typisch weiblichen Eigenschaften und Merkmale, für das Verhalten der Hündin während der Läufigkeit und für die Vorbereitung der Gebärmutterwand auf die Einnistung eines befruchteten Eies.

Das zweite Hormon (*Gelbkörper - Hormon* oder *Progesteron*) assistiert dem Follikelhormon bei der Vorbereitung der Gebärmutterwand. Nach der Befruchtung und Einnistung der Eier verhindert es außerdem das Heranreifen neuer Eizellen, so daß keine erneute Befruchtung stattfinden kann. Dieses Hormon bleibt bis zum Ende der Trächtigkeit aktiv. Wenn keine Befruchtung stattfindet, hört die Bildung des Hormons auf, wonach wieder neue Eizellen heranreifen können.

Einige Drüsen mit äußerer Sekretion

82 - 12 **Afterdrüsen, Analbeutel**

(Siehe auch 78 - 36), kleine Drüsen von ungefähr einem Zentimeter Durchschnitt, die im Körper beiderseits des *Afters* liegen. Die stark riechende Flüssigkeit, welche diese dicht vor dem After liegenden Analbeutel an den Darm abgeben, hat eine zweifache Aufgabe. Zuerst wird der Kot befeuchtet, damit er bei der Passage durch den Schließmuskel, den After, geschmeidiger ist; zweitens dient diese Flüssigkeit jedem Hund zur Identifikation. Sowohl zur Markierung des Kotes als auch zur Identifikation des Hundes ist dieser Geruch sehr wichtig: gegenseitiges Beschnüffeln unter der Rute!

Der Hund kann durch verstopfte -und nach einiger Zeit entzündete- Afterdrüsen Schwierigkeiten bekommen. Meistens ist das die Folge von falscher Fütterung und zu wenig Bewegung. Es kann dann notwendig werden, die Analbeutel regelmäßig auszudrücken. Bevor man die operative Entfernung der Afterdrüsen ins Auge faßt, sollte man zuerst versuchen, den Hund richtig zu füttern.

82 - 13 **Tränendrüsen**

Im Innenwinkel des Auges befindet sich die Tränendrüse, die eine Feuchtigkeit (*Tränenflüssigkeit*) absondert, um den Augapfel feuchtzuhalten und kleine Staubkörner, die auf der Hornhaut landen, wegzuspülen. Die Verteilung der Flüssigkeit auf dem Auge geschieht durch das Öffnen und Schließen der Augenlider. Normalerweise wird die Tränenflüssigkeit (mit dem Staub) in die Nasenhöhle abgeleitet.

82 - 14 **Tränenstreifen, staining** (= englisch)

Es kommt (gewöhnlich bei kleinen Rassen) vor, daß (ein Teil) der Tränenflüssigkeit von der Außenseite des Auges längs der Nase abläuft. Es bildet sich dann ein etwas dunkler gefärbter Streifen unter dem Auge: der **Tränenstreifen**, der vor allem bei weißem Fell deutlich sichtbar ist. Meistens kommt das vor, wenn die Augen rund oder etwas vorstehend sind oder wenn der **Tränenkanal** sehr eng, verstopft oder entzündet ist.

82 - 15 **Talgdrüsen**

Die Anzahl der Talgdrüsen ist nicht anzugeben. Wenn man nur bedenkt, daß für jedes Haar eine kleine Talgdrüse für die "Schmierung" sorgt, dann ist das schon eine enorme Menge. Außerdem finden wir zum Beipiel in den Ohren kleine Talgdrüsen, die für die Absonderung von *Ohrenschmalz* sorgen.

82 - 16 **Schweißdrüsen**

Im Gegensatz zum Menschen hat der Hund nur wenig Schweißdrüsen. Auf dem Körper kommen sie kaum vor, die meisten Schweißdrüsen finden wir unter den Pfoten (in den Sohlenballen).

82 - 17 **Speicheldrüsen**

In der Mundschleimhaut befinden sich kleine Drüsen, die eine Flüssigkeit produzieren, welche das Hinunterschlucken des Futters erleichtert. Anders als beim Menschen hat der Speichel beim Hund kaum oder keine vorverdauende Wirkung. Bei Hunden mit schweren, hängenden Unterlefzen (zum Beispiel beim Bernhardiner) läuft der Speichel als *Sabber* aus dem Maul.

Wenn es warm ist, hechelt der Hund mit offener Schnauze; der dann verdunstende Speichel sorgt für Abkühlung.

82 - 18 **Nasendrüsen**

Sie befinden sich in und auf dem Nasenspiegel; sie halten die Innen- und Außenseite der Nase feucht, wodurch der Hund Gerüche besser aufnehmen kann.

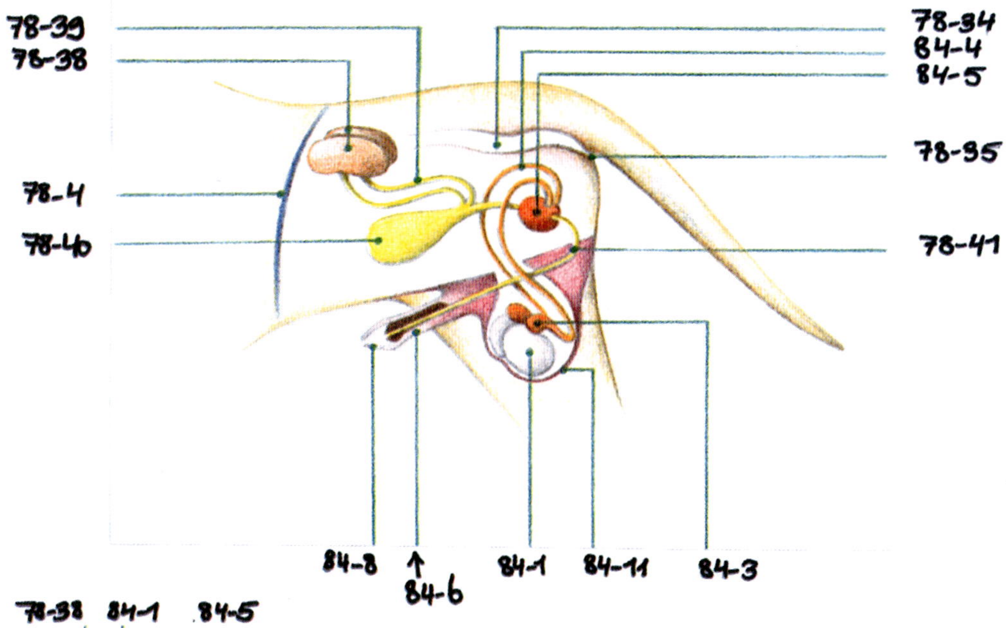
78-39
78-38
78-4
78-40
78-34
84-4
84-5
78-35
78-41
84-8
84-6
84-1
84-11
84-3

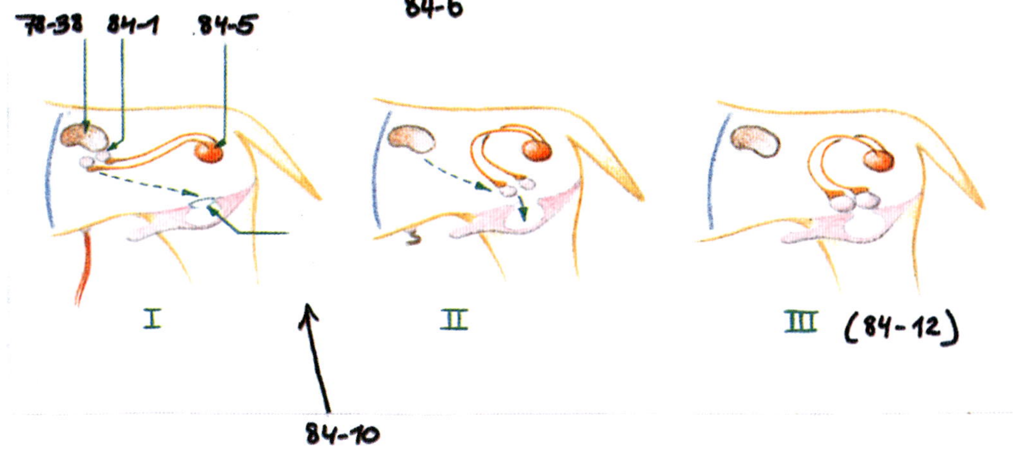
78-38
84-1
84-5
I
II
III (84-12)
84-10

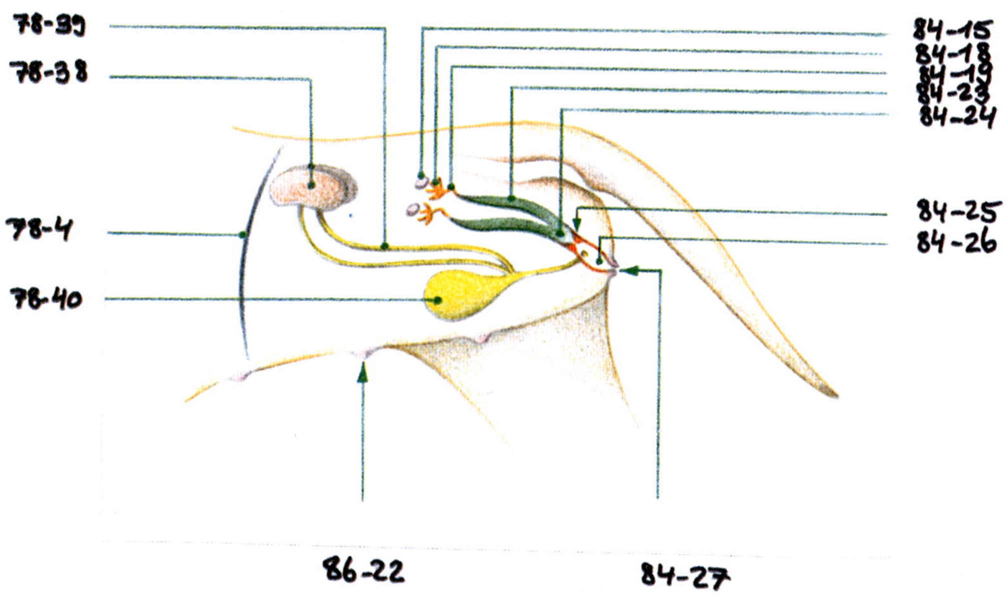
78-39
78-38
78-4
78-40
84-15
84-18
84-19
84-23
84-24
84-25
84-26
86-22
84-27

FORTPFLANZUNG

A. FORTPFLANZUNGSORGANE

Nr.	Begriff	Text
		Männliche Geschlechtsorgane
84 - 1	**Hoden**	In den *Hoden* (auch *Testikel* genannt) werden Samenzellen (Sperma) gebildet.
84 - 2	**Samenzellen (Sperma)**	Das Sperma wird in den Nebenhoden gelagert, wo es mit Flüssigkeit umgeben wird.
84 - 3	**Nebenhoden (Epididymis)**	Von den Nebenhoden laufen die Samenleiter durch den *Leistenkanal* zur *Harnröhre*.
84 - 4	**Samenleiter**	Dort, wo die Samenleiter in die Harnröhre münden, befindet sich die Vorsteherdrüse (oder Prostata).
84 - 5	**Vorsteherdrüse (Prostata)**	In der Vorsteherdrüse wird eine Flüssigkeit produziert, die bei der Paarung durch den Penis zusammen mit den Samenzellen und der Flüssigkeit aus den Nebenhoden ausgestoßen wird. Die Prostata-Flüssigkeit regt die Beweglichkeit der Samenzellen an.
84 - 6	**Penis (Glied, Rute)**	
		Die Tätigkeit der Prostata wird durch Hormone aus den Hoden gesteuert.
84 - 7	**Eichel**	
84 - 8	**Vorhaut**	Rund um die Spitze des Penis (die Eichel) liegt eine verschiebbare Hautfalte, die man Vorhaut nennt.
84 - 9	**Schwellkörper**	Der Penis enthält Schwellkörper, die bei sexueller Erregung (aber manchmal auch ganz einfach durch eine andere Aufregung) und bei der *Paarung* den Penis durch eine erhöhte Blutzufuhr anschwellen lassen.
84 - 10	**Hodensack (Skrotum)**	1. Vor der Geburt liegen die Hoden in der Nähe der Nieren.
84 - 11		2 Kurz vor oder nach der Geburt steigen die Hoden durch den Leistenkanal in den Hodensack (Skrotum) ab. Die Hoden sind dann noch so klein, daß sie den Leistenkanal ganz einfach passieren können.
		3. Wenn aus dem einen oder anderen Grund (zu langsamer Abstieg, zu kurzer Samenleiter) die Hoden vor der achten Woche nach der Geburt nicht abgestiegen sind, dann sind sie zu groß geworden, um den Leistenkanal noch passieren zu können.
84 - 12	**Kryptorchismus**	Bleiben beide Hoden in der Bauchhöhle, dann nennt man das Kryptorchismus.
84 - 13	**Monorchismus**	Ist nur ein Hoden korrekt abgestiegen, heißt das Monorchismus.
		Hoden, die in der Bauchhöhle zurückbleiben, produzieren Samenzellen, die nicht lebensfähig sind, weil die Temperatur in der Bauchhöhle zu hoch ist, um den Samen lebensfähig zu erhalten.
		Kryptorchismus und Monorchismus sind oft erblich bedingt, was nicht zuletzt deshalb Schwierigkeiten mit sich bringt, weil auch weibliche Tiere diese Eigenschaft weitergeben können (versteckte erbliche Eigenschaft).
84 - 14	**Anorchismus**	Fehlen die Hoden ganz oder sind sie nur ansatzweise angelegt, dann spricht man von Anorchismus.
		Weibliche Geschlechtsorgane
84 - 15	**Eierstock (Ovarium)**	Die Eierstöcke (ovaria) produzieren Eizellen. Die Eizelle kommt im Eierstock in einem mit Flüssigkeit gefüllten Bläschen (*Graafsches Follikel*) zur Reife.
84 - 16	**Follikel**	
84 - 17	**Östron (Östrogen)**	In diesem Follikel wird auch das Hormon *Östron* (oder *Östrogen*) gebildet, das die Läufigkeit regelt. Wenn die Eizellen reif sind, platzen (während der Läufigkeit) die Follikel und setzen die Eizellen frei.
84 - 18	**Eileitertrichter**	Die freigewordenen Eizellen werden in einer Kapsel (dem *Eileitertrichter*) aufgefangen, die den Eierstock umgibt, und gelangen von dort in den Eileiter.
84 - 19	**Eileiter**	
84 - 20	**Ovulation**	Den Prozeß des Freiwerdens der Eizellen nennt man *Ovulation (Eisprung)*.
84 - 21	**Gelbkörper (Corpus luteum)**	Nach der Ovulation beginnt die Follikelwand zu wachsen und formt den sogenannten *Gelbkörper* (*Corpus luteum*).
84 - 22	**Luteïn (Progesteron)**	Dieser Gelbkörper produziert das Hormon *Luteïn* (oder *Progesteron*).
84 - 23	**Gebärmutterhorn**	Die Eileiter münden in die *Gebärmutterhörner*, die zusammen mit dem *Gebärmutterkörper* (oder *Corpus uteri*) die eigentliche **Gebärmutter** (*Uterus*) bilden.
84 - 24	**Gebärmutterkörper (Corpus uteri)**	
84 - 25	**Gebärmutterhals (Cervix)**	Die Gebärmutter ist durch starkes Bindegewebe, den *Gebärmutterhals* oder die *Cervix*, mit der *Scheide* (*Vagina*) verbunden. Außer bei Läufigkeit und Geburt ist die Cervix immer fest geschlossen, um ein Eindringen von Bakterien zu verhindern.
84 - 26	**Scheide (Vagina)**	
84 - 27	**Vulva**	Die Öffnung der Scheide an der Außenseite des Körpers heißt *Vulva*.
84 - 28	**Schamlippen**	Die Vulva wird durch die sogenannten Schamlippen umschlossen.

86-6
86-5
86-7

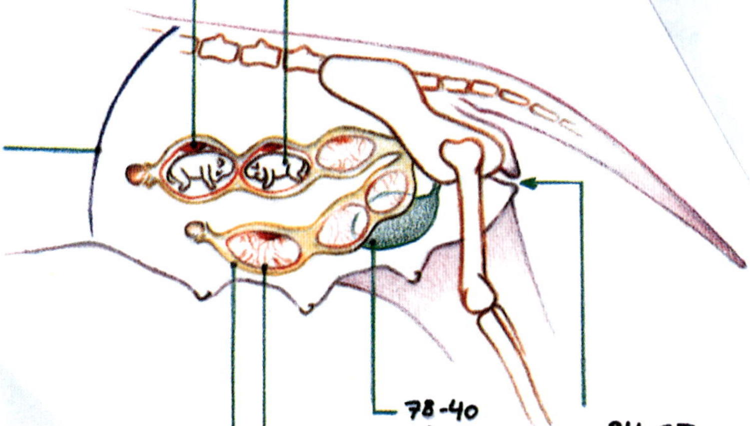
86-14
86-12
78-4
78-40
86-13
86-8
84-27

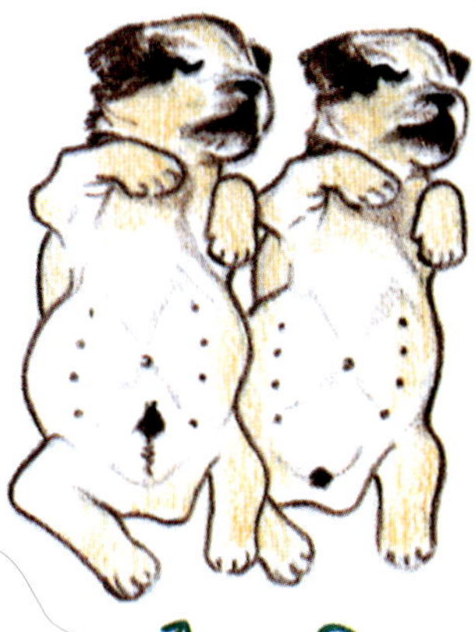
♂
♀
86-17
(86-19)

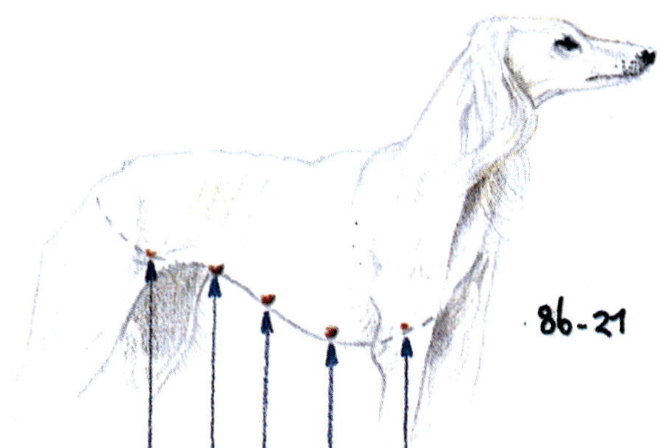
86-21
E
D
C
B
A

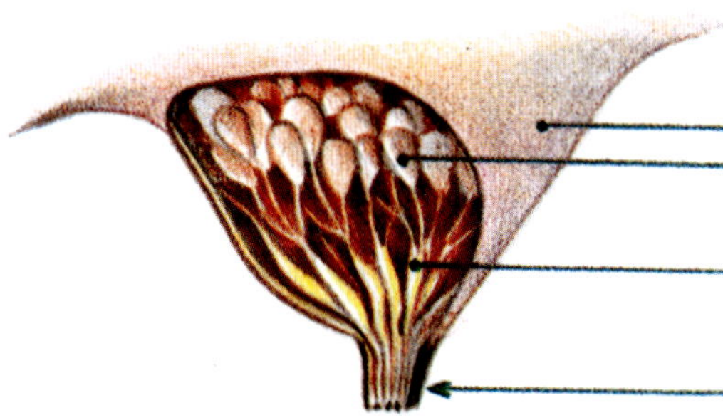
86-24
86-25
86-27
86-22

B. Die Fortpflanzung

86 - 1 **Brunstzeit**
Während die meisten Wildhunde einmal im Jahr, und zwar zu Beginn des Jahres, läufig werden (Brunstzeit) und dann im Frühling ihre Jungen werfen, werden die meisten Haushunde zweimal im Jahr läufig.

86 - 2 **Läufigkeit**
Die Läufigkeit besteht aus zwei Phasen, die zusammen ungefähr einen Zeitraum von drei Wochen in Anspruch nehmen. Während der ersten Phase schwillt die Gebärmutterschleimhaut durch zusätzliche Blutzufuhr stark an. Diese Blutzufuhr ist so kräftig, daß sie kleine Blutgefäße zum Bersten bringen kann. Die Hündin verliert dann einen blutigen Ausfluß. Zu gleicher Zeit wie die Gebärmutterschleimhaut schwellen auch die äußeren Geschlechtsteile an. Nach ungefähr zehn Tagen läßt der blutige Ausfluß nach oder hört ganz auf. Danach kommt ein Zeitraum (von wiederum ungefähr zehn Tagen), in dem die Hündin eine starke Neigung zeigt, auf der Suche nach einem Rüden wegzulaufen (daher der Name Läufigkeit).

86 - 3 **hoch läufig**
Sie ist dann hoch läufig. In dieser Phase findet der **Eisprung** (*Ovulation*) statt. Die Hündin zeigt dem Rüden, daß sie bereit ist, sich decken zu lassen; sie "präsentiert" die leicht angeschwollene Vulva und dreht den Schwanz zur Seite.

86 - 4 **Stehen der Hündin**
Diesen Zustand bezeichnet man als das "Stehen der Hündin". Der Rüde zeigt seine Deckbereitschaft, indem er um die Hündin herumläuft, ihre Ohren und ihre Vulva leckt und vorsichtig versucht aufzureiten.

86 - 5 **Deckakt, Paarung**
86 - 6 **Schwellkörper**
Schließlich findet der Deckakt statt. Weil der Schwellkörper des Penis stark anschwillt, kann sich der Rüde nicht sofort nach dem Samenerguß aus der Hündin zurückziehen. Er bleibt nicht mit seinem Körper auf der Hündin hängen, sondern läßt sich auf einer Seite herabgleiten; danach hebt er einen Hinterlauf über die Hündin. Die Hunde

86 - 7 **Hängen**
stehen nun miteinander verbunden. Das ist sehr typisch für alle Hundeartigen. Diesen Zustand nennt man **Hängen**, manchmal auch **Koppelung**. Während der Paarung ergießt sich *Sperma* in die Gebärmutter. Die *Samenzellen* werden (vor allem durch das Zusammenziehen der Gebärmutter) in die Eileiter gebracht, wo das Verschmelzen (einer) Samenzelle mit einer Eizelle stattfindet. Beim Hund werden mehrere Eizellen zu gleicher Zeit freigesetzt, so daß mehrere Befruchtungen möglich sind.

86 - 8 **Gebärmutterwand**
Das befruchtete Ei (die befruchteten Eier) nistet (nisten) sich nach einiger Zeit in der nährstoffreichen Gebärmutterwand ein, wo das neue Leben sich nun weiterentwickeln kann.

86 - 9 **Trächtigkeit**
Die **Trächtigkeit** (*Schwangerschaft*) dauert beim Hund durchschnittlich 63 Tage. Ungefähr ab der fünften Woche kann man durch den Herzschlag der Jungen feststellen, ob die Hündin aufgenommen hat (trächtig ist).

86 -10 **Werfen, Geburt**
Die Jungen liegen hintereinander im linken und rechten Gebärmutterhorn.

86 -11 **Vorderendlage**
86 -12 **Hinterendlage**
Einige Junge werden in **Vorderendlage** geboren (die Köpfchen und Vorderläufe erscheinen zuerst); andere kommen in **Hinterendlage** (mit Schwänzchen und Hinterläufen zuerst). Bei den meisten Hunderassen hat das keinen Einfluß auf den Geburtsverlauf.

86 -13 **innere Fruchthülle (Amnion)**
86 -14 **äußere Fruchthülle (Chorion)**
Bei der Geburt der Jungen finden wir bei jedem Welpen noch zwei der ursprünglich vier Fruchthüllen vor, und zwar die innere Fruchthülle (Amnion) mit dem Welpen im **Fruchtwasser** und die äußere Fruchthülle (Chorion), die zusammen mit Schleimhaut der Gebärmutterwand den **Mutterkuchen** oder die **Plazenta** formt. Bei Raubtieren

86 -15 **Gürtelplazenta**
sprechen wir von einer **Gürtelplazenta**, weil diese Plazenta wie ein Ring um das Junge liegt.

86 -16 **Nabelschnur**
Durch die Nabelschnur werden dem Jungen Sauerstoff und Nahrung zugeführt sowie seine Ausscheidungen abtransportiert.

86 -17 **pup, puppy** (= englisch)
So nennt man in den englischsprachigen Ländern einen jungen Hund bis zu etwa einem Jahr; Saugwelpen bezeichnet man als "whelp".

86 -18 **Welpe,**
whelp (= englisch)
Welpe: Das ist der in Deutschland allgemein gebräuchliche Ausdruck (obwohl man auch den Ausdruck Puppy immer mehr hört) für einen jungen Hund von seiner Geburt bis zum Alter von etwa 12 Wochen. Danach, grob gesprochen bis zur Geschlechtsreife, wird er zum Jungtier. Ganz allgemein bezeichnet man die Jungen der fleischfressenden Raubtiere (zum Beispiel beim Löwen) als Welpen.

86 -19 **Geschlechtsbestimmung**
Neulinge unter den Züchtern finden es oft schwierig, bei neugeborenen Welpen den Unterschied zwischen **Rüde** und **Hündin** herauszufinden, zumal alle Welpen gut erkennbare Brustwarzen haben. Der Rüde hat sein "Pipiknöpfchen" mitten auf dem Bauch, ganz dicht beim Nabel, während es sich bei der Hündin weiter hinten zwischen den Hinterläufen befindet.

86 -20 **Säugen**
86 -21 **Milchleiste**
Nach der Geburt trinken die Welpen an der Hündin, sie werden gesäugt. Die Hündin hat im allgemeinen acht bis zehn Brustdrüsen. Zusammen nennt man sie die Milchleisten. Auf beiden Seiten finden wir:

A + B = Drüsen im Brustbereich
C + D = Drüsen im Bauchbereich
E = Drüsen im Schambereich.

A ist die kleinste, meist unterentwickelte Drüse; B + C + D sind die größten.

abgebildete Rasse:
Saluki

C. Schnittansicht der Brust einer säugenden Hündin

86 -22 **Zitze**
86 -23 **Muttermilch**
In die Zitzen münden eine Anzahl dünner Kanäle, aus denen bei säugenden Hündinnen die Muttermilch fließt.

86 -24 **Brust**
Hinter jeder Zitze befindet sich ein eigenes Organ, die Brust. Anders als etwa beim Menschen verkleinern sich beim Hund die Brüste nach der Säugezeit zu kaum wahrnehmbarer Größe.

86 -25 **Milchdrüsen**
In den Brüsten befinden sich zahlreiche Milchdrüsen, die aus Nahrungsstoffen aus dem Blut Muttermilch produzieren. Durch das Schwangerschaftshormon *Progesteron* vergrößern sich die Milchdrüsen sehr stark, weil Millionen zusätzliche milchproduzierende Zellen gebildet werden. Dadurch schwellen die Brüste an.

86 -26 **Prolaktin**
Die *Milchbildung* wird durch ein Hormon aus dem Bereich des Gehirns in Gang gebracht (*Prolaktin*). Während der Trächtigkeit kommt das Hormon *Östron* in großen Mengen im Blut vor und hat dann eine hemmende Wirkung auf die Bildung von *Prolaktin*. Wenn gegen Ende der *Trächtigkeit* die Menge des Östrons im Blut abnimmt, dominiert das Hormon Prolaktin, und die Milchproduktion kommt in Gang.

86 -27 **Milchkanäle**
Von den Milchdrüsen fließt die Muttermilch in kleine Kanäle (Milchkanäle), die kurz vor ihrer Mündung in die Zitze eine kleine Bucht bilden, in der die gebildete Milch aufgefangen wird. Die Mündung dieser Kanälchen in die Zitze ist so klein, daß die Milch nicht sofort aus der Zitze fließt. Bei starker Milchproduktion geraten die kleinen Kanäle jedoch bisweilen unter einen solchen Druck, daß die Zitze zu tröpfeln beginnt. Beim Säugen der Welpen wird die Milch durch die Zitzen gedrückt.

86 -28 **Milchtritt**
Der sogenannte Milchtritt, bei dem die Welpen mit den Vorderpfötchen gegen die Brüste treten, fördert das Ausmelken der Milch aus den Milchkanälen.

86 -29 **Zusammensetzung von Hundemilch**

Eiweiß	7,5 %
Fett	8,3 %
Laktose	3,7 %
Calcium	280 mg / 100 ml
Phosphor	240 mg / 100 ml

Bei ersatzweise verwendeter Trockenmilch werden Eiweiß- und Fettgehalt meistens in Prozent der Trockenmasse angegeben. Vergleichsweise muß dann der Eiweißgehalt 25 - 35 % und der Fettgehalt 30 - 40 % betragen.

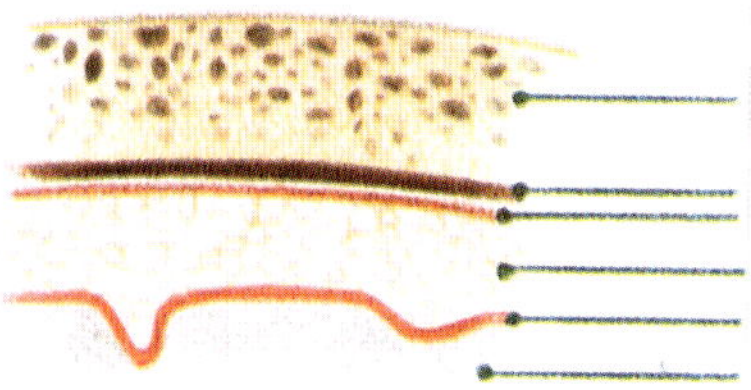
88-1
88-2
88-3
88-5
88-4
88-6

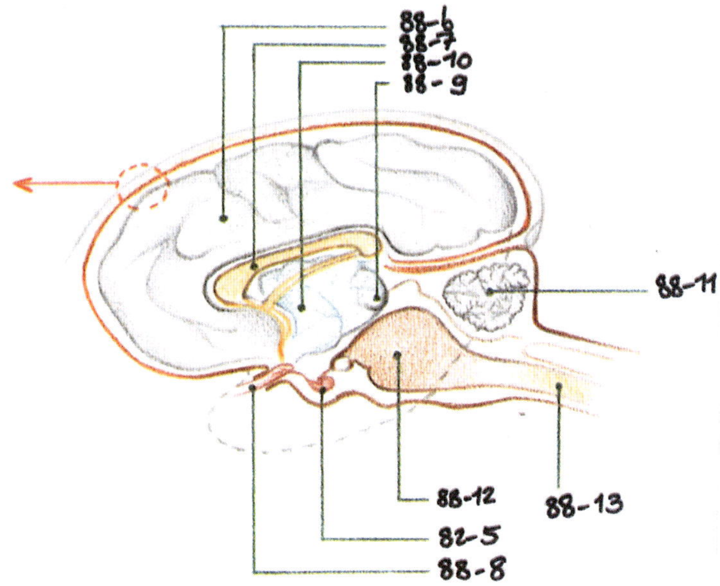
88-6
88-7
88-10
88-9
88-11
88-12
88-13
82-5
88-8

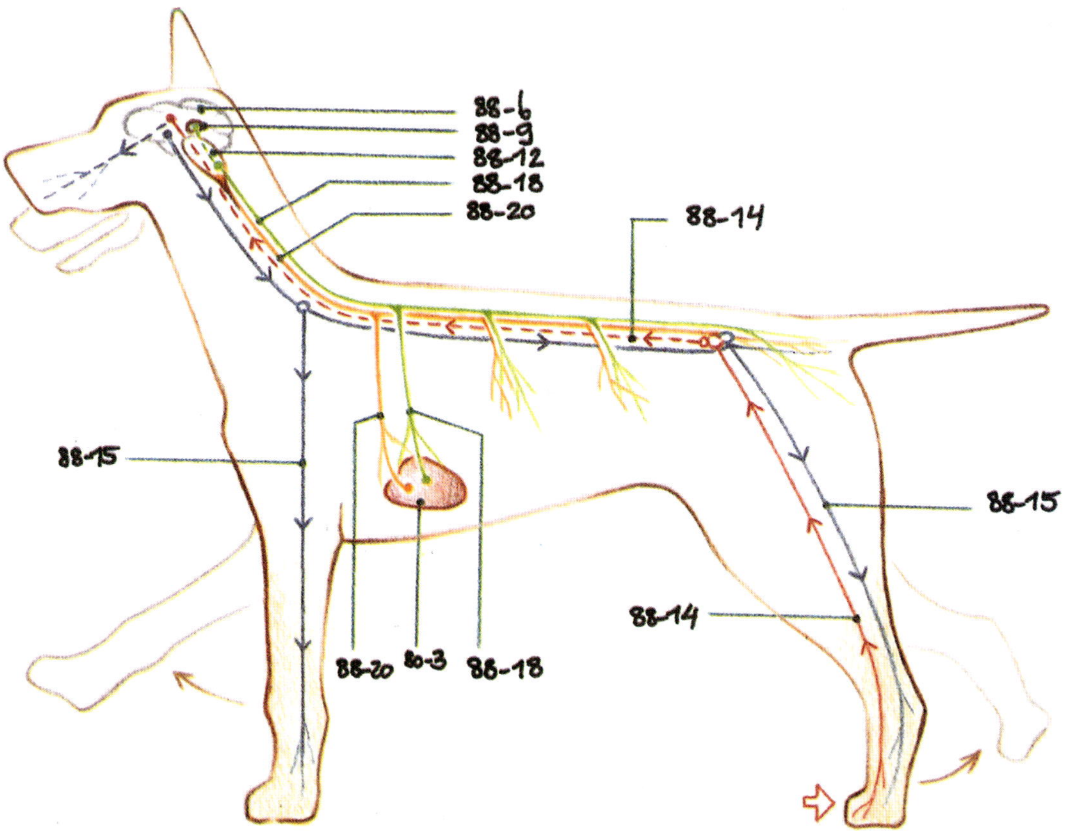
88-6
88-9
88-12
88-18
88-20
88-14
88-15
88-15
88-14
88-20
80-3
88-18

A. ALLGEMEINES

Das Nervensystem ist gut mit einem gigantischen Telefonnetz zu vergleichen, das um ein Vielfaches größer ist als das gesamte Telefonnetz von ganz Europa. Milliarden von Anschlüssen aus fast jedem Fleckchen des Hundekörpers kommen in zwei Zentralen zusammen: im Gehirn und im Rückenmark. Signale von jedem beliebigen Punkt werden durch die Nerven an eine der beiden (oder beide) Zentralen weitergeleitet. Aus der Zentrale werden durch die Nerven Warnungen, Reize oder Signale an den einen oder anderen Teil des Körpers weitergegeben. Das Nervensystem kann jedoch noch viel mehr leisten als nur "telefonieren": Lichtreize werden zu Bildern verarbeitet, Gerüche werden aufgefangen und Geschmäcke geprüft (sehen, riechen und schmecken), und das alles in Sekundenbruchteilen und notfalls gleichzeitig!

88 - 1 **Schädel**

Die zentralen Teile liegen gut geschützt: das Gehirn in der kräftigen Hirnkapsel des Schädels und das Rückenmark in den Wirbeln des Rückgrates. Das Gehirn ist im Schädel außerdem noch von drei Häuten geschützt.

88 - 2 **harte Gehirnhaut**
88 - 3 **Spinngewebshaut**
88 - 4 **weiche Gehirnhaut**
88 - 5 **Hirnkammer**

Die harte Gehirnhaut ist eine kräftige Haut, die nahe am Schädel liegt und zusätzlichen Schutz verleiht. Darunter befindet sich die Spinngewebshaut. Dem Gehirn am nächsten liegt die weiche Gehirnhaut mit zahllosen Blutgefäßen, die das Gehirn mit Nahrung und Sauerstoff versorgen und Abfallstoffe wegtransportieren. Zwischen Spinngewebshaut und weicher Gehirnhaut ist ein mit Lymphe gefüllter Raum, der als eine Art Stoßdämpfer dient (Hirnkammer).

88 - 6 **Großhirn (Cerebrum)**

Das Großhirn besteht aus zwei Teilen: einer linken und einer rechten Hälfte, die durch eine tiefe Falte in der harten Gehirnhaut geteilt werden.

88 - 7 **Balken**

Die beiden ungefähr halbkugeligen Hälften werden durch den Balken miteinander verbunden. Das Großhirn hat eine unglaubliche Menge Aufgaben. Im vorderen Teil (stirnwärts) sitzt die *Intelligenz*, im hinteren Teil (in Richtung Hinterkopf) das *Sehvermögen*.

88 - 8 **Gesichtsnerv**

Der Gesichtsnerv läuft durch das *Keilbein* zur *Augenhöhle*. Seitlich davon liegt das *Gehörzentrum*. Im Großhirn sitzen auch *Wille*, *Gedächtnis* und *Gefühl*. Daneben werden die Körperbewegungen hauptsächlich durch das Großhirn gesteuert (siehe auch: Kleinhirn). Viele Reize aus dem Körper (oder von außerhalb des Körpers) werden vom Gehirn wahrgenommen, verarbeitet und in andere Reize verwandelt, um bestimmte Körperreaktionen hervorzurufen. Ungefähr unter dem Balken liegen (getrennt vom Großhirn) Mittel- und Zwischenhirn.

88 - 9 **Mittelhirn**

Das Mittelhirn hat außer einer Reihe anderer Funktionen die Aufgabe, die Bewegung der Augenmuskeln und die *Augenreflexe* zu regeln. Es sorgt dafür, daß sich bei Einfall von grellem Licht die *Pupillen verengen* und die Augenlider schließen. Es regelt die *Akkomodation* der *Augenlinsen* (Anpassung der Linsen an Entfernungen).

88 -10 **Zwischenhirn**

Im Zwischenhirn liegt unter anderem das *Temperaturzentrum*. Vermutlich wird auch der *Schlaf* in diesem Teil des Gehirns geregelt.

88 -11 **Kleinhirn (Cerebellum)**

Das Kleinhirn befindet sich unter dem Großhirn. Es versieht hauptsächlich die Aufgabe einer Schalttafel in einer Telefonzentrale; es koordiniert die Berichte (die Reize), die vom Großhirn ankommen und sorgt für die notwendigen Verbindungen. Es regelt die Bewegungen der Muskeln und ist Sitz des *Gleichgewichtssinns*. Das Kleinhirn versieht eine Art Ordnungsaufgabe. Fällt es aus dem einen oder anderen Grund aus, werden die Bewegungen unsicher, geht die Herrschaft über die Muskeln und das Gleichgewicht verloren.

88 -12 **verlängertes Mark (Medulla oblongata)**

Das verlängerte Rückenmark hat eine Aufgabe als Verbindung zwischen den Nervenbahnen des Gehirns mit denen des Rückenmarks. Außerdem findet man im verlängerten Rückenmark die Zentren, welche die Atmung (*Atemzentrum*) und die Arbeit vieler Drüsen regeln. Zugleich liegt dort ein Nervenzentrum, das die Größe der Blutgefäße regelt und so den Blutkreislauf steuern hilft.

88 -13 **Rückenmark**

Das Rückenmark läuft durch das Rückgrat vom Atlas zu den Lendenwirbeln. Vom Rückenmark verlaufen paarweise Nervenbündel, unterschieden in Empfindungs- (sensorische, sensible) Nerven und Bewegungs- (motorische) Nerven. Diese Nerven können sehr lang sein (zum Beispiel von der Wirbelsäule bis zu den Zehen) und durch den ganzen Körper (mit Ausnahme des Kopfes) laufen. Das Rückenmark löst auch die *Reflexbewegungen* aus.

B. SCHEMATISCHE DARSTELLUNG DES NERVENSYSTEMS

88 -14 **Empfindungsnerv (sensorischer oder sensibler Nerv)**
88 -15 **Bewegungsnerv (motorischer Nerv)**
88 -16 **Reflexbewegung**

Berühren wir den Fuß eines liegenden Hundes, wird er seinen Fuß sofort zurückziehen. Der Reiz durch die Berührung wird durch den Gefühlsnerv an das Rückenmark weitergegeben.

Im Rückenmark wird dieser Reiz direkt an den motorischen Nerv durchgegeben, der die Bewegung der Pfote regelt. Diese Reaktion wird ohne Einschaltung des Gehirns sofort vom Rückenmark ausgelöst.

Eine solch unmittelbare Reaktion nennen wir Reflexbewegung. Vom Rückenmark geht aber auch noch -durch einen anderen Gefühlsnerv (auf der Zeichnung rot markiert)- ein Signal an das Gehirn. Dort wird der Reiz ebenfalls verarbeitet und eventuell in eine Handlung umgesetzt. Ein motorischer Nerv (auf der Zeichnung blau markiert) kann zum Beispiel die Kiefermuskeln in Gang setzen, um zu beißen. Dies ist keine Reflexbewegung, sondern eine bewußte Handlung, die dem Willen, zu beißen oder nicht zu beißen, unterworfen ist. Übrigens können die motorischen Nerven auch unmittelbar vom Gehirn Befehle erhalten, Bewegungen in Gang zu setzen, zum Beispiel das Aufheben der Vorderpfote.

88 -17 **autonomes Nervensystem**

Daneben kennen wir noch ein wichtiges Nervensystem: das autonome Nervensystem. Dieses besteht aus zwei Nervensystemen, die untereinander als Gegenspieler (Antagonisten) arbeiten: das parasympathische und das sympathische System.

88 -18 **parasympathisches Nervensystem**
88 -19 **schweifender Nerv**

Das parasympathische System wird hauptsächlich vom verlängerten Rückenmark geregelt und teilweise vom Mittelhirn aus durch den sogenannten schweifenden Nerv (*nervus vagus*) geregelt. Dieser schweifende Nerv hat Verbindungen zu allen Organen des Körpers.

88 -20 **sympathisches Nervensystem**

Das sympathische Nervensystem wird durch Nervenknoten gesteuert, die im und neben dem Rückenmark liegen.

Das autonome Nervensystem regelt die Arbeit der Organe. Es arbeitet ganz unabhängig vom Willen, ist aber doch von außen zu beeinflussen (zum Beispiel durch einen Schrecken). Außerdem arbeitet es unter dem Einfluß von Hormonen; das sympathische System wird zum Beispiel durch das Hormon Adrenalin stark beeinflußt. Das sympathische und das parasympathische System sind zwar Gegenspieler zueinander, dennoch arbeiten sie eng zusammen.

SYMPATHISCH
- beschleunigt den Herzschlag
- verengt die Blutgefäße
- entspannt die Muskeln, zum Beispiel von Darmwand, Luftröhre und so weiter.

PARASYMPATHISCH
- verlangsamt den Herzschlag
- erweitert die Blutgefäße
- zieht die Muskeln zusammen, zum Beispiel von Darmwand, Luftröhre und so weiter.

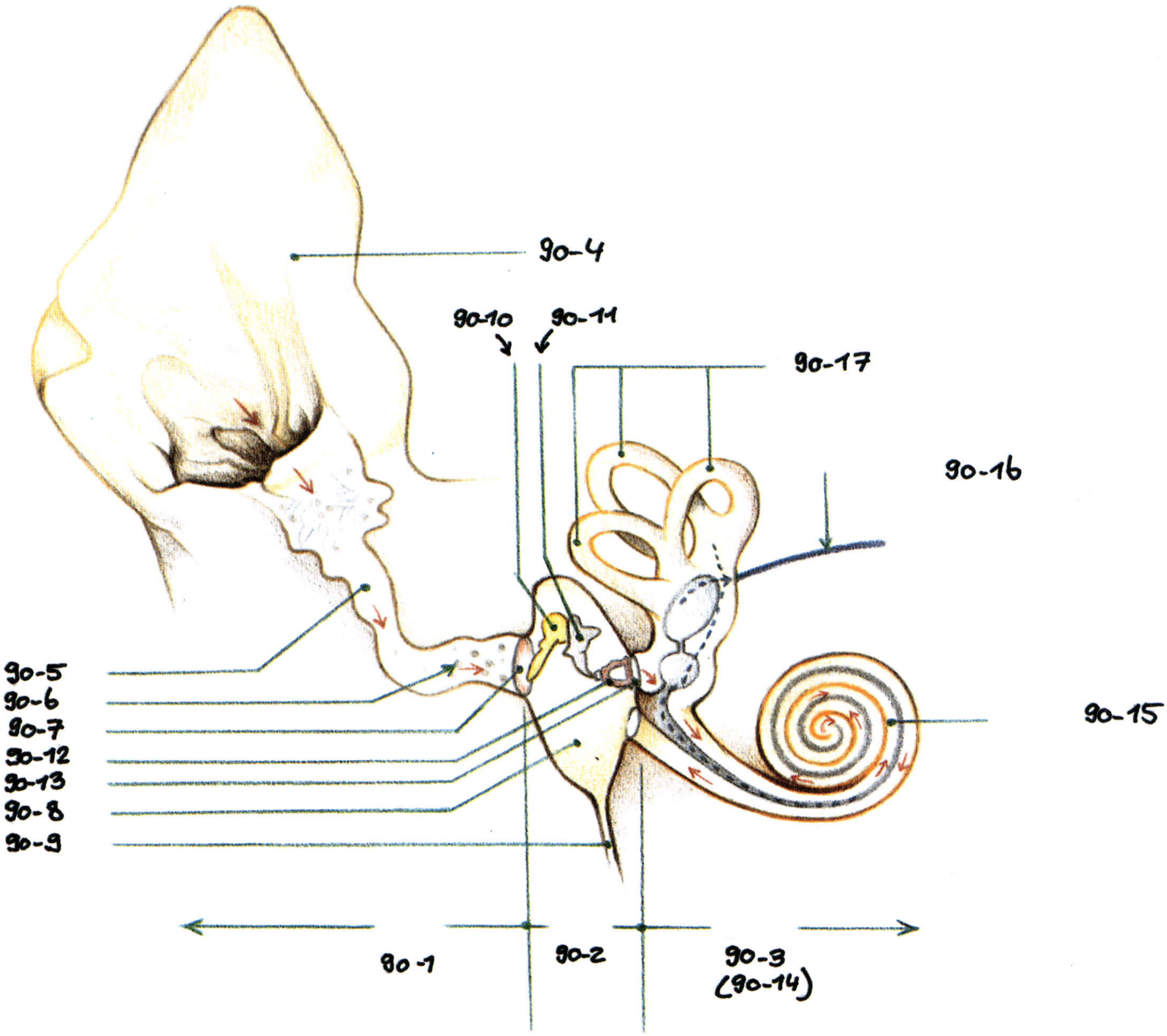

90-4
90-10
90-11
90-17
90-16
90-5
90-6
90-7
90-12
90-13
90-8
90-9
90-15
90-1
90-2
90-3
(90-14)

Die Sinnesorgane

Die Sinnesorgane fangen Reize aus der Außenwelt auf und geben sie an das Gehirn zur Verarbeitung weiter.
Es ist nicht bekannt, ob der Hund mehr Sinnesorgane als der Mensch hat. Außer den hier folgenden bekannten Sinnesorganen spricht man auch schon einmal von einem Ortssinn, der dem Hund hilft, über eine große Entfernung auf unbekannten Wegen nach Hause zu finden, und einem Sinn, der bestimmte Ereignisse vorher"sieht", zum Beispiel das unerwartete Nachhausekommen eines Familienmitglieds.
Man nimmt an, daß Hunde Naturerscheinungen, wie Unwetter, Erdbeben, Lawinenabgang viel eher als die Menschen im voraus ahnen und daß sie dafür auch einen besonderen Sinn besitzen. Es ist jedoch sehr gut möglich, daß man dies durch ein sehr viel genaueres Arbeiten der "normalen" Sinnesorgane erklären kann.

Bekannte Sinne sind:
das Gehör
der Gleichgewichtssinn
das Gefühl (der Tastsinn)
der Geschmackssinn
der Geruchssinn
das Sehvermögen (der Gesichtssinn).

A. Gehör und Gleichgewicht

Ein sehr wichtiger Sinn für den Hund ist das Gehör.
Das gesamte Gehör- (und Gleichgewichtsorgan) besteht aus drei Teilen:

90 - 1 **äußeres Ohr** — dem äußeren Ohr (*Ohrmuschel* und *Gehörgang*),
90 - 2 **Mittelohr** — dem Mittelohr (*Trommelfell* und *Paukenhöhle*) und
90 - 3 **inneres Ohr** — dem inneren Ohr (*Labyrinth*).

Die Zeichnung gibt die Einzelheiten nicht im richtigen Verhältnis wieder; zur besseren Verdeutlichung wurden Mittelohr und inneres Ohr im Verhältnis viel zu groß dargestellt.

90 - 4 **Ohrmuschel** — Schallschwingungen der Luft werden durch die Ohrmuscheln aufgefangen. Beim Hund ist die Ohrmuschel beweglich, so daß sie auf den Schall gerichtet werden kann.

90 - 5 **Gehörgang** — Der Schall wird von der Ohrmuschel dem Gehörgang durch die Windungen am Eingang des Gehörgangs zugeleitet. Die Wand des Gehörgangs ist mit Härchen und kleinen Talgdrüsen besetzt. Die Härchen halten (gröbere) Verunreinigungen fern.

90 - 6 **Talgdrüse** — Die Absonderung der Talgdrüsen (*Ohrenschmalz*) hält Gehörgang und Trommelfell geschmeidig. Obendrein fängt es feineren Schmutz aus der Luft auf. Das schmutzige Ohrenschmalz wird nach außen abgestoßen.

90 - 7 **Trommelfell** — Durch den Gehörgang erreichen die Schallwellen das Trommelfell. Das Trommelfell schließt äußeres Ohr und Mittelohr gegeneinander ab; es ist eine dünne Haut, die leicht in Schwingung gerät. Im Gehörgang befindet sich ein Knick, der das Trommelfell gut vor Verletzungen schützt, indem er den Gang abbiegt.

90 - 8 **Paukenhöhle**
90 - 9 **Eustachische Röhre**
90 - 10 **Hammer**
90 - 11 **Amboß**
90 - 12 **Steigbügel**
90 - 13 **ovales Fenster**

Hinter dem Trommelfell finden wir die Paukenhöhle, die durch eine kleine Röhre (die Eustachische Röhre) mit dem Nasenrachenraum verbunden ist. Dadurch wird der Luftdruck in Paukenhöhle und Außenluft gleich gehalten. In der Paukenhöhle befinden sich drei Gehörknöchelchen: Hammer, Amboß und Steigbügel, die durch kleine Gelenke miteinander verbunden sind. Der "Stiel" des Hammers ruht am Trommelfell, und der "Fuß" des Steigbügels liegt im ovalen Fenster, das den Übergang zum inneren Ohr bildet. Die Gehörknöchelchen übertragen die Schwingungen vom Trommelfell auf das ovale Fenster.

90 - 14 **Irrgang, Labyrinth**
90 - 15 **Schnecke**
90 - 16 **Hörnerv**

Das innere Ohr, auch bisweilen Irrgang oder Labyrinth genannt, besteht aus der Schnecke, wo der Schall an den Hörnerv weitergegeben wird, und aus drei halbkreisförmigen Bogengängen.

90 - 17 **halbkreisförmige Bogengänge** — In den drei halbkreisförmigen Bogengängen sitzt der *Gleichgewichtssinn.*

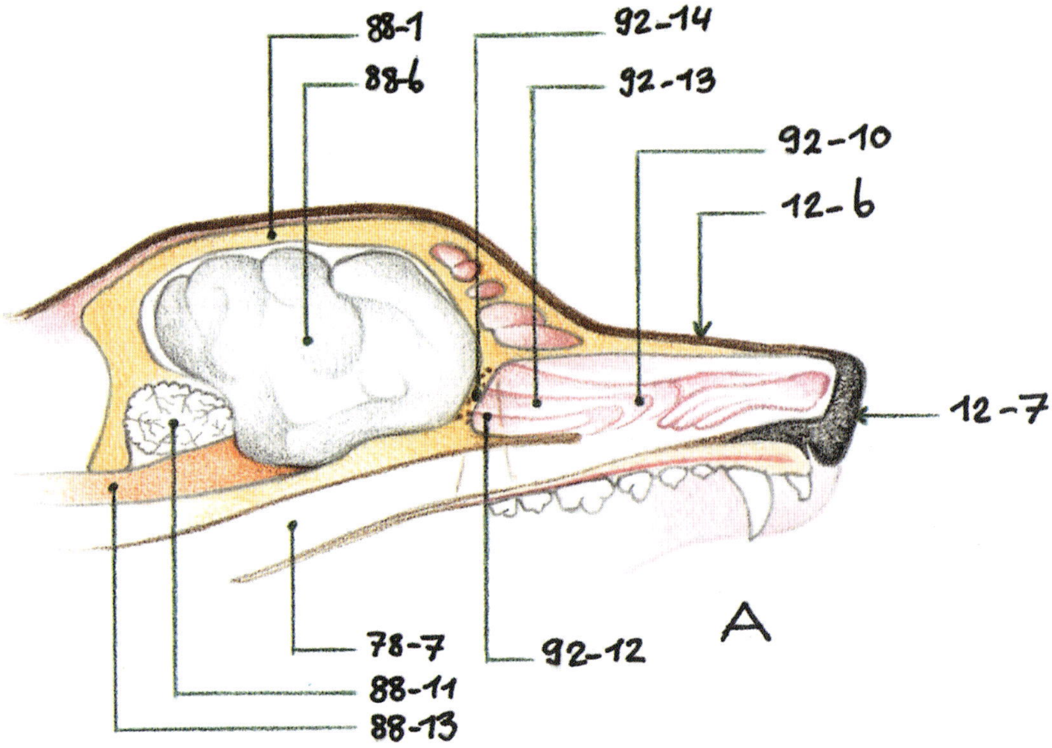

88-1
88-6
92-14
92-13
92-10
12-6
12-7
78-7
92-12
88-11
88-13

A

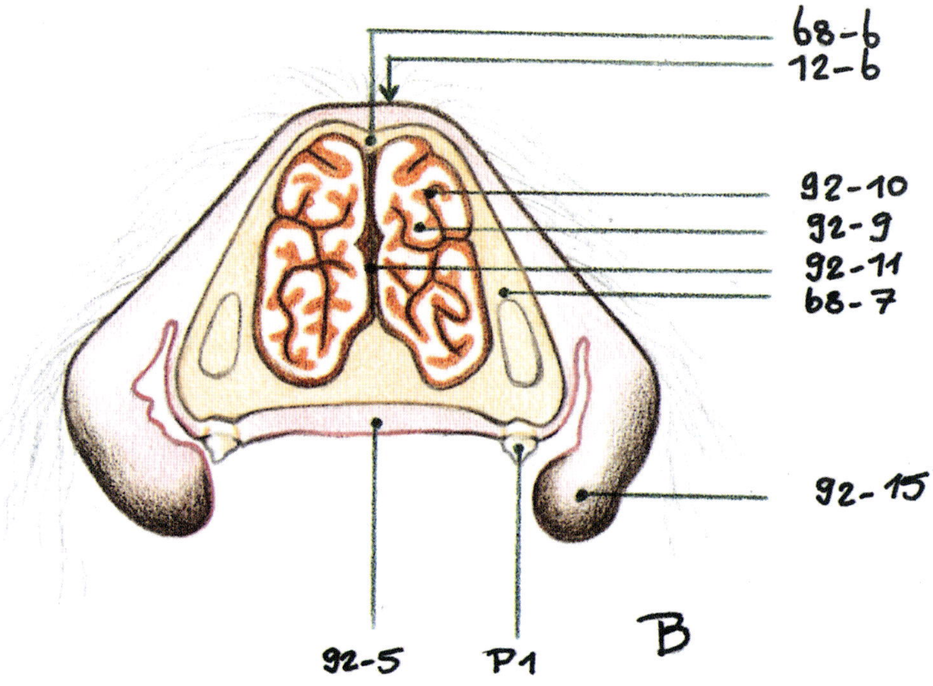

68-6
12-6
92-10
92-9
92-11
68-7
92-15
92-5
P1

B

B. Gefühl

92 - 1 **Gefühlsorgane**

Die Gefühlsorgane liegen hauptsächlich in der Haut, obwohl sie auch innerhalb des Körpers zu finden sind. Es gibt drei verschiedene Arten von Gefühlsorganen, die von besonderer Bedeutung sind:
Organe zum Wahrnehmen von *Berührung* (oder auch *Druck*);
Temperaturen;
Schmerzen.

92 - 2 **Tastorgane**

Die Tastorgane reagieren auf Druckveränderung. Sie liegen oft sehr dicht beieinander und sind meistens in der Haut (auf den Lefzen bis zu 200 Stück pro cm^2). Sie kommen auch vor allem in der Nähe der Haarbälge vor. Bewegungen am Haar werden auf die Tastorgane übertragen. Tasthaare sind meistens ziemlich harte und steife Haare, die bei Berührung wie ein Hebel wirken und dadurch Druck auf die Tastorgane ausüben.

92 - 3 **Organe zum Wahrnehmen der Temperatur**

Die Organe zum Wahrnehmen der Temperatur können Veränderungen in der Differenz zwischen Oberflächen (= Haut)- und Körpertemperatur registrieren.

92 - 4 **Organe zum Wahrnehmen von Schmerzen**

Die schmerzwahrnehmenden Organe finden wir in der Haut und tiefer in allerlei Körperteilen. Diese Organe reagieren auf verschiedene Arten von Reizen.

Alle Gefühlsorgane leiten die Reize über die Nerven an das Gehirn weiter, das darauf mit verschiedenen Handlungen reagiert (rasches Zurückziehen bei Schmerzempfindung, Hecheln bei hohen Temperaturen, Zittern bei niedrigen Temperaturen und so weiter).

C. Geschmacks- und Geruchssinn

92 - 5 **Gaumen**

Die Nervenzellen, die den Geschmack wahrnehmen, befinden sich hauptsächlich (in den *Papillen*) auf der Zunge und außerdem im Gaumen.

92 - 6 **Geschmackssinn**

Über den Geschmackssinn bei Hunden ist so gut wie nichts bekannt; nur daß Geschmacks- und Geruchssinn eng miteinander verbunden sind.

A - Längsschnitt durch die Nase
B - Querschnitt durch die Nase

92 - 7 **Geruchssinn**

Der Geruchssinn ist sicher das wichtigste Sinnesorgan für den Hund. Der Unterschied zwischen Sehen und Hören einerseits, Riechen und Schmecken andererseits besteht darin, daß bei Sehen und Hören unwillkürlich Wellen (Licht- und Schallwellen) aufgefangen und daß bei Riechen und Schmecken bewußt chemische Stoffe aufgenommen werden.

92 - 8 **Schwellenwert**

Geruch entsteht durch die Absonderung von winzigen Teilen (Molekülen) eines Stoffes. Bei jedem Einatmen wird zwar ein wahrer Cocktail von Gerüchen aufgenommen, aber bis ein Geruch an das Gehirn zur Verarbeitung weitergegeben wird, muß erst eine bestimmte Menge dieses Geruchs vorhanden sein.
Die kleinste Menge, bei der man einen Geruch wahrnimmt, heißt Schwellenwert. Man hat berechnet, daß ungefähr acht Moleküle nötig sind, um einen Nerv zu reizen, und daß ungefähr vierzig Nerven gereizt sein müssen, um eine Geruchsempfindung entstehen zu lassen. Nach ziemlich kurzer Zeit kann man sich auch an einen Geruch gewöhnen.

92 - 9 **Nasenhöhle**
92 - 10 **Nasenmuscheln**
92 - 11 **Nasenscheidewand**

Der Geruch, der mit der eingeatmeten Luft durch die Nasenlöcher nach innen in die Nasenhöhle gerät, streift an den Nasenmuscheln (mit Schleimhaut bekleideten Knorpeln) entlang. Die Nasenhöhle ist längs zweigeteilt durch eine knorpelige Platte, die Nasenscheidewand.

92 - 12 **Pflugscharbein**

Die Nasenscheidewand ist an der Rückseite der Nasenhöhle mit dem Pflugscharbein verbunden, das die Verbindung zwischen Siebbein und Gaumenbein darstellt.
In der Nasenhöhle wird die Luft erwärmt. Außerdem wird die Luft durch feuchtigkeitsabsondernde Drüsen befeuchtet, die in der Schleimhaut sitzen. Diese Erwärmung und Befeuchtung sorgt für eine bessere Wahrnehmung des Geruches.

92 - 13 **Riechzentrum**
92 - 14 **Siebbein**

In der Schleimhaut befinden sich die Riechnervenzellen. Das eigentliche Riechzentrum sitzt weiter hinten, beinahe zwischen den Augen, nahe dem Siebbein. Durch das Siebbein verläuft der Riechnerv zum Gehirn.

92 - 15 **Lefze**
92 - 16 **Geruchsvermögen**
92 - 17 **Nasenhöhle**

Je weniger bei einem Hund der Nasenrücken und die Nasenmuscheln entwickelt sind, desto weniger vermag er zu riechen. Bei Pekingesen und Bulldogge gibt es fast keinen Nasenrücken mehr, weshalb die Luft fast unverarbeitet in das Riechzentrum gelangt, was das Riechvermögen sehr nachteilig beeinflußt.

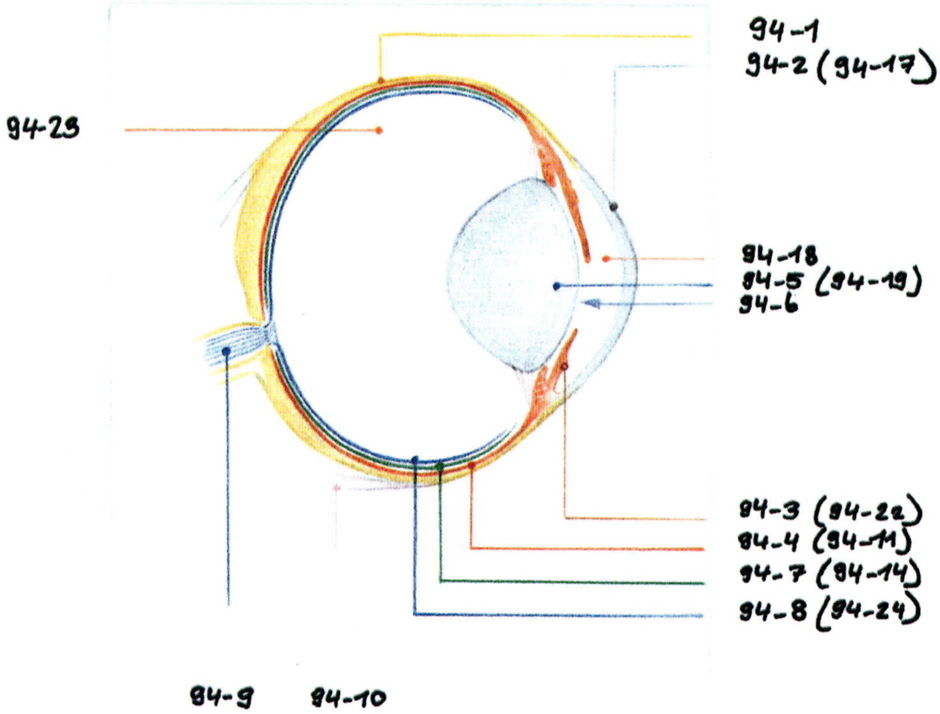
94-1
94-2 (94-17)
94-23
94-18
94-5 (94-19)
94-6
94-3 (94-22)
94-4 (94-11)
94-7 (94-14)
94-8 (94-24)
94-9
94-10

B

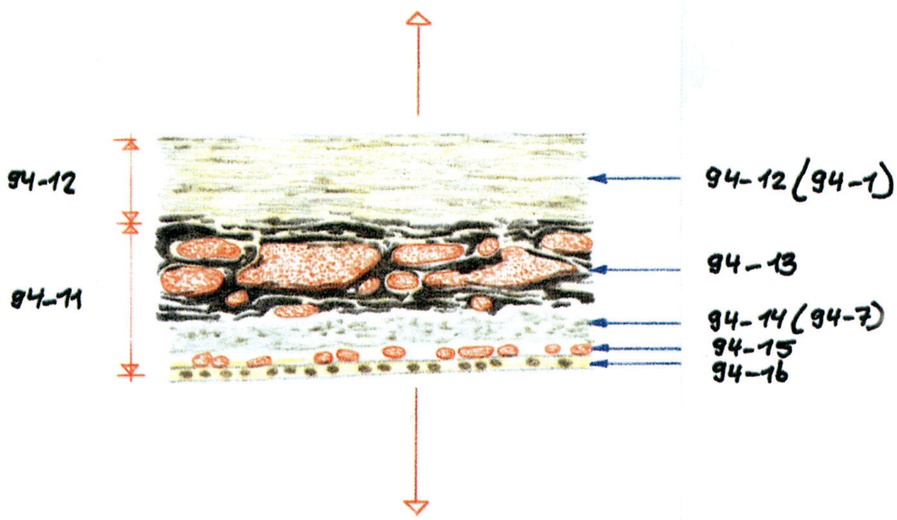
94-12
94-11
94-12 (94-1)
94-13
94-14 (94-7)
94-15
94-16

A

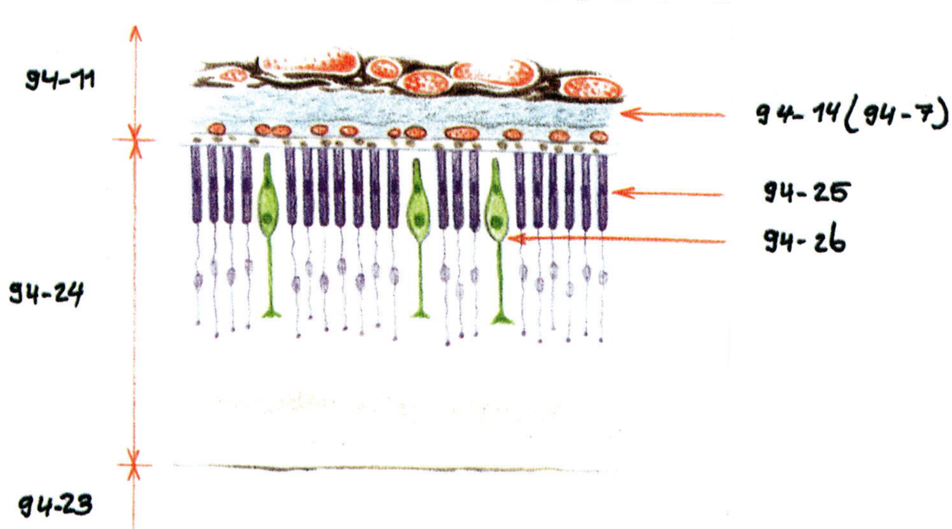
94-11
94-24
94-23
94-14 (94-7)
94-25
94-26

D. Sehvermögen

Das Sehorgan ist das Auge

I. Anatomischer Aufbau des Auges

Senkrechter Schnitt durch die Mitte des Augapfels:

94 - 1 **Lederhaut** (Sklera)
Lederhaut und *Hornhaut* bilden gemeinsam die **Außenwand** (*Tunica externa*) des Auges.

94 - 2 **Hornhaut** (Cornea)

94 - 3 **Regenbogenhaut** (Iris)
Regenbogenhaut und *Aderhaut* bilden gemeinsam die **mittlere Schicht** (*Tunica media*) des Auges.

94 - 4 **Aderhaut** (Choroidea)

94 - 5 **Linse**

94 - 6 **Pupille**
Die Pupille ist die Öffnung in der Regenbogenhaut.

94 - 7 **lichtreflektierende Schicht** *(Tapetum lucidum)*
Die lichtreflektierende Schicht (Tapetum lucidum) ist ein Bestandteil der Aderhaut.

94 - 8 **Netzhaut** *(Retina)*
Die Netzhaut (die Innenwand des Auges) und der Sehnerv werden unter dem Begriff *Tunica interna* zusammengefaßt.

94 - 9 **Sehnerv**

94 - 10 **Muskel**
Die Muskeln, mit denen der Augapfel bewegt wird.

Senkrechter Schnitt durch die Aderhaut:

A. Innenseite der Aderhaut, die sich der Netzhaut anschließt;
B. Außenseite des Auges.

94 - 11 **Aderhaut** (Choroidea)

94 - 12 **Lederhaut** (Sklera)
Das ist die Außenwand des Augapfels aus dichtem, elastischem Gewebe.

94 - 13 **Gefäßschicht**
Eine Schicht mit viel Pigmentzellen und größeren Blutgefäßen.

94 - 14 **lichtreflektierende Schicht** *(Tapetum lucidum)*
Die lichtreflektierende Schicht (die auch oft Tapetum genannt wird), verursacht das "*Aufleuchten*" der Augen, wenn sie einfallendes Licht widerspiegeln. Beim Menschen und beim Schwein fehlt dieseSchicht.

94 - 15 **Blutgefäßschicht**
Darin liegen viele, sehr dünne Blutgefäße, die für die Ernährung des Gewebes sorgen.

94 - 16 **Pigmentschicht**
Wand mit Pigmentzellen, die sich an die Netzhaut anschließt. Die Pigmentzellen verhindern, daß Lichtstrahlen, die noch durch die Netzhaut dringen, reflektiert werden.
Bei *Albino-Tieren* fehlt das Pigment in diesen Zellen, und deshalb sehen wir den roten Widerschein der dahinterliegenden Blutgefäße.

II. Funktionieren des Auges

94 - 17 **Hornhaut**
An der Außenseite des Auges sehen wir die Hornhaut, eine elastische, klar durchsichtige Haut, welche die dahinterliegenden Teile des Auges schützt.

94 - 18 **vordere Augenkammer**
Unmittelbar hinter der Hornhaut befindet sich die vordere Augenkammer, ein mit einer wässerigen Flüssigkeit gefüllter Raum, der sowohl Schutz bietet als auch (geringen) Druck von außen auffangen kann.

94 - 19 **Linse**
Dahinter ist die durchsichtige Linse mit Bändern an einem Ringmuskel befestigt. Dieser Ringmuskel liegt kreisförmig um die Linse und ermöglicht es der elastischen Linse, sich mehr oder weniger zu wölben.

94 - 20 **Bildabstand**
Dieses sich mehr oder mindere Wölben der Linse ist notwendig, um das Auge auf den Bildabstand einzustellen (= der Abstand, in dem sich das Bild befindet, das wir wahrnehmen wollen). Dieses Einstellen der Linse auf den

94 - 21 **akkomodieren**
Bildabstand nennen wir *akkomodieren* oder das *Akkomodationsvermögen.* Das Einstellen der Linse ist eine Reflexbewegung.

94 - 22 **Regenbogenhaut (Iris)**
Direkt vor der Linse befindet sich die Regenbogenhaut oder Iris. Die Iris kann sich erweitern oder verengen, je nachdem, ob wenig oder viel Licht auf das Auge fällt. Auch das ist eine Reflexbewegung.

94 - 23 **Glaskörper**
Hinter der Linse finden wir den Glaskörper, eine klare, gallertartige Masse, die den Rest des Augapfels ausfüllt.

94 - 24 **Netzhaut**
Ein Lichtstrahl, der auf das Auge fällt, erreicht über Hornhaut, vordere Augenkammer, Linse und Glaskörper schließlich die Netzhaut. Im Hintergrund in der Netzhaut (nahe der Aderhaut) befinden sich lichtempfindliche Zellen. Man unterscheidet zwei Formen dieser lichtempfindlichen Zellen:

94 - 25 **Stäbchen**
a) **Stäbchen** (stabförmige Zellen). Das sind die Zellen, die am lichtempfindlichsten sind; sie sind jedoch nicht farbempfindlich. Daher registrieren sie ein Bild in Grautönen, so wie wir beispielsweise ein Schwarz-Weiß-Foto sehen.

94 - 26 **Zapfen**
b) **Zapfen** (zapfenförmige Zellen). Diese Zellen kommen im Verhältnis zu den Stäbchen nur in geringer Anzahl vor. Sie sind viel weniger lichtempfindlich als die Stäbchen, dafür registrieren sie jedoch Farben.

Obwohl der Hund in seiner Netzhaut Zapfen hat (im Gegensatz zur Katze etwa), und deshalb eigentlich Farben erkennen können müßte, sind sich die Forscher hierüber nicht einig. Es stellt sich als unglaublich schwierig heraus, zweifelsfrei nachzuweisen, daß der Hund auf Farben reagiert. Einige Forscher glauben, nach ihren Versuchen feststellen zu müssen, daß der Hund keine Farben sieht (oder sich nicht für sie interessiert?); andere meinen, daß sie (mit großer Wahrscheinlichkeit) beweisen können, daß ein Hund sehr wohl Farben sehen könne.

94 - 27 **Tapetum lucidum**
In der Aderhaut (hinter der Netzhaut) finden wir bei vielen Tieren (nicht jedoch beim Menschen) das sogenannte Tapetum oder die lichtreflektierende Schicht. Lichtstrahlen, die trotz des geringen Abstandes zwischen den lichtempfindlichen Zellen nicht von der Netzhaut aufgefangen werden und daher auf die Aderhaut fallen, werden durch die lichtreflektierende Schicht zurückgeworfen. Diese Lichtstrahlen können dann von neuem durch die lichtempfindlichen Zellen aufgefangen werden. Das Auge kann auf diese Weise das vorhandene Licht besser auswerten; das erklärt, warum nacht- und dämmerungsaktive Tiere bei beginnender Dunkelheit oder Mondlicht besser sehen können.

Es ist jedoch nicht wahr, daß zum Beispiel eine Katze in stockfinsterer Nacht etwas sehen könnte. Wo kein Licht ist, sieht auch eine Katze nichts!

94 - 28 **Bildschärfe**
Dadurch, daß Teile eines Bildes durch den reflektierenden Effekt des Tapetums mit einem kleinen Zeitunterschied (und sei er auch noch so gering) registriert werden, entsteht eine (minimale) Mischung von Bildern. Hiermit ist erklärbar, warum viele Tiere weniger scharf als beispielsweise der Mensch sehen.

96-1

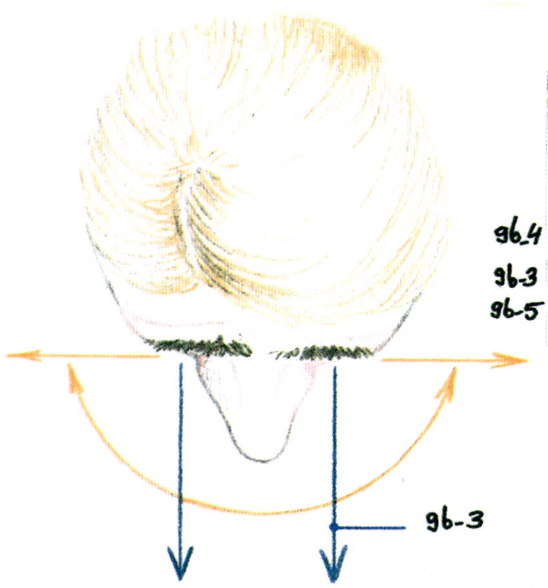

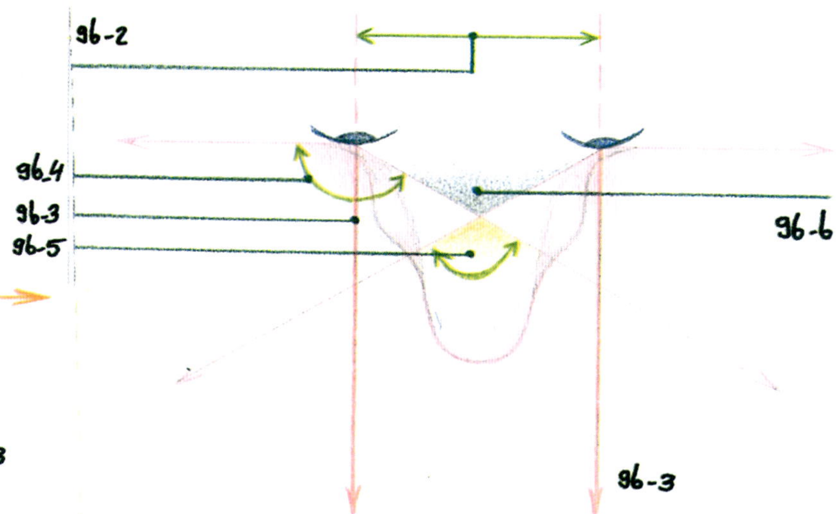

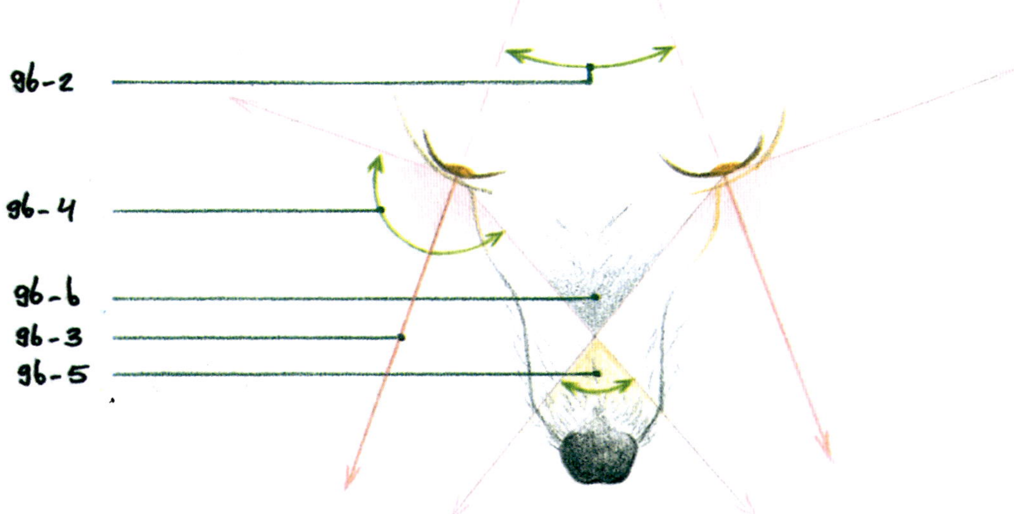

III. Sehvermögen (Sehkraft)

Bei der Beurteilung der Sehkraft des Hundes dürfen wir drei wichtige Größen nicht aus dem Auge verlieren:

96 - 1 **Augenhöhe**

A. Die Augenhöhe des Hundes

Durch die einfache Tatsache, daß wir Menschen eine viel größere Augenhöhe haben als jeder Hund, übersehen wir eine viel größere Fläche als unser Hund.

96 - 2 **Blickwinkel**

B. Der Blickwinkel

96 - 3 **Augenachse**

Beim Menschen beträgt der Winkel zwischen den Augenachsen nahezu 0° (die Augenachsen sind also fast parallel gestellt); beim Hund beträgt dieser Winkel ungefähr 40°.

96 - 4 **Gesichtsfeld**

96 - 5 **gemeinsames Gesichtsfeld**

Das Gesichtsfeld eines Auges umfaßt normalerweise einen Winkel von ungefähr 150°, circa 60°, bezogen auf die Augenachse an der Nasenseite, und etwa 90°, bezogen auf die Augenachse an der Außenseite. Der Hund hat dementsprechend ein viel breiteres Gesichtsfeld als der Mensch, aber das gemeinsame Gesichtsfeld (das heißt, der Bereich, in dem die Gesichtsfelder beider Augen einander überschneiden) ist kleiner als das des Menschen.

96 - 6 **blinder Fleck**

Zwischen beiden Augen liegt ein blinder Fleck, ein Bereich, in dem unter normalen Umständen keines der beiden Augen sehen kann. Der blinde Fleck ist beim Hund verhältnismäßig größer als beim Menschen. Der Mensch kann auch Dinge in geringerem Abstand als der Hund wahrnehmen.

C. Die Schlußfolgerung aus einer Wahrnehmung

Der Mensch zieht logische Schlüsse aus einer Wahrnehmung: "Ich sehe das und das, daraus ziehe ich den Schluß..."
Der Hund trifft seine Schlußfolgerungen aus Instinkt und Erfahrung.

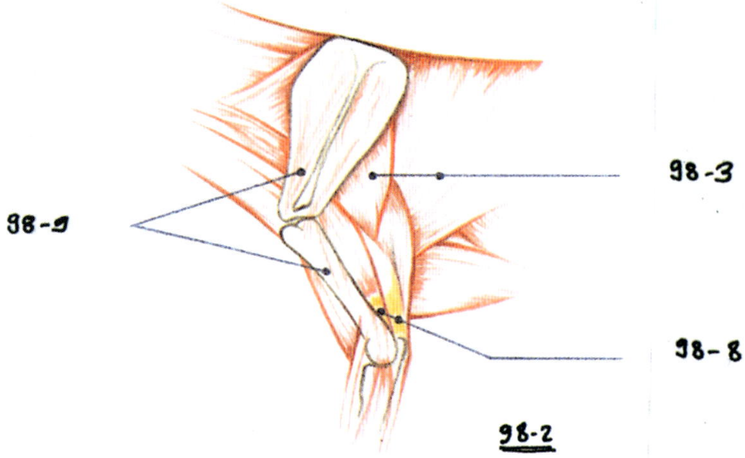

98-2

98-19

98-16

GRUNDLAGE

A. ALLGEMEINES

98 - 1 **Bewegung**
Bewegung ist das Gegenteil von Stillstand.
Grundsätzlich sind bei allen Tieren die Bewegungen abhängig von Muskelarbeit; Muskelarbeit ist nur möglich durch Verbrauch von Energie.

98 - 2 **Bewegungselemente**
Beim Hund spielen für die Bewegung drei Bestandteile des Körpers eine Rolle:

98 - 3 **Muskeln**
A) Die **Muskeln**, die man in Ringmuskeln und andere Muskeln einteilt.

98 - 4 **willensunabhängige Muskeln**
Ringmuskeln sind nicht an Knochen befestigt; sie sind fast immer *willensunabhängige Muskeln* (zum Beispiel Muskeln des Stoffwechsels und des Blutkreislaufs).

98 - 5 **willensgesteuerte Muskeln**
Die anderen Muskeln sind durch Sehnen mit den Knochen verbunden; dies sind im allgemeinen *willensgesteuerte Muskeln* (siehe hierzu: willensunabhängige und willensgesteuerte Bewegungen.)

98 - 6 **aktive Muskelarbeit**

98 - 7 **passive Muskelarbeit**
Muskeln sind aktiv, wenn sie sich zusammenziehen, und passiv beim Entspannen.

98 - 8 **Sehnen**
B) Die **Sehnen**: ein zähes Bindegewebe, das Muskeln und Knochen miteinander verbindet. Die meisten Sehnen sind kaum dehnbar.
Einige besondere Sehnen sind mehr oder weniger elastisch (zum Beispiel *Nackenband, Rückensehne, Achillessehne, Zehensehnen*). Diese Sehnen kann man mit einem dicken Gummiband vergleichen: durch aktive Muskelarbeit werden sie bis zu einem gewissen Grad ausgedehnt, und bei passiver Muskelarbeit ziehen sie sich wieder zusammen.

98 - 9 **Knochen**
C) Die **Knochen** bilden das *Skelett.* Das Skelett gibt dem Körper sicheren Halt, und zum Teil schützt es verletzbare Organe.
Gleichzeitig sind die Knochen mit vielen Sehnen fest verbunden. Die meisten Knochen sind durch *Gelenke* untereinander verbunden. Knochen können sich nicht aus sich selbst bewegen; die Bewegung der Knochen untereinander findet in den Gelenken statt und wird durch Muskelkraft bewirkt.
Muskelarbeit hängt von Nervenreizen ab.
Bei der Bewegung unterscheiden wir:

98 - 10 **willensunabhängige Bewegung**
A) **willensunabhängige** (oder *automatische*) **Bewegungen;** das sind die Bewegungen (Muskeltätigkeiten), die nicht vom Willen gesteuert sind (zum Beispiel die Arbeit des Herzmuskels oder Magen- und Darmtätigkeit).

98 - 11 **willensgesteuerte Bewegung**
B) **willensgesteuerte** (oder *bewußte*) **Bewegungen**; das sind Bewegungen, die dem Willen unterworfen sind (zum Beispiel Laufen, Springen, Wedeln mit der Rute).

98 - 12 **halbautomatische Bewegung**
Daneben kennen wir noch zwei Zwischenformen:
C) die halbautomatischen Bewegungen, die größtenteils unwillkürlich ablaufen, aber dennoch durch den Willen beeinflußt werden können (zum Beispiel Blinzeln mit den Augenlidern, Atmen, Schlucken).

98 - 13 **Reflexbewegungen**
D) Reflexbewegungen sind willkürliche Bewegungen, die unwillkürlich erfolgen, weil die Reaktion auf einen Nervenreiz sofort an einen Bewegungsnerv weitergeleitet wird.

98 - 14 **Bewegungslehre**
Bei der Bewegungslehre beschäftigen wir uns (in diesem Teil) allein mit den willkürlichen (bewußten) Bewegungen, die ein Hund artgemäß erfüllen können muß (Graben, Klettern, Fortbewegung und so weiter).

98 - 15 **funktionelle Faktoren**
Ob ein Hund gut oder weniger gut arbeiten (funktionieren) kann, hängt ab von:
A) der **Solidität**: Stärke und Kraft von Knochen und Muskeln, einem Faktor, der kaum zu beeinflussen ist, wenn man von guten Lebens- und Fütterungsumständen ausgeht.
B) dem **Gleichgewicht**, der **Harmonie**: dem Zusammenspiel der verschiedenen Körperteile. Obwohl eine fehlende Harmonie immer zu sehen sein wird, ist zuweilen eine Verbesserung zu erreichen, zum Beispiel durch ein gutes Training.
C) dem **Wesen**, einer Frage von Charakter und Lebhaftigkeit. Es ist manchmal durch Umweltverhältnisse (meistens das Verhältnis von Herr zu Hund) zu beeinflussen. Die Verbesserung eines falsch entwickelten Charakters erfordert viel Zeit und Geduld und ist manchmal unmöglich. Das Wesen ist durchaus nicht zu verwechseln mit Aggressivität, Schärfe oder Wildheit.
D) der **Kondition**: einem deutlich zu beeinflussenden Faktor (Fütterung, Lebensumstände, Training und so weiter).

98 - 16 **statischer Bau**
abgebildete Rasse:
SEGUGIO ITALIANO A PELO FORTE
(RAUHHAARIGER SEGUGIO)
Unter **statischen Bau** versteht man das Zusammenwirken aller Körperteile, das dem Hund einen festen Stand ermöglicht.

98 - 17 **kinetischer Bau**
Unter **kinetischem** (auch *dynamischerm)* **Bau** wird versteht man das Zusammenwirken aller Körperfunktionen, das eine gute Bewegung ermöglicht.

98 - 18 **im Stand**
Im Stand heißt: während der Hund still steht. Bei der Beurteilung im Stand versucht man, aus dem statischen Körperbau des Hundes abzulesen, ob der Hund die Voraussetzungen erfüllt, die gute Bewegungen erwarten lassen.

98 - 19 **alert**
abgebildete Rasse:
KANAANHUND
Auch wenn der Hund stillsteht, muß er eine gewisse Spannung zeigen: der Hund muß alert (aufmerksam) sein. Ein Hund, der in vollkommener Ruhe dasteht, "sackt" im wahrsten Sinne in sich zusammen.

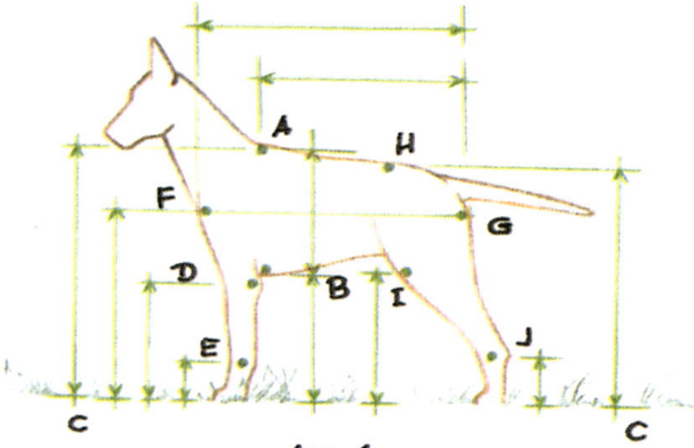

100-1

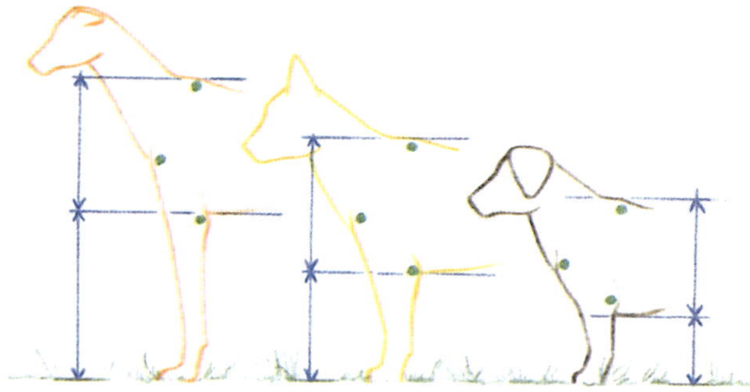

100-2

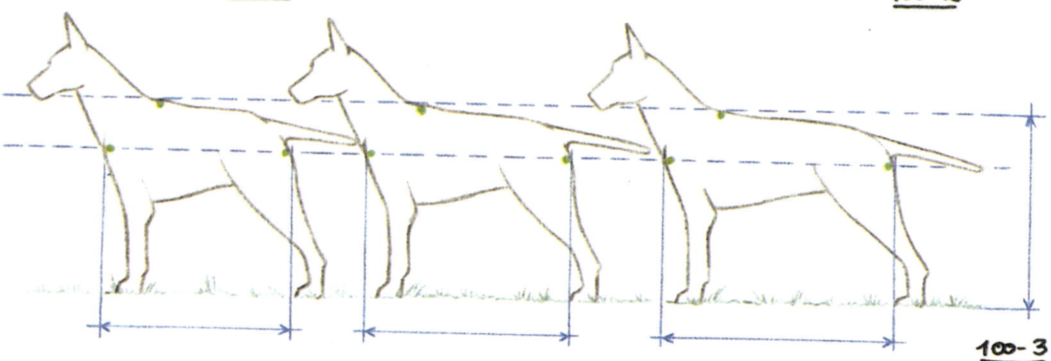

100-3

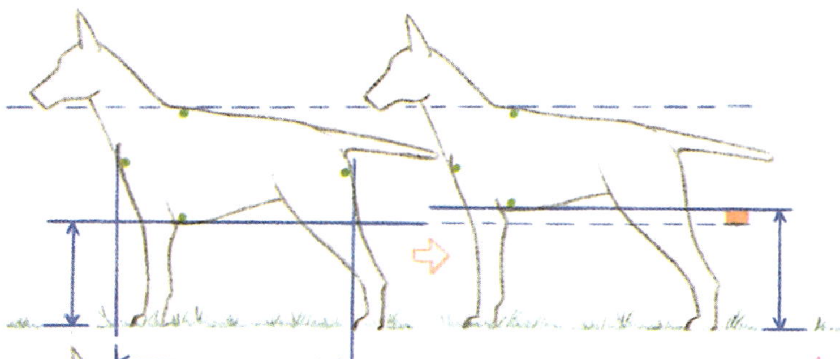

100-4b

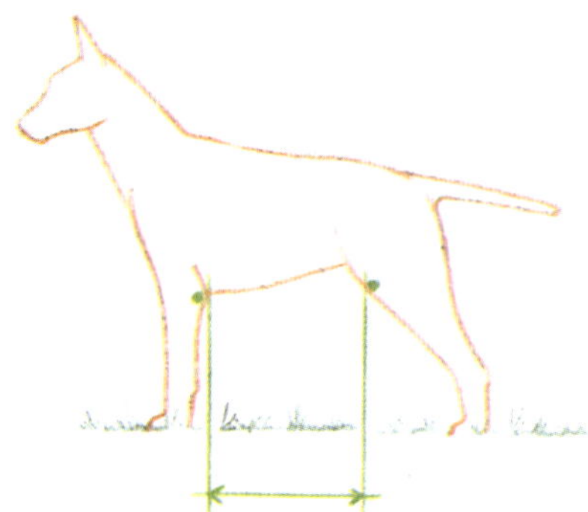

100-9

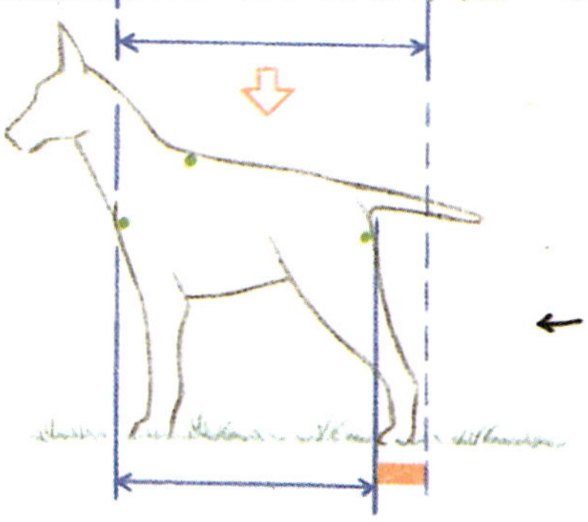

← 100-4a

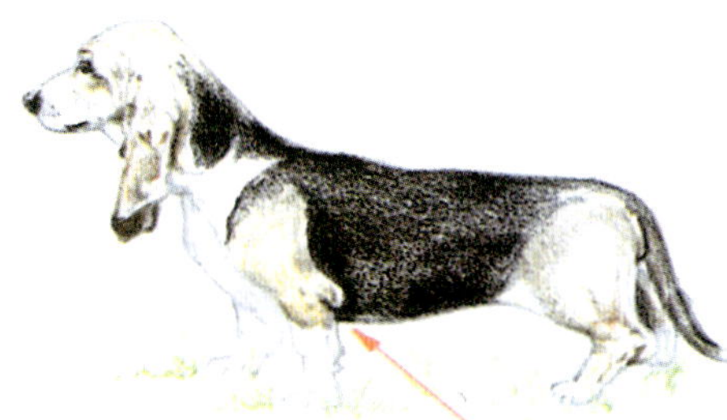

100-7

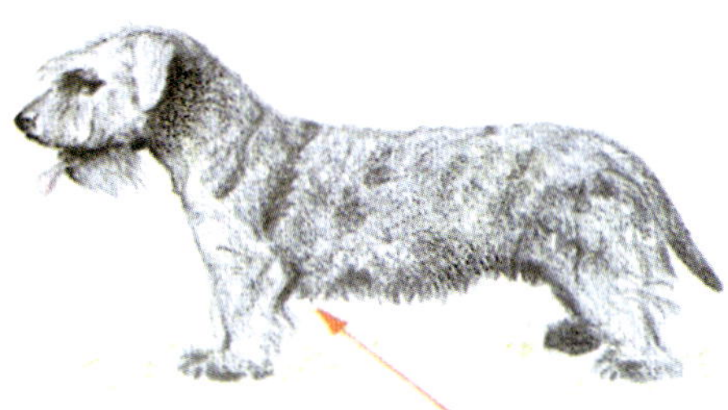

100-8

100-6

B. Masse und Proportionen

Bei der Beurteilung im Stand sind eine Menge Einzelmaße (Abmessungen) sowie die Verhältnisse der verschiedenen Maße untereinander wichtig. Bei Messungen an Hunden muß man sich stets vor Augen halten, daß die Maße des individuellen Hundes mit den Idealmaßen eines Hundes dieser Rasse verglichen werden.

100 - 1 **Maße**

A—B	=	Brusttiefe
B—C	=	Bodenabstand
A—C	=	Widerristhöhe
D—C	=	Unterarmlänge
E—C	=	Höhe des Vorderfußwurzelgelenks
F—C	=	Bughöhe
F—G	=	Rumpflänge
H—C	=	Kruppenhöhe
I—C	=	Kniehöhe
J—C	=	Sprunggelenkshöhe

100 - 2 **Lauflängenverhältnis**

Das Lauflängenverhältnis ist das Verhältnis zwischen Bodenabstand und Brusttiefe, angegeben durch die Zahl, die man erhält, wenn man den Bodenabstand durch die Brusttiefe teilt, (so haben zum Beispiel viele Windhunde ein Lauflängenverhältnis von 1,3, was heißt, daß der Bodenabstand 1,3mal so groß ist wie die Brusttiefe).

Der Mähnenwolf hat ein extrem großes Lauflängenverhältnis: 1,5! Er ist kein guter Traber und auch kein guter Galopper. Seine normale, ruhige Gangart ist der Paß- oder Zeltgang. Auch das Rumpf-Widerrist-Verhältnis ist abweichend. Die Rumpflänge ist kleiner als die Widerristhöhe.

Traber haben ein Lauflängenverhältnis von 1,1. Schlittenhunde (Galopphunde mit einem langsamen, gleichmäßig verlaufenden Galopp) haben ein Lauflängenverhältnis von 1,2 bis 1,25.

100 - 3 **Rumpf-Widerrist-Verhältnis**

Das Verhältnis zwischen Rumpflänge und Widerristhöhe nennt man Rumpf-Widerrist-Verhältnis. Dieses Verhältnis wird im allgemeinen nicht sehr genau angegeben, man beschränkt sich meistens auf Ausdrücke wie *quadratisch* (Rumpflänge und Widerristhöhe sind gleich), *médioligne* (die Rumpflänge ist etwas größer als die Widerristhöhe) oder *gestreckt* (die Rumpflänge ist deutlich größer als die Widerristhöhe).

Beschreibungen wie "etwas zu kurz im Rücken" oder "für einen Rüden zu lang im Rücken" beruhen auf visuellen Beobachtungen, die nur bei guter Rassenkenntnis und mit viel Erfahrung gemacht werden können.

Da bei vielen Rassen die gewünschte Widerristhöhe in der Rassenbeschreibung (dem Standard) angegeben wird, sollte man auch das Rumpf-Widerrist-Verhältnis (wenn möglich, nach Rüde und Hündin unterschieden) angeben.

Im allgemeinen sind Windhunde quadratisch gebaut, aber mit einer leichten Tendenz, daß die Widerristhöhe etwas größer als die Rumpflänge ist.

Die Rumpflänge beträgt beim Afghanischen Windhund circa 91% der Widerristhöhe (Verhältniszahl: 0,91),
bei Greyhounds circa 99% der Widerristhöhe (Verhältniszahl: 0,99)
und bei Barsois circa 102% der Widerristhöhe (Verhältniszahl: 1,02).

Die Kombination von Lauflängenverhältnis und Rumpf-Widerrist-Verhältnis kann -abhängig von anderen Faktoren, wie zum Beispiel Knochen und Muskeln- bestimmen, für welchen Zweck und für welche Gangart der Hund (die Rasse) am geeignetsten ist.

100 - 4 **leggy** (= englisch)

Wenn ein Hund (verglichen mit dem Rasseideal) zu hoch auf seinen Läufen steht, nennt man das **leggy**. Die folgenden Verhältnisse stimmen dann nicht:

a) der Rumpf kann zu kurz sein (das Verhältnis Rumpflänge zu Widerristhöhe ist nicht richtig);
b) das Lauflängenverhältnis stimmt nicht (der Bodenabstand ist im Verhältnis zur Brusttiefe zu hoch).

Junge Hunde können etwas leggy sein, aber das ist möglicherweise nur eine Entwicklungsphase.

100 - 5 **Unterarmlänge**

Mit Unterarmlänge bezeichnet man den Abstand vom Ellenbogen zum Boden.

100 - 6 abgebildete Rasse: Galgo Español

Bei vielen Rassen liegt der Ellenbogen in Höhe der Brustlinie.

100 - 7 abgebildete Rasse: Basset Artésien Normand

Bei Rassen mit einem Lauflängenverhältnis von circa 0,3 bis circa 0,7 und bei vielen Terriern liegt der Ellenbogen oberhalb der Brustlinie.

100 - 8 abgebildete Rasse: Cesky Terrier

Die Unterarmlänge steht also in keiner Beziehung zum Lauflängenverhältnis.

100 - 9 **Koppelmaß**

(Nicht zu verwechseln mit dem englischen coupling); den Abstand zwischen dem hintersten Punkt des Vorderlaufes (= Ellenbogen) und dem vordersten Punkt des Hinterlaufes (= Knie) nennt man **Koppelmaß** oder **Koppelabstand**.

Bei quadratischen Hunden -wie etwa den Boxern- ist das Koppelmaß demnach (im Verhältnis) kleiner als bei gestreckten Hunden (zum Beispiel den Dackeln).

Das Koppelmaß kann zu groß oder zu klein sein, je nachdem, welches Maß für eine bestimmte Rasse gelten soll. Ein Hund mit einem sehr tiefen Brustkorb kann scheinbar ein kürzeres Koppelmaß haben als ein Hund mit einem weniger tiefen Brustkorb.

Ein leggy Hund kann gleichzeitig ein kurzes Koppelmaß haben (siehe Abbildung 100 - 4 a); der Rumpf ist dann zu kurz.

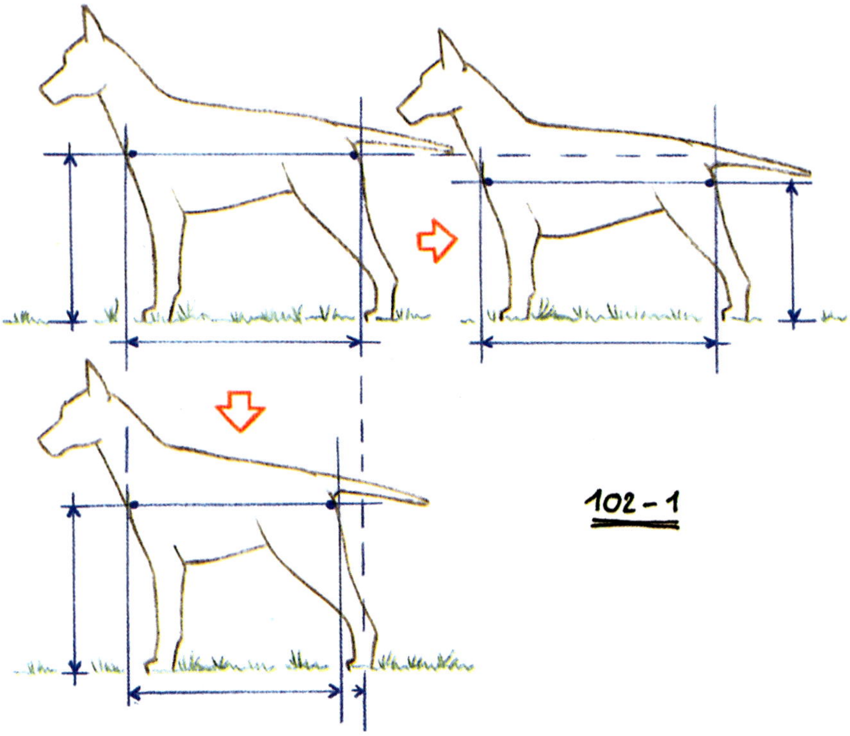

102 - 1

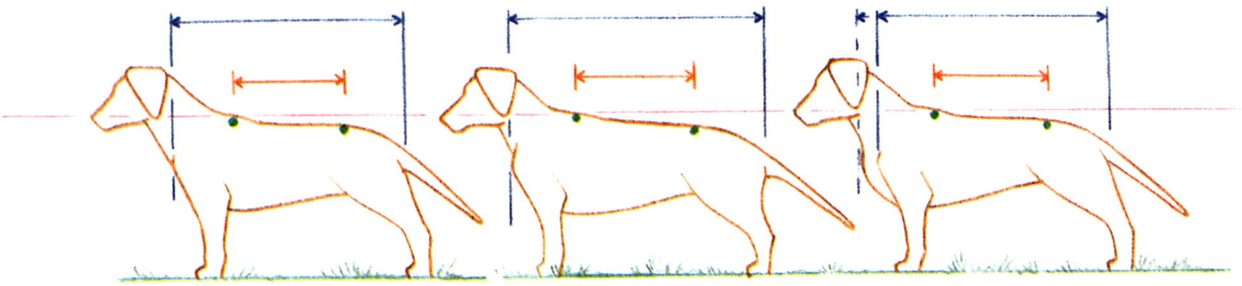

102-3

102 - 2

102 - 1 **Boden bedecken**

Das Verhältnis zwischen Rumpflänge und Bughöhe ergibt bei der Beurteilung im Stand, ob ein bestimmter Hund ausreichend (Zeichnung A), viel (Zeichnung B) oder wenig (Zeichnung C) Boden bedeckt.
Ist die Bughöhe in bezug auf die Rumpflänge gering (Zeichnung B), dann "bedeckt der Hund viel Boden"; ist die Bughöhe im Verhältnis zur Rumpflänge groß (Zeichnung C), dann "bedeckt der Hund wenig Boden".

Achtung: Dies alles ist rassegebunden. Das Verhältnis bei einem Dackel ist deutlich verschieden von dem eines Greyhounds.

"Zu viel Boden bedecken" bedeutet, daß entweder die Rumpflänge im Verhältnis zur (korrekten) Bughöhe zu groß oder die Bughöhe im Verhältnis zur (korrekten) Rumpflänge zu klein ist.

Durch ein zu großes Koppelmaß kann ein Hund auch scheinbar zu viel Boden bedecken.

"Zu wenig Boden bedecken" kann ebenfalls zwei Ursachen haben: entweder ist die Rumpflänge im Verhältnis zur (korrekten) Bughöhe zu klein, oder die Bughöhe ist zu groß in bezug auf die (korrekte) Rumpflänge.

102 - 2 **Licht unter dem Rumpf**

Den Raum zwischen Vorder- und Hinterläufen, der unteren Kante des Brustkorbs und dem Boden nennen wir "Licht unter dem Rumpf".
Ein zu langer Hund (dessen Rumpflänge im Verhältnis zur korrekten Bughöhe zu groß ist) und ein leggy Hund (siehe 100 - 4) zeigen zu viel Licht unter dem Rumpf. Durch ein zu großes Koppelmaß oder durch eine aufgezogene Bauchlinie (in welchem Fall das Lauflängenverhältnis oft nicht korrekt ist) kann ein Hund ebenfalls zu viel Licht unter dem Rumpf zeigen.
Ein zu langer Hund (bei dem die Bughöhe im Verhältnis zur korrekten Rumpflänge zu klein ist) und ein zu kurzer Hund (dessen Rumpflänge in bezug auf die korrekte Bughöhe zu gering ist) zeigen zu wenig Licht unter dem Rumpf.

Ein richtig proportionierter Hund zeigt trotzdem ausreichendes Licht unter dem Rumpf und bedeckt genügend Boden, auch wenn er (für seine Rasse) zu groß oder zu klein ist.

102 - 3 **Rumpf-Rücken-Verhältnis**

Ein Hund mit stark nach vorn ragender Bugspitze und stark nach hinten hervorstehendem Sitzbeinhöcker hat mehr Rumpflänge als ein "normaler" Hund, obwohl sich die tatsächliche Rückenlänge nicht unterscheidet; (durch eine stark hervorstehende Vorbrust kann ein Hund auch scheinbar mehr Rumpflänge zeigen).

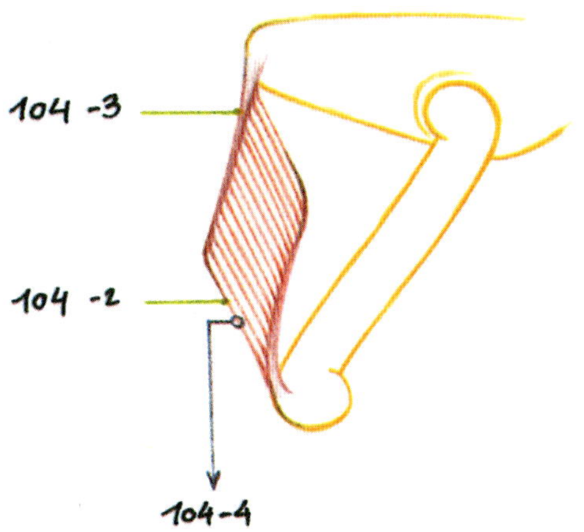
104 -3
104 -2
104-4

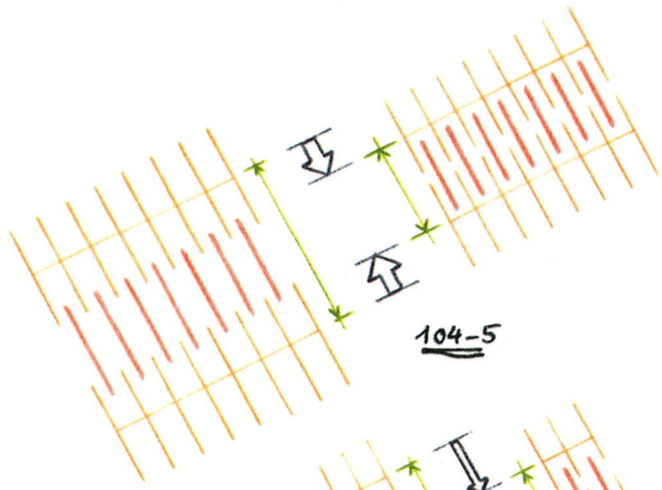
104-5

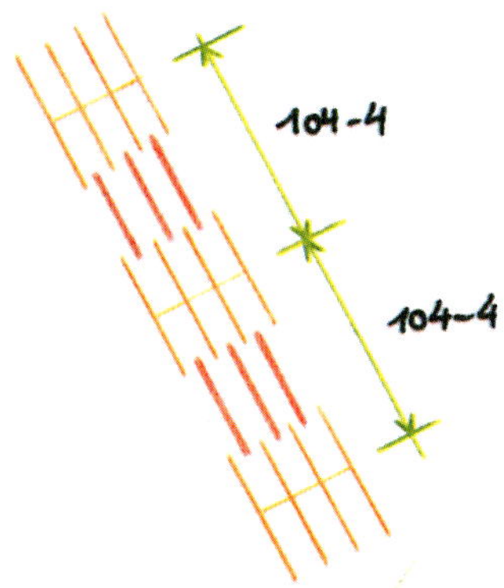
104-4
104-4

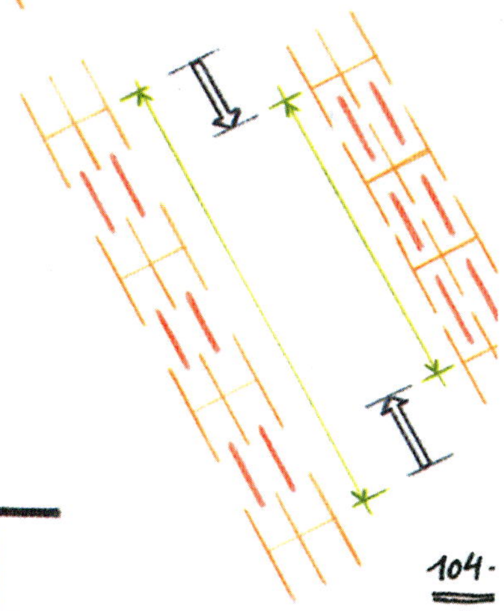
104-

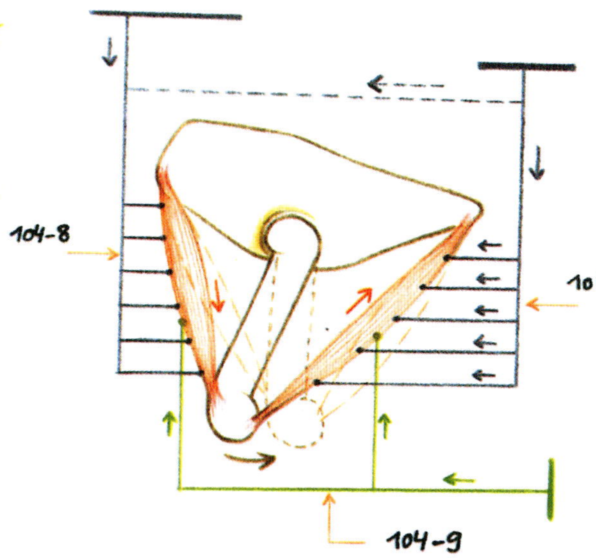
104-8
104-7
104-9

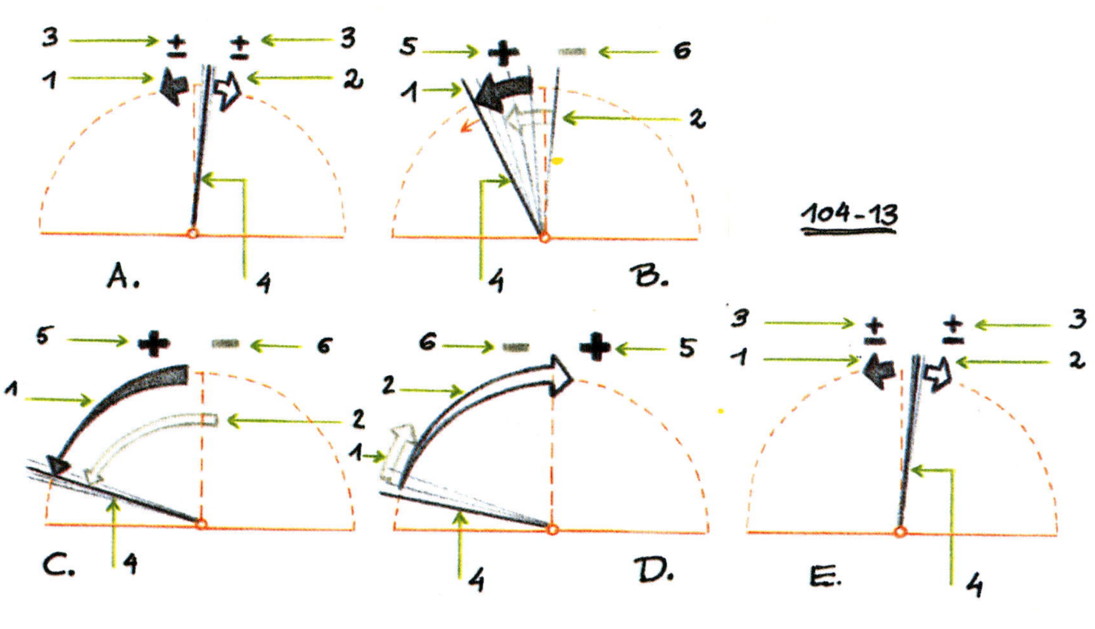
104-13
3
±
±
3
1
2
4
A.
5
6
1
2
4
B.
5
6
1
2
4
C.
6
5
2
1
4
D.
3
±
±
3
1
2
4
E.

C. Muskeln, Sehnen und Bänder

104 - 1 **Muskelaufbau**
Grundsätzlich ist jeder Muskel aus Muskelfasern aufgebaut, die schräg nebeneinander liegen, (es gibt viele Varianten, auf die wir nicht näher eingehen).

104 - 2 **Muskelfaser**
104 - 3 **Sehne**
Beide Enden einer solchen Muskelfaser münden in eine feine Sehne. Die Sehnenfasern vereinigen sich zu einem Strang, der immer dicker wird, je mehr Sehnenfasern sich anschließen, bis die Sehne oder Sehnenplatte entstanden ist, mit welcher der Muskel an einem Knochen befestigt wird.

104 - 4 **Sarkomere**
Jede Muskelfaser besteht aus einer Anzahl von kleinen Teilchen, die man Sarkomere nennt. Diese Sarkomere sind aus dickeren und dünneren "Drähtchen" aufgebaut, die sich gleichsam ineinanderschieben können.

104 - 5 **Muskelkraft**
Je mehr Sarkomere nebeneinander liegen, desto größer ist die Kraft, die ein Muskel ausüben kann (dicke, kurze Muskeln sind sehr kräftig);

104 - 6 **Zusammenziehungsvermögen**
Je mehr Sarkomere hintereinander liegen, desto größer ist das Zusammenziehungsvermögen (lange, dünne Muskeln haben gewöhnlich ein großes Zusammenziehungsvermögen).

104 - 7 **motorischer Nerv**
104 - 8 **sensibler Nerv**
Ein Impuls von den motorischen Nerven verursacht die Zusammenziehung. Wenn durch einen Impuls aus den motorischen Nerven ein Muskel sich zusammenzieht, übernehmen die sensiblen Nerven die Koordination, das heißt, sie sorgen dafür, daß der Antagonist sich entspannen kann (die Spannung wird aufgehoben).

104 - 9 **tonischer Nerv**
Sowohl in der Bewegung als auch im Ruhezustand wird durch die tonischen Nerven die normale, ausgeglichene Muskelspannung aufrechterhalten. Beim Älterwerden und bei ungenügendem Training läßt die Arbeit dieser Nerven nach, wodurch die natürliche Muskelspannung sich verringert. Die tonischen Nerven sind sehr wichtig: sie sorgen ständig für den richtig ausgeglichenen Spannungszustand der Muskeln und regeln ihre Ernährung.

104 - 10 **Muskelspannung**
Die Muskelspannung ist im Ruhezustand weitgehend im Gleichgewicht (ein Muskel und sein Antagonist halten einander im gleichen Spannungszustand).

104 - 11 **Leistungsmuskel (Beuger)**
Meistens hat jeder Muskel seinen Gegenspieler in Form eines anderen Muskels. Wenn sich der eine zusammenzieht, wird der andere entspannt; sie sind *Antagonisten* (siehe 76 - 1).
Jedoch sind die Gegenspieler mitunter nicht gleich kräftig: einer der Muskeln muß manchmal deutlich mehr Leistung erbringen als der andere. Leistungsmuskeln sind oft kürzere, dickere Muskeln (das bedeutet: mehr Kraft) als Gleichgewichtsmuskeln.

104 - 12 **Gleichgewichtsmuskel (Strecker)**
Der Antagonist eines Leistungsmuskels versucht, die natürliche Spannung (das Gleichgewicht) wiederherzustellen.
Gleichgewichtsmuskeln sind oft dünnere, längere Muskeln (das bedeutet: mehr Zusammenziehungsvermögen) als die Leistungsmuskeln. Vor allem beim Bewegungsapparat spielt dieses System von Leistungs- und Gleichgewichtsmuskeln oft eine Rolle.

104 - 13 **Muskeltätigkeit**
In den Zeichnungen 104 - 13 von A bis E ist dieTätigkeit der Muskeln sehr schematisch wiedergegeben.
Zeichnung A: Weil der Leistungsmuskel (1) etwas stärker ist als der Gleichgewichtsmuskel (2), ist das Gleichgewicht (die natürliche Spannung) etwas außerhalb der Mitte gelegen (4).
Die bequemste Haltung für die Gliedmaßen ist ein gebogener Stand.
Die Impulse an beide Muskeln (3) wirken ununterbrochen dahin, den Gleichgewichtszustand zu erhalten (*tonischer Nerv*).
Es ist nur wenig Leistung nötig, um eine kleine Bewegung auszulösen, wobei kaum eine Kraftanstrengung verlangt wird.
Zeichnung B: Wird Leistung verlangt, dann wird an den Leistungsmuskel (1) durch den *motorischen Nerv* ein Impuls (5) gegeben, während am Gleichgewichtsmuskel die Spannung durch den *sensiblen Nerv* aufgehoben wird (6). **Das Gleichgewicht wird gestört** (4).
Zeichnung C: Je mehr das Gleichgewicht "ausschlägt", desto geringer wird die Leistung (die größte Leistung wird in dem Moment erbracht, in dem das Gleichgewicht gestört wird: das Zusammenziehungsvermögen ist dann am größten).
Zeichnung D: Bei einem bestimmten "Stand" des Gleichgewichts kann der Leistungsmuskel sich nicht weiter zusammenziehen (das Zusammenziehungsvermögen ist auf Null geschrumpft). Dieser Zustand kann (unter der Voraussetzung, daß der motorische Nerv weiterhin einen Impuls gibt) einige Zeit aufrechterhalten werden. Es kann aber auch ein Wechsel stattfinden: der Gleichgewichtsmuskel erhält einen Impuls, sich zusammenzuziehen, während beim Leistungsmuskel die Spannung aufgehoben wird. **Das Gleichgewicht stellt sich wieder her**.
Zeichnung E: Der natürliche Spannungszustand ist wiederhergestellt. (Siehe auch Zeichnung A).

104 - 14 **Bänder**
(Sehnenbänder, Gelenkbänder) sind wenig dehnbare Sehnen, die hauptsächlich an den Gelenken auftreten. Sie halten die Knochen, die das Gelenk formen, zusammen (zum Beispiel die Kreuzbänder des Kniegelenks).

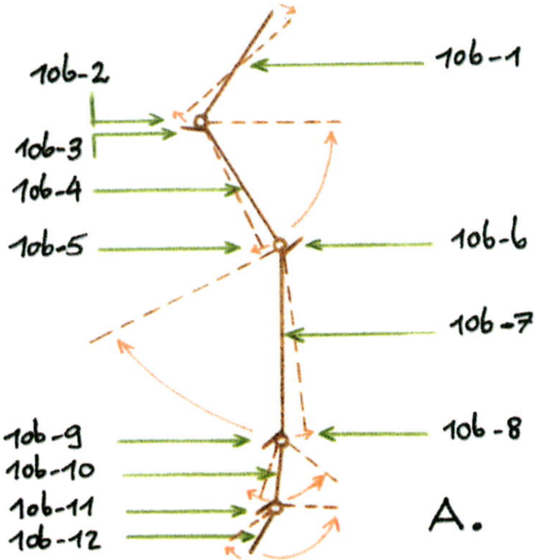
106-1
106-2
106-3
106-4
106-5
106-6
106-7
106-8
106-9
106-10
106-11
106-12

A.

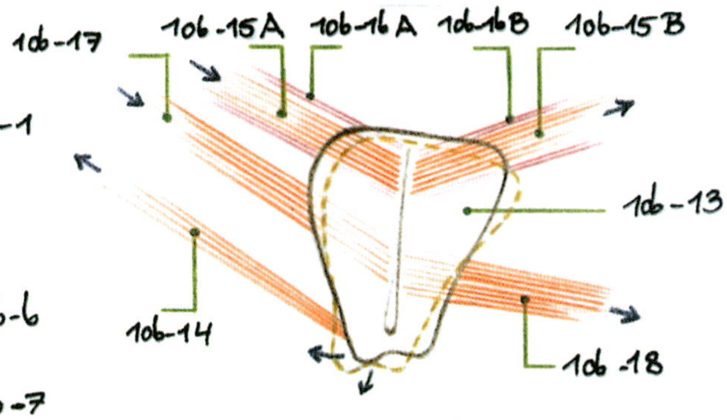
106-17
106-15A
106-16A
106-16B
106-15B
106-13
106-14
106-18

B.

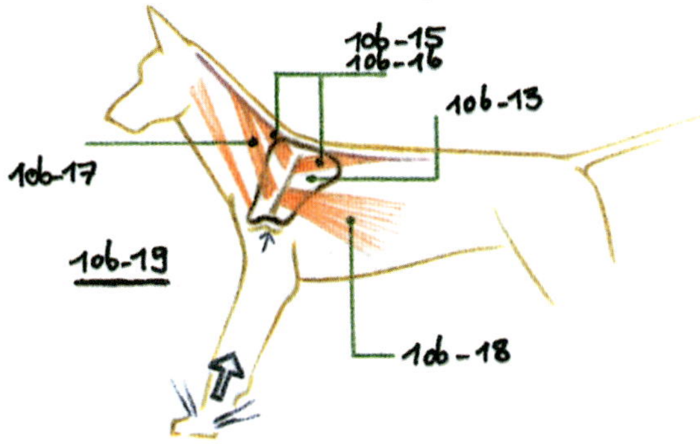
106-15
106-16
106-13
106-17
106-19
106-18

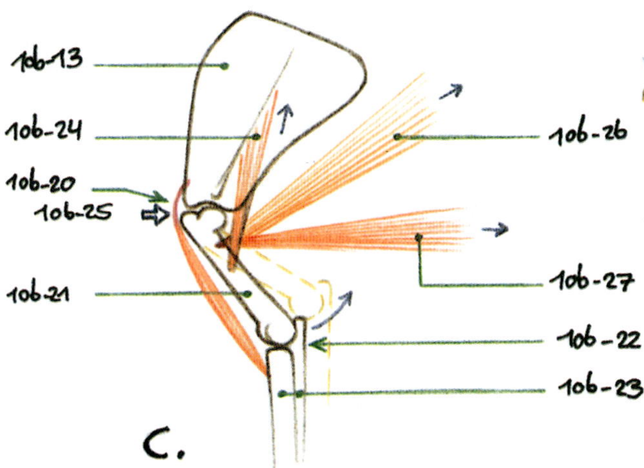
106-13
106-24
106-20
106-25
106-21
106-26
106-27
106-22
106-23

C.

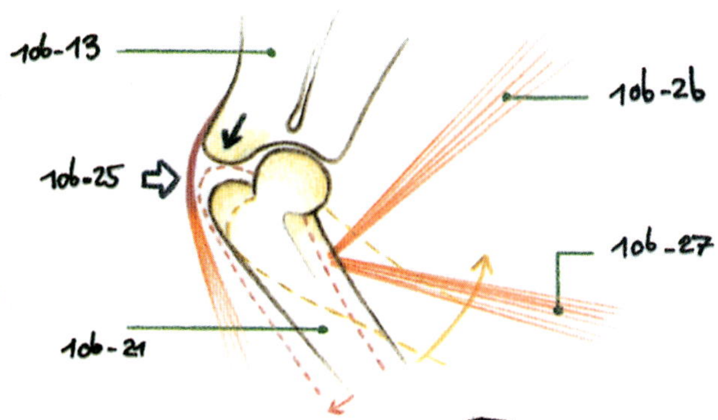
106-13
106-26
106-25
106-27
106-21

D.

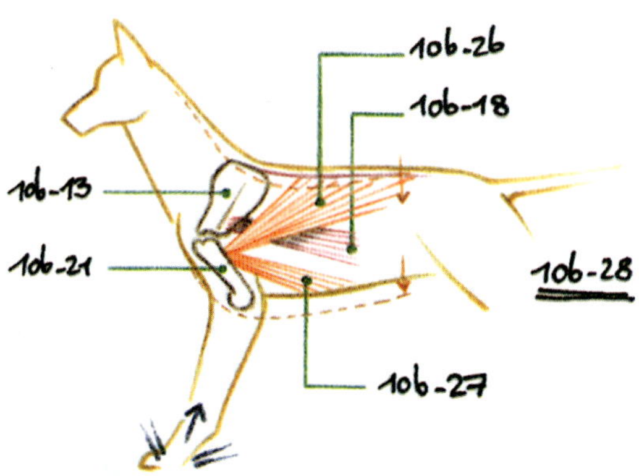
106-26
106-18
106-13
106-21
106-28
106-27

D. Muskelarbeit am Vorderlauf

Zugunsten der Deutlichkeit sind die Formen von Knochen und Muskeln vereinfacht wiedergegeben; die Bewegungen sind ebenfalls stellenweise etwas übertrieben dargestellt.

Übersicht (Zeichnung A)

106 - 1 **Schulterblatt**
Sehr beschränkt in der Bewegung; kann an der Spitze einigermaßen nach hinten und am unteren Punkt (Buggelenk) etwas nach vorn gekippt werden.

106 - 2 **Buggelenk**

106 - 3 **Blockierung**
Sie verhindert, daß das Oberarmbein zu weit nach vorn gebeugt wird. Das Oberarmbein kann sehr beschränkt nach vorn (siehe 106 - 3), aber weit nach hinten gebeugt werden.

106 - 4 **Oberarmbein**

106 - 5 **Ellenbogengelenk**

106 - 6 **Blockierung**
Sie verhindert, daß der Unterarm zu weit nach hinten gebeugt wird.

106 - 7 **Unterarm**
Er besteht aus zwei Knochen, **Speiche** (*Radius*) und **Elle** (*Ulna*); die Rückwärtsbewegung ist sehr eingeschränkt (siehe 106 - 6), dagegen ist die Bewegung nach vorn weit ausgreifend.

106 - 8 **Vorderfußwurzelgelenk**

106 - 9 **Blockierung**
Sie verhindert, daß der Fuß (Vordermittelfußknochen) zu weit nach vorn gebeugt werden kann.

106 - 10 **Vordermittelfußknochen**
Sie können beschränkt nach vorn, aber ziemlich weit nach hinten gebeugt werden.

106 - 11 **Zehengelenke**

106 - 12 **Zehenknöchel**
Auch sie können beschränkt nach vorn, aber gut nach hinten gebeugt werden.

Bewegung des Schulterblatts (Zeichnung B)

106 - 13 **Schulterblatt**

106 - 14 **Kopf-Hals-Arm-Muskel**
(*Musculus brachiocephalicus*), wenn dieser Muskel sich zusammenzieht, wird die Unterseite des Schulterblattes nach vorn gezogen, vorausgesetzt, das Nackenband ist ebenfalls gespannt. Dieser Muskel ist eigentlich am Kopf des Oberarmbeins befestigt.

106 - 15 **oberste Schultermuskeln**
106 - 16 *(Musculus trapezius* und *Musculus rhomboideus)*
(*Musculus trapezius*), er besteht aus zwei Teilen. Wenn der nach hinten gelegene Teil (106 - 15B) sich zusammenzieht (und der nach vorne gelegene Teil 106 - 15A sich gleichzeitig entspannt), wird die Spitze des Schulterblattes etwas nach hinten gezogen.
An der Innenseite des Schulterblattes liegt, vom Musculus trapezius bedeckt, der schwerere *Musculus rhomboideus*, der vollkommen mit dem Musculus trapezius zusammenarbeitet .

106 - 17 **unterste Schultermuskeln**
106 - 18
(*Musculus serratus*), er besteht ebenfalls aus zwei Teilen. Die Tätigkeit ist die gleiche wie bei den obersten Schultermuskeln.

106 - 19 **Aufhängung des Schulterblatts**
(13 = Schulterblatt; 15 + 16 = M. trapezius + M. rhomboideus; 17 + 18 = M. serratus)
Das Schulterblatt ist nicht durch ein knöchernes Gelenk mit dem Rumpf verbunden. Es ist vielmehr gleichsam "federnd" durch (schwere) Muskeln aufgehängt
Diese Muskeln verleihen dem Schulterblatt eine (geringe) Flexibilität in der Bewegung, die vor allem wichtig ist, um Stöße aufzufangen (wenn der Lauf auf den Boden auftrifft).

Bewegung des Oberarmbeins (Zeichnung C)

(106 - 13 = Schulterblatt)

106 - 20 **Buggelenk**

106 - 21 **Oberarmbein**
(*Humerus*)

106 - 22 **Ellenbogengelenk**

106 - 23 **Unterarm**
(*Radius und Ulna*)

106 - 24 **Buggelenksbeuger**
(*Musculus deltoideus*), ein kräftiger Muskel, der beim Zusammenziehen das Buggelenk beugt und das Oberarmbein nach oben und nach hinten zieht.

106 - 25 **Sehnenplatte**
Sie hält den Kopf des Oberarmknochens in der Mulde (im Schulterblatt).

106 - 26 **breiter Rückenmuskel**
(*Musculus latissimus dorsi*), ein breiter Muskel, der beim Zusammenziehen:
1. das Buggelenk beugt;
2. den Kopf des Oberarmbeins auf seinem Platz hält.

106 - 27 **Brustmuskel**
(*Musculus pectoralis*), ein breiter Muskel, der beim Zusammenziehen dieselben Aufgaben wie der M. latissimus dorsi erfüllt.

Blockierung des Buggelenks (Zeichnung D)

(106 - 13 = Schulterblatt; 106 - 21 = Oberarmbein)
Bei der Vorwärtsbewegung des Oberarmbeins wird das Buggelenk in einer bestimmten Stellung "gesperrt", weil ein Teil vom Kopf des Oberarmbeins an einem Fortsatz des Schulterblatts festläuft. Dies beschränkt die Beweglichkeit nach vorn.
Sowohl durch die Sehnenplatte (106 - 25) als auch durch Muskeln (106 - 26 und 106 - 27) wird der Kopf des Oberarmbeins auf seinem Platz gehalten.

106 - 28 **Rumpfaufhängung**
(106 - 13 Schulterblatt; 106 - 21 Oberarmbein; 106 - 26 M. latissimus dorsi; 106 - 27 M. pectoralis)
Die großen, breiten Muskeln (106 - 26 und 106 - 27) sorgen zugleich für die Aufhängung des Rumpfes. Der Rumpf ist gleichsam "federnd" am Kopf des Oberarmbeins aufgehängt, was vor allem beim Auftreffen des Laufes auf den Boden wichtig ist (siehe auch 106 - 19: Aufhängung des Schulterblattes). Auch die hintere Hälfte des M. serratus (106 - 18) spielt bei der Aufhängung des Rumpfes eine Rolle).

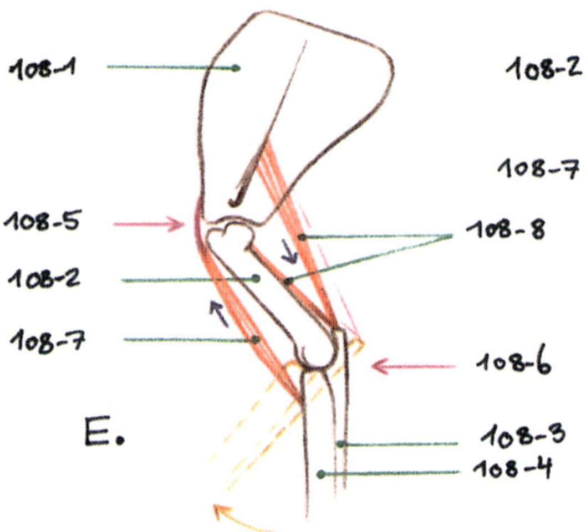
108-1
108-5
108-8
108-2
108-7
108-6
108-3
108-4
E.

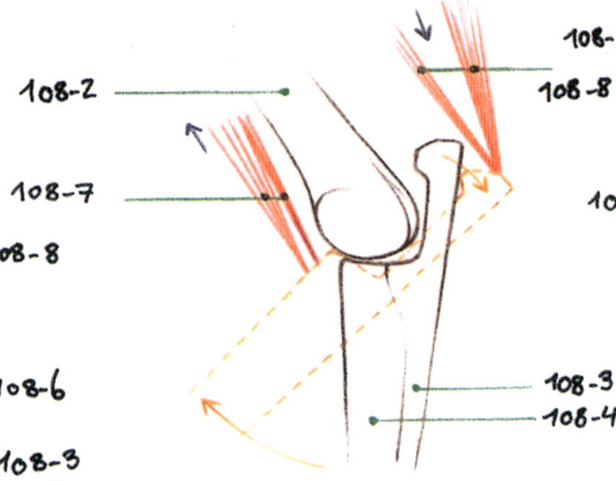
108-2
108-8
108-7
108-3
108-4
F.

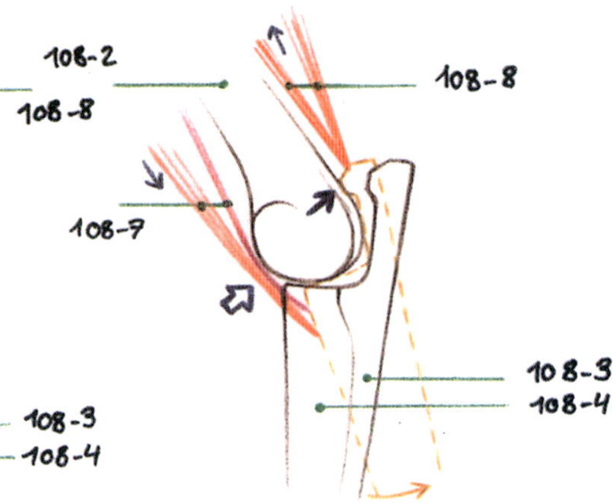
108-2
108-8
108-7
108-3
108-4
G.

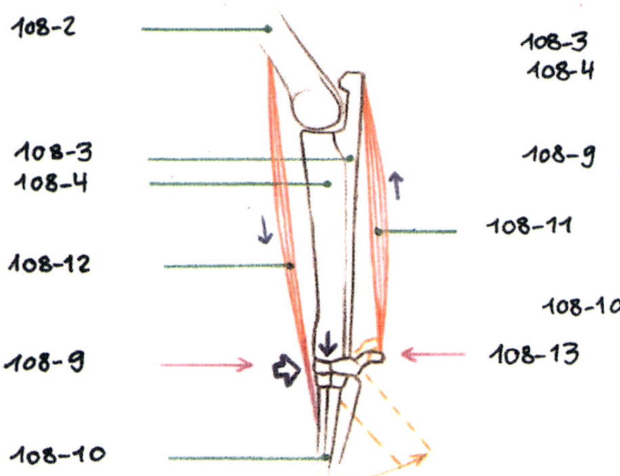
108-2
108-3
108-4
108-11
108-12
108-9
108-13
108-10
H.

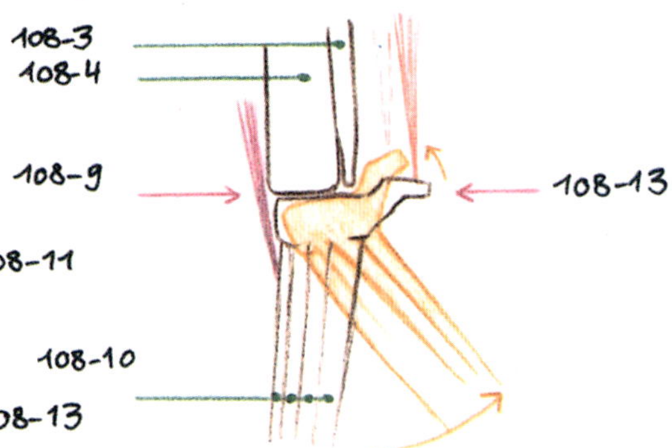
108-3
108-4
108-9
108-13
108-10
I.

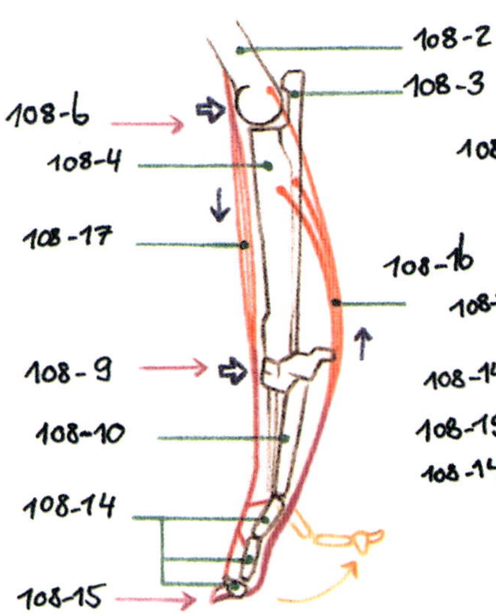
108-2
108-3
108-6
108-4
108-17
108-16
108-9
108-10
108-14
108-15
J.

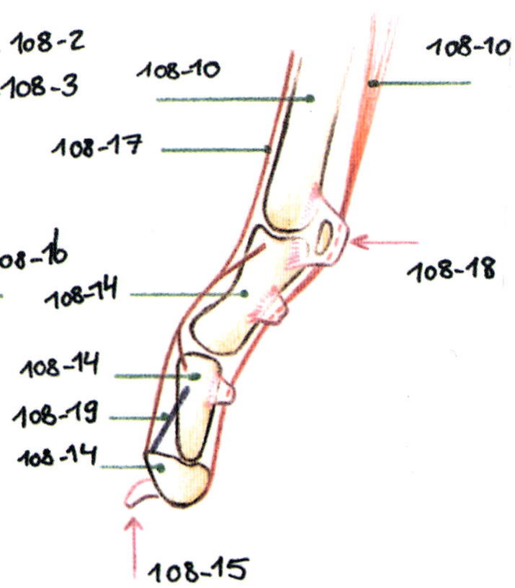
108-10
108-10
108-17
108-18
108-14
108-14
108-19
108-14
108-15
K.

BEWEGUNG DES UNTERARMS (Zeichnung E)
(hierunter sind Elle und Speiche zu verstehen)

108 - 1 **Schulterblatt**
108 - 2 **Oberarmbein** *(Humerus)*
108 - 3 **Elle** *(Ulna)*
108 - 4 **Speiche** *(Radius)*
108 - 5 **Buggelenk**
108 - 6 **Ellenbogengelenk**
108 - 7 **Beuger des Ellenbogengelenks** *(Musculus biceps brachii)*, beugt beim Zusammenziehen das Ellenbogengelenk und zieht den Unterarm nach vorn und nach oben.

108 - 8 **Strecker des Ellenbogengelenks** *(Musculus triceps brachii)*, streckt beim Zusammenziehen das Ellenbogengelenk und zieht den Unterarm nach hinten und nach unten. Er ist teils am Schulterblatt und teils am obersten Teil des Oberarmbeins befestigt.

BEUGEN DES ELLENBOGENS (Zeichnung F)
In dieser Zeichnung ist noch einmal vergrößert dargestellt, wie das Ellenbogengelenk gebeugt wird: der *M. biceps brachii* (108 - 7) zieht sich zusammen und der *M. triceps brachii* (108 - 8) entspannt sich.

STRECKEN DES ELLENBOGENS (Zeichnung G)
Beim Strecken (Geradeziehen) des Ellenbogengelenks zieht sich der M. triceps brachii (108 - 8) zusammen, und der M. biceps brachii (108 - 7) entspannt sich. Bei dieser Bewegung wird das Ellenbogengelenk in einer bestimmten Stellung "gesperrt", weil der hervorstehende Teil der Ulna auf dem untersten Höcker des Oberarmbeins festläuft.
Der unterste Höcker des Oberarmbeins wird dabei durch eine Sehne des M. biceps brachii an seinem Platz gehalten (108 - 7, rechter Teil).

BEWEGUNG DER VORDERMITTELFUSSKNOCHEN (Vorderfußwurzelgelenk) (Zeichnung H)
(108 - 2 = Oberarmbein; 108 - 3 = Elle; 108 - 4 = Speiche)

108 - 9 **Vorderfußwurzelgelenk** Das Vorderfußwurzelgelenk setzt sich aus sieben kleinen Knochen zusammen.

108 - 10 **Vordermittelfußknochen** *(Ossa metacarpalia)*, vier Stück.

108 - 11 **Beuger des Vorderfußwurzelgelenks** *(Musculus flexor carpi ulnaris)*, er ist einerseits an der Spitze der Elle befestigt (mit einer Verzweigung zum Oberarmbein) und anderseits an einem Knochenfortsatz des Vorderfußwurzelgelenks *(kegelförmiger Knochen)*.
Wenn sich dieser Muskel zusammenzieht (und der Strecker des Vorderfußwurzelgelenks sich zugleich entspannt), dann wird das Vorderfußwurzelgelenk gebeugt und und der Fuß nach hinten und nach oben gezogen.

108 - 12 **Strecker des Vorderfußwurzelgelenks** *(Musculus extensor carpi radialis)*, er ist einerseits an der Unterseite des Oberarmbeins und anderseits an den Vordermittelfußknochen befestigt.
Beim Zusammenziehen dieses Muskels (und gleichzeitigem Entspannen des Vorderfußwurzelgelenkbeugers) wird das Vorderfußwurzelgelenk geradegezogen, und der Fuß wird nach vorn und nach unten gezogen.
Die Sehne an der Oberseite (Ellenbogen) sorgt dafür, daß das Oberarmbein an seinem Platz gehalten wird (siehe auch M. biceps brachii). Mit den Sehnen an der Unterseite werden die Knochen des Vorderfußwurzelgelenks an ihrem Platz gehalten.

108 - 13 **kegelförmiger Knochen** An einem der Knochen des Vorderfußwurzelgelenks sitzt ein Knochenfortsatz, an dem der Beuger des Vorderfußwurzelgelenks angesetzt ist. Er wirkt als eine Art "Hebel".
(In Zeichnung I ist das noch einmal einigermaßen vereinfacht und vergrößert dargestellt).

BEWEGUNG DER ZEHEN (Zeichnung J)
(108 - 2 = Oberarmbein; 108 - 3 = Elle; 108 - 4 = Speiche; 108 - 9 = Vorderfußwurzelgelenk;
108 -10 = Vordermittelfußknochen)

108 - 14 **Zehenknöchel** (Auf der Zeichnung ist nur eine Zehe, bestehend aus drei Knöcheln, wiedergegeben). Die Knöchel sind untereinander (geringfügig) nach hinten bewegbar.

108 - 15 **Nagel**

108 - 16 **Zehenbeuger** *(Musculus flexor digitalis)*, er ist einerseits sowohl an der Hinterseite des Oberarmbeins als auch an Elle und Speiche befestigt, anderseits mit langen, dünnen Sehnen an allen Zehen.
Wenn sich dieser Muskel zusammenzieht, werden die Zehen nach hinten und nach oben gezogen, sofern sich der Zehenstrecker entspannt.

108 - 17 **Zehenstrecker** *(Musculus extensor digitalis)*, er ist einerseits an der Vorderseite des Oberarmbeins befestigt und anderseits mit langen, dünnen Sehnen an allen Zehen.
Er hält unter anderem mit der obersten Sehne das Ellenbogengelenk und mit den Sehnen auf halbem Wege das Vorderfußwurzelgelenk auf ihrem Platz.
Beim Zusammenziehen dieses Muskels (und gleichzeitigem Entspannen des Zehenbeugers) werden die Zehen geradegezogen.

In Zeichnung K ist die Muskeltätigkeit noch einmal (vereinfacht) vergrößert dargestellt:
(108 - 10 = Vordermittelfußknochen; 108 - 14 = Zehenknöchel; 108 - 15 = Nagel; 108 - 16 = Zehenbeuger;
108 - 17 = Zehenstrecker).

108 - 18 **Sesambeine** Der Zehenbeuger läuft gleichsam als Aufhänger hinter den Knöcheln entlang mit einer festen Verbindung mit dem untersten Krallenbein. An der Verbindung zwischen Vordermittelfußknochen (108 - 10) zum obersten Zehenknöchel befindet sich ein Sesambein, das als "Gleitfläche" für die Sehne dient.

108 - 19 **Ligamentum elasticum dorsalis** Der unterste Zehenknöchel ist mit zwei nur wenig elastischen Sehnen mit dem zweiten Knöchel verbunden. Diese Sehnen sorgen dafür, daß das untere (Krallen)bein stets ungefähr in gleicher Stellung dem zweiten Knöchel gegenüber bleibt (= mit dem Nagel Kraft ausübt).

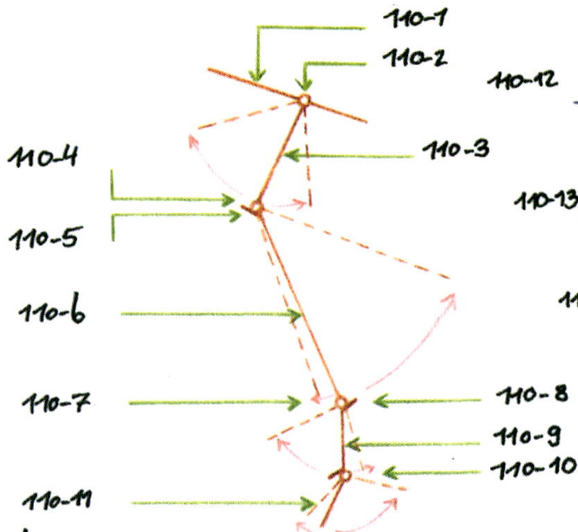
110-1
110-2
110-4
110-3
110-5
110-6
110-7
110-8
110-9
110-10
110-11
A.

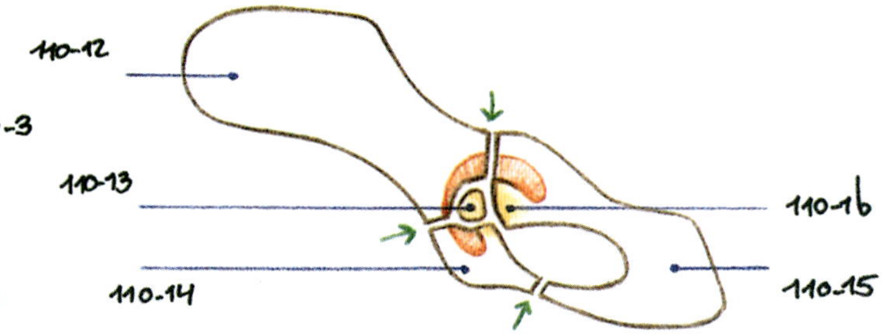
110-12
110-13
110-16
110-14
110-15
B.

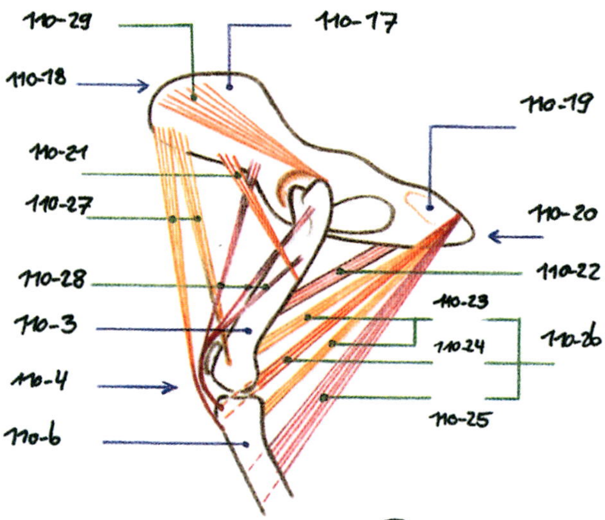
110-29
110-17
110-18
110-19
110-21
110-27
110-20
110-28
110-22
110-23
110-3
110-24
110-26
110-4
110-25
110-6
C.

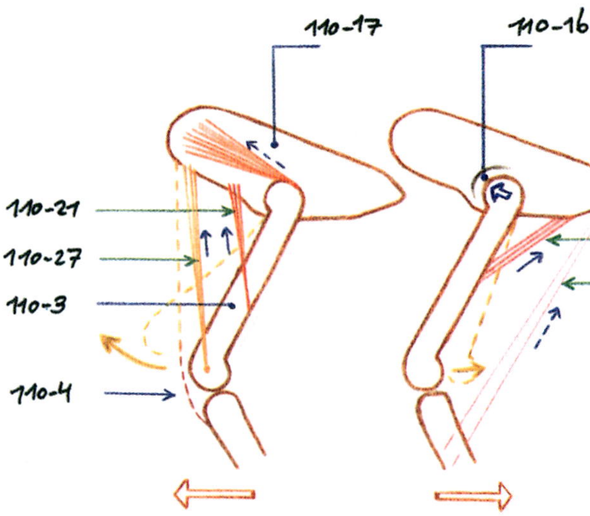
110-17
110-16
110-21
110-27
110-3
110-4
110-22
110-25
D.

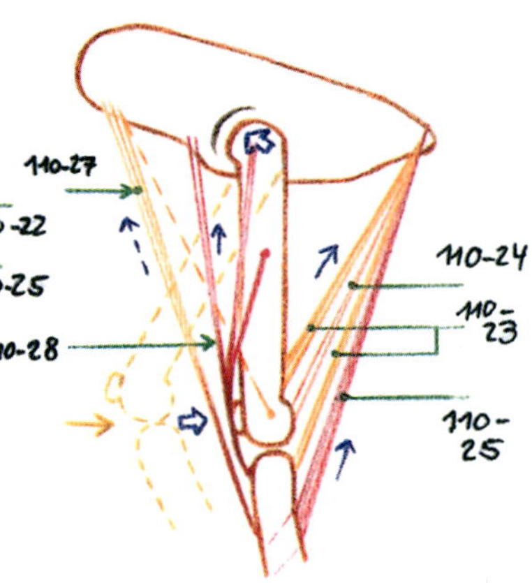
110-27
110-24
110-23
110-28
110-25
E.

E. Muskelarbeit am Hinterlauf

Übersicht (Zeichnung A)

110 - 1 **Becken**
Das Becken (*Pelvis*) besitzt eine knöcherne Verbindung zum Rückgrat; es kann nur geringfügig bewegt werden, wenn der Rücken gekrümmt wird.

110 - 2 **Hüftgelenk**
Ein Kugelgelenk, das vor- und rückwärts sehr beweglich ist, dessen Seitwärtsbewegung jedoch eingeschränkt ist, weil es durch Sehnen straff eingekapselt wird.

110 - 3 **Oberschenkelknochen**
Der Kopf des Oberschenkels (*Femur*) kann sich im Hüftgelenk drehen; der Oberschenkelknochen kann ziemlich weit nach vorn, weniger weit nach hinten (nur durch die dort vorhandene schwere Bemuskelung beschränkt), etwas nach außen und etwas nach innen (beschränkt durch Bänder, Sehnen und Muskeln) bewegt werden.

110 - 4 **Kniegelenk**

110 - 5 **Blockierung**
Eine Kombination aus Sehnen, Bändern und Kniescheibe verhindert, daß der Unterschenkel zu weit nach vorne bewegt werden kann.

110 - 6 **Unterschenkel**
(*Hierunter versteht man: Schienbein = Tibia und Spange oder Wadenbein = Fibula*); er ist kaum nach vorne , aber ziemlich weit nach hinten beweglich.

110 - 7 **Sprunggelenk**
(manchmal auch nur *Knöchel* genannt)

110 - 8 **Hacke**
(oder *Ferse*)

110 - 9 **Mittelfußknochen**
(*Ossa metatarsalia*), sie können sehr wenig nach hinten, aber ziemlich weit nach vorne bewegt werden.

110 - 10 **Zehengelenke**

110 - 11 **Zehenknöchel**
Sie sind beschränkt nach vorn, aber gut nach hinten beweglich.

Hüftbein (Zeichnung B)

110 - 12 **Darmbein** (*Os ilium*)
Das Hüftbein wird aus vier zusammengewachsenen Knochenteilen gebildet, die bei der Geburt noch nicht miteinander verbunden sind; erst im Alter von ungefähr drei Monaten sind die Knochenteile fest zusammengewachsen.

110 - 13 **Os acetabulare**

110 - 14 **Schambein** (*Os pubis*)

110 - 15 **Sitzbein** (*Os ischium*)

110 - 16 **Hüftgelenkspfanne** (*Acetabulum*)
Diese Pfanne wird allmählich geformt, während die Knochenteile des Hüftbeins zusammenwachsen (110 - 12, 110 -13, 110 - 14, 110 - 15). Die Ausbildung der endgültigen Form dauert noch einige Monate.

Übersicht über die Muskeln der Hüfte (Zeichnung C)

110 - 17 **Hüftbein**
(*Os coxae*)

110 - 18 **Spitze des Hüftbeins**

110 - 19 **Sitzbein**
(Teil des Hüftbeins)

110 - 20 **Sitzbeinhöcker**

110 - 21 **Hüftbeuger**
(*Musculus pectineus*), er zieht den Oberschenkelknochen nach vorn oben .

110 - 22 **Strecker des Oberschenkelknochens**
(*Musculus adductor*), Antagonist des M. pectineus; er zieht den Oberschenkelknochen nach hinten.

110 - 23 **Musculus semimembranosus**
Ein zweiköpfiger Muskel; einer der sogenannten Antriebsmuskeln.

110 - 24 **Musculus biceps femoris**

110 - 25 **Musculus semitendinosus**

110 - 26 **Antriebsmuskeln**
So nennt man eine Anzahl von Muskeln (unter anderem 110 - 23, 110 - 24 und 110 - 25), die gemeinsam durch eine bestimmte Handlung die Kraft aufbringen, mit der der Körper aus der Hinterhand in Bewegung gesetzt und gehalten wird (*Antriebs-* oder *Schubkraft*).

110 - 27 **Musculus sartorius**
Ein zweiköpfiger Muskel.

110 - 28 **Musculus quadriceps femoris**
Ein vierköpfiger Muskel, der aus dem Musculus rectus femoris und den Musculi vasti (Musculus vastus lateralis, - intermedius und - medialis besteht). Auf der Zeichnung sind die drei wichtigsten Köpfe angegeben.

Bewegung des Oberschenkels (Zeichnung D)
(Die Formen sind stark vereinfacht wiedergegeben.)

110 - 29 **Musculus glutaeus**
Der Oberschenkelknochen wird durch das Zusammenziehen des *M. pectineus* (110 - 21) und von einem der Köpfe des *M. sartorius* (110 - 27) nach vorn gebracht. Dabei wird der Kopf des Oberschenkelknochens durch den *M. glutaeus* in der Hüftgelenkspfanne gehalten (110 - 29).

Durch das Zusammenziehen des *M. adductor* (110 - 22) wird der Oberschenkel nach hinten gezogen. In geringerem Maß wirkt der *M. semitendinosus* (110 - 25) dabei mit; dieser Muskel zieht jedoch auch (in Zusammenarbeit mit anderen Muskeln) das *Kniegelenk* gerade. *Bei dieser Bewegung entsteht durch den Kopf des Oberschenkelknochens einiger Druck in der Hüftgelenkspfanne* .

Strecken des Knies (Zeichnung E)
(Die Formen sind stark vereinfacht wiedergegeben.)

An der Rückseite des Oberschenkelknochens befindet sich eine Anzahl von sehr kräftigen Muskeln, die beim Zusammenziehen zu gleicher Zeit den Oberschenkelknochen etwas nach hinten ziehen und das *Kniegelenk* strecken (geradeziehen).

Größtenteils bilden diese Muskeln auch die sogenannten *Antriebsmuskeln* (siehe 110 - 26). Der *Musculus semimembranosus* (110 - 23) ist ein zweiköpfiger Muskel, der am Oberarmknochen und am Kopf des Schienbeins befestigt ist.

Der *Musculus semitendinosus* (110 - 25) wurde bereits beim Abschnitt "Bewegung des Oberschenkels" erwähnt (Zeichnung D).

Schließlich wirkt auch der *M. biceps femoris* (110 - 24) an dieser Aktion mit.

An der Vorderseite des Oberschenkelknochens befinden sich einige Muskeln, die das *Kniegelenk* zusammenhalten. Der wichtigste hiervon ist der *M. quadriceps femoris* (110 - 28; siehe außerdem auch: Bau des Kniegelenks). Auch der vorderste Kopf des *M. sartorius* (110 - 27) wirkt bei dieser Aktion mit.

Die Bewegung des Oberschenkels und das Strecken der Knie findet nicht nur statt, um Schubkraft zu liefern. Ein unbelastetes Bein (zum Beispiel das eines liegenden Hundes) kann sich strecken. Und auch ein stehender oder ein grabender Hund hat eine gestreckte (und nicht eine gebeugte) Stellung des Kniegelenks, ohne Schubkraft auszulösen.

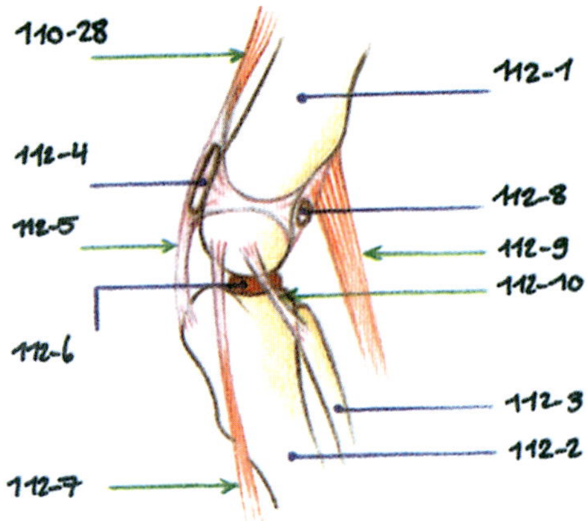
110-28
112-1
112-4
112-8
112-5
112-9
112-10
112-6
112-3
112-2
112-7

F.

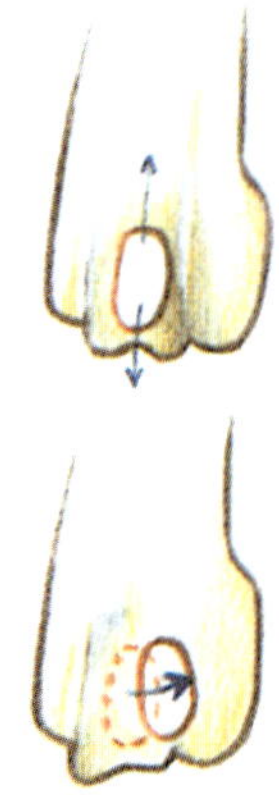

G.

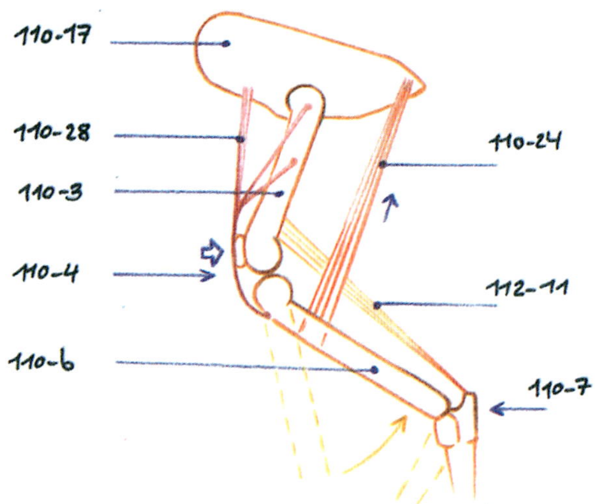
110-17
110-28
110-24
110-3
110-4
112-11
110-6
110-7

H.

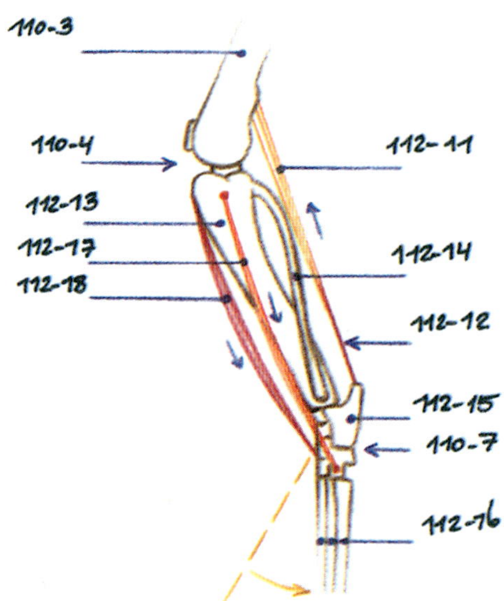
110-3
110-4
112-11
112-13
112-17
112-14
112-18
112-12
112-15
110-7
112-16

I.

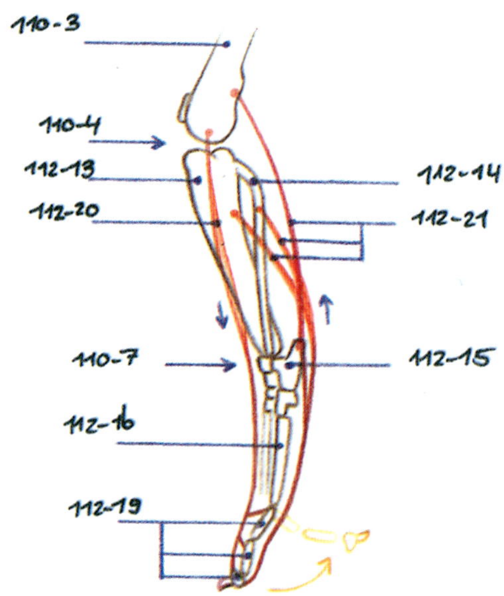
110-3
110-4
112-13
112-14
112-20
112-21
110-7
112-15
112-16
112-19

J.

BAU DES KNIEGELENKS (Zeichnung F)

112 - 1 **Oberschenkelknochen** — (*Femur*)

112 - 2 **Schienbein** — (*Tibia*)

112 - 3 **Wadenbein** oder **Spange** — (*Fibula*)

112 - 4 **Kniescheibe** — (*Patella*), sie ist in die Sehnenbänder des Musculus quadriceps femoris eingebettet; sie kann sich ein wenig in einer Furche des Oberschenkelknochens hin- und herschieben, und sie hält das Kniegelenk an seinem Platz. Der innere Rand der Furche (= an der Körperseite) ist meistens etwas dicker (höher) als der äußere Rand. Wenn der äußere Rand nur sehr wenig über die Fläche der Furche ragt oder der innere Rand weniger stark entwickelt ist, kann sich die Patella unter gewissen Umständen verschieben. Das nennt man *Patellarluxation* (sie kann erblich sein). Siehe Zeichnung G.

112 - 5 **Sehne** — Ende des M. quadriceps femoris, das am Kopf des Schienbeins befestigt ist; es ist eines der Bänder, die das Knie zusammenhalten (siehe auch 112 - 7 und 112 - 10).

112 - 6 **Meniskus** — Einige C-förmige Scheiben zwischen Oberschenkelknochen und Schienbein. Diese Scheiben dienen als eine Art "Schmierlager" (in Fett eingebettet).

112 - 7 **Zehenstrecker** — (*M. extensor digitalis*), das Sehnenende dieses Muskels, das am Oberschenkelknochen befestigt ist, hält das Knie zusammen.

112 - 8 **Fabella** — (2 Stück), lose Knöchel (*Sesambeine*), die durch ein Sehnenband mit der Sehne rund um die Patella verbunden sind. Oberhalb dieser Knöchel liegen die zwei Enden des Musculus gastrocnemius.

112 - 9 **Musculus gastrocnemius** — (Siehe auch: Zeichnung F), mit zwei Köpfen am Oberschenkelknochen befestigt.

112 - 10 **Wadenbeinsehne** — Sie hält das Kniegelenk zusammen (siehe auch 112 - 5 und 112 - 7).

BEWEGUNG DES UNTERSCHENKELS (Zeichnung H)

(Die Formen sind stark vereinfacht wiedergegeben.)

Der Unterschenkel (= Schienbein und Wadenbein) wird durch Zusammenziehen des *M. biceps femoris* (110 - 24) nach hinten gebracht (sprich: das Kniegelenk wird gebeugt), sofern die anderen Muskeln entspannt bleiben!

Bei dieser Aktion arbeitet auch der *Musculus gastrocnemius* mit (112 - 11), wenn das Sprunggelenk gebeugt ist. Siehe auch unter: Bewegung des Sprunggelenks.

BEWEGUNG DES SPRUNGGELENKS (Zeichnung I)

(110 - 3 = Oberschenkelknochen, 110 - 4 Kniegelenk, 110 - 7 Sprunggelenk)

112 - 11 **Musculus gastrocnemius** — Durch Zusammenziehen dieses Muskels wird das Sprunggelenk gestreckt. Der M. gastrocnemius wird oft auch zu den *Antriebsmuskeln* (110-26) gezählt. Er ist ein kräftiger Muskel, der beim Aufsetzen der Pfote eine wichtige Rolle spielt.

112 - 12 **Achillessehne** — Das sehnige Ende des M. gastrocnemius heißt Achillessehne, eine sehr starke Sehne.

112 - 13 **Schienbein** — (*Tibia*)

112 - 14 **Wadenbein** — (*Fibula*)

112 - 15 **Fersenbein** — (*Calcaneus*), einer der sieben Knöchel des Sprunggelenks. Die zwei obersten Knöchel (*Talus* und *Calcaneus*) sind so geformt, daß sie beim Strecken des Sprunggelenks fest an die Unterkante des Schienbeins anschließen, so daß keine weitere Rückwärtsbewegung mehr möglich ist.

Am Fersenbein sind viele Sehnen befestigt, die alle an der Übertragung der Antriebskraft mitwirken. So sind Sehnenenden des M. biceps femoris (110 - 24) und des M. semitendinosus (110 - 25) auch damit verbunden.

BEWEGUNG DER ZEHEN (Zeichnung J)

(110 - 3 Oberschenkelknochen, 112 - 13 Schienbein, 112 - 14 Wadenbein, 112 - 15 Fersenbein, 112 - 16 Hintermittelfußknochen, 110 - 4 Kniegelenk, 110 - 7 Sprunggelenk)

112 - 16 **Hintermittelfußknochen** — (*Ossa metatarsalia*), 4 Stück

112 - 17 **Musculus peronaeus longus** — Dieses Muskelpaar (112 - 16 und 112 - 17) sorgt (hauptsächlich) für das Beugen des Sprunggelenks. Die Muskeln sind jeweils rechts und links des Sprunggelenks angesetzt.

112 - 18 **Musculus tibialis** — Sie sind dadurch zugleich imstande, die Pfote einigermaßen zu drehen.

112 - 19 **Zehenknöchel** — (Auf der Zeichnung ist nur ein Zeh, bestehend aus drei Knöcheln, abgebildet). Grundsätzlich funktioniert die Bewegung der Zehen wie bei der Vorderpfote (siehe dort).

112 - 20 **Zehenstrecker** — (*Musculus extensor digitalis*). Er ist einerseits am Oberschenkelknochen (knapp über dem Kniegelenk, siehe 112 - 7) befestigt und anderseits mit langen, dünnen Sehnen an allen Zehen. Durch das Zusammenziehen dieses Muskels werden die Zehen geradegezogen (gestreckt). Dieser Muskel ist zugleich beim Beugen des Sprunggelenks beteiligt.

112 - 21 **Zehenbeuger** — (*Musculus flexor digitalis*). Er besteht aus zwei Teilen; der eine Teil (M. flexor digitalis superficialis) ist auf der einen Seite am Oberschenkelknochen (ungefähr an der gleichen Stelle wie der M. gastrocnemius) befestigt und an der anderen Seite am Fersenbein und von da an allen Zehen. Dieser Teil beugt die Zehen und ist beim Strecken des Sprunggelenks und beim Beugen des Knies beteiligt (er arbeitet mit dem M. gastrocnemius zusammen).

Der andere Teil ist einerseits befestigt an Schien- und Wadenbein und anderseits an allen Zehenknöcheln. Dieser Teil beugt die Zehen.

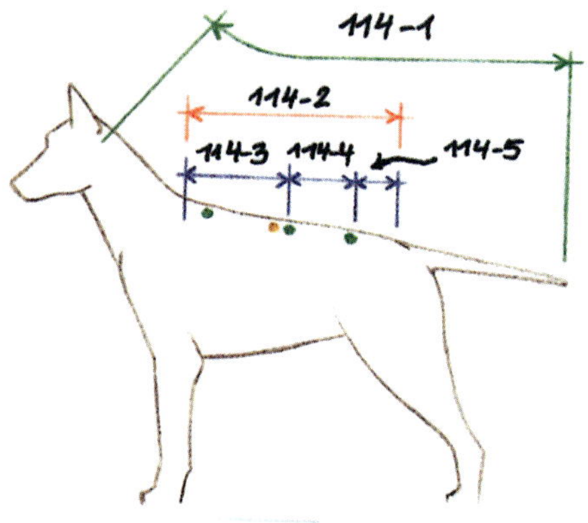

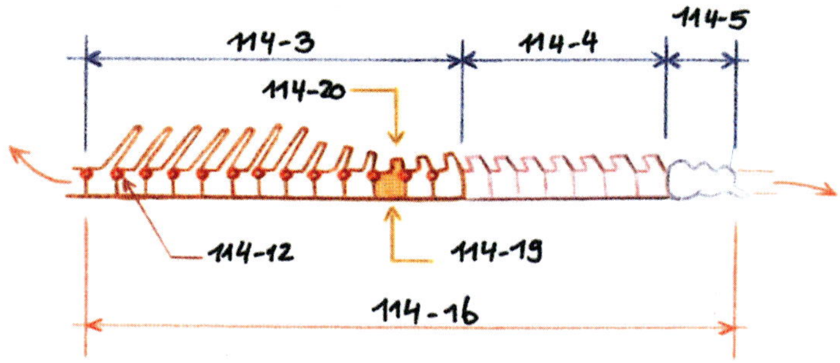

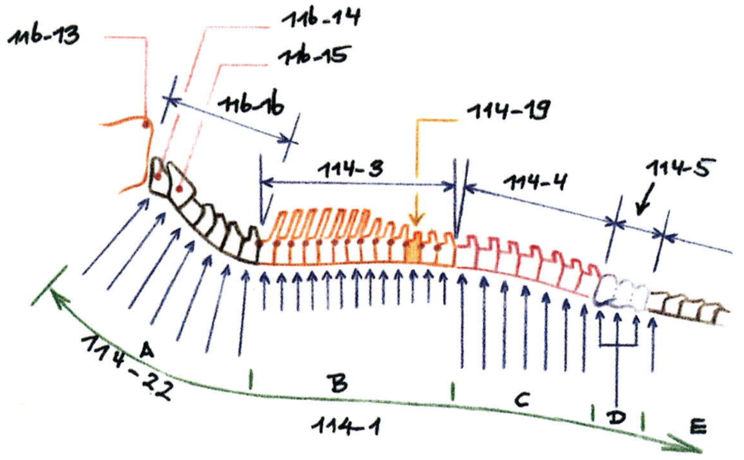

114-7 A

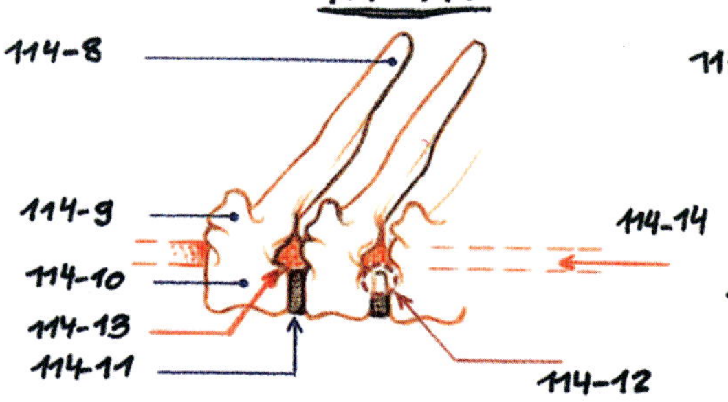

114-7 B

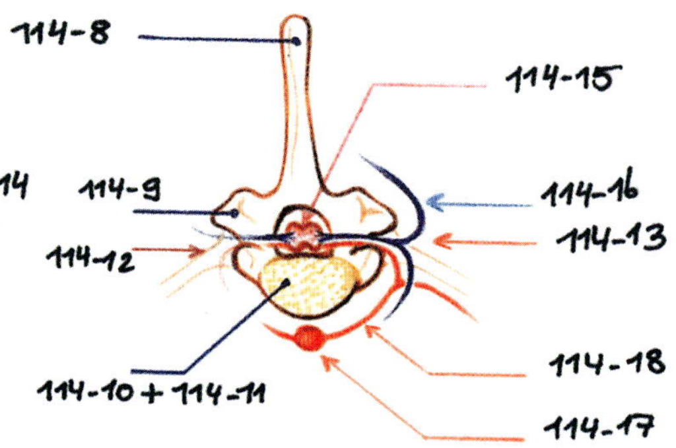

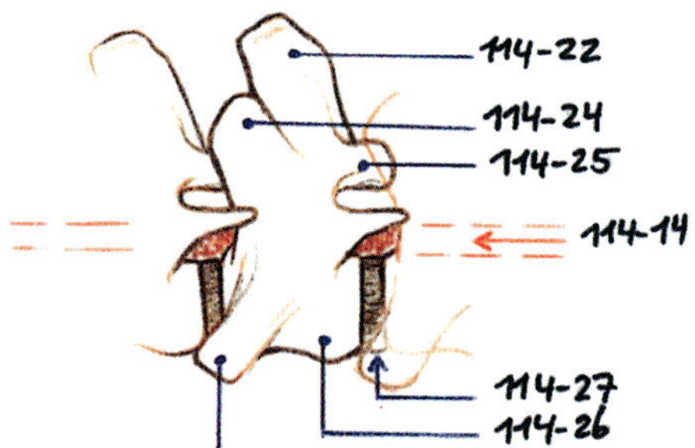

114-21 C

114-21 D

F. Die Wirbelsäule

Allgemeines

114 - 1	**Wirbelsäule**	Der ganze aus Wirbeln bestehende Teil des Skeletts, also vom Hinterkopf bis zur Rutenspitze. Die Wirbelsäule des Hundes besteht aus: 7 Nackenwirbeln, 13 Rückenwirbeln (mit denen die Rippen verbunden sind), 7 Lendenwirbeln, 3 (miteinander verwachsenen) Kreuzbeinwirbeln und ungefähr 20 Schwanzwirbeln. Formel: N7 R13 L7 K(3) S+/-20.
114 - 2	**Rückenlänge**	In der Praxis versteht man unter Rücken die gesamte Länge vom Widerrist bis zum Rutenansatz (= Rückenlänge). Tatsächlich ist das wohl nicht ganz korrekt, weil die Wirbelsäule sich auf diesem Abschnitt aus Rückenwirbeln, Lendenwirbeln und Kreuzbeinwirbeln zusammensetzt.
114 - 3	**Rücken**	Im Zusammenhang mit diesem Aufbau wird dann auch in der Kynologie die Rückenlänge unterteilt in den eigentlichen Rücken, die Lenden und die Kruppe (Kreuzbein).
114 - 4	**Lenden**	
114 - 5	**Kruppe (Kreuzbein)**	
114 - 6	**Rückgrat**	Obwohl die Begriffe 'Rückgrat' und 'Wirbelsäule' oft bedeutungsgleich gebraucht werden, muß man beim Hund unter 'Rückgrat' verstehen: R13 L7 K(3), also unter Ausschluß der Nackenwirbel.
		Das Rückgrat
114 - 7	**Rückenwirbel**	A - Seitenansicht B - Querschnitt
114 - 8	**oberer Dornfortsatz**	
114 - 9	**Querfortsatz**	
114 - 10	**Wirbelkörper**	
114 - 11	**Zwischenwirbelscheibe (Discus)**	
114 - 12	**Verbindungsstelle mit den Rippen**	
114 - 13	**seitliche Öffnung** (Rückenmark)	
114 - 14	**Rückenmark**	
114 - 15	**Wirbelloch**	
114 - 16	**Nervenstrang** (aus dem Rückenmark)	
114 - 17	**Aorta**	
114 - 18	**Blutgefäße**	
114 - 19	**diaphragmatischer Wirbel**	(auch **Wechselwirbel** genannt). Die oberen Dornfortsätze der ersten zehn Rückenwirbel (ausgehend vom Nacken) sind *schräg nach hinten* gerichtet (rutenwärts). Die ersten sieben oder acht Rückenwirbel haben Dornfortsätze von ungefähr gleicher Länge (sie werden immer nur ein wenig kürzer), danach werden sie schnell kürzer. Der *elfte Rückenwirbel* hat den kürzesten Dornfortsatz. Beim zwölften und dreizehnten Rückenwirbel wird der Dornfortsatz wieder etwas länger, diese Dornfortsätze sind *nach vorn* (kopfwärts) gerichtet. Aus diesem Grund wird der diaphragmatische Wirbel (der 11. Wirbel) auch Wechselwirbel genannt.
114 - 20	**Delle,** **dip** (= englisch)	Die Stelle, an der sich der diaphragmatische Wirbel befindet, wird auch als Delle bezeichnet. Bei vielen Hunden sind die Muskelbündel längs des Rückgrats so gut entwickelt, daß die Delle kaum zu finden ist. Das ist vor allem bei Trabern der Fall; bei Galoppierern ist die Delle (manchmal) noch zu sehen.
114 - 21	**Lendenwirbel**	C - Seitenansicht D - Hinteransicht
114 - 22	**oberer Dornfortsatz**	Die obersten Dornfortsätze sind erheblich kürzer als die der meisten Rückenwirbel; sie sind schräg nach vorn (kopfwärts) gerichtet und alle fast gleich lang.
114 - 23	**Querfortsatz**	
114 - 24	**Gelenkfortsatz**	
114 - 25	**Gelenkhöcker**	Der Gelenkhöcker an der Rückseite eines Wirbels paßt in eine Aussparung im folgenden Wirbel. Diese Verbindung gestattet begrenzt Vorwärts-und Aufwärtsbewegungen, Abwärts-und Seitwärtsbewegungen beschränkt sie aber sehr stark.
114 - 26	**Wirbelkörper**	
114 - 27	**Zwischenwirbelscheibe** (Discus)	
114 - 28	**Wirbelloch**	

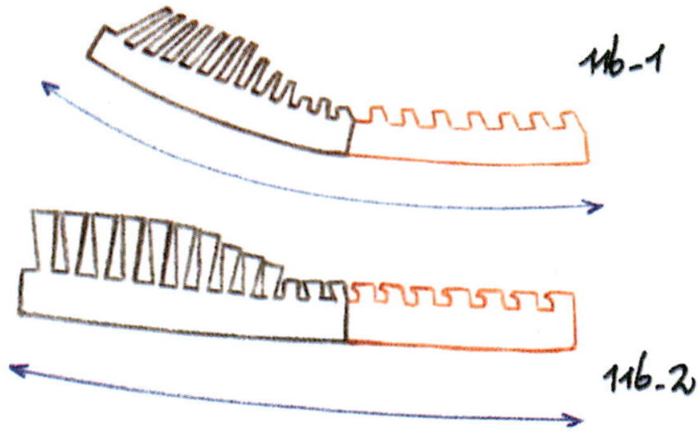
116-1
116-2

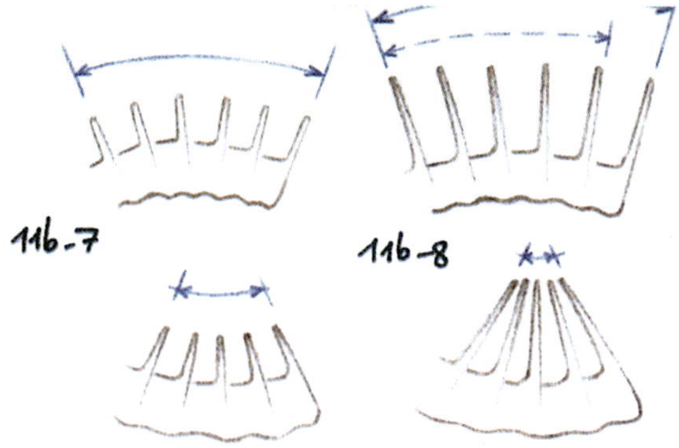
116-7
116-8

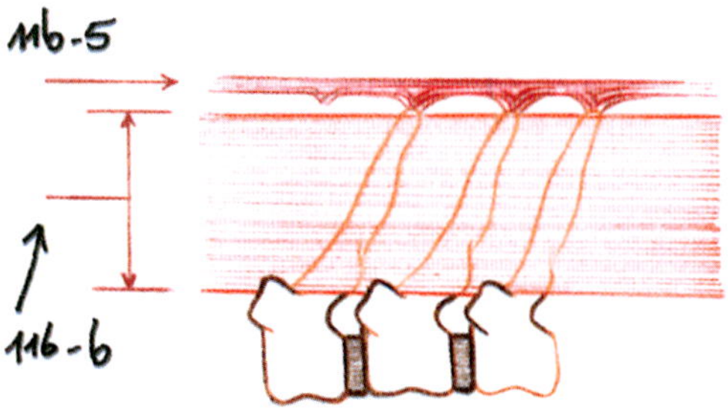
116-5
116-6

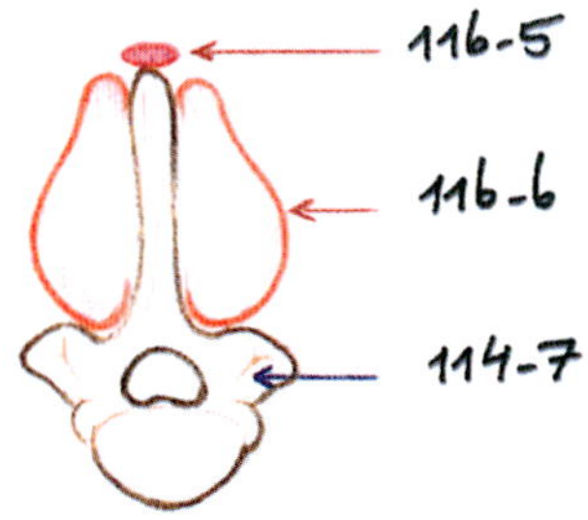
116-5
116-6
114-7

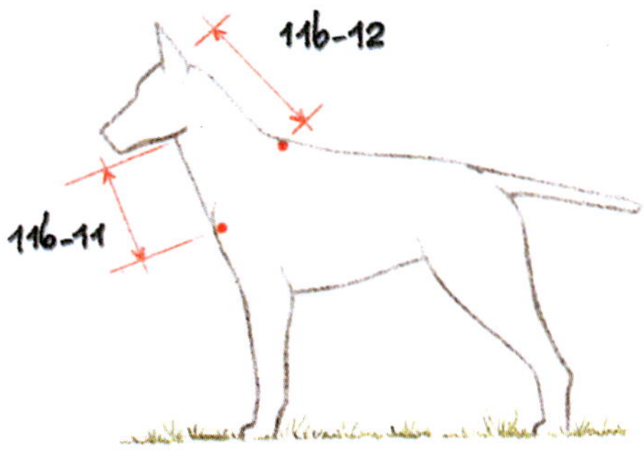
116-12
116-11

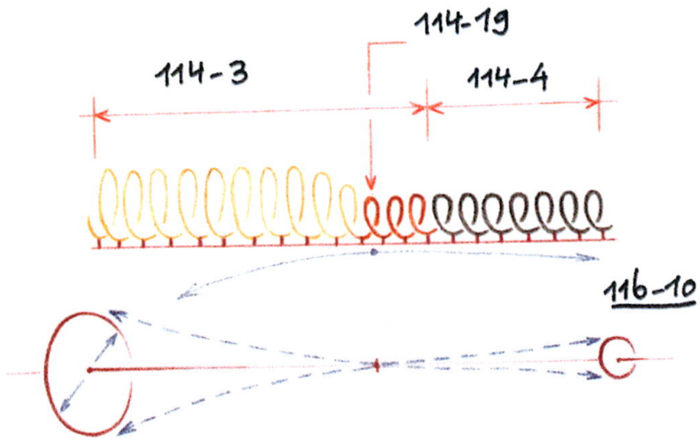
114-19
114-3
114-4
116-10

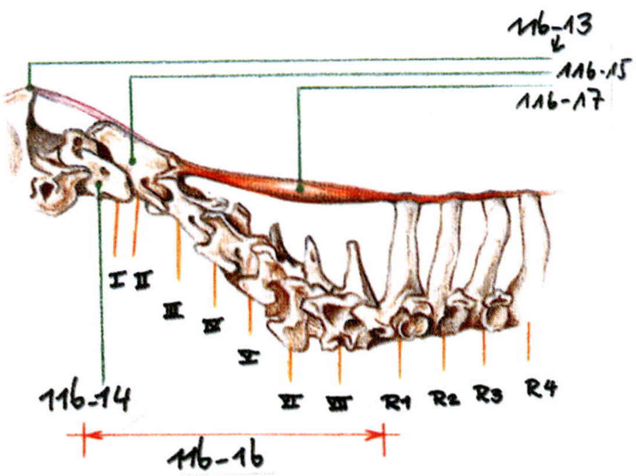
116-13
116-15
116-17
I II
III
IV
V
VI
VII
R1
R2
R3
R4
116-14
116-16

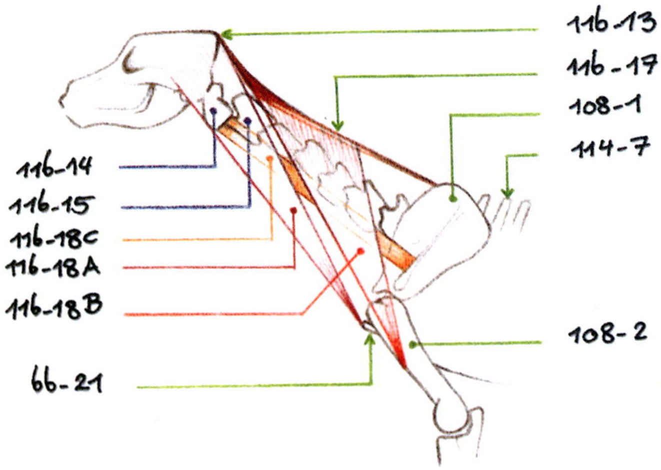
116-13
116-17
108-1
114-7
116-14
116-15
116-18C
116-18A
116-18B
108-2
66-21

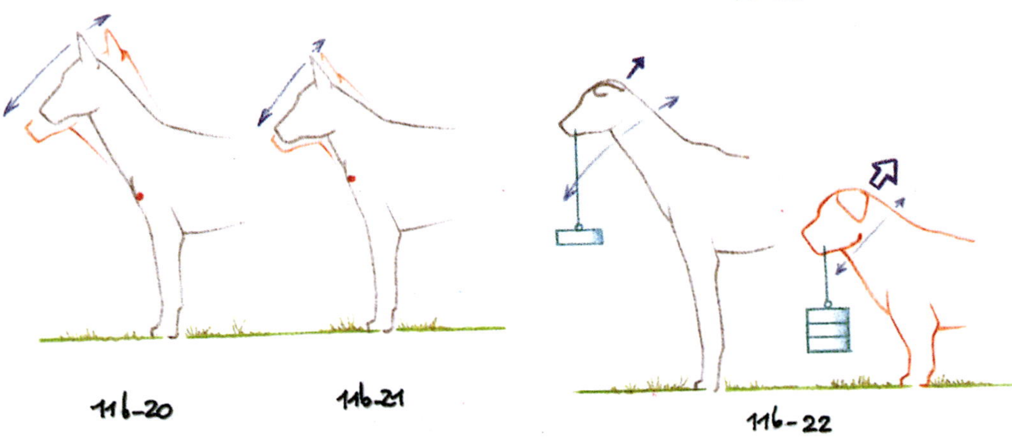
116-20
116-21
116-22

BIEGSAMKEIT (FLEXIBILITÄT) DES RÜCKENS

Die oberen Dornfortsätze beim Hund (und auch zum Beispiel bei der Katze) enden im Gegensatz etwa zu denen des Pferdes etwas spitz.

116 - 1 **Senkrücken** (Hund)
116 - 2 **Senkrücken** (Pferd)
Die spitzen Dornfortsätze verleihen dem Hund beim Absenken des Rückens eine ziemlich große Flexibilität. Beim Pferd ist diese nur sehr gering (in der Zeichnung ist dies zur Verdeutlichung schematisch und etwas übertrieben dargestellt).

116 - 3 **hochgezogener Rücken** (Hund)
116 - 4 **hochgezogener Rücken** (Pferd)
Daß beim Hochziehen des Rückens die Flexibilität beim Hund ebenfalls größer ist als beim Pferd, liegt daran, daß die Muskeln (und Sehnen) des Hundes über dem Rücken biegsamer sind.

116 - 5 **Rückenband (Ligamentum supraspinale)**
Über den Spitzen der oberen Dornfortsätze (und verbunden mit diesen Spitzen) verläuft vom ersten Rückenwirbel bis ungefähr zum dritten Schwanzwirbel das Rückenband als Verlängerung des Nackenbandes.

116 - 6 **Rückenmuskeln** (Muskeln des Transversospinal-Systems)
An beiden Seiten der oberen Dornfortsätze liegen mehrere Muskeln, die man als Muskeln des Transversospinal-Systems zusammenfaßt. Diese Muskeln verbinden unter anderem die Wirbel miteinander und "spannen" die Wirbel (verleihen der Wirbelsäule Spannung).

116 - 7 **kurze Dornfortsätze**
Kurze Dornfortsätze auf den Rückenwirbeln lassen mehr Biegsamkeit als lange Dornfortsätze zu, weil:
a) die Spitzen der Dornfortsätze einander nicht so schnell berühren, wenn der Rücken abgesenkt wird;
b) Bänder und Sehnen nicht so stark verlängert werden müssen, wenn der Rücken hochgezogen wird.
(Katzen haben allgemein kürzere Dornfortsätze als Hunde und deshalb auch einen biegsameren Rücken).

116 - 8 **lange Dornfortsätze**
An langen Dornfortsätzen ist Platz für eine kräftigere Bemuskelung entlang der Rückenwirbel (Muskeln des Transversospinal-Systems).

116 - 9 **Querfortsätze**
Die Querfortsätze bei Hund (und Katze) sind ebenfalls so geformt, daß sie eine Verschiebung des Rückgrats in seitlicher Richtung besser zulassen als zum Beispiel die des Pferdes.

116 - 10 **Beugung des Rückens**
Der Rücken kann aufgrund der Wirbelform an den Rückenwirbeln (nach allen Richtungen) mehr gebeugt werden als an den Lendenwirbeln. Man kann das einigermaßen veranschaulichen, indem man zwei Federn miteinander verbindet: eine dünne, große Feder für die Rückenwirbel und eine dicke, kleinere Feder für die Lendenwirbel. Die dünne Feder ist biegsamer als die dicke Feder.
In der Bewegung können wir dann auch sehen, daß der vordere Teil des gesamten Rückens biegsamer ist als der hintere Teil.

G. DER HALS

ALLGEMEINES:

(für die Begriffe Hals, Kehle und Nacken siehe auch 28 - 1, 28 - 2, 28 - 3)

116 - 11 **Halslänge**
Unter Halslänge versteht man den Abstand zwischen Buggelenk und (Unter-) Kieferknochen.

116 - 12 **Nackenlänge**
Unter Nackenlänge versteht man den Abstand zwischen Widerrist und Hinterhauptstachel.

116 - 13 **Hinterhauptstachel**

116 - 14 **Atlas** (erster Nackenwirbel)
Der erste Nackenwirbel (unter dem Kopf) heißt Atlas. Kleine Höcker und Aushöhlungen sowohl am Atlas als auch am Hinterkopf ermöglichen es, daß der Kopf allein für sich *auf- und abwärts bewegt* werden kann (das sogenannte Ja-Nicken).
Die *links- und rechtsdrehende Bewegung* (das Nein-Schütteln) geschieht dadurch, daß sich Kopf und Atlas gemeinsam um einen Zacken des Drehers drehen.

116 - 15 **Dreher** (zweiter Nackenwirbel)
Im Grunde ist der Dreher ein **Drehpunkt**. Durch die Konstruktion von Atlas und Dreher wird die Schüttelbewegung eingeschränkt.

116 - 16 **Halswirbel**
Insgesamt (mit Atlas und Dreher) gibt es sieben Halswirbel.

116 - 17 **Nackenband**
Das Nackenband ist eine ziemlich elastische Sehne (wissenschaftlicher Name: *Ligamentum nuchae*), die am Kamm des Drehers und den Dornfortsätzen der ersten vier Rückenwirbel befestigt ist.
Der Kamm des Drehers ist wieder durch eine Gruppe von Muskeln mit dem Hinterhauptstachel verbunden.

116 - 18 **Halsmuskeln**
Mehrere Muskeln entlang von Hals und Kehle (Musculus sternocephalicus, Musculus brachiocephalicus, Musculus omotransversarius und andere) verbinden Hals und Kopf mit dem Rumpf. Diese Muskeln können den Kopf seitwärts oder nach unten ziehen. Es sind recht kräftige, breite Muskeln.

AUFGABE:

116 - 19 **Aufgabe des Halses**
Der Hals (Nacken) hat allein die Aufgabe, eine bewegliche Verbindung zwischen Kopf und übrigem Körper herzustellen. Hierdurch ist der Kopf in der Lage -unabhängig vom restlichen Körper— größere Bewegungen in alle Richtungen zu machen, als es Atlas und Dreher bereits gestatten.
Für die Fortbewegung spielt der Hals nur eine kleine Rolle.
Die Länge des Halses ist nur wichtig im Zusammenhang mit dem beabsichtigten Zweck (der Arbeit) einer Rasse.

FLEXIBILITÄT:

116 - 20 **Flexibilität beim langen Hals**
116 - 21 **Flexibilität beim kurzen Hals**
So wie die Rückenwirbel lassen die Halswirbel eine gewisse Beweglichkeit zu. Der Kopf ist in der Lage, sich in vielen Richtungen zu wenden. (Wohlgemerkt: Auch Atlas und Dreher ermöglichen die Bewegung des Kopfes!). Vergleicht man den Hals mit einer Feder (eine lange Feder für einen langen Hals, für einen kurzen Hals eine kurze Feder), dann wird deutlich, daß ein langer Hals beweglicher als ein kurzer Hals ist.

116 - 22 **Bemuskelung**
Auch die Halsbemuskelung spielt für Beweglichkeit und Kraft des Halses eine Rolle. Kurze, schwere Muskeln haben mehr (Muskel)kraft; lange und dünnere Muskeln können sich mehr zusammenziehen. Ein kurzer Hals mit kräftigen Muskeln hat folglich viel Kraft; ein langer, dünner (= wenig bemuskelter) Hals besitzt wohl mehr Beweglichkeit, aber er ist nicht so kräftig.

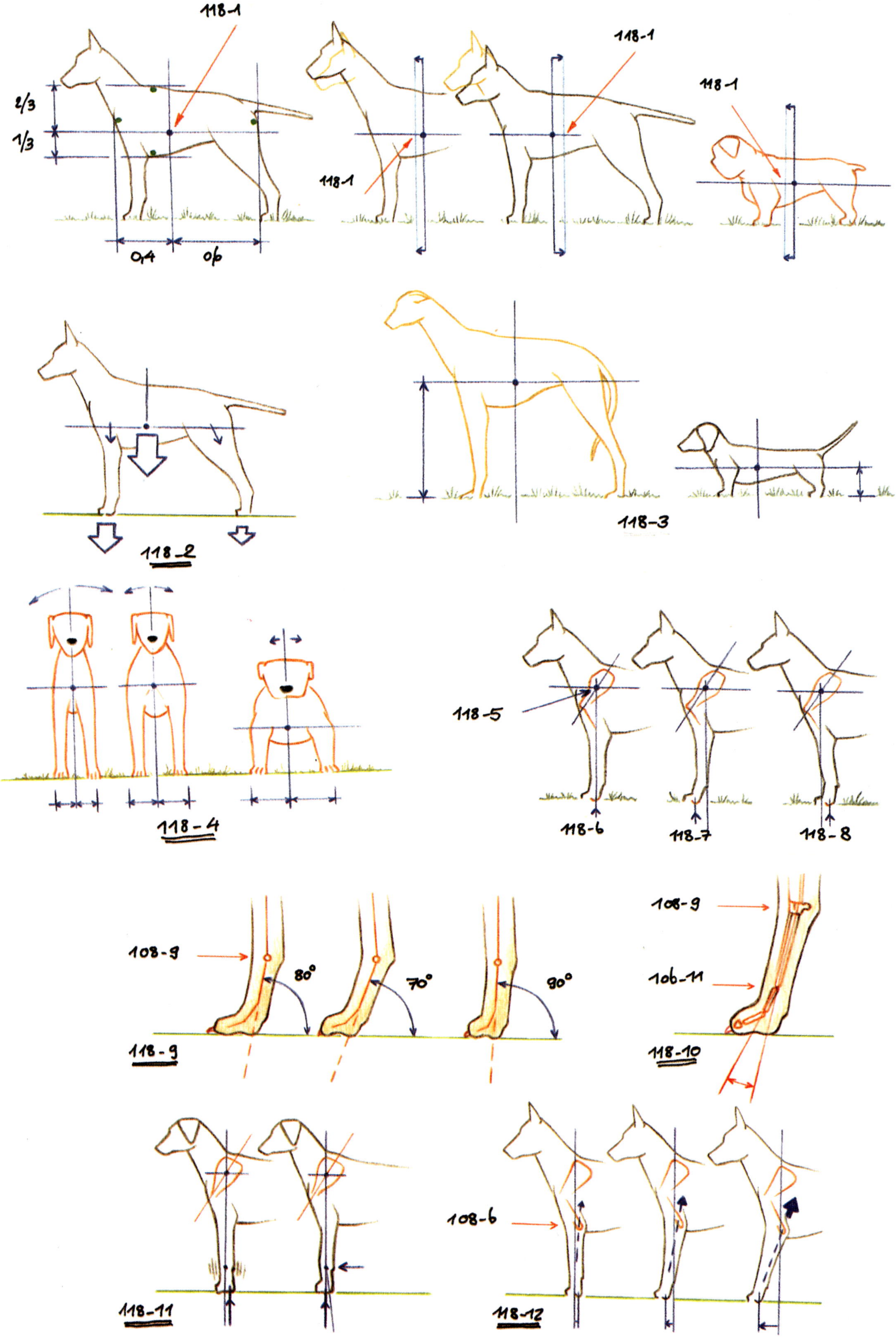
118-1
2/3
1/3
0,4
0,6
118-1
118-1
118-1
118-2
118-3
118-4
118-5
118-6
118-7
118-8
108-9
80°
70°
90°
118-9
108-9
106-11
118-10
118-11
108-6
118-12

H. Schwerpunkt und Stabilitätspunkt

118 - 1 **Schwerpunkt**

Theoretisch können wir irgendwo im Körper jeden Hundes einen Punkt finden, an dem alle Teile des Körpers sich in *Balance* befinden, das heißt nach allen Seiten gleich schwer sind: *Der Körper ist im Gleichgewicht.* Dieser imaginäre Punkt ist der Schwerpunkt.

Beim "normalen Hund" liegt der Schwerpunkt ungefähr auf dem Schnittpunkt einer senkrechten Linie, die hinter der Schulter (ungefähr nach 2/5 der Rumpflänge) mitten durch den Körper verläuft, und einer horizontalen Linie, die den Brustkorb in zwei obere und ein unteres Drittel einteilt.

Die exakte Lage des Schwerpunktes ist von Rasse zu Rasse (und von Hund zu Hund) verschieden:

> Bei Hunden mit einem schweren, langen Hals und einem kräftigen Kopf wird der Schwerpunkt etwas weiter vorn liegen;
> Hunde mit einem kurzen Hals und einer schweren Hinterhand werden den Schwerpunkt etwas weiter hinten haben.
> Eine Bulldogge mit einer schweren Vorhand und einem massigen, schweren Kopf hat den Schwerpunkt wieder etwas weiter vorne.

118 - 2 **Verteilung des Körpergewichts**

Es ist erwiesen, daß die Vorhand (im allgemeinen) mehr als drei Fünftel des Körpergewichts zu tragen hat.

Das bedeutet, daß bei einem "normalen Hund" mit einem Körpergewicht von ungefähr 40 Kilogramm die Vorhand 25 Kilogramm und die Hinterhand 15 Kilogramm trägt, ein beträchtlicher Unterschied.

118 - 3 **Schwerpunkthöhe**

Unter Schwerpunkthöhe versteht man den Abstand des Schwerpunktes vom Boden.

Es ist klar, daß zum Beispiel ein Deerhound eine größere Schwerpunkthöhe hat als etwa ein Dackel.

Eine niedrige Schwerpunkthöhe verleiht dem Körper eine *größere Stabilität*; eine höherer Schwerpunkt bedeutet vor allem *mehr Wendigkeit* (Ausschwenken).

118 - 4 **Schwerpunktbreite**

Natürlich spielt hierbei der gesamte Körperbau eine Rolle. Ein schmal gebauter Hund auf schlanken Läufen, wie zum Beispiel ein Whippet, wird bei der gleichen Schwerpunkthöhe weniger stabil sein als ein breit gebauter Hund auf schweren Läufen, wie etwa ein Mastiff.

Den horizontalen Abstand von der Seite des Brustkorbes bis zum Schwerpunkt nennen wir Schwerpunktbreite.

118 - 5 **Stabilitätspunkt der Vorhand**

Der "normale Hund" stützt sich beim Stehen mit den hinteren Fußballen seiner Vorderläufe auf den Boden. Auf diesen Pfoten ruht (ein Teil) des Körpergewichts.

Wenn wir eine senkrechte Linie von diesem Punkt an eine der beiden Pfoten ziehen, dann soll diese Senkrechte (bei besagtem "normalem Hund") durch die Mitte des Schulterblattes verlaufen.

Den Schnittpunkt dieser Senkrechten mit der Schulterblattgräte bezeichnen wir als den Stabilitätspunkt der Vorhand.

118 - 6 **Stabilität der Vorhand**

Umgekehrt können wir (theoretisch) sehen, ob eine Rasse (oder ein Hund) stabil auf den Vorderläufen steht, indem wir das Lot aus der Mitte des Schulterblattes auf den Boden fällen.

118 - 7 **vorständig**
118 - 8 **unterständig**

Einen Stand, bei dem die Pfote vor der Lotrechten aus dem Stabilitätspunkt den Fußboden berührt, nennen wir vorständig; entsprechend heißt ein Stand, bei dem die Pfote hinter der Lotrechten den Boden berührt, unterständig.

> Wie man aus der Lage des Schwerpunktes schließen kann, ruht der größte Teil des gesamten Körpergewichtes auf der Vorhand. Deshalb ist es auch besonders wichtig, daß die Stabilität der Vorhand gut ist.

118 - 9 **Winkelung des Vorderfußwurzelgelenks**

Bei den meisten Rassen sehen wir, daß der Vordermittelfuß nicht senkrecht, sondern schräg gewinkelt zur Grundfläche steht.

> Bei mehreren Autoren finden wir diesen Winkel in Grad zur vertikalen Linie ausgedrückt. Andere geben den Winkel in Bezug auf die horizontale Fläche wieder. Offenbar hat man darüber keine festen Absprachen getroffen. Messungen in Bezug auf die vertikale Linie halten wir nicht für logisch (man ist schon seit langer Zeit an die Winkel gegen die horizontale Linie gewöhnt) und in der Praxis schwieriger, um damit zu arbeiten. Aus dem Grunde haben wir an der Messung in Bezug auf die horizontale Linie festgehalten.

Es ist sehr schwierig, festzustellen, in welchem Winkel das Vorderfußwurzelgelenk genau steht; wir geben deshalb einige Erfahrungswerte wieder:

Im allgemeinen haben Galopper einen Winkel von 80° bis 85°.

Traber haben meistens eine etwas kleinere Winkelung: 70° bis 75°.

118 - 10 **Zehenwinkelung**

Die oberen Zehenknöchel stehen meistens nicht in einer geraden Linie mit den Mittelfußknochen. Auch hier kann man gewöhnlich einen Winkel feststellen. Beide Winkel wirken zusammen, um die richtige Stabilität zu finden.

118 - 11 **knuckling over** (= englisch)

Bei mehreren Rassen (vor allem Terrier-Rassen) stehen die Mittelfußknochen nahezu senkrecht (Winkelung des Vorderfußwurzelgelenks: 85° bis 90°). Wenn dies mit einem großen Winkel der Zehen verbunden ist (das heißt auch die Zehen stehen ziemlich senkrecht), dann ist es sehr wahrscheinlich, daß man eine (leicht) unterständige Vorhand beobachten kann. Der betreffende Hund wird immer damit beschäftigt sein, die richtige Balance zu finden; dies bedeutet eine ständige Anspannung der Muskeln des Vorderlaufes. Nach einiger Zeit werden die Läufe wegen der dauernden Anspannung anfangen zu zittern.

Bei ein paar Rassen (zum Beispiel English Foxhound, Foxterrier) kann diese Stellung eine Erscheinung verursachen, die man knuckling over nennt. Das Vorderfußwurzelgelenk schlägt gleichsam zur falschen Seite durch (der Winkel geht über die 90° hinaus). Bei den meisten Rassen wird dies -selbstverständlich- als Fehler vermerkt.

118 - 12 **Schrägstand**

Bei mehreren Rassen (vor allem wieder Terrier-Rassen) werden die Vorderläufe in einen sogenannten Schrägstand gesetzt (Wohlgemerkt: das ist kein natürlicher Stand; sie werden so gestellt). Hierbei wird das Zittern deutlich weniger (oder gar nicht) vorkommen. Doch wird bei diesem Stand eine zusätzliche Belastung im Ellenbogengelenk auftreten; wird der Schrägstand übertrieben, führt das auf Dauer zu *schlaffen Ellenbogen.*

Ein ganz leichter Schrägstand, bei dem die Pfoten unter den Stabilitätspunkt gestellt werden, kann wenig schaden; es ist gleichwohl kein natürlicher Stand.

120-1 B (120-2 E)

120-2 B (120-1 C, 120-2 F)

120-2 C

120-2 D

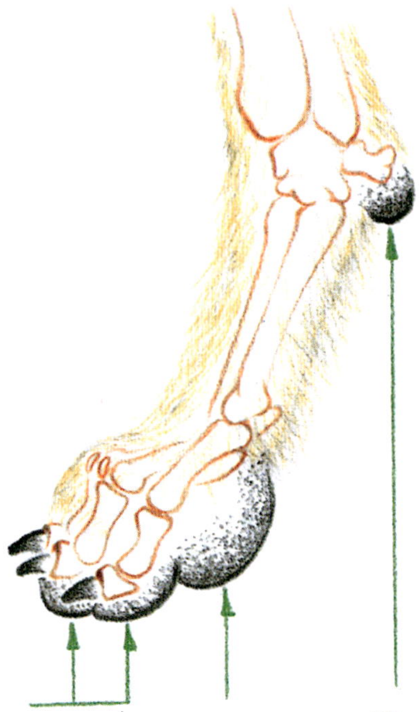

120-3 120-4 120-5

120-5

120-4

120-3

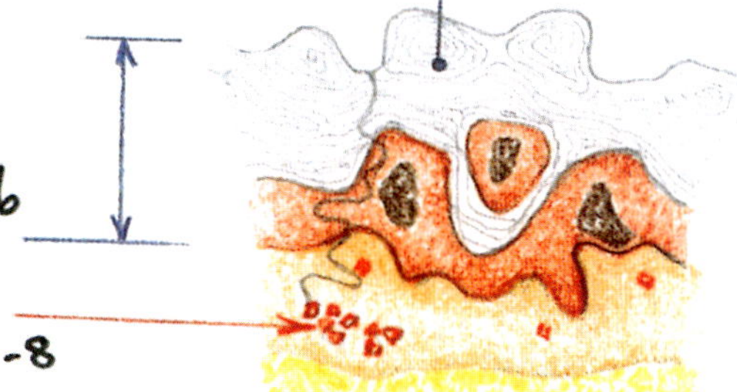

120-7

120-6

120-8

I. Pfotengrösse und Pfotenformen

120 - 1 **tragende Pfotenoberfläche**

a) Im allgemeinen sind die Vorderpfoten größer als die Hinterpfoten, denn der Anteil des Körpergewichtes, der auf den Vorderpfoten ruht, ist ja deutlich größer als der, der von den Hinterpfoten getragen werden muß.
b) Für Rassen, die ihre Arbeit auf *weichem Boden* verrichten müssen, wird es wichtig sein, eine große Pfotenoberfläche zu haben (= mehr Tragfähigkeit; weniger Gewicht pro Quadratzentimeter Pfotenoberfläche).
c) Hunde, die auf *hartem Boden* arbeiten, haben kleinere Pfoten (= eine kleinere Pfotenoberfläche); eine gut geschlossene Pfote mit festen Pfotenballen ist für felsiges Gelände besser geeignet.
d) *Große* (und *schwere*) *Rassen* haben —verhältnismäßig— größere Pfoten als kleine Rassen.

120 - 2 **Pfotenform**

a) Eine große (breite) Pfotenoberfläche *vermindert* (geringfügig) die *Geschwindigkeit* der Fortbewegung. Eine große (schwere) Pfote verbraucht (geringfügig) *mehr Energie.*
Das bedeutet, daß für Hunde, die schnell sein müssen, kleinere Pfoten am vorteilhaftesten sind. Sie müssen jedoch hinreichend groß sein, um das Körpergewicht tragen zu können.
b) *Schnelligkeit auf hartem Untergrund* (Fels) verlangt kleine, geschlossene Pfoten, die sogenannten *Katzenpfoten.* Diese Pfoten können schnell und sicher Stützpunkte finden.
c) *Schnelligkeit auf weichem Untergrund* (Sand) verlangt schmale, längliche Pfoten, die sogenannten *Hasenpfoten.* Diese Pfoten sind schmal, um den Geschwindigkeitsverlust gering zu halten, und lang, um mehr Tragfähigkeit zu haben.
d) Für *Traber* (in normalem Gelände: auf Gras, in Wäldern, in hügeligem Gelände) und *Zughunde* sind ziemlich breite Pfoten von ausreichender Länge am vorteilhaftesten (die sogenannte *Wolfspfote*, eine breitere, etwas kürzere Hasenpfote).
e) Hunde, die im *Schnee oder auf sumpfigem Boden* laufen müssen, müssen eine ziemlich große Pfotenoberfläche (= mehr Tragfläche) haben.
Für Rassen, die dabei auch noch eine gewisse Schnelligkeit entwickeln müssen, ist eine breite, etwas kürzere Pfote von Nutzen.
Bei Rassen, für die Schnelligkeit nicht so wichtig ist, können die Pfoten groß und breit sein (es dürfen jedoch keine durchgetretenen Pfoten sein).
f) Gute *Erdhunde* (viele Terrier) haben gleichfalls Katzenpfoten; damit kann mit mehr Kraft als mit großen, breiten Pfoten gegraben werden.

Aufgaben der Pfote

a) Stoßdämpfer
b) Gleitschutz
c) Duftspur (Duftdrüsen)

Vorderpfote

120 - 3 **Zehenballen**
120 - 4 **Sohlenballen** (oder *Metakarpalballen*)
120 - 5 **Fußwurzelballen** (oder *Karpalballen*)

Schnitt durch einen Pfotenballen

120 - 6 **Oberhaut** (*Epidermis*) besteht insgesamt aus fünf Schichten;
120 - 7 **Stratum corneum** Deren äußerste, verhältnismäßig dicke und haarlose Schicht formt den sichtbaren (schwarzen) Fußballen.
120 - 8 **Schweißdrüsen** Durch einen stark gewundenen Gang wird der Schweiß an die Oberfläche des Stratum corneum geleitet und dort ausgeschieden.
Die ausgeschiedene wässerige Flüssigkeit dient vermutlich hauptsächlich als Duftstoff (Schweißspur).

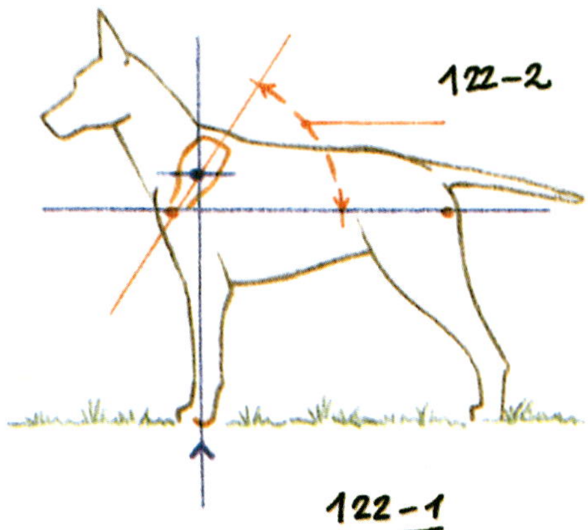

122-1

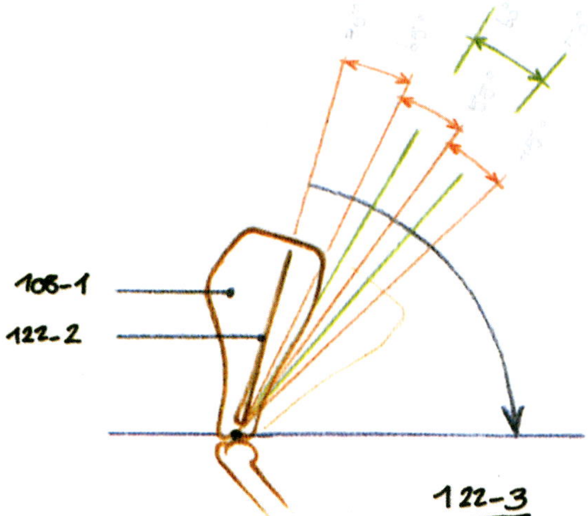

122-3

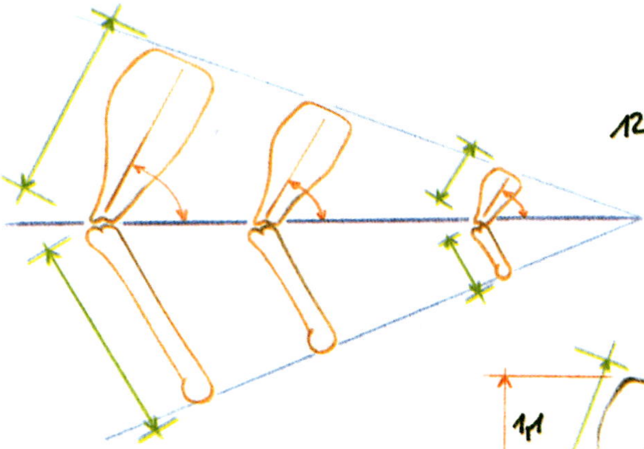

122-6

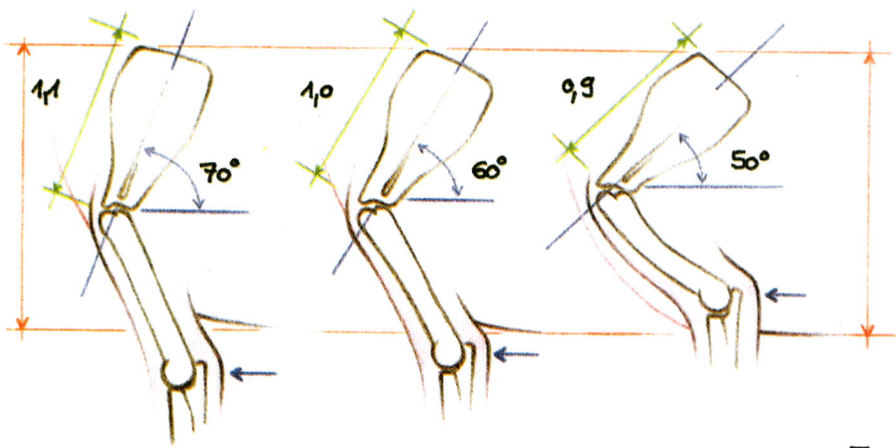

122-7

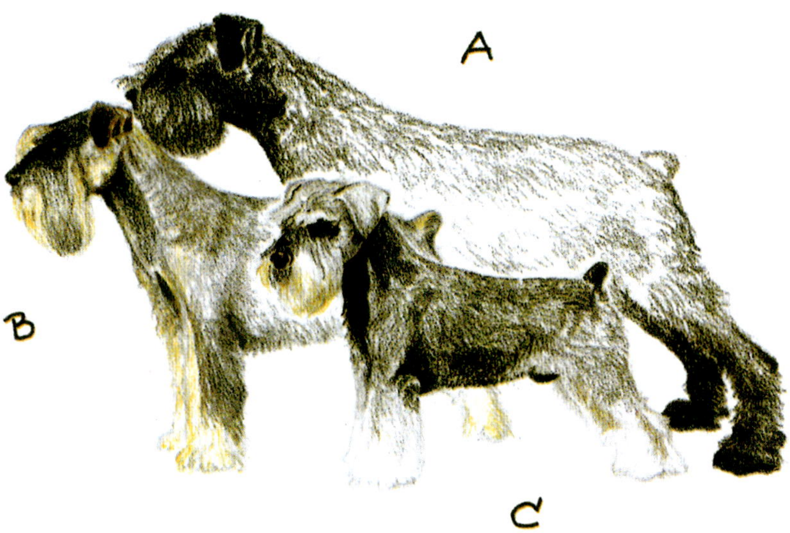

122-8

J. Lage und Verhältnisse des Vorhandskeletts

Es besteht eine Wechselbeziehung zwischen der Aufgabe eines Hundes und der Lage und Größe der einzelnen Knochen der Vorhand.

A) Standcode

122 - 1 **Standcode der Vorhand**

Um die Winkelung beurteilen zu können, muß ungeachtet der Rasse ein fester Maßstab aufgestellt werden. Nur dann können Unterschiede zwischen den Rassen und von einem Hund zum anderen aufgezeigt werden. Diesen Maßstab nennen wir: Standcode.

Der Standcode für die Vorhand lautet:

a) der Unterarm (= Radius und Ulna) steht senkrecht und gerade;

b) das Lot aus der Mitte des Schulterblattes (Stabilitätspunkt) trifft unter dem Sohlenballen auf den Boden.

B) Lage und Grösse des Schulterblatts

122 - 2 **Lage des Schulterblatts**

Die Lage des Schulterblatts bestimmt man durch den Winkel, den man zwischen einer Linie über der Schulterblattgräte und einer horizontalen Linie messen oder schätzen kann.

Für die verschiedenen Hundetypen gibt es verschiedene Winkelungen:

122 - 3 **Schulterblattwinkelung**

Bei Windhunden (zum Beispiel Saluki, Afghanen) liegt der Winkel zwischen 65° und 75°.

Bei Trabern (zum Beispiel Hütehunden) sehen wir einen Winkel von 55° bis 65°.

Bei (hochläufigen) Terriern kann man einen Winkel zwischen 55° und 60° messen.

Bei den meisten Kurzläufigen (zum Beispiel Basset und Dachshund) finden wir einen Winkel zwischen 50° und 55°.

122 - 4 **steiles Schulterblatt**

Im täglichen Sprachgebrauch nennt man ein Schulterblatt mit einem größeren Winkel als ungefähr 60° ein steiles Schulterblatt (steile Schulter).

Bei jeder Rasse ist jedoch (abhängig vom eigentlichen - ursprünglichen- Verwendungszweck) ein bestimmter Winkel im Rassestandard festgelegt.

Wenn der Winkel zu groß ist, (das heißt, daß ein größerer Winkel beobachtet wird als nach der Rassenorm zu erwarten), dann nennt man das *zu steil.*

122 - 5 **flaches Schulterblatt**

Im täglichen Sprachgebrauch nennt man ein Schulterblatt mit einem kleineren Winkel als ungefähr 50° ein flaches Schulterblatt.

Wenn die Winkelung (entsprechend der Rassenorm) zu klein ist, dann nennt man dies *zu flach.* Das kommt in der Praxis sehr selten vor.

Hierbei gehen wir nicht von der Standardnorm für den Hund im allgemeinen aus, sondern von der jeweiligen Rassenorm.

Ein Saluki mit einer Lage des Schulterblatts von 60° hat demnach ein zu flaches Schulterblatt (denn die Rassenorm beträgt ungefähr 70°);

während ein Dachshund mit einer Schulterblattlage von 60° ein zu steiles Schulterblatt hat (bei einer Rassenorm von ungefähr 55°).

122 - 6 **relative Größe des Schulterblatts**

Natürlich ist der Unterschied ziemlich groß, wenn man die absolute Länge des Schulterblatts etwa eines Chihuahua und einer Deutschen Dogge (Schulterblattlage: circa 60°) oder eines Italienischen Windspiels und einem Irischen Wolfshund (Schulterblattlage: circa 70°) miteinander vergleicht.

Doch gibt es eine relative Übereinstimmung zwischen den Rassen dieser beiden Gruppen, und zwar das Verhältnis zwischen der Länge des Schulterblatts und der Länge des Oberarmbeins.

Bei Galoppern (Italienisches Windspiel, Saluki, Irischer Wolfshund und so weiter) ist die Länge des Oberarmbeins deutlich größer als die des Schulterblatts (Verhältnis 1,2 : 1); bei Trabern (unter anderen Chihuahua, Deutsche Dogge) sind die Längen ungefähr gleich (meistens ist das Oberarmbein ein bißchen länger; aber Verhältnis ungefähr 1: 1).

Kurzläufige Rassen haben meistens ein Oberarmbein, das kürzer als das Schulterblatt ist (Verhältnis 0,8 : 1).

Viele (hochläufige) Terrier bilden eine Ausnahme; bei ihnen steht das Oberarmbein eher senkrecht und ist deutlich kürzer als das Schulterblatt (Verhältnis 0,7 – 0,8 : 1).

122 - 7 **funktionale Größe des Schulterblatts**

Außer der relativen Größe (Verhältnis zwischen der Länge des Oberarmbeins und des Schulterblatts) gibt es auch je nach der Aufgabe des Hundes einen großen Unterschied.

Das können wir sehen, wenn wir Hunde mit der gleichen Brusttiefe, aber mit unterschiedlichen Aufgaben nebeneinanderstellen und Lage und Größe des Schulterblatts einzeichnen.

Es stellt sich heraus, daß man die Längenverhältnisse zwischen Galoppern, Trabern und kurzbeinigen Rassen mit 1,1 : 1 : 0,9 festlegen kann.

122 - 8 **Rassen verschiedener Größenschläge**

Beim großen (oder Riesen-)Typ, dem normalen oder (Standard-)Typ und dem Zwerg- (oder Toy-)Typ ist wohl die tatsächliche Länge des Schulterblatts verschieden, aber die relative Größe sollte im Prinzip gleich sein. Doch gibt es in Wirklichkeit kleine Unterschiede (siehe unter: Größenverhältnis Seite 127).

abgebildete Rassen:

A. Riesenschnauzer
B. Mittelschnauzer
C. Zwergschnauzer

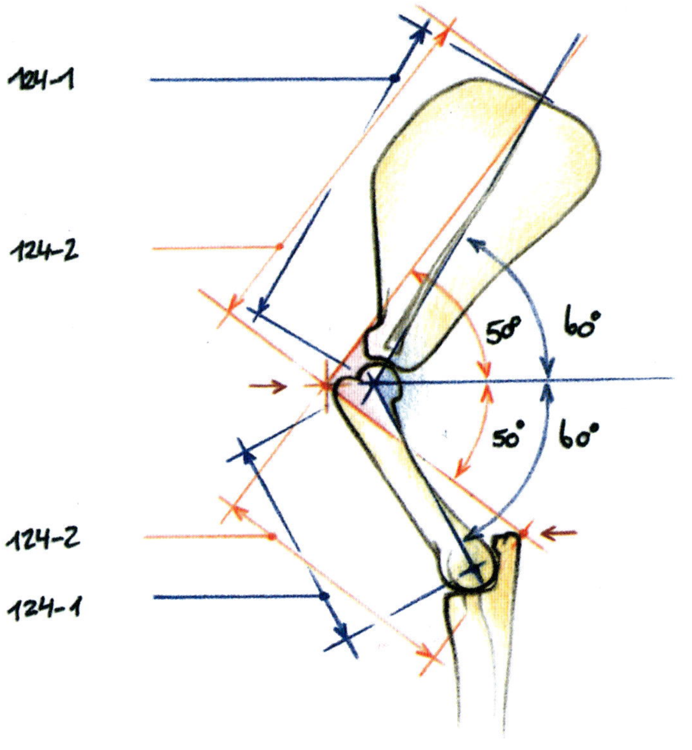
124-1
124-2
50°
60°
50°
60°
124-2
124-1

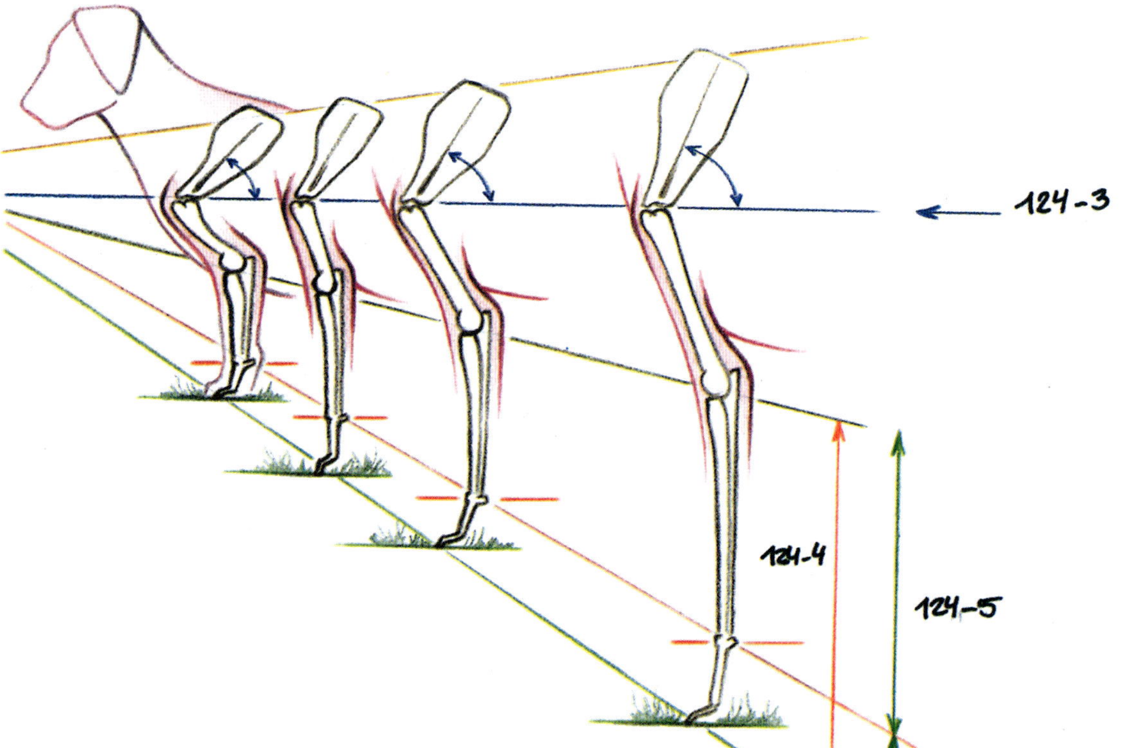
124-3
124-4
124-5
124-6

C) MESSMETHODEN DER GRÖSSENVERHÄLTNISSE

124 - 1 **effektive Methode** Bei der effektiven Meßmethode vergleicht man die Länge von der Spitze des Schulterblattes bis zur Mitte des Buggelenks mit der Länge von der Mitte des Buggelenks bis zur Mitte des Ellenbogengelenks.

124 - 2 **praktische Methode** Bei der praktischen Meßmethode (der Methode, die in der Praxis beim Richten üblich ist), vergleicht man den Abstand von der Spitze des Schulterblattes bis zum *(fühlbaren)* vorderen Punkt des Buggelenks mit dem Abstand zwischen vorderem Punkt des Buggelenks bis zur *(fühlbaren)* Spitze des Ellenbogengelenks (= Spitze der Ulna).

Beim Vergleich der Längenmessungen bringen beide Meßmethoden ziemlich übereinstimmende Ergebnisse. Bei der Ermittlung des Buggelenkwinkels ergeben sich jedoch deutliche Unterschiede.

D) BUGGELENKWINKELUNG

124 - 3 **Buggelenkwinkelung** Unter der Winkelung des Buggelenks versteht man den Winkel zwischen der Längsachse des Schulterblatts und der Längsachse des Oberarmbeins.

Weil die Stellung des Oberarmbeins meistens in direktem Zusammenhang mit der Stellung des Schulterblattes steht, ist diese Winkelung nicht so wichtig, wie oft angenommen wird.

Der Vollständigkeit halber seien hier die Winkelungen einiger Gruppen angegeben:

Galopper	: circa 130°
Traber	: circa 120°
kurzbeinige Rassen	: circa 100°
(hochläufige) Terrier	: circa 130°

E) KNOCHENRELATIONEN DES VORDERLAUFS

Außer dem Verhältnis von der Länge des Schulterblatts zur Länge des Oberarmbeins kann man auch weitere Relationen zum Unterarm beschreiben.

124 - 4 **Länge des Unterarms** Unter der Länge des Unterarms versteht man die gesamte Länge des Unterarms unterhalb des Ellenbogengelenks. Es hat sich gezeigt, daß eine Relation besteht zwischen:

a) Länge und Lagerung des Schulterblattes
b) Länge und Lagerung des Oberarmbeins und
c) der Länge des Unterarms.

Die Gesamtlänge des Unterarms teilt man in zwei Elemente ein:

- die Länge zwischen Ellenbogen und Vordermittelfußgelenk (Länge des Radius) und
- die Länge zwischen Vordermittelfußgelenk und Pfotenballen (Pfotenlänge).

124 - 5 **Länge des Radius** Der Radius ist (bei Galoppern und anderen hochläufigen Hunden) ungefähr 15% länger als das Oberarmbein; bei normalläufigen Hunden (unter anderem den Trabern) sind Radius und Oberarmbein ungefähr gleich lang; bei den kurzläufigen Rassen ist der Radius etwa 10% kürzer als das Oberarmbein.

124 - 6 **Länge der Pfote** Der relative Unterschied in der Länge der Pfote ist bei den verschiedenen Rassen nicht sonderlich groß. Er beträgt ± 40% (beim Dachshund 45%) der Länge des Oberarmbeins.

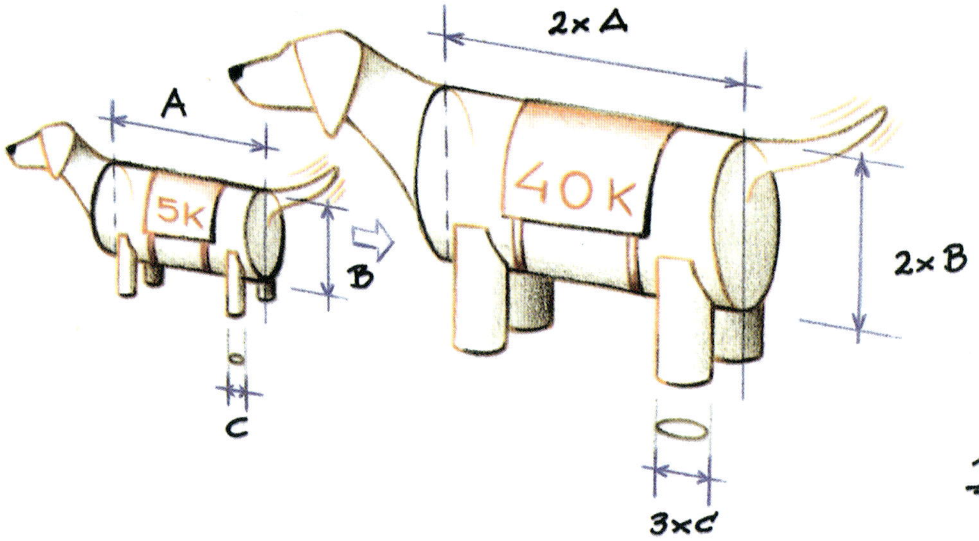

12b-2

12b-5

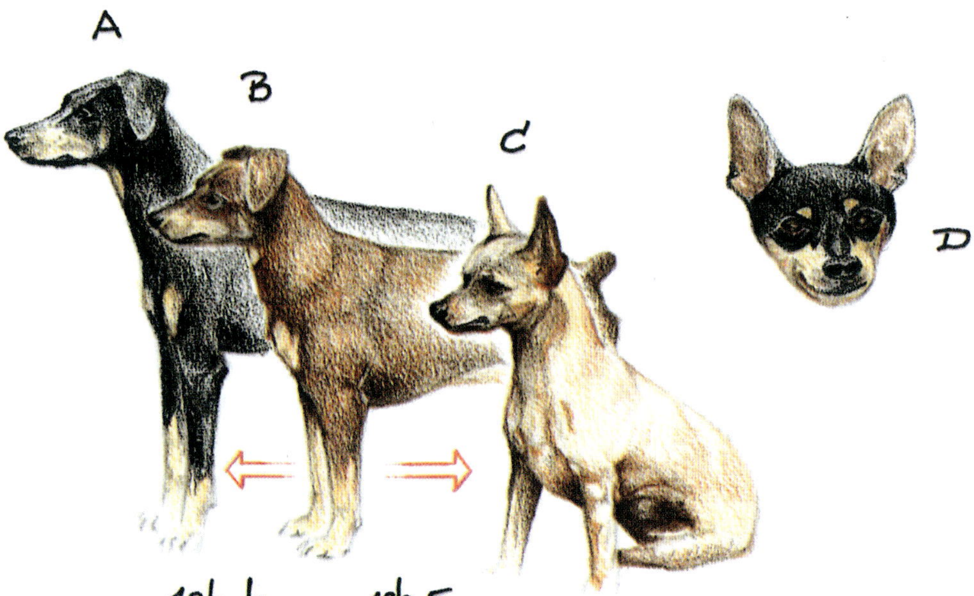

12b-6 12b-5

K. Grössenverhältnis, Rassenmasse und Rassentypen

126 - 1 **Körperoberfläche**

Bestehen von einer Rasse zwei Formen, eine Standard- und eine Zwergform, und die Zwergform ist in Brusttiefe und Rumpflänge halb so groß wie die Standardform, dann ist die Körperoberfläche des Standardmasses viermal so groß wie die des Zwergmasses. Das Körpergewicht ist jedoch achtmal so groß; ein schwererer Hund hat demnach eine verhältnismäßig kleinere Körperoberfläche.

126 - 2 **Körpergewicht**

Wenn wir von einer bestimmten Rasse einen besonders schweren Typ züchten, der **doppelt** so groß ist (sowohl in der Brusttiefe als auch in der Rumpflänge), dann wird der Körperinhalt (und damit auch das Körpergewicht) **achtmal** so groß werden. Das bedeutet, daß die Läufe auch ein achtmal so schweres Gewicht tragen müssen. Es ist zu berücksichtigen, daß die Läufe im Durchschnitt dann dreimal so dick werden müßten.

Wir können deshalb nicht ungestraft hingehen und einer Rasse den Körper einfach größer oder schwerer züchten. Die Läufe müssen beim Verdoppeln der Körpergröße im Durchschnitt dreimal so groß werden, und das erreicht man nur durch Selektieren und Einkreuzen einer anderen Rasse (mit schwereren Läufen).

126 - 3 **Zwerggröße**

Umgekehrt hieße das, wenn wir ~~von einer~~ bestimmten Rasse einen Zwergtyp züchten wollen, der nur halb so groß ist, dann könnten die Läufe dreimal schwächer sein.

Das stimmt gleichfalls in der Praxis nicht; beim Verkleinern der Rasse wird auch die Laufstärke abnehmen, aber nicht um den Faktor drei.

Das bedeutet, daß die Knochen von Vor- und Hinterhand beim Zwergtyp verhältnismäßig größer und schwerer sind als beim Standardtyp derselben Rasse..

126 - 4 **Schulterblattoberfläche**

Um diesen (verhältnismäßig) schwereren Knochen (und den dazugehörigen Muskeln) Platz bieten zu können, wird vor allem das Schulterblatt etwas flacher liegen. Wenn innerhalb eines gegebenen Raumes das Schulterblatt flacher zu liegen kommt, dann kann die Länge des Schulterblattes größer werden. Bei den Zwergtypen einer bestimmten Rasse wird dann auch das Schulterblatt zu einer flacheren Lage (einem kleineren Winkel) neigen.

124 - 5 **Verkleinerung einer Rasse**

Bei der Verkleinerung einer Rasse haben bestimmte Körperteile die Neigung, sich nicht im gleichen Maße mit zu verkleinern.

Es scheint, als ob der Schädelinhalt (das Gehirn) sich verhältnismäßig weniger verkleinert. Das hat zur Folge, daß der Schädel vergleichsweise kleiner und runder wird (Apfelkopf); die Augen stehen mehr nach vorne (als seitlich des Kopfes); die Augenhöhlen liegen weiter vorne (wodurch Glotzaugen entstehen können), und das Vorgesicht hat die Tendenz, kürzer zu werden. Hier kommt noch hinzu, daß die Augäpfel sich nur wenig verkleinern, wodurch die Augen von kleinen (verkleinerten) Rassen manchmal größer zu sein scheinen.

Bei der Verkleinerung nimmt auch die Dicke (der Durchschnitt) der Wirbel nicht im gleichen Maße ab (wohl aber die Länge!).

Das ist logisch, da sich der Schädel ebenfalls nicht im gleichen Maße verkleinert und er mit den Halswirbeln verbunden ist.

126 - 6 **Vergrößerung einer Rasse**

Bei der Vergrößerung einer Rasse geschieht das Gegenteil: der Schädel wird kleiner (flacher), die Augen liegen mehr seitwärts und scheinen kleiner, und das Vorgesicht verkürzt sich nicht.

abgebildete Rassen:

A. Dobermannpinscher (schwarz mit lohfarbenem Brand)
B. Deutscher Pinscher (schokoladenfarbig mit Abzeichen; braun und gelb)
C. Zwergpinscher (rehfarben)
D. Zwergpinscher (schwarz mit lohfarbenem Brand)

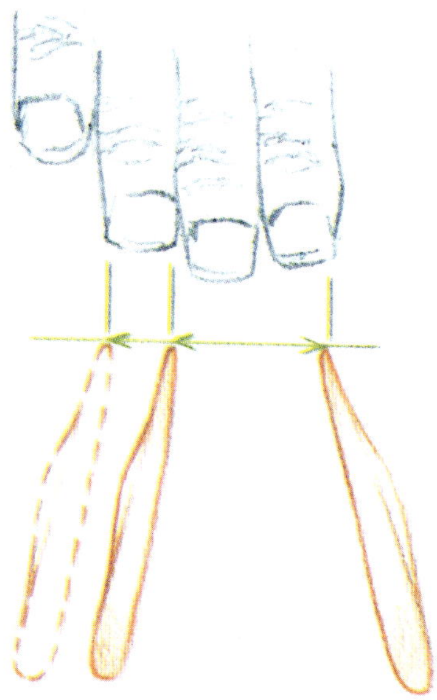

128-2

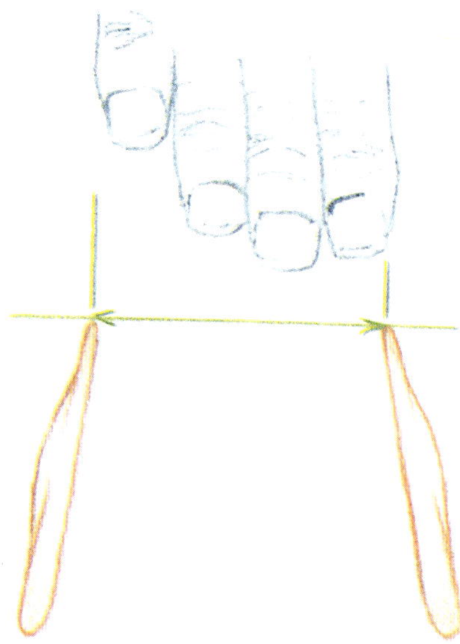

128-3

128-2

128-4

L. SCHULTERSPITZEN

128 - 1	**Abstand der Schulterspitzen** abgebildete Rasse: AMERICAN FOXHOUND	Viele Rassen sind Jäger, die zum Verfolgen und/oder Aufspüren der Beute mit der Nase dicht am Boden laufen oder schnüffeln. Der Kopf wird tief gehalten und der Hals gebogen. In dieser Haltung treffen die Spitzen der Schulterblätter etwas höher und dichter zusammen. Sobald die Spitzen einander berühren, kann der Hund den Kopf unmöglich noch tiefer bringen. Extrem große, schwere Rassen mit einem verhältnismäßig kurzen Hals können manchmal ihren Kopf nicht weit genug nach unten bringen; sie fressen dann im Liegen. Es kann sein, daß die Schulterspitzen zu dicht beieinander stehen; es kann auch sein, daß der Hals (Nacken) nicht biegsam genug ist (Stiernacken).
128 - 2	**Normalmaß**	Bei vielen auf der Fährte jagenden Rassen ist die Entfernung (im Normalstand, das heißt mit erhobenem Kopf) zwischen den Spitzen der Schulterblätter zwei oder drei Finger breit. Das gilt unter anderem auch für viele Hütehunde und Terrier. Wenn bei Hütehunden und Terriern die Spitzen näher zusammenstehen, dann wird das als fehlerhaft betrachtet. Wenn die Spitzen etwas breiter auseinanderstehen, dann muß das nicht unbedingt fehlerhaft sein (vorausgesetzt, es harmoniert mit dem übrigen Körperbau).
128 - 3	**breites Maß**	Bei mehreren Jagdhundrassen (Setter, Pointer) liegen die Schulterspitzen weiter auseinander. Der Abstand beträgt hier oft mindestens vier Fingerbreit. Auch bei der Bulldogge zum Beispiel ist der Abstand größer als drei Finger. (Ursache: der extra breite Bau, siehe hierzu 130 - 7).
128 - 4	**extra breites Maß** abgebildete Rasse: PODENCO IBICENCO (Rauhhaar)	Bei vielen Sichtjägern (unter anderem den Windhunden) finden wir eine Handbreit Abstand zwischen den Schulterspitzen. Doch sind diese Hunde mit ihren langen Beinen und verhältnismäßig kurzen Hälsen auch nicht dafür gebaut, mit der Nase am Boden zu laufen. Der (relativ) große Abstand zwischen den Schulterspitzen hängt ausschließlich mit der Art der Fortbewegung zusammen: für die freie Bewegung von Hals und Kopf im Galopp ist ein ziemlich großer Abstand wichtig. Galopper haben dann auch sicher einen größeren Abstand als vier Fingerbreit zwischen den Schulterspitzen.

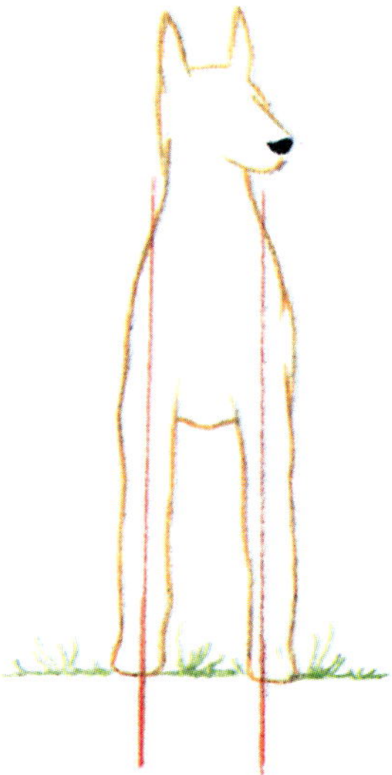

130-1

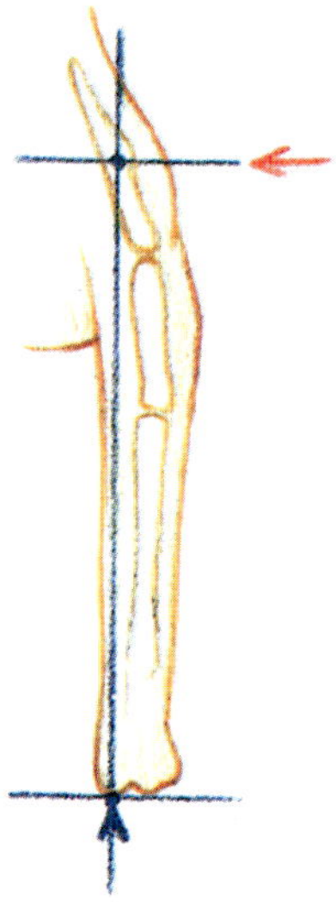

130-2

130-4

130-5

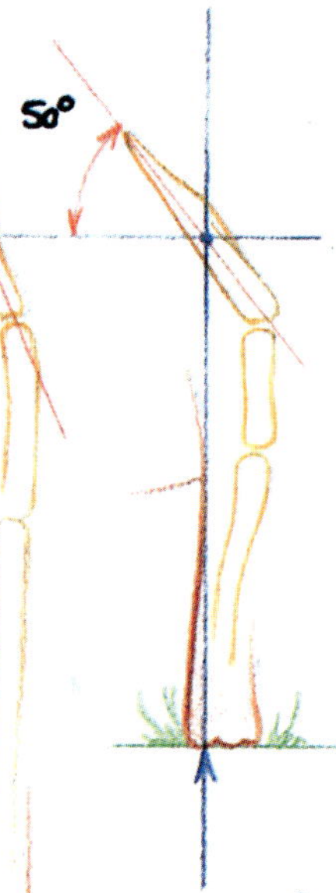

130-6

130-7

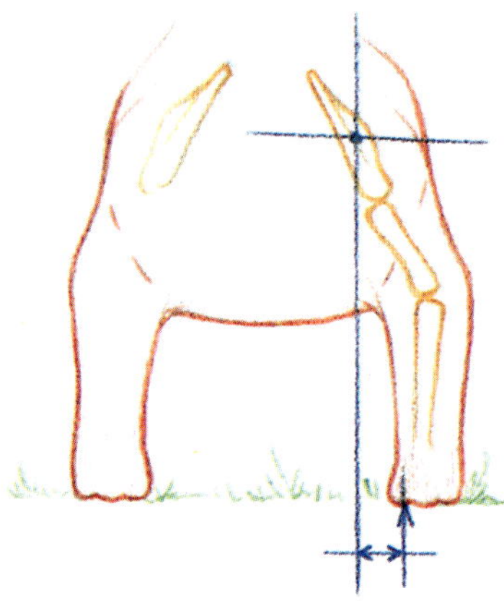

130-7

130-8

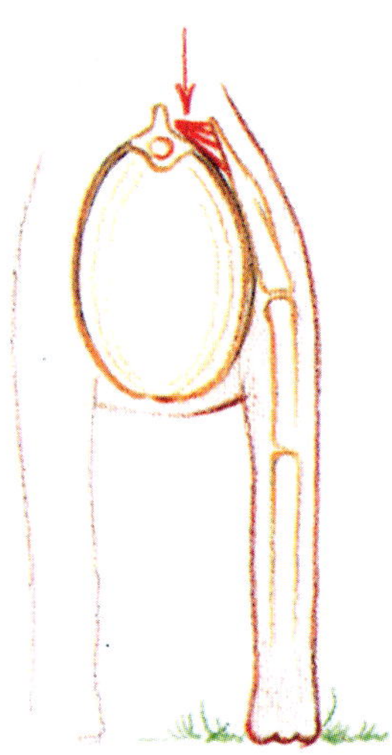

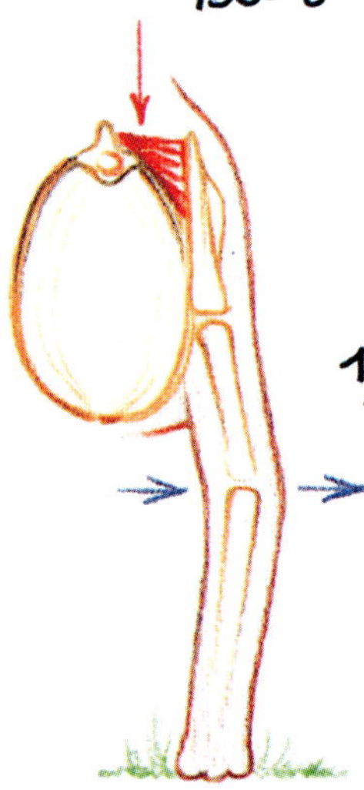

130-10

M. Front

(fehlerhafte Standformen siehe 34 - 10 bis 34 - 17)

130 - 1 **Normalstand**

Als Normalstand kann bei fast allen Rassen ein Stand gelten, bei dem –von vorne gesehen– die Läufe nahezu senkrecht und parallel stehen (siehe auch unter 34 - 8).

Wohlgemerkt: die Läufe können bei bestimmten Rassen etwas gekrümmt sein, doch muß der Haupteindruck sein, daß die Läufe senkrecht stehen.

130 - 2 **Stabilität**

(statisches Gleichgewicht). Beim "normalen" Hund steht der Sohlenballen an der Innenseite der Pfote senkrecht unter dem Stabilitätspunkt. Das gilt für sehr viele Rassen, auch für die meisten Rassen, deren Vorderläufe –von vorne gesehen– nicht gerade sind.

130 - 3 **Verkantung des Schulterblatts**

Von vorne gesehen, stehen die Schulterblätter immer mehr oder weniger verkantet. Bei vielen Trabern und Galoppern stehen sie nahezu senkrecht (Winkel: ± 80° gegenüber einer horizontalen Linie); bei vielen Jagdhunden können wir von einer leichten Verkantung sprechen (Winkel: ± 70° gegenüber einer horizontalen Linie); bei vielen kurzläufigen Rassen finden wir eine Verkantung von ungefähr 50°.

Der Grad der Verkantung hängt mit der Form des Brustkorbs zusammen: je runder der Brustkorb, desto stärker ist die Verkantung.

Auch eine Verkantung nach vorne kommt vor: bei den meisten Rassen (zum Beispiel kurzläufigen Terriern) ist das fehlerhaft, beim English Bulldog ist es in gewissem Maße erlaubt.

130 - 4 **gerade Front**

Hierbei stehen alle Knochen unter dem Schulterblatt in der Vorderansicht fast senkrecht.

130 - 5 **Setter-Front**

Bei vielen Jagdhundrassen vom Setter- und Pointertyp sind die Schulterblätter leicht verkantet; der Brustkorb ist oft etwas runder als bei der geraden Front.

Beim Plazieren der Pfoten senkrecht unter den Stabilitätspunkt stehen die Vorderläufe leicht schräg nach innen; im übrigen müssen die Vorderläufe wohl gerade sein.

130 - 6 **Front kurzläufiger Rassen**

Bei mehreren kurzläufigen Rassen (Teckel, Pekingesen, eine Anzahl kurzläufiger Terrier) kommt ein eher tonnenförmiger Brustkorb vor. Um die Vorderläufe dennoch senkrecht unter den Stabilitätspunkt zu bekommen, sind bei diesen Rassen Radius und Ulna gekrümmt. Die Läufe sind also nicht gerade.

130 - 7 **Bulldog-Front**

Bei der Bulldog-Front (mit tonnenförmigem Brustkorb) sehen wir einen völlig abweichenden Stand. Bei einer derartig extrem breiten Front ist es unmöglich, die Pfoten senkrecht unter den Stabilitätspunkt zu plazieren. Es ist wohl eine geringe Neigung vorhanden, die Pfoten nach innen zu drehen, aber die Vorderläufe müssen so senkrecht wie möglich (unter den Ellenbogen) stehen, um eine denkbar große Standfestigkeit in der Front (siehe: Schwerpunkt-Breite) zu haben.

Hierbei sind einige Schwierigkeiten zu erkennen: In der Bewegung (Laufen) wird diese Art Hund sich mühseliger fortbewegen, und es wird mehr von den Muskeln nahe dem Buggelenk (Musculus serratus, Musculus pectoralis, Musculus latissimus dorsi) verlangt, um das Körpergewicht gut zu tragen.

Eine kräftige, gut entwickelte Muskelpartie an den Schulterblättern ist dabei eine Hauptforderung, wobei dessenungeachtet die Schulterspitzen nicht zu weit auseinander liegen sollten.

130 - 8 **überladene Schultern**

Bei einer zu starken Entwicklung der Muskeln unter den Schulterblättern (Musculus rhomboideus) werden die Schulterblätter nach außen (= vom Rumpf weg)gedrückt, vor allem an den Schulterspitzen. Das nennt man überladene Schultern (die Spitzen der Schulterblätter liegen weiter als erwünscht auseinander, die Schulterblätter sind nicht richtig verkantet).

Das kann durch eine Überlastung der Schulterblätter vor allem in der Jugendzeit (zum Beispiel durch Klettern und Treppenlaufen) entstehen. Überladene Schultern dürfen nicht verwechselt werden mit stark bemuskelten Schultern, bei denen die Schulterblätter recht gut anliegen und nur durch Training eine kräftig entwickelte Muskelpartie gebildet worden ist.

130 - 9 **lose Schultern**

Ein Ausdruck, der aus der Pferdewelt stammt und auf eine schwache Verbindung zwischen Rumpf und Schulterblatt hinweist. Bei Hunden gebraucht man diesen Ausdruck (manchmal), wenn die Spitzen der Schulterblätter zu weit auseinander stehen.

Es kann sich dabei um überladene Schultern handeln oder um (nach vorn) verkantete Schulterblätter. Der Ausdruck 'lose Schultern' sollte besser nicht mehr gebraucht werden.

130 - 10 **ausdrehende Ellenbogen** *(lose Ellenbogen)*

Oft weisen ausdrehende Ellenbogen auf einen verkehrten Stand der Schulterblätter (siehe dort) oder einen zu runden Brustkorb hin.

Ausdrehende Ellenbogen sind im Stand meistens gut und in der Bewegung oft noch besser zu sehen.

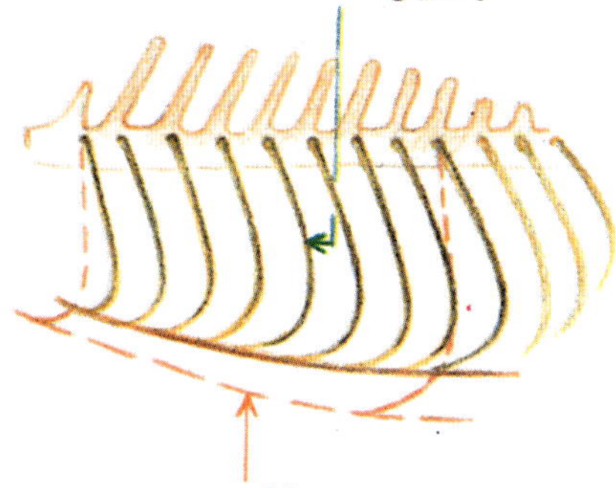

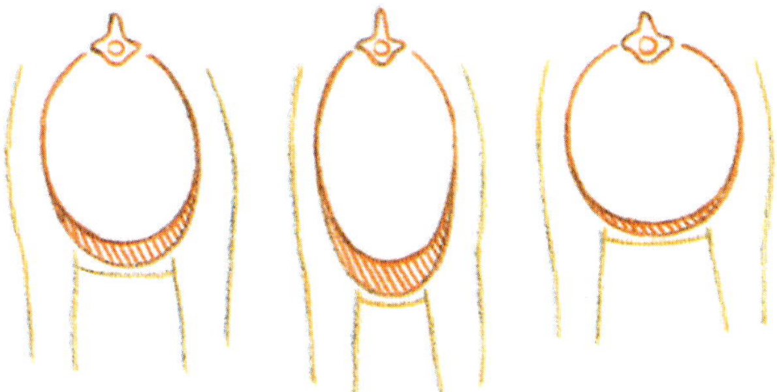

132-6A 132-6B 132-6C

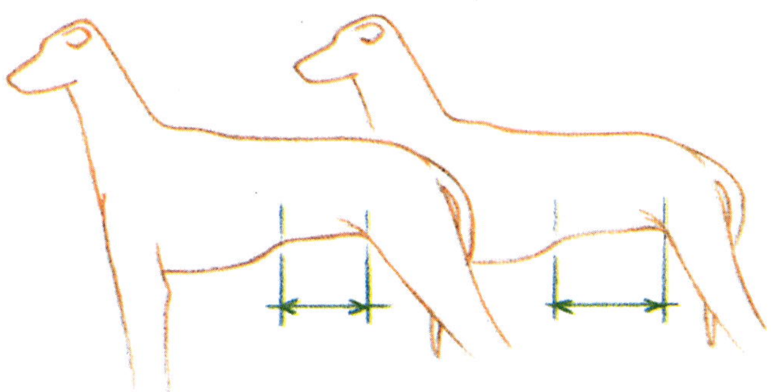

132-8

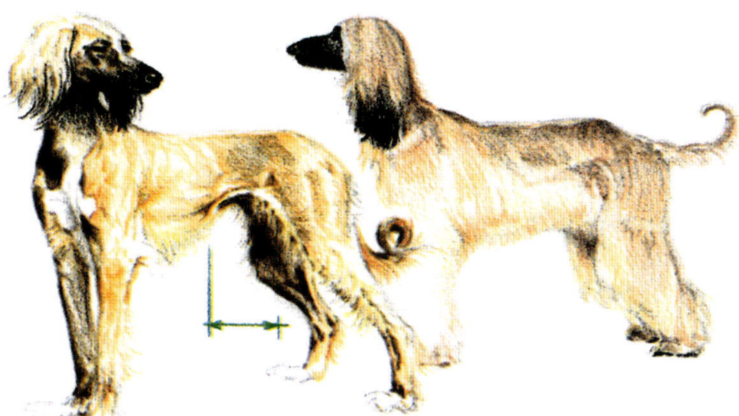

A B

132-8

N. BRUSTKORB

132 - 1 **Befestigung der Rippen**

Bei den meisten Hunden (Rassen) sind die Rippen mit dem Rückgrat so verbunden, daß sie *leicht nach hinten* gerichtet sind. Sie können durch Gelenke gegenüber dem Rückgrat etwas bewegt werden.

Die meisten Rippen (neun Paar) sind durch Knorpelstreifen mit dem Brustbein verbunden. Diese Knorpelverbindungen geben dem Brustkorb an der Unterseite etwas Elastizität.

132 - 2 **Bewegung der Rippen**

Beim Atemholen (Einatmen) bewegen sich die Rippen von einem leicht nach hinten gerichteten zu einem fast senkrechten Stand.

Durch diese Bewegung vergrößert sich das Fassungsvermögen des Brustkorbs.

132 - 3 **tiefer Brustkorb**

132 - 4 **flacher Brustkorb**

Ein tiefer Brustkorb hat ein größeres Fassungsvermögen als ein flacher Brustkorb.

132 - 5 **tonnenförmiger Brustkorb**

Es hat sich gezeigt, daß bei einem tonnenförmigen Brustkorb (so wie er zum Beispiel beim English Bulldog vorkommt) der Normalstand der Rippen eher senkrecht ist. Die Erweiterung des Brustkorbs beim Einatmen ist daher auch relativ gering.

132 - 6 **Atemholen**

a) Hunde mit gut gestellten Rippen und einem verhältnismäßig geräumigen Brustkorb können den Lungeninhalt (= Sauerstoffzufuhr) angemessen vergrößern und haben eine gute Ausdauer (Traber).

b) Hunde mit einem tiefen (oft in der Vorderansicht etwas schmaleren) Brustkorb können den Lungeninhalt beträchtlich vergrößern und haben eine gute Ausdauer (Galopper).

c) Hunde mit einem flachen oder tonnenförmigen Brustkorb können den Lungeninhalt in viel geringerem Ausmaß vergrößern und werden demnach auch verhältnismäßig weniger Ausdauer haben. In bestimmten Fällen können sogar Atembeschwerden (Kurzatmigkeit) auftreten.

132 - 7 **Herz**

abgebildete Rassen:
A. AFGHANE DER EBENE
B. BERGAFGHANE

Abgesehen davon, daß der Brustkorb genügend Raum für Lungen und Atmung bieten muß, soll auch das Herz im Brustkorb gut arbeiten können. Die Größe des Herzens ist innerhalb einer Rasse so gut wie immer gleich, gleichgültig, wie groß das Fassungsvermögen des Brustkorbs ist.

Hunde mit einem tiefen Brustkorb müssen auch ein relativ großes Herz haben, um die größere Sauerstoffzufuhr zu verarbeiten, sowie die zusätzliche Kohlensäure, die durch die erhöhte Leistung entsteht, abführen zu können.

Bei diesen Folgerungen muß wohl darauf geachtet werden, daß nicht nur Form oder Tiefe des Brustkorbs wichtig sind (dann würde ein tiefer Brustkorb immer bevorzugt werden), sondern der gesamte Bau –das Zusammenspiel von Gliedmaßen, Hals und Rumpf– ist äußerst wichtig für die Bewegung, den Zweck und die Arbeit eines bestimmten Hundes.

Dazu ist ein harmonischer, funktioneller Bau immer günstig.

132 - 8 **coupling** (= englisch)

Mit diesem englischen Begriff bezeichnet man den Abstand zwischen den hintersten Rippen und dem Oberschenkel (*die Flanke*). Bei vielen Hunden ist dieses Maß kaum zu bestimmen und auch im praktischen Sinn unwichtig.

Nur bei trockenen Hunden (unter anderem bei Windhunden) findet dieser Begriff Anwendung. Man spricht dann von kurzem oder langem coupling (short coupling, long coupling oder auch short coupled und long coupled).

Im Grunde werden diese Maße durch die Proportionen der Wirbelsäule bestimmt, sie bedingen kurze hintere Rückenwirbel.

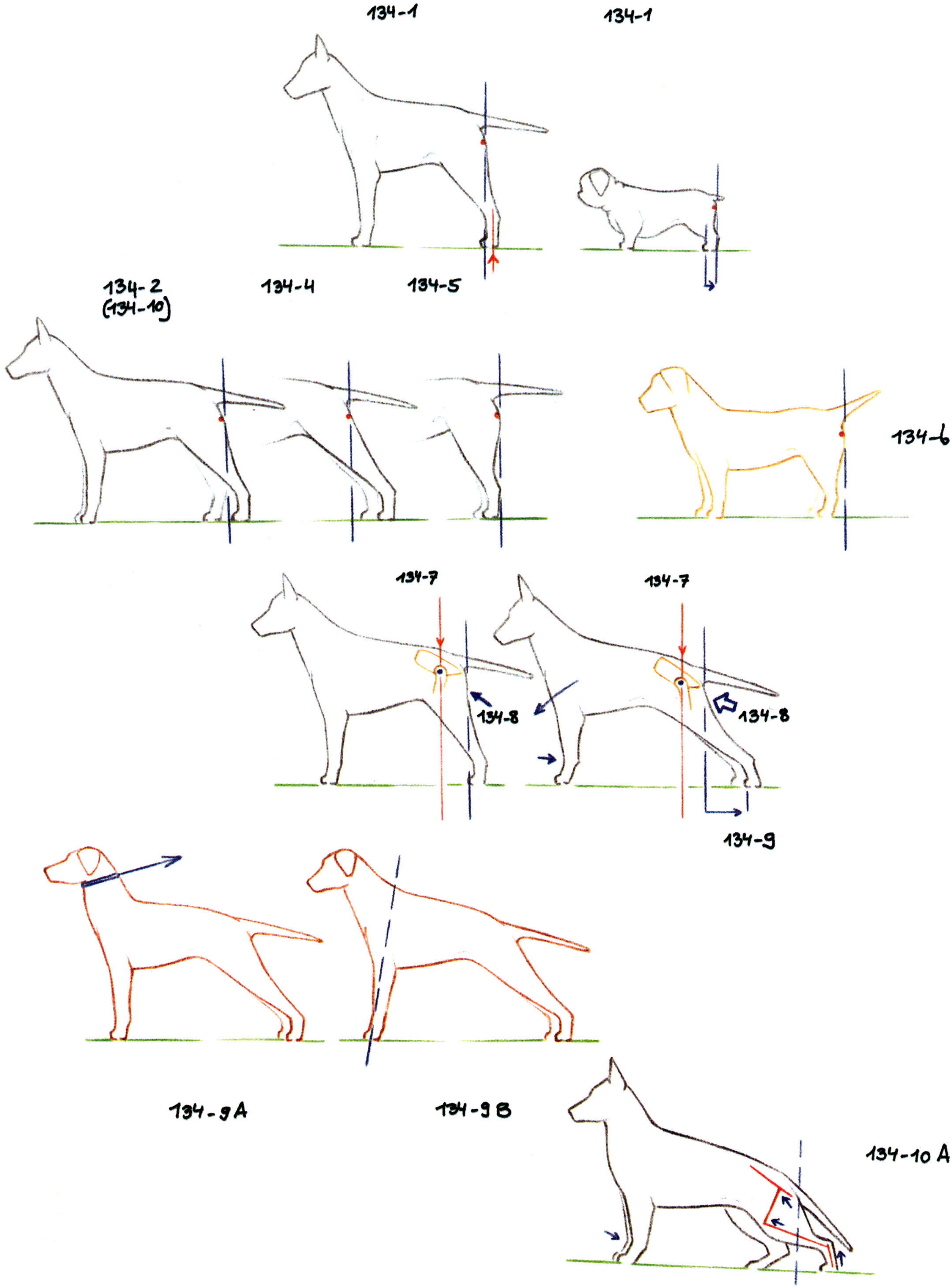
134-1
134-1
134-2
(134-10)
134-4
134-5
134-6
134-7
134-7
134-8
134-8
134-9
134-9A
134-9B
134-10A

O. Stand und Stabilitätspunkt der Hinterhand

134 - 1 **Normalstand der Hinterhand**
Bei vielen Rassen gilt der Stand als Normalstand, bei dem die Zehenballen den Boden an einem Punkt berühren, der sich senkrecht unter den Sitzbeinhöckern befindet.

Bei einigen Rassen sind die Pfoten etwas weiter vorn (bei den meisten schwergebauten Rassen und ausgesprochen typisch bei Zughunden) oder etwas weiter hinten gestellt.

134 - 2 **Standcode der Hinterhand**
Um den Stand (und die Winkelung) beurteilen zu können, muß eine feste Methode angewendet werden.

Nur dann können Unterschiede innerhalb einer Rasse und von einem Hund zum anderen angegeben werden.

Diesen Maßstab nennen wir: Standcode.

Der Standcode für die Hinterhand lautet:

A) die Mittelfußknochen von einem der Hinterläufe stehen senkrecht (der andere Hinterlauf wird oft etwas weiter unter dem Körper stehen).

B) die Senkrechte aus dem Sitzbeinhöcker berührt den Boden entweder unter den vorderen Pfotenballen oder kurz vor der Pfote (mit Ausnahme von einigen Rassen, siehe unter: Normalstand).

134 - 3 **aufstellen**
Für die Beurteilung des statischen Baues wird der Hund aufgestellt. Beim "Aufstellen" sehen wir oft übertriebene bis stark überzogene Stellungen der Hinterläufe (die Hunde stehen nicht von selbst so, sondern werden "aufgebaut"). Oft versucht man damit, Fehler im Körperbau zu verbergen.

Will man den Körperbau einwandfrei beurteilen, muß man versuchen, sich dem Standcode so weit wie möglich anzunähern. Dabei muß man bedenken, daß der korrekte Standcode nicht bei allen Rassen der natürlichen Haltung entspricht; hierzu ist Rassenkenntnis erforderlich.

134 - 4 **rückständig**
Wenn beide Hinterläufe (bei freiem Stand) deutlich hinter der Senkrechten aus den Sitzbeinhöckern stehen, dann nennt man das rückständig. Der Hund steht über zu viel Boden.

134 - 5 **unterständig**
Wenn beide Hinterläufe (bei freiem Stand) vor der Senkrechten aus den Sitzbeinhöckern stehen, dann nennt man das unterständig. Der Hund steht über zu wenig Boden.

134 - 6 **unterschoben**
Wenn beide Hinterläufe ziemlich weit vorn (unter dem Körper) stehen, dann nennt man das unterschoben.

134 - 7 **Stabilitätspunkt der Hinterhand**
Bei der Hinterhand liegt der Stabilitätspunkt (im Gegensatz zur Vorhand) nicht senkrecht oberhalb der Pfote. Den Stabilitätspunkt finden wir dort, wo das (anteilige) Körpergewicht durch die Hinterläufe getragen wird: den Hüftgelenken.

Wenn wir aus der Mitte des Hüftgelenks eine Senkrechte herunterziehen, dann zeigt sich, daß die Pfote fast immer hinter den Schnittpunkt am Boden gestellt wird (nur bei einigen schwergebauten Rassen und zum Beispiel mehreren Zughunden wird die Pfote knapp hinter die Senkrechte aus dem Stabilitätspunkt gestellt).

Der deutlich abweichende Stand der Hinterhand gegenüber der Vorhand hängt mit der unterschiedlichen Aufgabenstellung bei der Bewegung zusammen; der deutlich geringere Teil des Körpergewichts, den die Hinterhand zu tragen hat, macht diesen Stand notwendig.

134 - 8 **Antriebsdruck**
Bei normalem Stand der Hinterhand herrscht ein gewisser –leichter– Druck auf den Stabilitätspunkt (= das Hüftgelenk), der für die Fortbewegung wichtig und günstig ist.

134 - 9 **Schrägstellung der Hinterhand**
Manchmal sieht man, daß die Hinterläufe so "aufgebaut" werden (wohlbemerkt: das ist kein natürlicher Stand; der Hund wird in diesen Stand gestellt), daß die Pfoten weit hinter den Stabilitätspunkten (und sehr rückständig) stehen. Wir nennen das Schrägstellung.

Bei einer sehr rückständigen Stellung (weite Schrägstellung) kann der Druck auf den Stabilitätspunkt (= das Hüftgelenk) zu groß sein, wobei zusätzlich die Schwerkraft einen ungünstigen Einfluß haben kann.

Gleichzeitig wird der Körper auch in seitlicher Richtung instabil.

Es kann sein, daß versucht wird, mit einer derartigen Stellung Fehler im Körperbau zu verbergen.

Meistens wird der Hund nach einigen Schritten, die er an loser Leine gelaufen ist, einen natürlicheren Stand zeigen.

Bei Hunden, die von Natur aus ziemlich gerade auf ihren Hinterläufen stehen und die in Schrägstellung aufgebaut werden, kann es geschehen, daß der Druck auf das Hüftgelenk über das Rückgrat einen Druck auf die Vorhand auslöst. Um zu verhindern, daß der Hund nach vorne fällt, muß dann entweder die Leine straffgehalten werden (= der Kopf wird hochgezogen) oder die Vorhand gleichfalls in eine Schrägstellung gebracht werden (Zeichnung 134 - 9A und Zeichnung 134 - 9B).

Es kommt auch vor, daß –bei einer Schrägstellung der Hinterhand– die Vorhand sich leicht im Vordermittelfußgelenk durchbiegt (gleichsam etwas unterstützend im Vordermittelfuß steht), um auf diese Weise ein Vornüberfallen zu verhindern. Man kann dann nicht von einem durchgetretenen Vordermittelfuß sprechen, sondern von einer fehlerhaften Gesamtstellung.

134 - 10 **Stützstand**
Bei vielen Hunden sieht man einen natürlichen Stand, bei dem die Hinterläufe in einem (leicht) dreieckigen Stand stehen: eine Pfote etwas vor und eine Pfote etwas hinter dem Stabilitätspunkt. So werden die Stabilitätspunkte gut unterstützt, und der Hund befindet sich im Gleichgewicht. Dies nennen wir Stützstand. Bei einigen Rassen (unter anderen dem Deutschen Schäferhund) sieht man, daß der Hund in einem sehr übertriebenen Stützstand aufgebaut wird. Durch das weite Auseinanderstellen der Pfoten und das "Drücken" der Kruppe entsteht das Bild einer stark abfallenden Rückenlinie und einer übertriebenen Winkelung der Hinterhand. Solch ein übertriebener Stützstand bietet nur schwache Unterstützung und bedeutet zusätzlichen Druck auf die Stabilitätspunkte und auf die Gelenke.

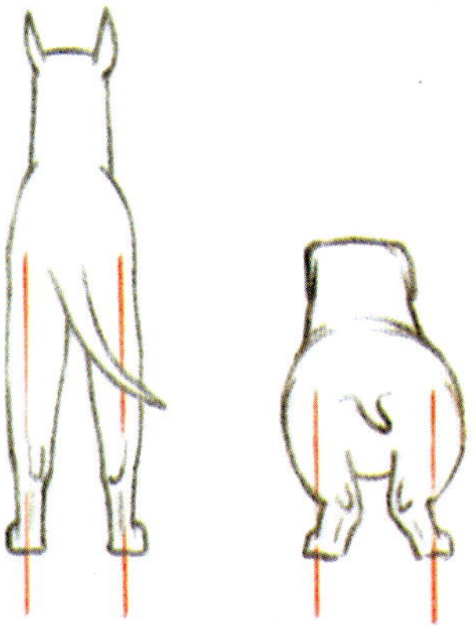

136-1

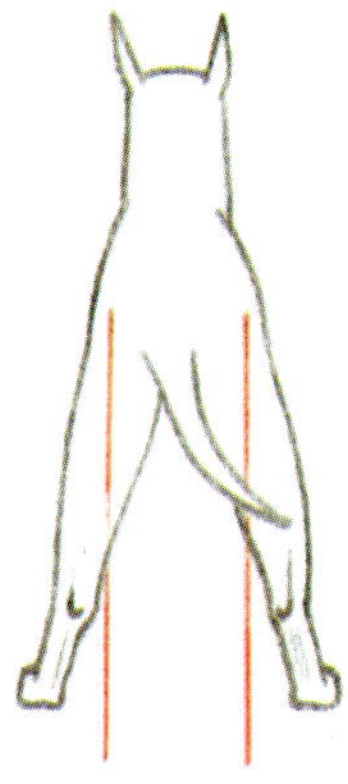

136-2

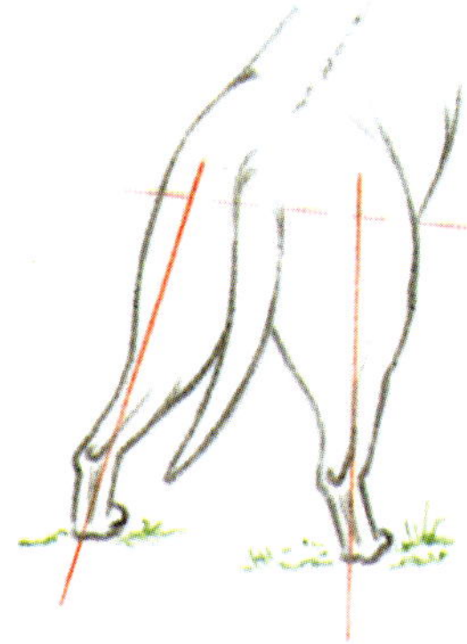

136-3A

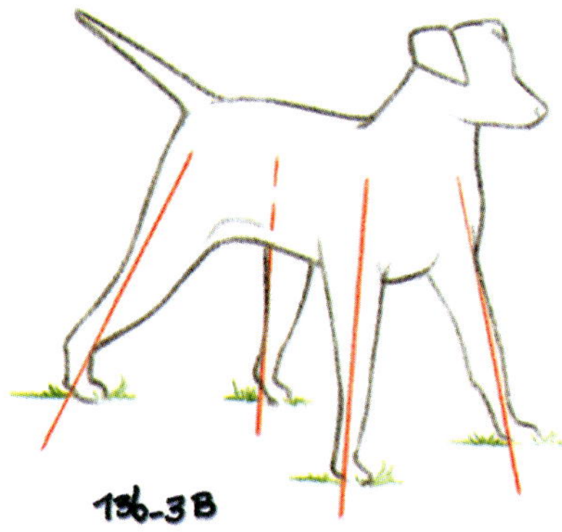

136-3B

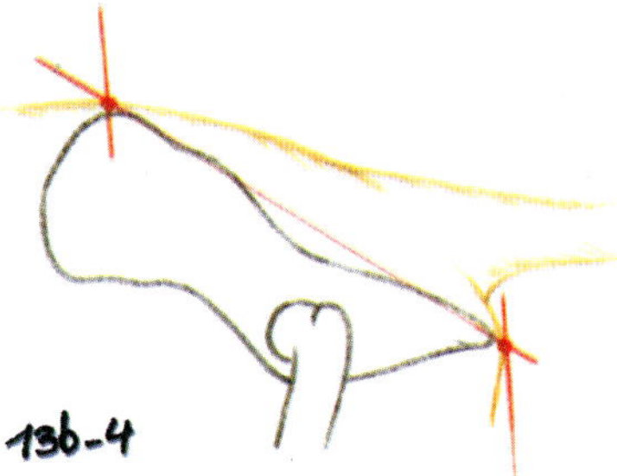

136-4

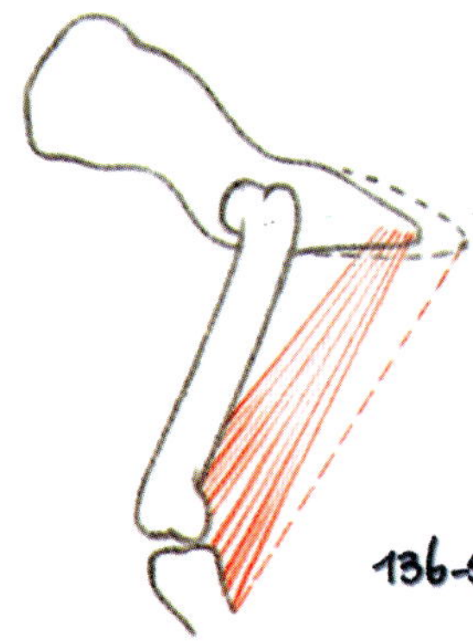

136-5

136-7

136-6

136-8

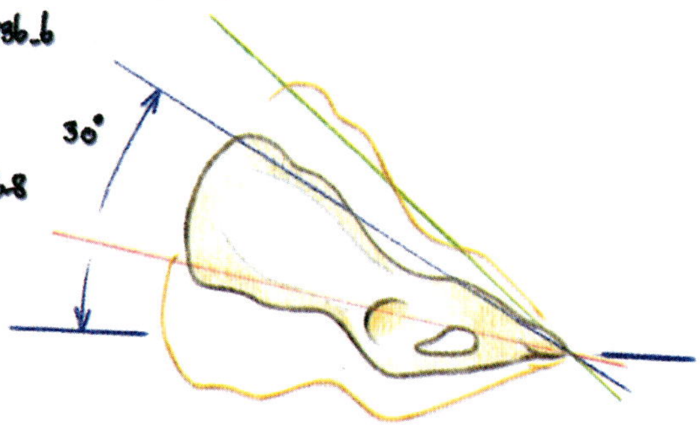

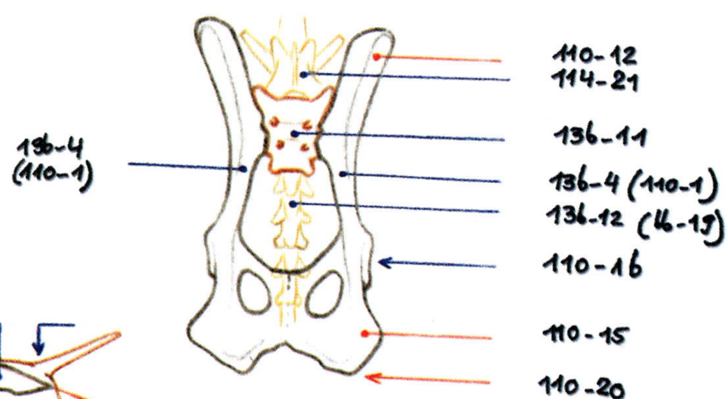

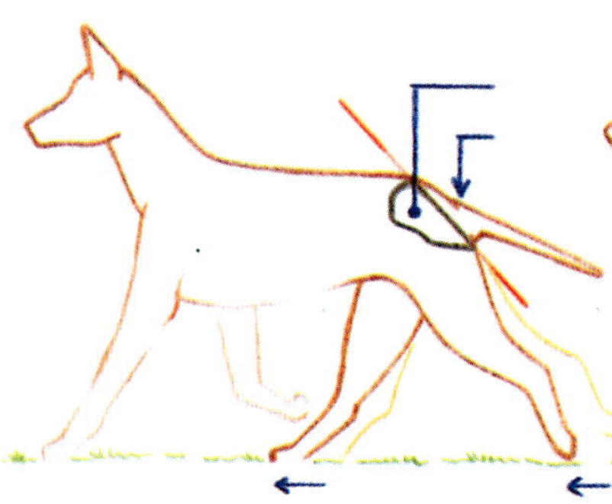

136-9 A

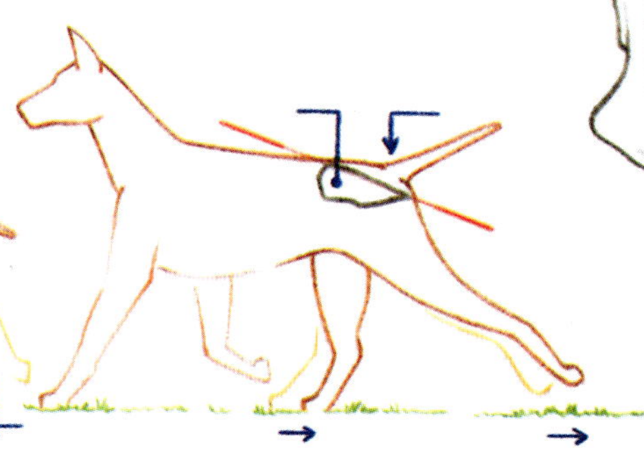

136-9 B

P. HINTERANSICHT

(fehlerhafte Standformen siehe 34 - 19 bis 34 - 22)

136 - 1 **Normalstand**
Als Normalstand kann bei fast allen Rassen eine Stellung gelten, bei der –von hinten gesehen– die Läufe fast senkrecht stehen, das heißt, daß die *Pfoten senkrecht unter den Hüftgelenken* stehen (wohlbemerkt: die Läufe selbst können bei bestimmten Rassen relativ krumm sein).

136 - 2 **Spreizstand**
Manchmal werden Hunde in einem sogenannten Spreizstand aufgebaut. Das ist kein natürlicher Stand, der Hund wird so gestellt. Die Pfoten stehen nicht senkrecht unter dem Hüftgelenk, sondern mehr oder weniger weit auseinander. Die Läufe sind wohl meistens gerade, aber sie stehen nicht parallel zueinander. Vielfach macht man dies, um kleine Mängel im Körperbau zu verbergen.

136 - 3 **gespreizter Schrägstand**
Wenn der Hund sowohl in einen Schrägstand (siehe 134 - 9) als auch in einen Spreizstand gebracht wird, dann nennt man dies einen gespreizten Schrägstand. Hierdurch wird eine Labilität des Gleichgewichts in seitlicher Richtung verhindert, aber die anderen Probleme bleiben bestehen.

Manchmal sieht man auch, daß der Hund sowohl vorne als auch hinten in einen gespreizten Schrägstand gebracht wird. All diese unnatürlichen Stellungen werden meistens –sofern überhaupt zugelassen– vom Hund selber nach kurzer Zeit korrigiert.

Q. BECKEN UND KREUZBEIN

136 - 4 **Größe des Beckens**
Das Hüftbein (Becken) bietet die Befestigungsfläche für viele wichtige Muskeln der Hinterhand. Ein (verhältnismäßig) großes (=langes) Hüftbein bedeutet mehr Befestigungsmöglichkeiten, und damit ermöglicht es kräftigere Bemuskelung. Die Gesamtlänge des Hüftbeins kann man recht gut feststellen, indem man den Abstand zwischen der (fühlbaren) Spitze des Hüftbeins und dem (fühlbaren) Sitzbeinhöcker mißt.

136 - 5 **Länge des Sitzbeins**
Ein verhältnismäßig langes Sitzbein bedeutet größere Befestigungsmöglichkeiten für die Antriebsmuskeln und damit mehr Kraft in diesen Muskeln. Leider ist die Länge des Sitzbeins meistens nicht festzustellen.

136 - 6 **Normalstellung des Beckens**
Im allgemeinen nimmt man an, daß eine Neigung von ungefähr 30° gegenüber einer horizontalen Linie der normalste Stand des Beckens ist.

136 - 7 **steiles Becken**
Ist die Neigung größer als 30° (größerer Winkel), dann spricht man von einem *steilen Hüftbein* oder einem *steilen Becken.*

136 - 8 **flaches Becken**
Ist die Neigung kleiner als 30° (kleinerer Winkel), dann spricht man von einem *flachen Hüftbein* oder einem *flachen Becken.*

136 - 9 **Lage der Hüftknochen**
Der Oberschenkelknochen (und damit in gewissem Sinn der gesamte Lauf) hat eine bestimmte Bewegungsmöglichkeit in der Hüftgelenkspfanne (siehe: 110 - 3). Bei einem steilen Hüftbein (Zeichnung A) kann der Lauf weiter unter den Körper, aber weniger weit nach hinten gesetzt werden. Das ist für eine größere Wendigkeit und Kletterfähigkeit von Bedeutung.

Bei einem flachen Hüftbein (Zeichnung B) kann der Lauf etwas weniger weit unter den Körper, dafür weiter nach hinten gesetzt werden. Bei der Fortbewegung werden wir sehen, daß dies beispielsweise für Zughunde und Galopper wichtig ist.

Wohlbemerkt: Immer gilt, daß Ausgewogenheit zwischen Vorhand und Hinterhand das Wichtigste für ein gutes Gangwerk ist!

136 - 10 **Rutenansatz**
(Siehe auch Seite 31). Am Rutenansatz kann man meistens sehen, ob wir es mit einem steilen, einem normalen oder einem flachen Becken zu tun haben.

Ein hoher Rutenansatz weist auf ein flachliegendes Hüftbein, ein niedriger Rutenansatz auf ein steiles Hüftbein hin.

136 - 11 **Kreuzbein** (Os sacrum)
Das Kreuzbein wird von drei miteinander verwachsenen Wirbeln gebildet: den Kreuzbeinwirbeln.

Das Kreuzbein ist ziemlich fest mit dem letzten Lendenwirbel und damit dem Rückgrat verbunden. Außerdem sind die Hüftknochen fest mit dem Kreuzbein verbunden. Das bedeutet, daß die Hüftknochen kaum beweglich sind und nur eine andere Lage annehmen können, wenn der ganze Rücken gekrümmt wird (Galopper).

136 - 12 **Rutenwirbel**
(Siehe: 66 - 19).

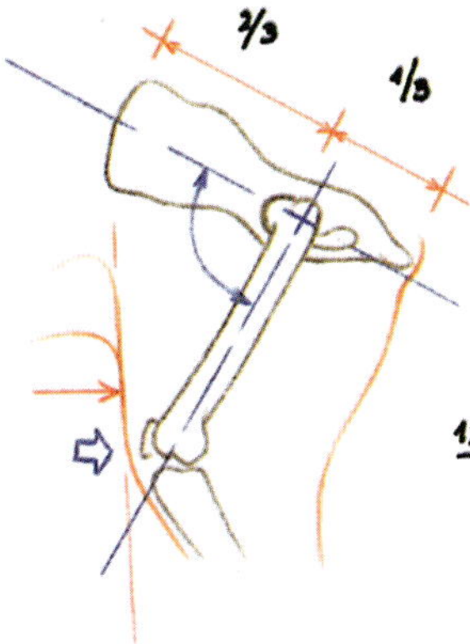

138-2

138-1

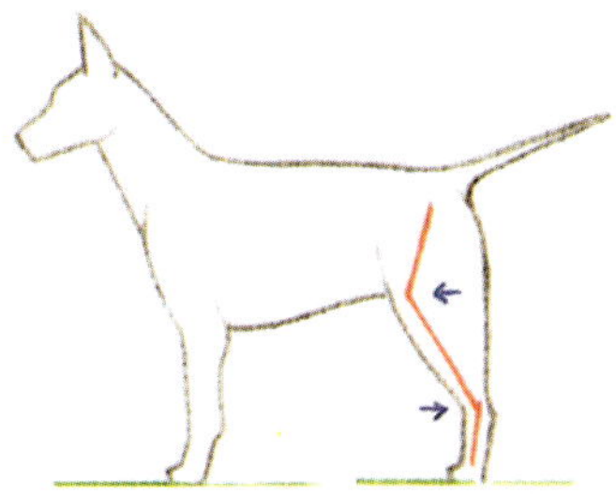

138-3

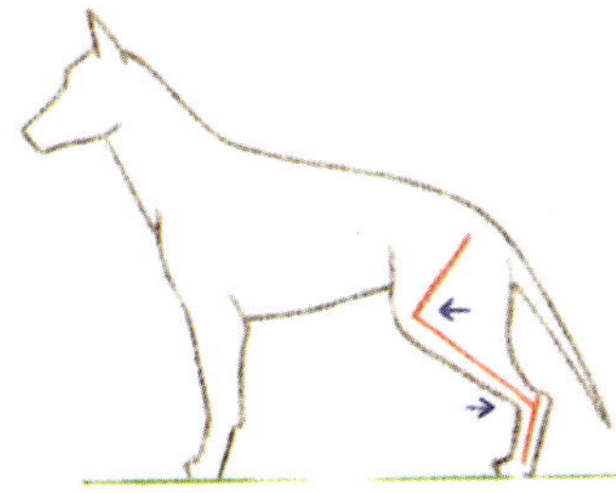

138-5

138-3

138-6

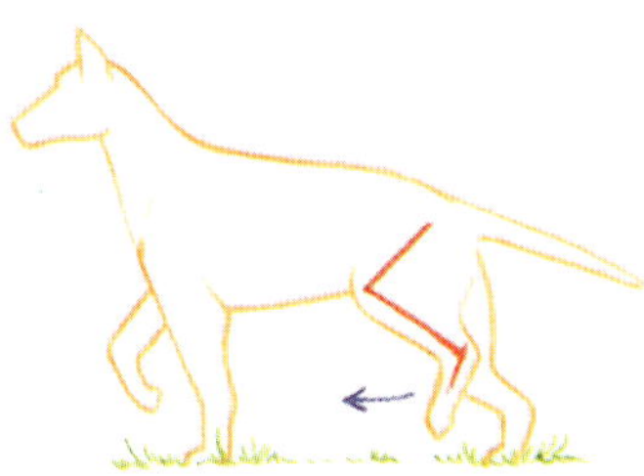

138-7 A

138-7 B

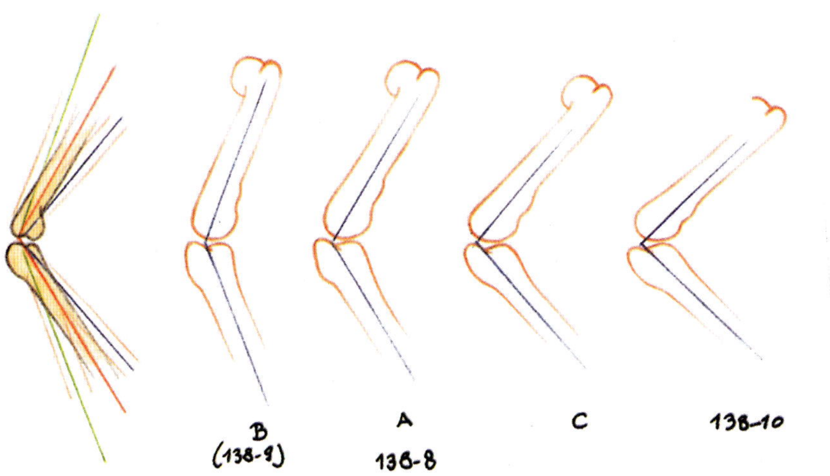

B (138-9)

A 138-8

C

138-10

R. Proportionen und Winkelungen der Hinterhand

Ungeachtet aller theoretischen Berechnungen und Messungen an Hunden bleiben die Winkelungen der Hinterhand in der Beurteilungspraxis nur schwer feststellbar. Das liegt daran, daß die Lage des Oberschenkelknochens nicht zu überprüfen ist.

138 - 1 **Lage des Oberschenkelknochens**

Der Oberschenkelknochen ist einerseits in der Hüftgelenkspfanne drehbar "befestigt", andererseits formt er zusammen mit dem Schienbein das Kniegelenk.

Die Hüftgelenkspfanne liegt ungefähr nach dem ersten Drittel der Gesamtlänge, vom Sitzbeinhöcker aus gerechnet (hängt ab von der Gesamtlänge und der Sitzbeinlänge). Außer (vielleicht) bei einigen sehr trockenen Hunden ist –in Verbindung mit der kräftigen Bemuskelung des Oberschenkels– dieser Punkt am Hund in der Praxis äußerlich nicht festzustellen. Für die Beurteilung bietet das keinen Anhalt.

Meistens wird gesagt, daß der Oberschenkelknochen in einem Winkel von ungefähr 90° gegenüber einer Längsachse durch das Hüftbein stehen muß. Auch das ist eine theoretische Berechnung, die von einer Normallage des Hüftbeins (30°– Lage) ausgeht.

138 - 2 **vordere Linie des Oberschenkels**

Bei fast jeder Rasse ist die vordere Linie des Oberschenkels festzustellen, sei es (bei kurzhaarigen Rassen) offen sichtbar, sei es (bei langhaarigen Rassen) fühlbar.

Auch die Stelle des Knies (des Kniegelenks) ist zu sehen oder zu fühlen.

Ausgehend vom Standcode (siehe: 134 - 2) ist die vordere Linie des Oberschenkels bei vielen Hunden (Rassen) nahezu senkrecht; das Knie liegt etwas weiter dahinter.

Bei schwergebauten Hunden sehen wir oft eine ganz senkrechte vordere Linie des Oberschenkels; bei einigen Rassen vom Windhund-Typ liegt das Knie manchmal vor der vertikalen Linie.

138 - 3 **steile Hinterhand**

abgebildete Rasse:
Norwegischer Buhund

Meistens wird die Hinterhand insgesamt nach den Winkelungen beurteilt (das heißt der Größe der Winkel von Knie- und Sprunggelenk). Sind die Winkel groß, so spricht man von einer steilen Hinterhand.

Bei vielen Rassen ist eine steile Hinterhand unerwünscht oder fehlerhaft; bei einigen Rassen (Zughunde, Spitze) gehört eine steile Hinterhand zum entsprechenden Rassebild.

Manchmal spricht man auch von einer knapp gewinkelten Hinterhand; hiermit wird eigentlich –um für das Rassebild richtig zu sein– eine zu steile Hinterhand bezeichnet. Oft ist dies mit einer vollkommen waagerechten Rückenlinie kombiniert, oder der Hund ist überbaut (28 - 19).

138 - 4 **gut gewinkelte Hinterhand**

Man spricht von einer gut gewinkelten Hinterhand, wenn die Winkel in Knie- und Sprunggelenk dem jeweiligen Rassebild angemessen sind.

138 - 5 **überwinkelte Hinterhand**

Wenn die Winkel in Knie- und Sprunggelenk bedeutend kleiner sind als für das jeweilige Rassebild erwünscht, dann sagt man, der Hund sei überwinkelt. Oft tritt dies kombiniert mit einer (stark) abfallenden Rückenlinie oder einer abfallenden Kruppe (30 - 12) auf.

138 - 6 **Länge der Knochen**

abgebildete Rasse:
Italienisches Windspiel

Vor allem bei einigen Windhund-Typen sind die Knochen der Hinterhand: Oberschenkel (Os femoris), Schienbein (Tibia), Wadenbein (Fibula) und Mittelfußknochen (Ossa metatarsalia) länger als beim "normalen" Hund. Diese Rassen haben obendrein eine abfallende Rückenlinie; die Winkel in Knie- und Sprunggelenk sind dadurch kleiner als bei den meisten anderen Rassen. Das ist für diese Rassen nicht überwinkelt; es gehört zum Rassebild.

Kniegelenk

138 - 7 **Aufgaben des Knies**

a) durch Beugen des Kniegelenks kann der Hinterlauf aufgehoben (und eventuell in eine Vorwärtsbewegung gebracht) werden.
b) beim Strecken des Kniegelenks (durch die sogenannten Antriebsmuskeln) wird die durch das Aufsetzen am Boden gewonnene Kraft an das Hüftbein weitergegeben.

138 - 8 **normale Winkelung**

Man nimmt an, daß für den "normalen" Hund zwischen Oberschenkelknochen und Schienbein ein Winkel von ungefähr 120° am günstigsten ist.

Rassen, die viel Kraft in der Hinterhand besitzen müssen (unter anderem Zughunde), haben ein nur wenig gewinkeltes Knie (= großer Winkel von 140° - 150°); sie machen kleine Schritte.

Für Traber ist eine normale Winkelung günstig; für Galopper kann ein etwas kleinerer Winkel (von ungefähr 100°) vorteilhaft sein.

138 - 9 **wenig gewinkeltes Knie**

Ein großer Winkel zwischen Oberschenkelknochen und Schienbein bedeutet, daß das Knie nur über einen geringen Abstand gestreckt werden kann und damit nur wenig Antrieb bringt.

Einen Winkel von mehr als 130° nennt man wenig gewinkelt.

138 - 10 **überwinkelt**

Ein kleiner Winkel zwischen Oberschenkelknochen und Schienbein würde bedeuten, daß das Knie über einen großen Abstand gestreckt werden kann und deshalb einen großen Antrieb liefert.

Das stimmt in der Praxis nicht; fast niemals (außer im Galopp) wird in diesem Fall das Knie vollständig gestreckt, was bedeutet, daß die Antriebskraft (das Absetzen) über ein gebeugtes Kniegelenk gesteuert wird und auf eine nicht korrekte Weise auf das Hüftbein übertragen werden muß.

Einen Winkel von weniger als 100° nennt man überwinkelt.

140-8

140-1

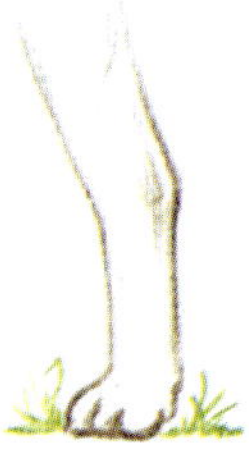

140-2

140-4

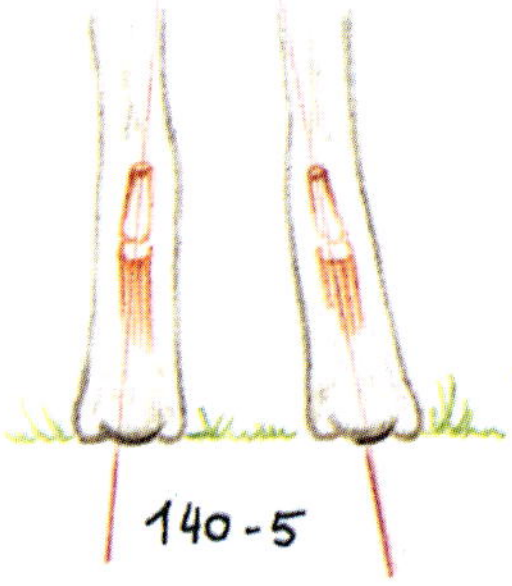

140-5

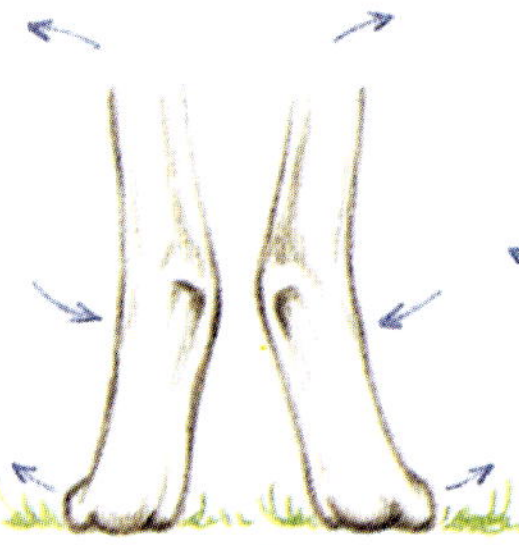

140-6

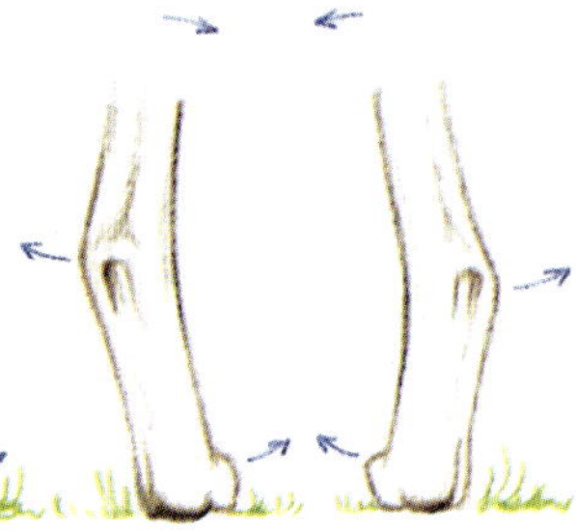

140-7

140-9

140-10

140-11

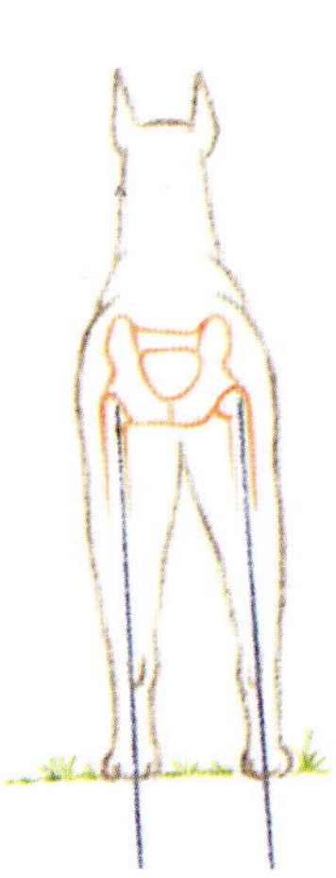

140-12 A

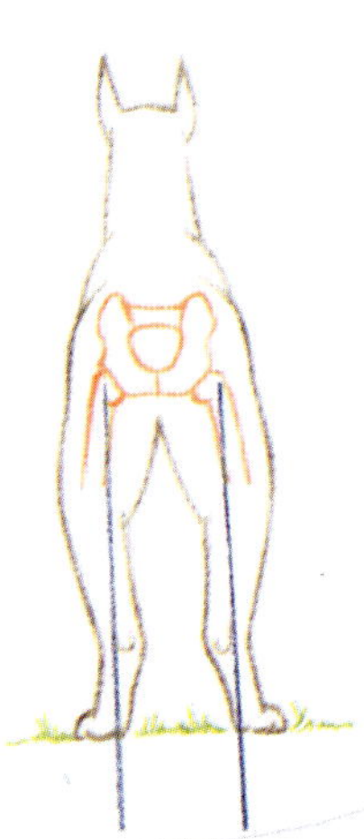

140-12 B

Sprunggelenk

140 - 1 **Sprunggelenkswinkel**

Unter dem Sprunggelenkswinkel versteht man den Winkel zwischen Schienbein und Mittelfußknochen.

Wenn man von senkrecht stehenden Mittelfußknochen ausgeht, dann stellt man beim "normalen" Hund einen Winkel von 130° bis 140° fest. Bei vielen Rassen ist jedoch (im freien Stand) ein größerer Winkel zu beobachten.

140 - 2 **steile Sprunggelenke**

Ist die Winkelung deutlich größer als 140°, dann spricht man von steilen Sprunggelenken. Wohlbemerkt: das braucht nicht immer ein Fehler zu sein, manche Rassen (unter anderem Zughunde) haben steile Sprunggelenke. Wenn die Winkelung größer ist als beim jeweiligen Rassebild erwünscht, dann spricht man von "**zu** steilen Sprunggelenken".

Manchmal stößt man auf die Ausdrücke "gerade Sprunggelenke" oder "steile Hacken" für denselben Zustand. Diese Ausdrücke sollte man besser nicht gebrauchen.

140 - 3 **leicht gebogene Sprunggelenke**

Auch der Ausdruck "leicht gebogene Sprunggelenke" (oder leicht gebogene Hacken) meint dasselbe, wenngleich diese Bezeichnung aussagt, daß ein (geringer) Winkel immer vorhanden ist.

Dieser Ausdruck wird im positiven Sinn bei Rassen gebraucht, die steile Sprunggelenke als Kennzeichen des jeweiligen Rassebildes haben.

140 - 4 **überwinkelt**

Ist die Winkelung des Sprunggelenks wesentlich kleiner als 130°, dann nennt man das überwinkelt. Oft ist das kombiniert mit einem sichelbeinigen Stand der Mittelfußknochen (siehe: 140 – 9).

140 - 5 **Normalstand**

Von hinten gesehen, stehen die Fersenbeine (66 - 36) nicht ganz senkrecht, sondern an der Spitze ganz leicht nach innen gedreht, während die Mittelfußknochen doch ziemlich senkrecht stehen (oder ganz leicht kuhhessig, siehe 140 - 12).

140 - 6 **einwärts gestellte Hacken**

Wenn die Fersenbeine zu sehr nach innen drehen (sei es an der Spitze, sei es insgesamt), dann kann das zu einem kuhhessigen Stand (34 - 19) führen oder zu einem engen Stand (34 - 21; dies ist meistens kombiniert mit ausdrehenden Knien und ausdrehenden Zehen).

140 - 7 **nach außen gestellte Hacken**

Schwache Bänder und/oder ein falscher Bau des Sprunggelenks. Ein fehlerhafter Stand (siehe 34 - 20), der meistens kombiniert mit nach innen gedrehten Zehen ist.

Mittelfußknochen

140 - 8 **gerade Mittelfußknochen**

Bei den meisten Rassen stehen die Mittelfußknochen (im freien Stand), sowohl von der Seite als auch von hinten gesehen, senkrecht oder fast senkrecht; siehe auch: Standcode (134 - 2).

140 - 9 **sichelbeinig**

(englisch: sickle-hocked). Bei Hunden, die in einem übertriebenen Stützstand aufgestellt werden, sieht man oft, daß die Mittelfußknochen nicht mehr senkrecht stehen, sondern (von der Seite gesehen) in einem scharfen Winkel gegenüber der Grundfläche.

Das nennt man sichelbeinig. Hierbei sehen wir auch einen (im Verhältnis zum normalen Stand) kleineren Winkel im Sprunggelenk.

140 - 10 **niedrige Sprunggelenke**

Unter niedrigen Sprunggelenken versteht man: (ziemlich) kurze Mittelfußknochen und daher (entsprechend) tief gelegene Sprunggelenke (englisch: hocks well let down).

Niedrige Sprunggelenke bedeuten ein gutes Ausdauervermögen bei gemäßigter Geschwindigkeit (Traber).

abgebildete Rasse:
JÄMTHUND

140 - 11 **hohe Sprunggelenke**

Unter hohen Sprunggelenken versteht man: (ziemlich) lange Mittelfußknochen und daher (entsprechend) hoch gelegene Sprunggelenke (englisch: high in hocks).

Hohe Sprunggelenke bedeuten eine große Geschwindigkeit bei gemäßigtem Ausdauervermögen. (Galopper).

Der englische Ausdruck "high in hocks" wird manchmal auch benutzt, um anzugeben, daß die Mittelfußknochen **zu** lang sind, um dem Rassebild gut zu entsprechen (**zu** hohe Sprunggelenke).

abgebildete Rasse:
CHORTAJ
(südrussischer Steppenhund)

140 - 12 **kuhhessig**

(englisch: cow hocks). Bei der Hinteransicht verlangt man meistens, daß die Mittelfußknochen senkrecht stehen, das heißt, daß eine Senkrechte aus dem Stabilitätspunkt (= Hüftgelenk) mitten durch die Mittelfußknochen verläuft (Zeichnung A).

Wenn die Sprunggelenke innerhalb von diesen Senkrechten liegen, spricht man von kuhhessig (Zeichnung B). Die Mittelfußknochen stehen dann nicht senkrecht. Beim English Bulldog ist ein leicht kuhhessiger Stand zulässig. Ein ganz leicht kuhhessiger Stand kommt jedoch bei vielen Rassen als normaler Stand vor, meistens in Verbindung mit etwas ausdrehenden Knien.

Obwohl Kuhhessigkeit fast immer als ein fehlerhafter Stand angesehen wird (siehe 34-19), sollte ein ganz leicht kuhhessiger Stand nicht als ernsthafter Fehler angesehen werden.

Zehen

Siehe unter Vorhand: Zehenwinkelung (118 - 10) und Fußform (Seite 120).

GRUNDSÄTZLICHES ZUR BEWEGUNG

Eigentlich denkt man in der Kynologie vorwiegend an das Gangwerk, wenn vom "Hund in Bewegung" die Rede ist. Für Menschen, die nicht so sehr auf das Ausstellungswesen eingestellt sind, hat der Begriff "in Bewegung" jedoch eine viel weitere Bedeutung. Und selbst diese Menschen erkennen nicht alles, was tatsächlich Bewegung ist.

Ein schlafender Hund (und wieviel verschiedene Arten gibt es nicht, in denen ein Hund im Schlaf liegen kann) bewegt sich. Es ist einfach so, daß ein Hund, der sich nicht bewegt, ein toter Hund ist. Von allen inneren Bewegungen, wie zum Beispiel Blutkreislauf, Verdauung und Atmung, ist meistens nur die Atmung von außen sichtbar. Aber auch beim Schlaf sehen wir den Hund mit seinen Pfoten zappeln oder seine Augen bewegen, er winselt und wedelt sachte mit seiner Rute. "Er träumt", sagen wir dann, und das ist schon bei ganz kleinen Welpen zu beobachten.

Wenn der Hund nach einem längeren Schlaf erwacht, wird er sich meistens erst einmal kräftig ausstrecken und gähnen. Nach einem Schläfchen kann der Hund unmittelbar in Aktion treten.

Wenn wir mit dem Hund spazierengehen, dann ist es ein Vergnügen, zu beobachten, wie unser Freund sich bewegt. Er läuft, er trabt, er springt, er taucht in einem alten Kaninchenloch unter, er verrichtet seine Notdurft auf seine ganz besondere Weise, rennt ein Stück und kommt wieder zurück, um seinen Herrn stürmisch zu begrüßen. Er steht mit schiefem Kopf, um auf seltsame Laute im Gras zu lauschen, dann macht er einen kraftvollen Mäuselsprung und gräbt heftig ein Mäusenest aus. Er kriecht unter einem Weidezaun durch und kommt mit rasender Geschwindigkeit, die Rute zwischen den Pfoten, wieder zurück, zutiefst erschrocken über die neugierigen Kühe, die sich alle hinter ihm versammeln. Er steht auf seinen Hinterläufen, um ein Stoppelfeld zu überblicken; plumpst voller Freude in einen Heidesee und schwimmt ein bißchen hinter den Enten her, um nachher, wieder auf dem Trockenen, einen kleinen Regenschauer auszulösen, indem er sich schüttelt. Wenn es ihm eben gelingt, wälzt er sich in herumliegendem Mist und ist dann ganz und gar nicht bereit, ins Wasser zu gehen, um den Mist wieder abzuspülen! Im Rübenacker springt er wie ein Tennisball auf und ab, um ein Reh, das in großen Sätzen flieht, in die Enge zu treiben.

Er klettert halb in einen Baum, um eine geflüchtete Katze zu verfolgen und bellt sich dabei fast die Lungen aus dem Leib. Am Ende des Spaziergangs, der für ihn sicher dreimal so lang war wie für seinen Herrn, kommt er ruhig zu seinem Herrn gelaufen, mit hängender Zunge und strahlenden Augen. Dafür lebt ein Hund doch, für solch einen Spaziergang!

Wieder zu Hause angelangt, schlabbert er als erstes frisches Wasser aus seiner Schüssel, kratzt sich behaglich hinter seinen Ohren, pflückt etwas zwickendes Unkraut aus seinen Pfoten und plumpst in seinen Korb für ein Nickerchen.

Abends geht das nicht so einfach, dann wird ein anständiges Nest im Korb getrampelt, mit mindestens zwanzig Drehungen um die eigene Achse, um genau den richtigen Dreh für eine gute Nachtruhe in einem bequemen Lager zu finden.

abgebildete Rasse: THAL TAN BEAR DOG

98-14

98-17

Nicht nur für die mannigfaltigen täglichen Beschäftigungen bewegt sich ein Hund, auch seine Kommunikation, seine Kontakte zu anderen Hunden, zu Menschen, zur Außenwelt werden zu einem sehr wesentlichen Teil durch Bewegungen und durch die Einnahme von festgelegten Körperhaltungen bestimmt.
Wir wissen alle, daß ein fröhlicher Hund, ein Hund mit guten Absichten mit seiner Rute wedelt oder auch mit seinem Hinterteil, wenn die Rute größtenteils fehlt. (Die meisten Hunde wedeln von links nach rechts und zurück, es gibt aber auch Rassen, wie zum Beispiel Bullterrier, oder einzelne Hunde innerhalb einer Rasse, die kreisförmig wedeln).
Es ist ebenfalls bekannt, daß ein Hund, der sich eines Vergehens bewußt ist, bedrückt zu seinem Schlafplatz schleicht und sich mit abgewendetem Kopf zum "Schlafen" legt (Schuldverhalten).
Tatsächlich hat der Hund für alles, was er einem anderen deutlich machen will, eine bestimmte Art, sich zu äußern; meistens ist es eine Kombination von Bewegung, Ausdruck und Tönen.
Einige der Äußerungen, die Menschen verstehen können, sind:

Imponierverhalten
Ein Hund zeigt sich so groß wie möglich, die Ohren sind aufmerksam gestellt, die Rute wird hoch getragen, er steht und läuft gleichsam auf seinen Zehenspitzen.

Drohverhalten
Wie das Imponierverhalten, nur stehen die Haare auf dem Nacken und der Rute hoch, und die Zähne werden entblößt; manchmal wird dazu auch noch drohend geknurrt.

Unterwerfungsverhalten
Der Hund macht sich klein, sinkt in den Pfoten ab, beugt den Kopf, hält die Rute niedrig und wedelt ganz vorsichtig. Sehr junge oder kleine Hunde (aber manchmal auch ausgewachsene und große) legen sich bei der Unterwerfung oft auf den Rücken und zeigen den Bauch. Dabei können sie leise winseln.

Spielverhalten
Eine Aufforderung zum Spielen erfolgt oft dadurch, daß der Hund die Vorderläufe so weit absenkt, bis er auf den Ellenbogen liegt; die Hinterhand steht aufrecht, und er wedelt begeistert; oft gibt er dazu kurze Kläfflaute von sich. Auch das Schlagen mit einer Vorderpfote in die Luft kann eine Spielaufforderung sein.

abgebildete Rasse:
TIBETANISCHER TERRIER

Das Spielen selbst besteht aus einer Fülle von Bewegungen, von Rennen, Schulterstößen, Herumwälzen, Schnappen, Pfotenknabbern und was nicht noch alles. Sehr häufig wird beim Spiel immer wieder leise geniest und geprustet. Drohende Kämpfe können durch rechtzeitiges leises Niesen verhindert werden!

Paarungsverhalten
Beim Paarungsverhalten gibt vor allem der Rüde sich mit der Hofmacherei viel Mühe. Er umtänzelt die Hündin mit raschen, steifen, kurzen Schritten, angelegten Ohren und weit heraushängender Zunge. Es scheint, als ob er sagen wollte: "Ich bin so ein hübscher Junge, und ich habe nicht ein Körnchen Böses im Sinn."
Die junge Hündin nimmt es erstaunt hin, die erfahrene Hündin gelassen mit einem gelegentlichen Kopfstoß von "Schieß los, ich bin so weit!" bis "Bleib mir vom Leib, ich will davon nichts wissen!"

Protestverhalten
Obwohl ein Hund im allgemeinen sich mehr gegen Menschen als gegen andere Hunde auflehnt, kommt es doch auch in einer Gruppe von Hunden vor, daß ein Hund sagen will: "Nein, ich will nicht!" Er steht dann steif auf seinen vier Pfoten, Kopf nach unten, Rute aufrecht, bewegungslos, lautlos.

Angstverhalten
Wenn ein Hund ängstlich ist, zum Beispiel bei einem Gewitter oder bei nahendem Unheil, dann macht er sich ganz klein, klemmt die Rute starr zwischen die Hinterläufe, trägt Kopf und Nacken tief und eingezogen, läuft schleichend, keucht und zittert heftig, oft wird auch gejankt und gejammert.

Verteidigungsverhalten
Der Hund ist sehr aufmerksam gespannt, macht sich ein wenig kleiner, stellt aber die Haare auf, läßt seine Zähne sehen, knurrt und bellt.

146-1
146-2
146-14

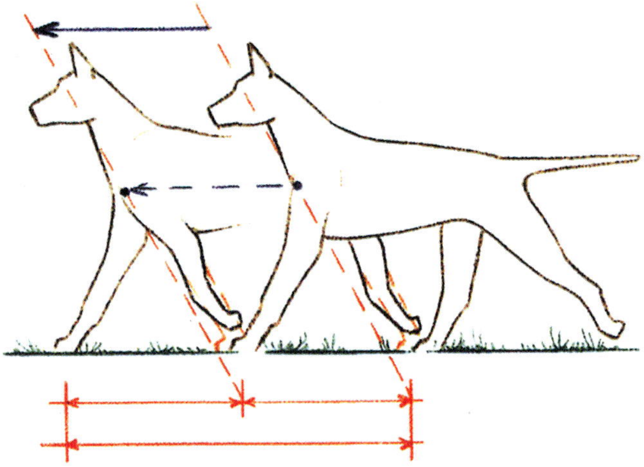

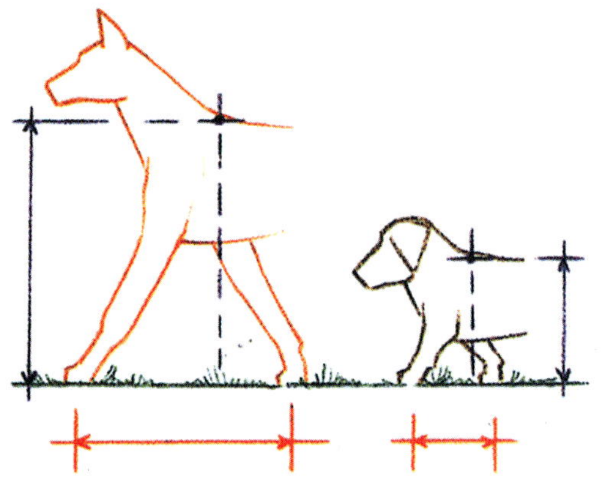

146-11

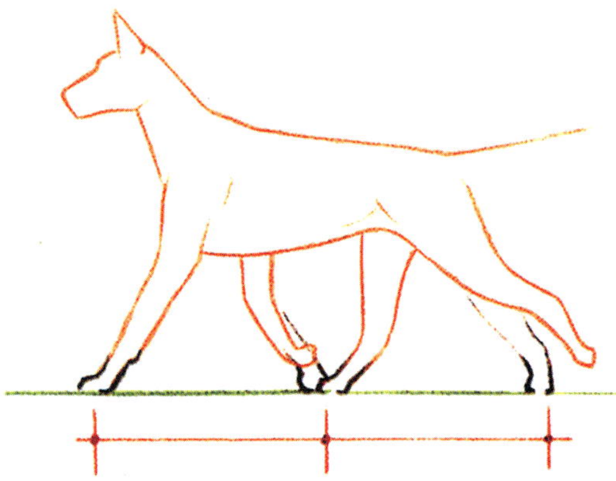

146-12

146-13

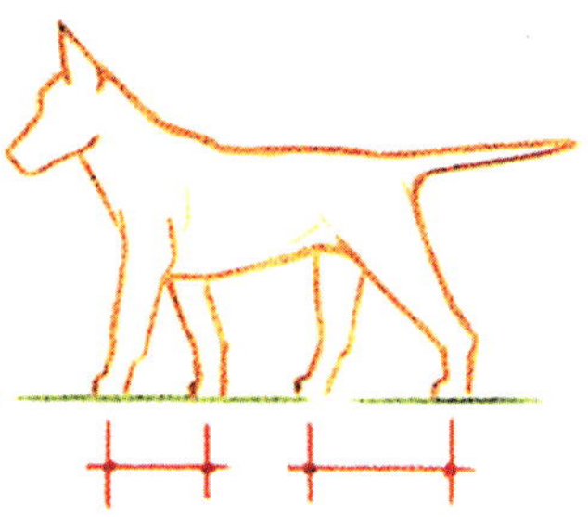

146-16A

146-16 B

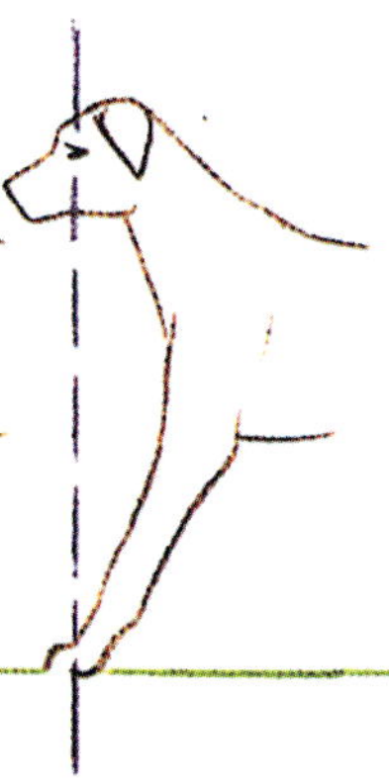

146-17

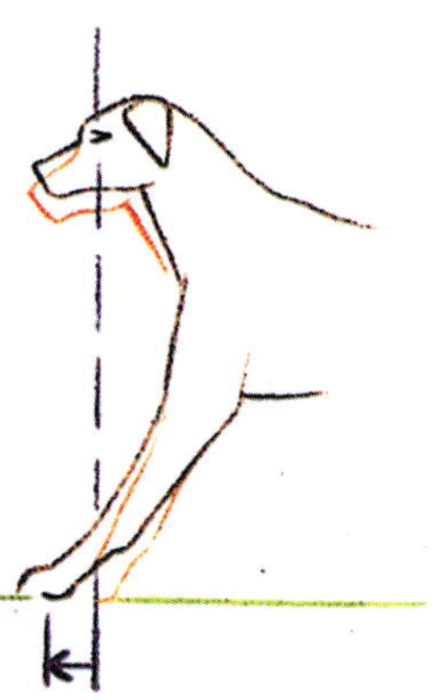

A. BEGRIFFE

146 - 1	**Vortritt**	Als Vortritt bezeichnet man die Vorwärtsbewegung eines Vorder- und eines Hinterlaufes.
146 - 2	**Schritt**	Der Schritt ist das Ergebnis zweier Vortritte.
146 - 3	**Länge des Vortritts**	Die Länge des Vortritts kann man bestimmen, indem man den Abstand zwischen den Pfotenabdrücken auf dem Boden mißt. Natürlich ist die Länge des Vortritts bei vielen Rassen und Rassetypen verschieden: bei einer Deutschen Dogge sehen wir einen großen Abstand im Vortritt und beim Chihuahua einen kleinen Abstand.
146 - 4	**Vortrittverhältnis**	Um Aufschluß über die *relative* Länge des Vortritts bei verschiedenen Rassen zu erhalten, vergleichen wir die Länge des Vortritts mit der Höhe des Widerrists: das Vortritt-Verhältnis. Auf diese Weise kann man z. B. die Vortritt-Länge einer Deutschen Dogge mit der eines Chihuahua vergleichen oder die Vortritt-Länge eines Salukis mit der eines Dackels. Um einen guten Vergleich zu haben, wird die Vortritt-Länge immer bei derselben Fortbewegungsform (dem normalen Trab) gemessen, und zwar in der Vorhand. Das Verhältnis des Vortritts drückt man durch die Zahl aus, die man erhält, wenn man die Vortritt-Länge durch die Höhe des Widerrists teilt.
146 - 5	**schnelle Traber**	Bei schnellen Trabern (z. B. dem Wolf) finden wir –in der Vorhand– ein Vortritt-Verhältnis von 1,1 bis 1,2, das heißt, die Vortritt-Länge ist 1,1- bis 1,2mal so groß wie die Höhe des Widerrists.
146 - 6	**kurzläufige Rassen**	Auch viele kurzläufige Rassen haben ein Vortritt-Verhältnis von 1,1.
146 - 7	**normale Traber**	Bei normalen Trabern (vielen Rassen, z. B. Schäferhunde, Dalmatiner etc.) sehen wir ein Vortritt-Verhältnis von 0,9 bis 1,0; Vortritt-Länge und Höhe des Widerrists sind nahezu gleich.
146 - 8	**Galopper**	Bei vielen Galoppern (Saluki, Whippet etc) finden wir ein Verhältnis von 0,8: die Vortritt-Länge ist etwas kleiner als die Höhe des Widerrists (*wohlbemerkt*: gemessen im Trab).
146 - 9	**Terrier**	Bei einigen Terriern ist das Vortritt-Verhältnis noch kleiner: von 0,6 (z.B. Foxterrier) bis 0,8 (z. B. Kerry Blue Terrier).
146 - 10	**Verhältnis zwischen Vor- und Hinterhand**	Es zeigt sich, daß die Vortritt-Länge von Vor- und Hinterhand nicht immer ganz gleich ist.
146 - 11	**Traber**	Bei vielen Trabern sehen wir vorne und hinten dieselbe Vortritt-Länge. Bei anderen Rassen kann man einen Unterschied in der Länge feststellen.
146 - 12	**kurzläufige Rassen**	Kurzläufige Rassen (z. B. Corgi) haben häufig eine kürzere Vortritt-Länge in der Hinterhand als in der Vorhand.
146 - 13	**Terrier**	Terrier haben einen größeren Vortritt in der Hinterhand als in der Vorhand.
146 - 14	**Verlagerungsabstand**	Der Verlagerungsabstand ist der Abstand, den das *Buggelenk* bei der Vorwärtsbewegung zurücklegt. Dieser Abstand stimmt überein mit der *kleinsten Vortritt-Länge*, das heißt, bei den Kurzläufigen mit der Vortritt-Länge der Hinterhand; bei (einer Anzahl) von Terriern mit der Vortritt-Länge in der Vorhand.
146 - 15	**Schrittlänge** (Trittlänge)	Unter Schrittlänge verstehen wir die Strecke, die (im normalen Trab) im Verlauf eines Schrittes zurückgelegt wird. Ist der Abstand, über den ein Lauf aus dem hintersten Standpunkt in den vordersten Standpunkt gebracht wird, groß, dann sprechen wir von einer *weitausgreifenden Schrittlänge*; ist der Abstand klein, dann sprechen wir von einer *kurzen Schrittlänge.*
146 - 16	**ausgreifen**	Von Hunden mit einer weitausgreifenden Schrittlänge (in der Vorhand) sagt man, daß sie gut ausgreifen. Meistens wird dieser Ausdruck bei Trabern (Hunden mit einem ziemlich großen Vortritt-Verhältnis) gebraucht; bei Terriern etwa (mit einem kleinen Vortritt-Verhältnis) gebraucht man diesen Ausdruck kaum. Wenn man von einem Terrier sagt, er greife gut aus, dann müßte das eher fehlerhaft als gut gewertet werden. Manchmal wird auch von einem Hund, der gut ausgreift, gesagt, er nehme viel Boden ein; dieser Ausdruck ist jedoch in diesem Zusammenhang undeutlich. Wenn der Hund gut ausgreift, wird der Vorderlauf *genau unter dem Auge* aufgesetzt (146 - 16 B). Wird der Lauf *hinter* der Senkrechten durch das Auge auf den Boden gesetzt, dann sagt man, der Hunde würde zu wenig ausgreifen (146 - 16 A).
146 - 17	**Vergrößerung der Schrittlänge**	Wenn ein Hund von einer langsamen Gangart in einen schnellen Trab wechselt, dann nimmt die Schrittlänge etwas zu. Die Möglichkeit zur Schrittlängen-Vergrößerung wird begrenzt durch: a) den Bau des Vorderlaufes und b) das Vermögen, die Schwerkraft während der Bewegung aufzufangen.
146 - 18	**Schrittfrequenz**	Bei zunehmender Geschwindigkeit vergrößert sich nicht nur die Schrittlänge, sondern auch die Anzahl der *Schritte pro Zeiteinheit* (die Schrittfrequenz) nimmt zu. Wenn die Grenze der maximalen Schrittlänge erreicht ist, kann nur noch die Schrittfrequenz zunehmen. Es dürfte klar sein, daß auch die Schrittfrequenz innerhalb einer bestimmten Bewegungsform ihre Grenzen hat. Wenn der Hund noch schneller sein will, dann muß er zu einer anderen Bewegungsform übergehen (z. B. vom normalen Trab in den schnellen Trab oder in den Galopp). Die Schrittfrequenz bei Hunden variiert von ungefähr einem Schritt pro Sekunde bis zu vier Schritten pro Sekunde.

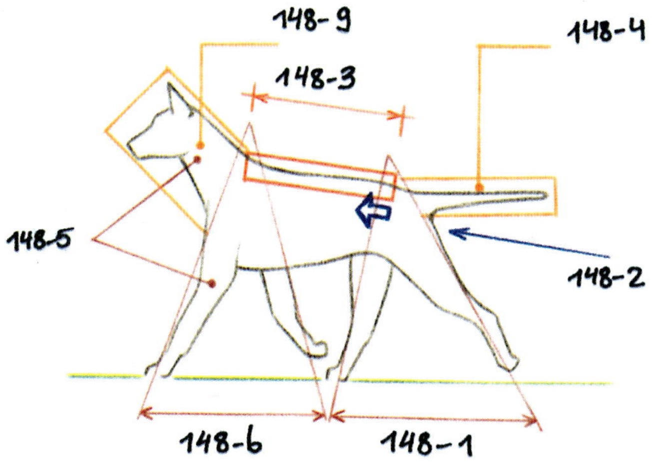

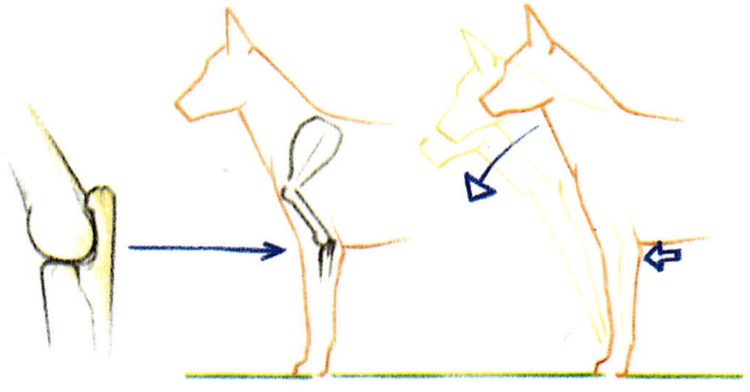

148-10 A

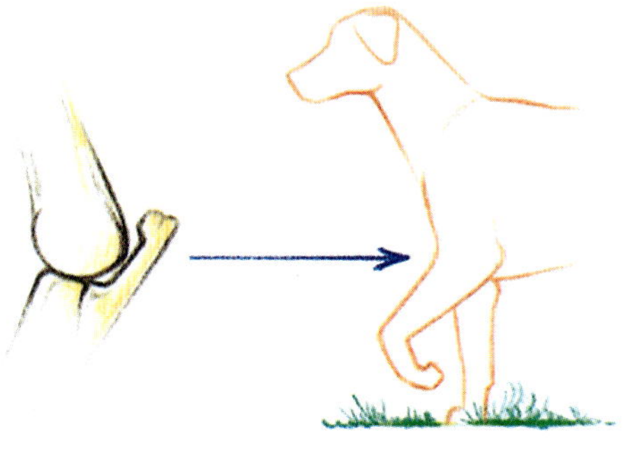

148-10 B

148-11

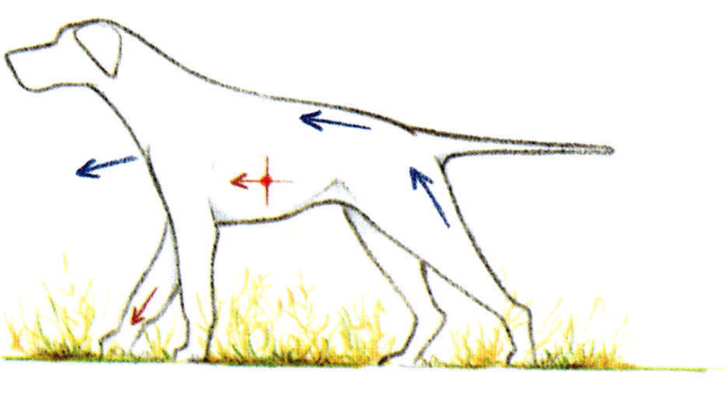

148-12

B. Aktive Körperteile

148 - 1 **Hinterhand**
Die Hinterhand ist als der "Motor" zu betrachten, der vorwärtstreibende Mechanismus, der bei der Fortbewegung für die Schubkraft (Stoßkraft) sorgt, das Vorwärtsstoßen des Körpers.

148 - 2 **Schubkraft**
Obwohl natürlich für die Fortbewegung sehr wichtig, darf die Funktion der Hinterhand bei der Bewegung auch nicht übertrieben gesehen werden: die Hinterhand hat viel weniger Aufgaben zu erfüllen als die Vorhand. Sofern anatomisch richtig aufgebaut, kann die Hinterhand im allgemeinen genügend Schubkraft entwickeln, um eine gute Fortbewegung zu ermöglichen.

148 - 3 **Rücken**
Bei der Fortbewegung hat der Rücken die Aufgabe, die Schubkraft, die durch die Hinterhand ausgelöst wird, aufzufangen, durchzugeben und weiterzuleiten. Der Rücken übernimmt dabei zugleich die Funktionen eines "Stoßdämpfers" und einer (einigermaßen biegsamen) Längsachse. Siehe auch: Seite 117.
Die Funktion des Rückens wird oft unterschätzt.

148 - 4 **Rute**
Bei vielen Hunden ist die Rute an den Bewegungen des Rückens und der Vorhand in gewissem Umfang mitbeteiligt, z. B. bei der Verlagerung des Schwerpunkts und dem Einleiten einer seitlichen Schwenkung.

148 - 5 **Vorhand**
Auf die Vorhand wirken zwei aktive Teile:
a) *die Vorderläufe* (die gesamten Vorderläufe inklusive der Schulterblätter);
b) *die Kopf-Hals-Partie.*

148 - 6 **Vorderläufe**
Die Vorderläufe haben bei der Fortbewegung viele Aufgaben:
a) das Auffangen und Verarbeiten der (durch den Rücken weitergeleiteten) Schubkraft,
b) das Auffangen der Schwerkraft,
c) das Einleiten einer seitlichen Schwenkung und
d) das Einleiten von Bewegung aus dem Stand.

148 - 7 **Fortführen der Bewegung**
148 - 8 **Koordinieren der Bewegung**
Während die Hinterläufe die Schubkraft liefern, sorgen die Vorderläufe für den richtigen Ablauf der Bewegung. *Die Hinterläufe führen die Bewegung fort; die Vorderläufe koordinieren die Bewegung.*

148 - 9 **Kopf-Hals-Partie**
Kopf und Hals sind an den Aufgaben mitbeteiligt, die Rücken und Vorderläufe zu erfüllen haben, z. B. bei der Verlagerung des Schwerpunktes und beim Ausführen einer seitlichen Schwenkung.

C. Einleitung der Vorwärtsbewegung

148 - 10 **Ellenbogengelenk**
Im (normalen) Stand stehen die Vorderläufe fast senkrecht unter dem Körper; das Ellenbogengelenk ist blockiert. Ein Stoß in Vorwärtsrichtung gegen das Ellenbogengelenk würde den Hund auf die Schnauze fallen lassen (148 - 10 A).
Um in Gang kommen zu können, muß erst das Ellenbogengelenk *"entriegelt"* werden. Dies geschieht, indem einer der Vorderläufe vom Boden aufgehoben wird (148 - 10 B).

148 - 11 **vorstehen**
(englisch: to point). Bestimmte Jagdhund-Typen (Vorstehhunde, Pointer) stehen auf eine sehr charakteristische Art, um das Wild anzuzeigen: sie heben eine Vorderpfote. In dieser Haltung ist das Ellenbogengelenk des angehobenen Laufes "entriegelt". Der andere Lauf steht fast senkrecht, der Hals ist nach vorn gestreckt, das Tier befindet sich in einer Haltung, in der der Körper soeben noch im Gleichgewicht, in der Balance ist. Aus dieser gespannten Haltung kann der Hund –sofern es nötig ist– sehr schnell in Gang kommen.

abgebildete Rasse:
Pointer

148 - 12 **nach vorne fallen**
Beim Start aus dem Stand wird also zuerst das Ellenbogengelenk eines der Vorderläufe "entriegelt" (der Lauf angehoben).
Beinahe gleichzeitig wird –durch einen kleinen Druck (Schub) aus der Hinterhand, manchmal kombiniert mit Strecken des Halses– der Schwerpunkt nach vorn gebracht. Der Körper "fällt" nach vorn, der aufgehobene Vorderlauf wird auf den Boden aufgesetzt; die Fortbewegung ist in Gang gekommen.

148 - 13 **Gangwerk**
Das Gangwerk ermöglicht die Fortbewegung des Hundes. Beim Richten (Kören) wird das **Gangwerk** des Hundes beurteilt.

148 - 14 **Gänge**
Das Gangwerk wird manchmal auch mit dem Ausdruck **Gänge** bezeichnet.

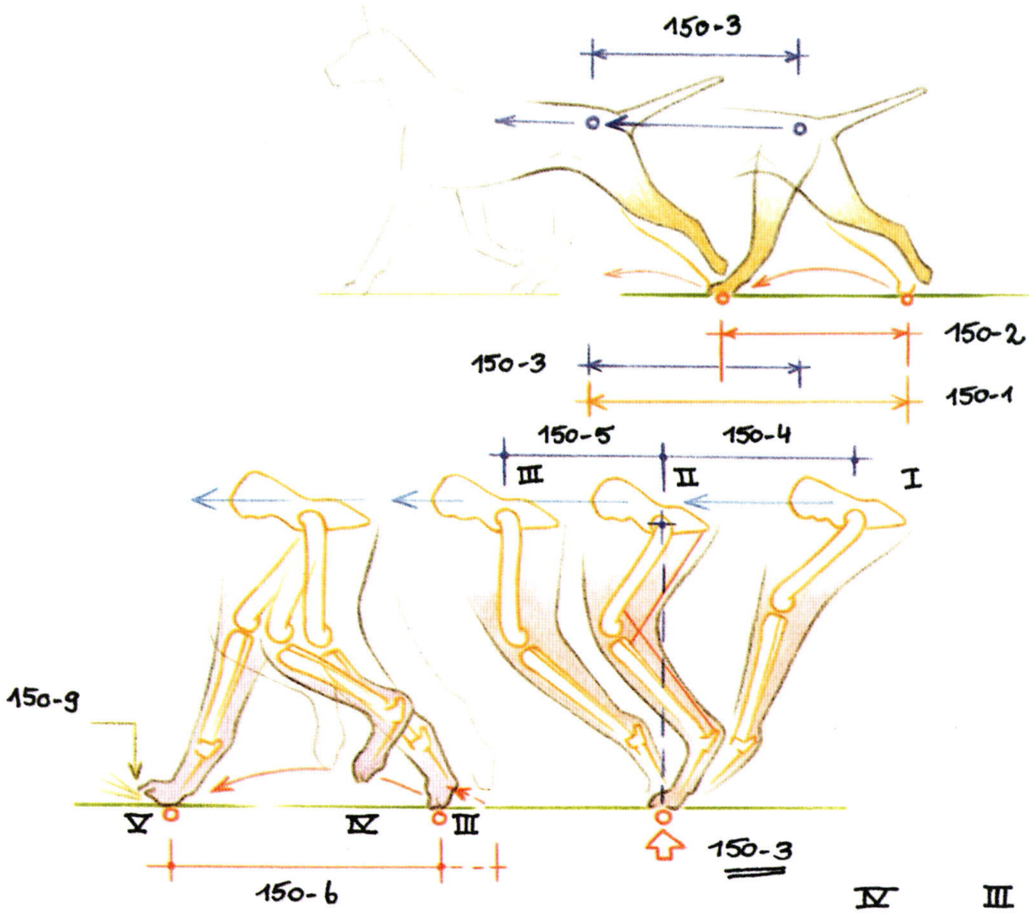

150-3

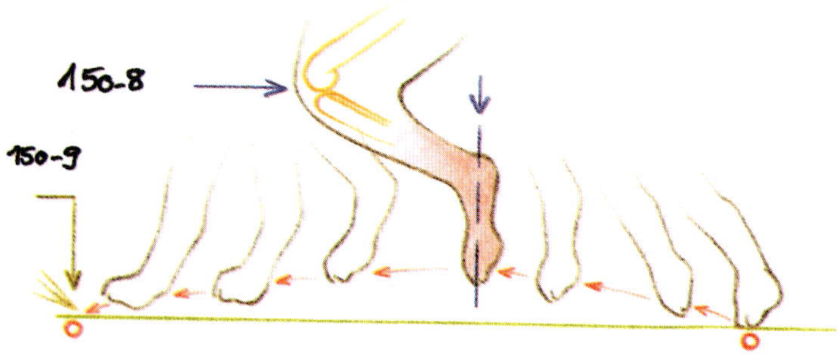

150-7

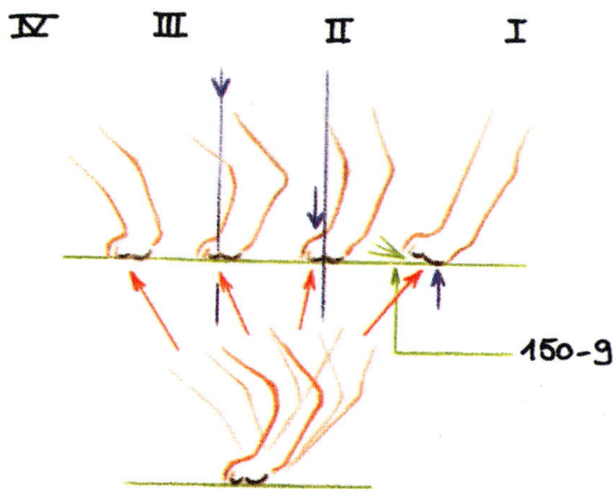

150-10

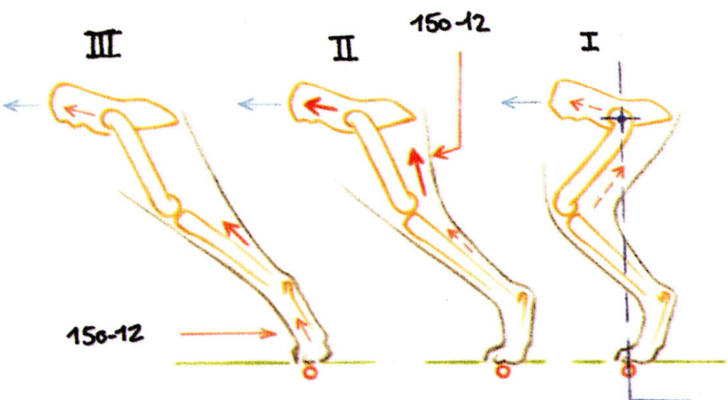

150-11

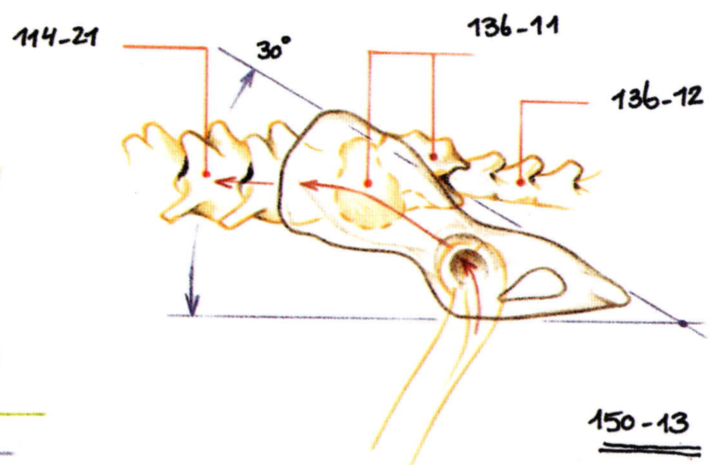

150-13

D. Bewegung der Hinterhand

150 - 1 **Bewegungszyklus**

Der gesamte Bewegungszyklus eines Hinterlaufes besteht aus einem Schritt- (=Schwingmoment) und einem Standmoment.

150 - 2 **Schwingmoment**

Im Verlaufe des Schritts verlagert sich der Hinterlauf vom *hinteren* auf den *vorderen* Standpunkt. Das nennen wir das Schwingmoment des Bewegungszyklus.

150 - 3 **Standmoment**

Sobald der Hinterlauf auf dem vorderen Standpunkt am Boden aufgesetzt ist, beginnt das Standmoment des Bewegungszyklus.

Das Standmoment endet, sobald der Fuß aus dem hinteren Stand wieder vom Boden aufgehoben wird.

Das Standmoment besteht aus zwei Phasen:

150 - 4 **Stabilisierungsphase**

a) *die Stabilisierungsphase*: der Teil des Standmoments, bei dem der Körper (nicht der Fuß!) sich verlagert, bis der Fuß genau unter dem Stabilitätspunkt steht. Während der Stabilisierungsphase wird der Körper *unterstützt* (getragen).

150 - 5 **Schubphase**

b) *die Schubphase:* der Teil des Standmoments, bei dem der Körper (nicht der Fuß!) sich von dem Punkt, an dem der Fuß genau unter dem Stabilitätspunkt steht, zum weitestmöglichen hinteren Standpunkt der Pfote verlagert. In dieser Phase wird der *Schub* übertragen.

150 - 6 **Bewegung im Schritt**

(Schwingmoment). Während des Schritts wird der Fuß aus dem hinteren Stand durch die Luft nach vorn gebracht. Es findet *keine* direkte Handlung statt, um den Körper vorwärtszutreiben (die Schubaktion findet in diesem Augenblick auf dem anderen Hinterlauf statt).

Die Bewegung besteht aus Beugen und Strecken der Gelenke.

150 - 7 **Bewegung des Hinterlaufes**

Nachdem der Hinterlauf vom Boden aufgehoben ist, beginnt sich das Sprunggelenk zu beugen, zunächst noch sehr wenig. Die stärkste Beugung findet statt, wenn der andere Hinterlauf vorbeigezogen wird. Die Mittelfußknochen sind dann ungefähr senkrecht gestellt und die Zehengelenke gebeugt. Danach beginnt das Sprunggelenk sich wieder zu strecken; wenn der Lauf am vordersten Standpunkt wieder auf den Boden gesetzt wird, ist das Sprunggelenk beinahe ganz gestreckt, und die Zehengelenke sind gestreckt. Der hintere große Pfotenballen berührt den Boden zuerst.

150 - 8 **Beugung des Kniegelenks**

Wenn der Hinterlauf aus dem hinteren Stand vom Boden abgehoben wird, dann ist das Kniegelenk nahezu gestreckt. Danach beginnt es, sich zu beugen; die stärkste Beugung findet statt, wenn der andere Hinterlauf vorbeigezogen wird.

Wenn der Lauf auf den Boden aufgesetzt wird, ist das Knie beinahe wieder gestreckt.

150 - 9 **Beginn des Standmoments**

Nachdem der Lauf auf dem vorderen Standpunkt am Boden aufgesetzt ist, findet eine *ganz leicht abbremsende Wirkung* statt, wobei der Lauf (im Sprunggelenk) sich kaum beugt.

150 - 10 **Bewegung in der Stabilisierungsphase**

Während der Stabilisierungsphase sind Pfote und Knie leicht durchgebogen (die vorderen Pfotenballen berühren den Boden). Beim Erreichen des Stabilitätspunktes (Hüftgelenk senkrecht über dem Lauf) ist die Beugung von Knie und Sprunggelenk am stärksten.

In diesem Moment sind die Antriebsmuskeln (110 - 26) entspannt (= ausgestreckt). Auch der Musculus gastrocnemius (112 - 11) ist entspannt.

150 - 11 **Bewegung in der Schubphase**

Nach dem Erreichen des Stabilitätspunktes beginnt der Lauf sich wieder zu strecken (Schubphase).

Zuerst streckt sich das Knie durch Zusammenziehen der Antriebsmuskeln. Am Ende der Schubphase streckt sich das Sprunggelenk durch Zusammenziehen des Musculus gastrocnemius, und schließlich erfolgt das Strecken der Zehengelenke.

Kurz bevor der Lauf wieder vom Boden aufgehoben wird (= Beginn des Schwingmoments), ist er beinahe ganz gestreckt. Der Hund steht auf seinen Zehenspitzen.

150 - 12 **Schub (Schubkraft)**

Beim Strecken des Knies (siehe Seite 111) und schließlich auch durch das Strecken des Laufs wird die Schubkraft aufgebracht, durch die der Körper nach vorne geschoben wird.

Der größte Teil der Schubkraft wird durch das Zusammenziehen der sogenannten Antriebsmuskeln (110 - 26) zustandegebracht, wobei das Knie gestreckt wird. Der Hinterlauf dient dann als Stützpunkt (oder Absatzpunkt) und verrichtet kaum etwas Arbeit beim Schub, bis das Knie nahezu gestreckt ist.

Erst im allerletzten Teil der Schubphase arbeitet der Hinterlauf tatkräftig mit am Schub (der letzte Stoß).

150 - 13 **Hüftbein**

Die Schubkraft aus der Hinterhand wird durch den Kopf des Oberschenkelbeins und die Hüftgelenkspfanne im Hüftbein aufgefangen. Beide Hüftbeine sind mit dem Kreuzbein zusammengewachsen (136 - 11), das wiederum fest mit dem übrigen Rückgrat verbunden ist.

Die Schubkraft, die auf das Hüftbein ausgeübt wird, wird dadurch über das Kreuzbein an das gesamte Rückgrat weitergegeben.

> Um Mißverständnisse zu vermeiden, weisen wir darauf hin, daß die Rute eine Verlängerung des Rückgrats ist und die ersten Schwanzwirbel mit dem Kreuzbein verbunden sind.
>
> Der Rutenansatz steht in unmittelbarer Verbindung zur Lage des Kreuzbeins: ein waagerecht oder etwas (nach hinten) abfallendes Kreuzbein bedeutet einen guten Rutenansatz; ein stark abfallendes Kreuzbein einen niedrigen Rutenansatz; ein (nach hinten) ansteigendes Kreuzbein einen zu hohen Rutenansatz. Meistens (doch nicht immer) kann man aus dem Rutenansatz auf die Lage der Hüftbeine schließen, weil die Hüftbeine und das Kreuzbein miteinander verwachsen sind.

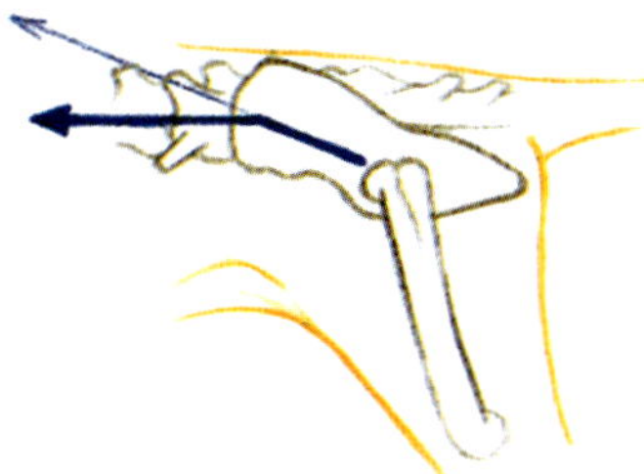

152-1

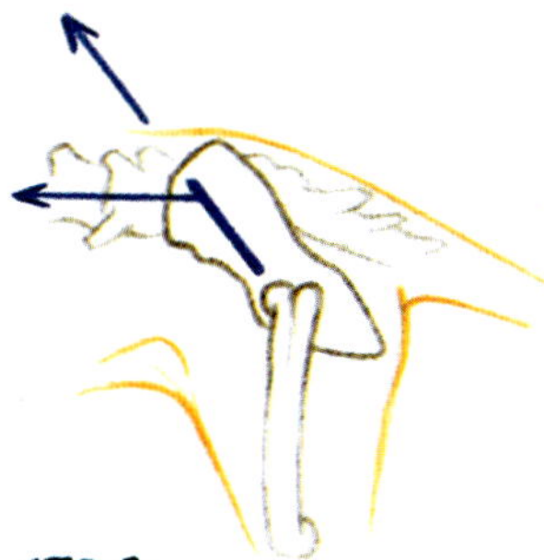

152-2

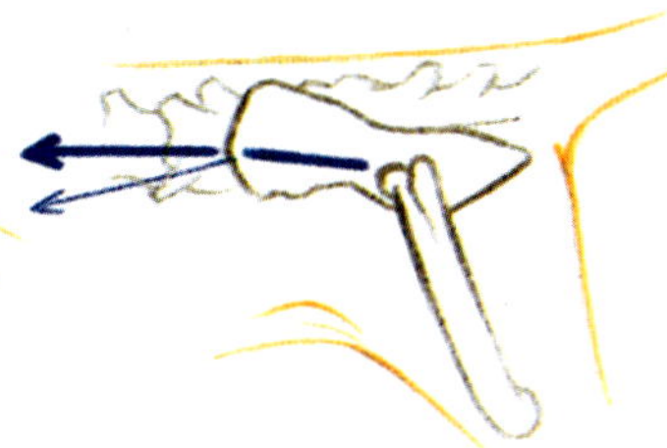

152-3

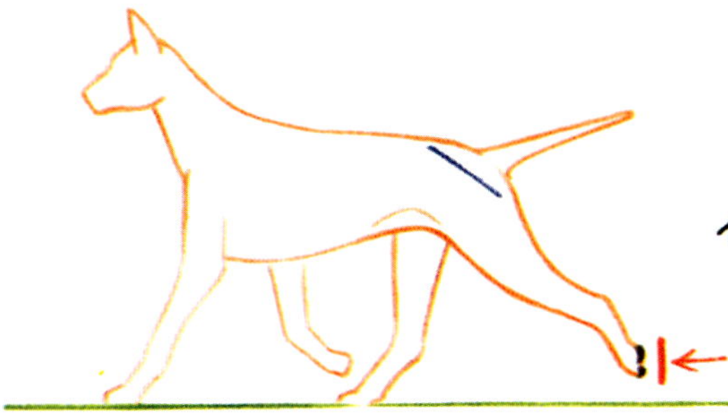

152-5 A

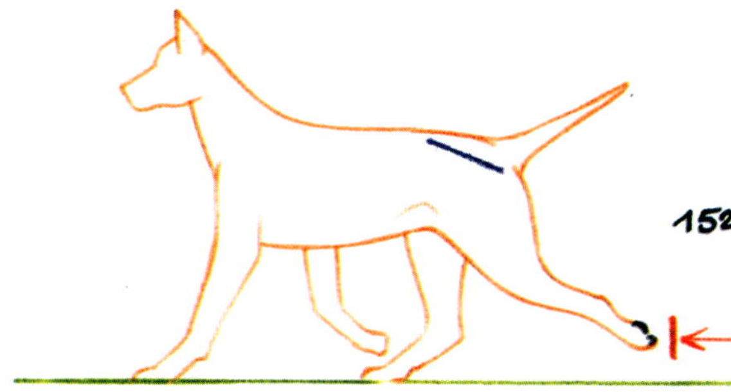

152-5 B

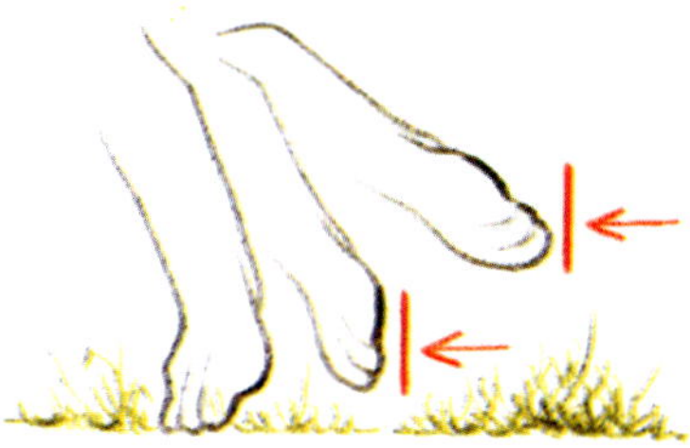

152-5 A
B

152-6

152-6

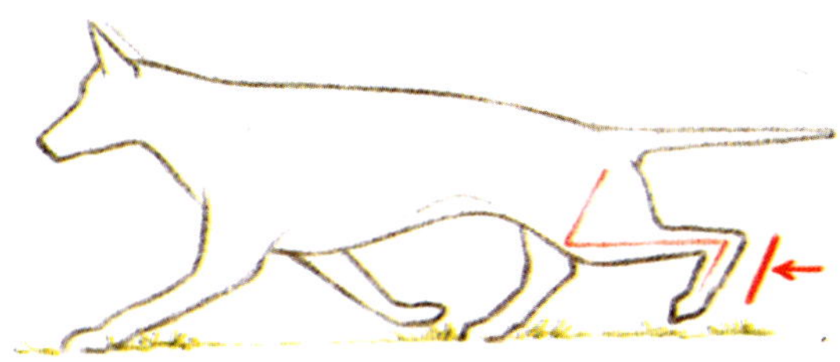

152-7

152-8

152-8

152 - 1 **Normalstellung der Hüfte**

(Siehe auch: 136 - 6). Die Schubkraft aus der Hinterhand wird am wirksamsten an das Rückgrat weitergegeben, wenn das Hüftbein eine Neigung von ungefähr 30° hat. Dabei wird fast die ganze Kraft weitergeleitet und kommt nahezu ungeschmälert der Fortbewegung zugute. Für sehr viele Hunde (Traber) ist eine solche Stellung des Hüftbeins wichtig.

152 - 2 **steile Hüfte**

(Siehe auch: 136 - 7). Ein steiles Hüftbein ist für echte Traber weniger wirkungsvoll, bei einer Reihe anderer Hundetypen ist es jedoch eine normale Stellung.

Der Schub aus der Hinterhand wird nicht ganz für die Fortbewegung genutzt, sondern zum Teil zum Anheben des Körpers. Wenn ein Hund seinen (anderen) Hinterlauf weit unter dem Körper (unter dem Schwerpunkt des Körpers) aufsetzt, was mit einem steilen Hüftbein möglich ist, dann ist dieser Hund auch imstande, die Vorhand beim Anheben des Körpers zu unterstützen. Bei guten Springern und Kletterern und Hunden mit viel Wendigkeit sehen wir fast immer ein steiles Hüftbein (und einen niedrigen Rutenansatz), oft in Verbindung mit einem ziemlich kurzen Körper.

Im Galopp und bei Hunden, die –aus der Hinterhand arbeitend– ziehen, sehen wir, daß der Rücken dabei gekrümmt wird, so daß das Hüftbein (zeitweise) eine steilere Stellung einnimmt.

152 - 3 **flache Hüfte**

(Siehe auch: 136 - 8). Bei einem flachen Hüftbein wird die Schubkraft aus der Hinterhand nehezu unmittelbar an das Rückgrat weitergegeben. Ist das Hüftbeins so gelagert, daß man noch von einer schrägen Lage sprechen kann, dann gilt das bei vielen Rassen als normal (viele Terrier, Polarhunde und Spitze). Wir sehen bei diesen Rassen oft einen hohen Rutenansatz.

Ein waagerecht liegendes Hüftbein würde die Schubkraft ungünstig an das Rückgrat weitergeben (die Kraft wäre zu sehr nach unten gerichtet; dem Aufheben des Schwerpunkts würde entgegengewirkt); der Hund würde ständig über seine eigenen Vorderläufe stolpern. Solch ein Hüftbein kommt nicht vor.

Hunde, die (beim Trab) in der Vorhand ein etwas stolperndes Gangwerk zeigen, haben mit ziemlicher Sicherheit ein **zu** flaches Hüftbein.

152 - 4 **wenig gewinkelte Hinterhand**

(Manchmal auch als steile Hinterhand bezeichnet, ein Ausdruck, den wir lieber nicht gebrauchen sollten). Bei den meisten Rassen steht das Oberschenkelbein (im normalen Ruhestand) in einem Winkel von ungefähr 90° zum Hüftbein. Bei einem Hund mit einem flachliegenden Becken steht das Oberschenkelbein dann eher senkrecht; das bedeutet zugleich einen größeren Winkel in Knie- und Sprunggelenk. Einen solchen (beinahe geraden) Hinterlauf nennen wir wenig gewinkelt.

Auch im Trab kann ein solcher Hund wenig Winkelung zeigen, er hat meistens einen geringen Vortritt und läuft mit etwas "steifen" Beinen.

Wohlbemerkt: eine wenig gewinkelte Hinterhand muß nicht immer fehlerhaft sein. Terrier, Polarhunde und Spitze zeigen oft solch einen Stand und ein entsprechendes Gangwerk.

152 - 5 **hochtraben**

Bei einem normalen Gangwerk sehen wir (von hinten gesehen) gerade noch die Unterseite der Pfote (die Pfotenballen), wenn die Pfote aus dem hinteren Standpunkt vom Boden gehoben wird. Danach wird der Lauf sofort wieder nach vorne gebracht.

Bei einigen Hunden jedoch sehen wir –bevor der Lauf wieder nach vorn gebracht wird– auch einen Augenblick lang die Oberseite der Pfote (die Krallen und die Haare auf der Pfote).

Bei diesen Hunden bleibt der Lauf nicht lange genug am Boden, sie nutzen die Schubkraft nicht vollständig aus; sie durchlaufen die Schubphase gleichsam in der Luft, bevor sie den Lauf wieder nach vorne bringen.

Wir können dies bei Hunden beobachten, die eine übermäßige Winkelung in der Hinterhand und eine ziemlich waagerechte oder leicht abfallende Rückenlinie haben (unter anderen bei bestimmten Deutschen Schäferhunden).

Diese Erscheinung nennt man hochtraben (oder hinten hochtraben).

152 - 6 **sichelbeiniges Gangwerk**

(Siehe auch: 140 - 9). Hunde, die eine übermäßige Winkelung der Hinterhand und ein (meistens) normal liegendes Hüftbein haben, zeigen manchmal nicht nur im Stand ein konstant gebeugtes Sprunggelenk, sondern auch in der Bewegung. Auch bei diesen Hunden wird die Schubkraft nicht vollständig ausgenutzt.

Dies nennen wir ein sichelbeiniges Gangwerk. (Oft zeigen sich diese Hunde auch im Stand sichelbeinig -siehe Standcode, 134 - 2).

Sichelbeiniges Gangwerk kennen wir in zwei Formen:

a) im langsamen Gang (Schritt) bei Galoppern (Afghanen). Wir sehen dann auch eine auf- und abwärtsgehende Rückenlinie (schaukelnd).
b) in einem (verhältnismäßig) schnellen Trab, z.B. beim Deutschen Schäferhund. Diese Hunde haben eine ziemlich abfallende Rückenlinie, und das Gangwerk macht einen geduckten Eindruck.

152 - 7 **schleichendes (geducktes) Gangwerk**

Bei einem sichelbeinigen Gangwerk sehen wir oft keine Fußsohlen mehr, sondern nur die Rückseite der Mittelfußknochen.

Sowohl Hochtraben als auch schleichendes Gangwerk müssen als Fehler angesehen werden. Sichelbeiniges Gangwerk bei Galoppern kann im Schritt als normal betrachtet werden.

152 - 8 **kurze Schubphase**

Bei Rassen mit einer zu wenig gewinkelten Hinterhand (kommt bei einigen Terriern, Spitzen und Polarhunden vor) ist die Schubphase sehr kurz. Obwohl die Pfote meistens gut gestreckt wird, können wir kaum die Pfotenballen sehen; die Pfote wird unmittelbar nach dem Abheben wieder nach vorn gebracht. Das muß als Fehler gewertet werden.

abgebildete Rasse:
JACK RUSSELL TERRIER
(rauhhaarig)

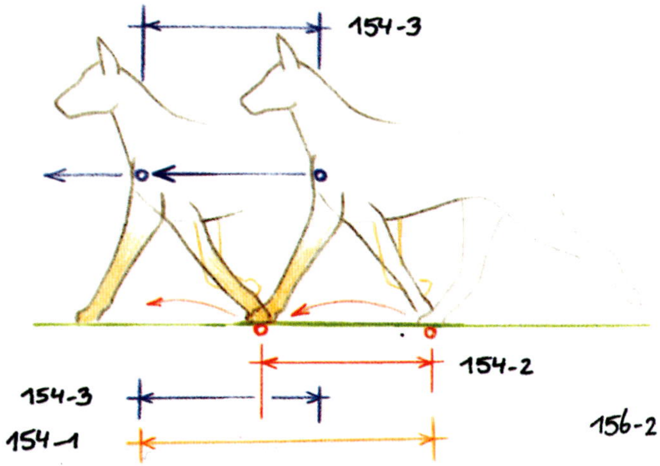

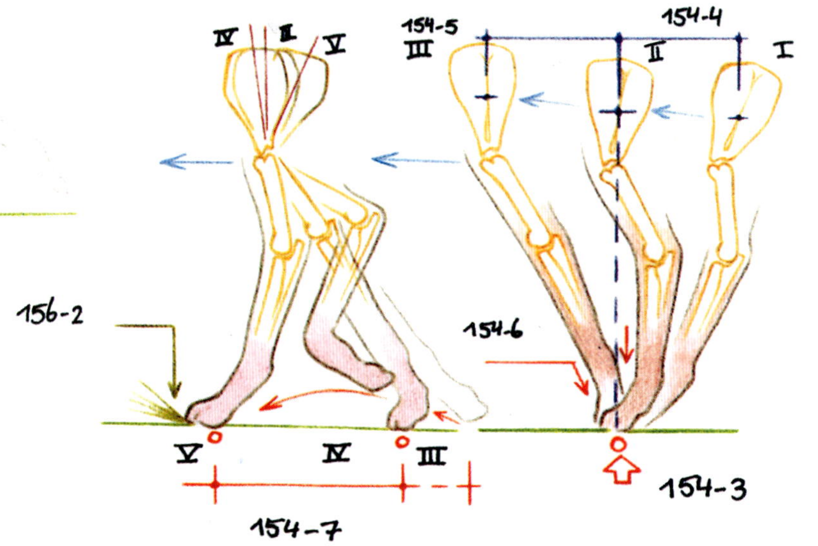

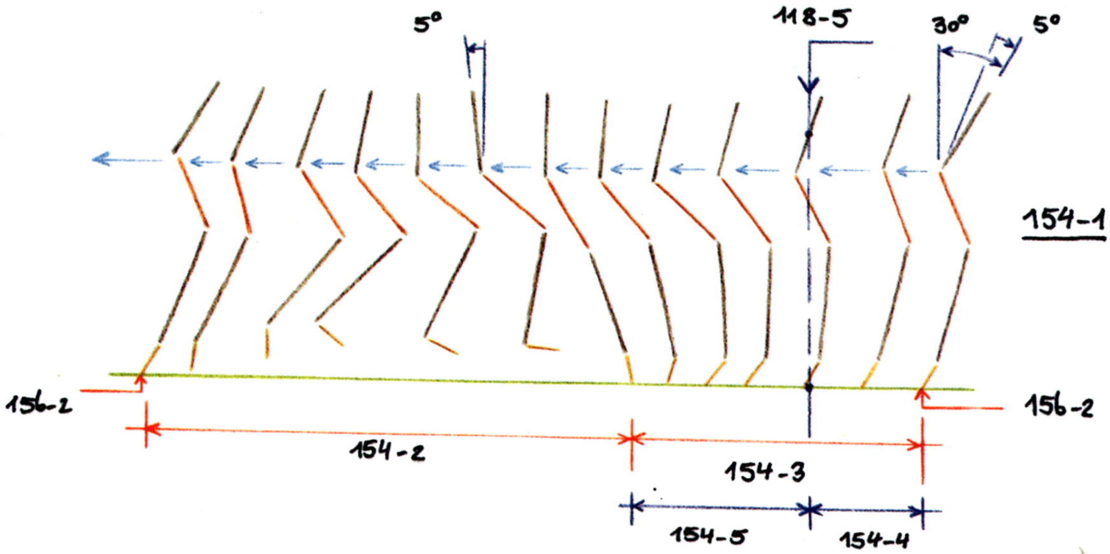

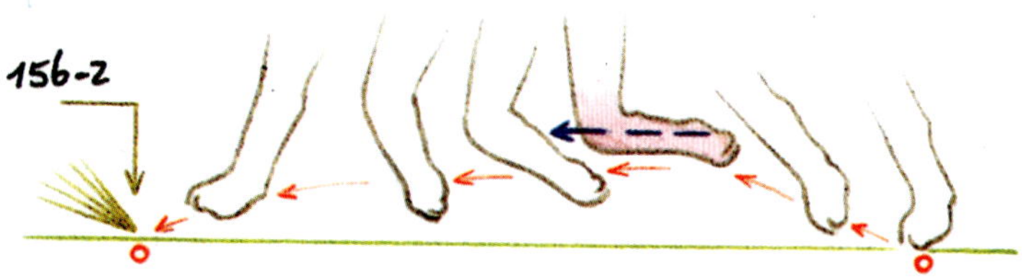

154-8

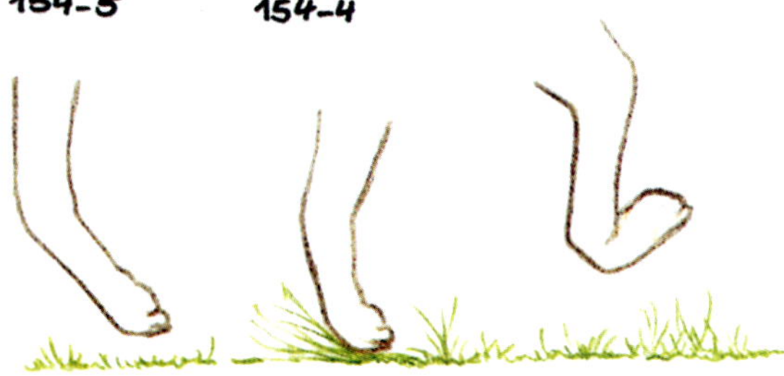

154-9 154-10 154-11

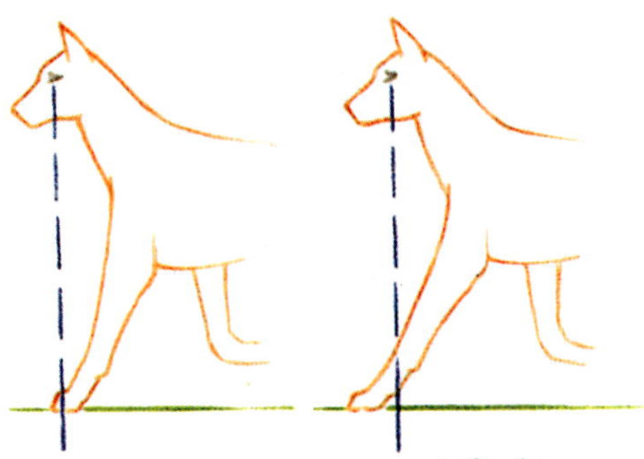

154-12 154-13

		E. Bewegung der Vorhand
154 - 1	**Bewegungszyklus**	So wie bei der Hinterhand besteht auch der gesamte Bewegungszyklus eines Vorderlaufes aus einem *Schritt-* (= *Schwingmoment)* und einem *Standmoment.*
154 - 2	**Schwingmoment**	Während des Schritts verlagert sich der Vorderlauf vom hinteren zum vorderen Standpunkt. Dies nennen wir das Schwingmoment des Bewegungszyklus. Während des Schwingmoments wird der Hund –sofern notwendig oder erwünscht– seinen Vorderlauf schon so wenden, daß die Pfote auf einen ganz bestimmten Punkt auf den Boden aufgesetzt werden kann, so daß eine Steuerung möglich ist; die Steuerungsphase wird bereits eingeleitet.
154 - 3	**Standmoment**	Sobald der Vorderlauf auf dem vorderen Standpunkt am Boden aufgesetzt ist, beginnt das Standmoment des Bewegungszyklus. Das Standmoment endet, sobald die Pfote vom hinteren Standpunkt wieder vom Boden abgehoben wird. Das Standmoment besteht aus zwei Phasen:
154 - 4	**Stabilisierungsphase**	a) die Stabilisierungsphase: der Teil des Standmoments, in dem der Körper (nicht der Fuß!) sich verlagert, bis der Vorderlauf gerade unter dem Stabilitätspunkt steht.
154 - 5	**Steuerungsphase**	b) die Steuerungsphase: der Teil des Standmoments, in dem der Körper (nicht die Pfote!) sich aus dem Stabilitätspunkt verlagert, bis die Pfote wieder vom Boden aufgehoben wird. Während dieser Phase wird die Schubkraft aus der Hinterhand in die gewünschte Richtung gesteuert.
154 - 6	**Abstoßen**	Der Vorderlauf stößt sich in der Steuerungsphase vom Boden ab, um die Schwerkraft zu überwinden (ruht doch der größte Teil des Körpergewichts auf der Vorhand). Das Abstoßen wird von einigen Autoren als Schub der Vorhand betrachtet. Das wirkt verwirrend, weil hier nicht von einem echten Vorwärtsschub die Rede ist.
154 - 7	**Bewegung im Schritt**	(Schwingmoment). Im Schritt wird der Lauf vom hinteren Standpunkt durch die Luft nach vorn gebracht. Es findet keine unmittelbare Handlung statt, um den Körper zu steuern (*eine Steuerung erfolgt in demselben Moment auf dem anderen Vorderlauf*). Die Bewegung besteht aus dem Beugen und Strecken der Gelenke.
154 - 8	**Bewegung im Trab**	Nachdem der Vorderlauf vom Boden abgehoben ist, beginnt das Vorderfußwurzelgelenk sich zu beugen. Die Mittelfußknochen kommen dabei (beim normalen Gangwerk im Trab) in eine parallele Lage zur Grundfläche (horizontal). Diese horizontale Lage wird ungefähr so lange aufrechterhalten, bis der andere Vorderlauf vorbeigezogen wird (je nach Rasse etwas verschieden). Danach beginnt das Vorderfußwurzelgelenk sich erneut zu strecken, bis der Lauf auf dem vorderen Standpunkt am Boden aufgesetzt ist.
154 - 9	**Bewegung im Galopp**	Bei Galoppern (und einigen anderen, meist schweren Rassen) sehen wir, daß der Lauf im Schwingmoment nicht horizontal gebeugt wird, sondern nur in einem Winkel von ungefähr 45° gegenüber der Grundfläche.
154 - 10	**daisy clipping** (= englisch)	("Gänseblümchen-Mähen"). Bei mehreren Rassen (Terrier, Bracken) werden die Läufe nur wenig gebeugt; während der Lauf im Schwingmoment vorwärts bewegt wird, streicht er gleichsam über den Boden. Im allgemeinen wird das als Fehler bewertet; bei Rassen, die wenig Winkelung in der Vorhand zeigen, ist daisy-clipping erlaubt, sofern die Zehen noch leidlich (ungefähr 45°) gebeugt werden.
154 - 11	**Klepperfüße**	Vor allem bei (bestimmten Typen von) Jagdhunden sehen wir, daß der Lauf beinahe vollständig doppelt gebeugt wird, nachdem er vom Boden aufgehoben worden ist. Oft ist dies mit einem steppenden Gangwerk kombiniert. Als Ursachen für "Klepperfüße" kommen in Frage: der Hund läuft zu langsam; die Leine wird zu straff gehalten (siehe auch: *hackney*). In einigen Fällen kann es auch mit *sichelbeinigem Gang* der Hinterhand kombiniert auftreten.
154 - 12	**Plazieren der Pfote**	Der Vorderlauf sollte –am Ende des Schwingmoments– auf den Boden gesetzt werden, wenn der Schub aus der Hinterhand auf Null reduziert ist, das heißt, wenn in der Hinterhand der eine Lauf vom Boden aufgehoben wird (Ende der Schubphase) und der andere Lauf aufgesetzt ist (Beginn der Stabilisierungsphase). Bei einer richtigen Plazierung wird der Vorderlauf beinahe *senkrecht unter dem Auge* auf den Boden gesetzt.
154 - 13	**Übergreifen der Vorhand**	Wenn ein Hund seinen Vorderlauf senkrecht unter dem Auge auf dem Boden aufsetzt, dann sagt man, er habe ein gut ausgreifendes Gangwerk (siehe 146 - 16). Wenn ein Hund seinen Vorderfuß weit vor der Senkrechten aus dem Auge auf den Boden aufsetzt, dann sagt man, daß er *übergreift* (zu weit ausgreift). Ursachen hierfür können sein: der Hund ist leggy (siehe 100 - 4) oder zu kurz in der Körperlänge (siehe auch unter: 100 - 3). Junge Hunde können in einem gewissen Wachstumsstadium übergreifen. Sie sind in dieser Entwicklungsstufe etwas leggy.

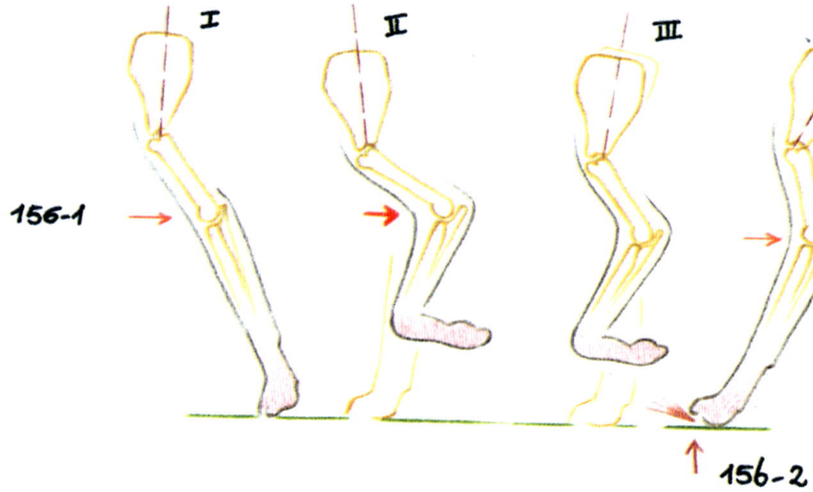

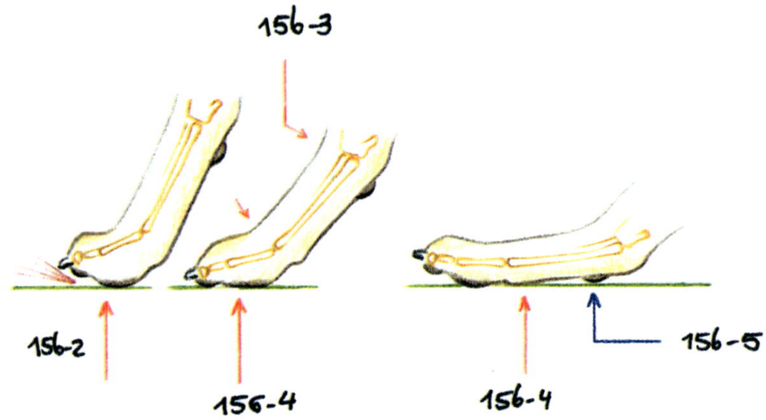

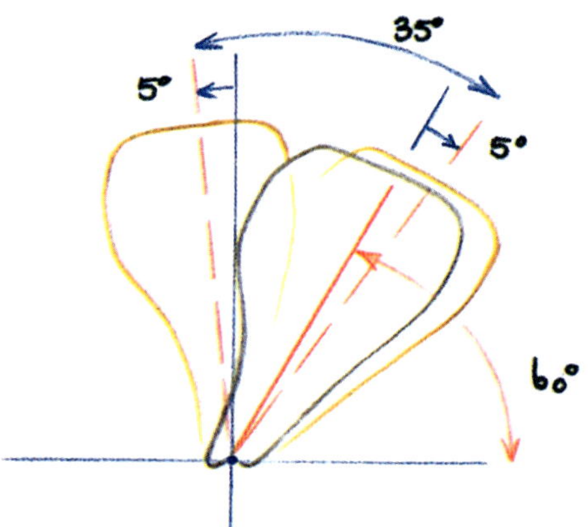

156-8A

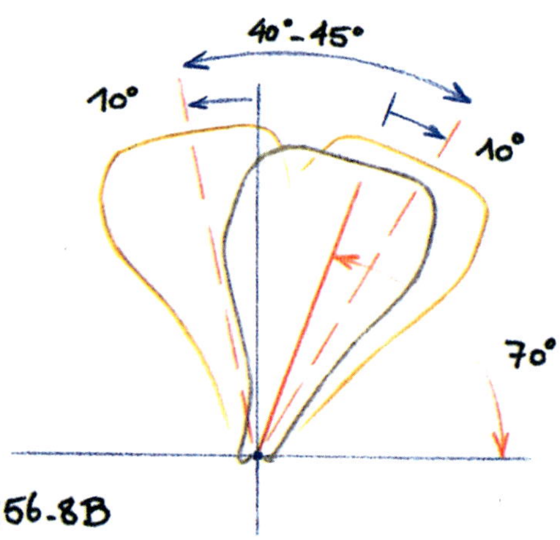

156-8B

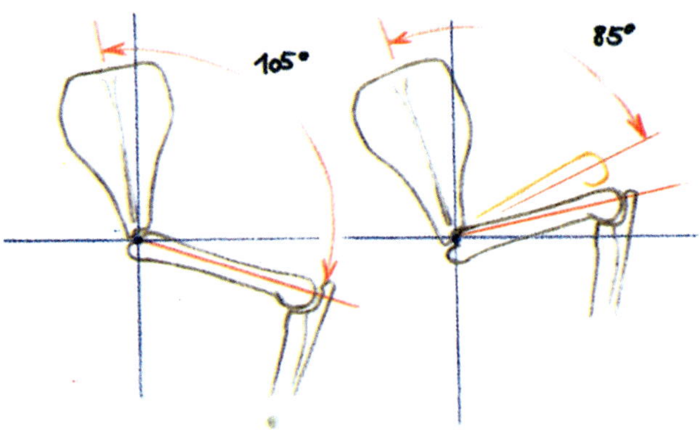

156-9

156 - 1 **Bewegung des Ellenbogengelenks**

Wenn der Lauf aus der hinteren Stellung vom Boden aufgehoben wird, dann ist das Ellenbogengelenk beinahe gestreckt.

Danach beginnt sich das Ellenbogengelenk zu beugen; die größte Beugung sehen wir, wenn der andere Vorderlauf vorbeigezogen wird. Wenn der Lauf wieder auf dem Boden aufgesetzt wird, ist das Ellenbogengelenk noch nicht völlig gestreckt.

156 - 2 **Beginn des Standmoments**

Nachdem der Lauf auf der vorderen Position auf dem Boden plaziert ist, tritt eine *abbremsende Wirkung* ein (zuerst berührt der Sohlenballen den Boden, danach die Zehenballen).

156 - 3 **Durchbiegen der Zehen**

Beinahe unmittelbar nach dem Aufsetzen des Laufes auf dem Boden beginnt die Pfote sich in den Zehengelenken durchzubiegen. Dieses Durchbiegen wirkt leicht *federnd.*

156 - 4 **Durchsacken der Pfote**

Während der Stabilisierungsphase können wir ein Durchsacken der Pfote beobachten mit einem sehr geringen Durchbiegen des Vorderfußwurzelgelenks (wohlbemerkt: das Vorderfußwurzelgelenk kann –unter normalen Umständen– nur sehr wenig nach vorn durchbiegen; von einer Biegung des Vorderfußwurzelgelenks kann demnach auch kaum gesprochen werden!)

Das Durchsacken der Pfote ist im Trab nur gering; im Renngalopp wird die Pfote oft fast flach auf den Boden gepreßt.

156 - 5 **Bremsballen**

Hierbei berührt der kleine Ballen dicht unter dem Vorderfußwurzelgelenk (der *Bremsballen*) den Boden, und die Zehen heben sich etwas vom Boden ab. Auch bei dieser Aktion tritt eine *federnde* Wirkung ein, und die *Fußsehnen werden gespannt.*

156 - 6 **Bewegung in der Stabilisierungsphase**

Während der Stabilisierungsphase beugt sich das Ellenbogengelenk wieder. Beim Erreichen des Stabilitätspunktes (Schulterblatt senkrecht oberhalb des Laufes) ist die Beugung am größten (156 - 1,III).

156 - 7 **Bewegung in der Steuerungsphase**

Nach dem Erreichen des Stabilitätspunktes beginnt der Lauf sich wieder zu strecken (Steuerungsphase). Während dieser Phase findet im Buggelenk kaum eine Veränderung statt (es wird etwas gestreckt). Doch sehen wir, daß sowohl das Ellenbogengelenk als auch der ganze Lauf wieder gestreckt werden (*die Fußsehnen ziehen sich wieder zusammen*). Kurz bevor der Lauf erneut vom Boden aufgehoben wird (= Beginn des Schwingmoments), ist er beinahe ganz gestreckt. *Der Hund steht auf seinen Zehenspitzen* (156 - 1,I).

156 - 8 **Bewegung des Schulterblatts**

Während des gesamten Bewegungszyklus ist eine fortlaufende *Veränderung der Lage des Schulterblatts* festzustellen.

In dem Augenblick, in dem der Lauf auf den vorderen Standpunkt am Boden aufgesetzt wird (Standmoment), verkantet sich das Schulterblatt ein klein wenig nach hinten (im Trab etwa 5°; im Galopp ungefähr 10°). Während der Steuerungsphase entsteht eine leicht nach vorne gerichtete Lage (im Trab bis circa 5° **vor** dem vertikalen Stand; im Galopp ungefähr 10°).

Die Gesamtveränderung der Lage des Schulterblatts beträgt: im Trab circa 35° und im Galopp 40 - 45° (beide abhängig von der Lage des Schulterblatts).

156 - 9 **Bewegung des Oberarmbeins**

Während des gesamten Bewegungszyklus bewegt das Oberarmbein sich *nie weiter vorwärts als in einen senkrechten Stand.* Dies gilt für alle Gangarten.

Der kleinste Winkel im Buggelenk während des Bewegungszyklus beträgt während des Trabs 105° und während des Galopps circa 85°.

Wohlbemerkt: in diesem Augenblick befindet sich das Schulterblatt in einer nach vorn gerichteten Lage!

158-4

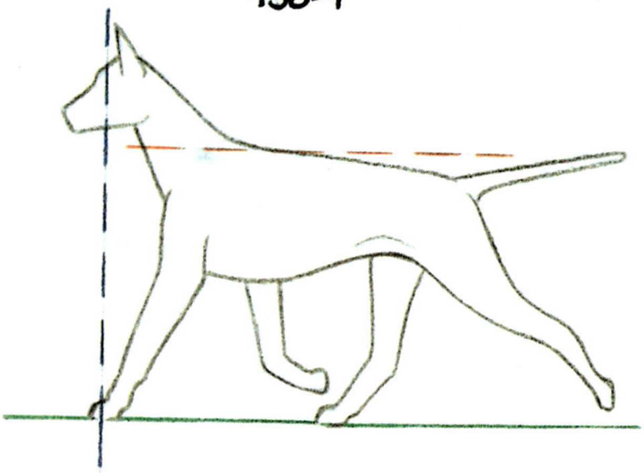

158-5

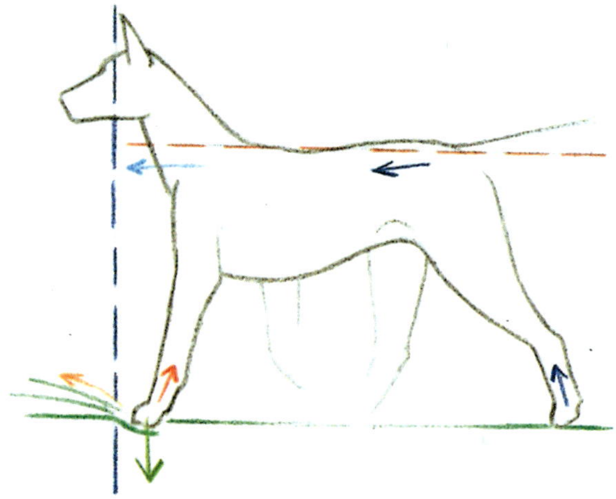

158-6

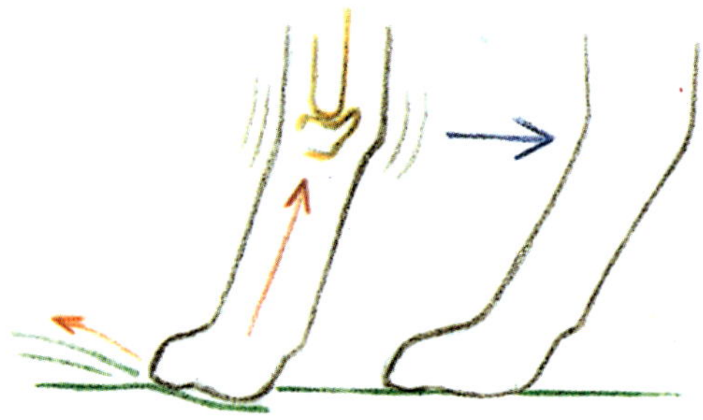

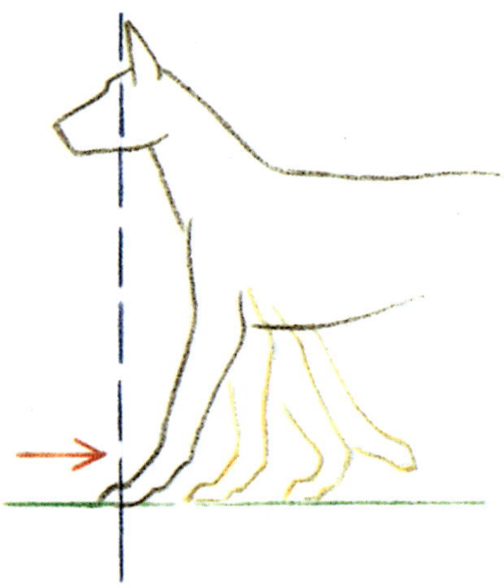

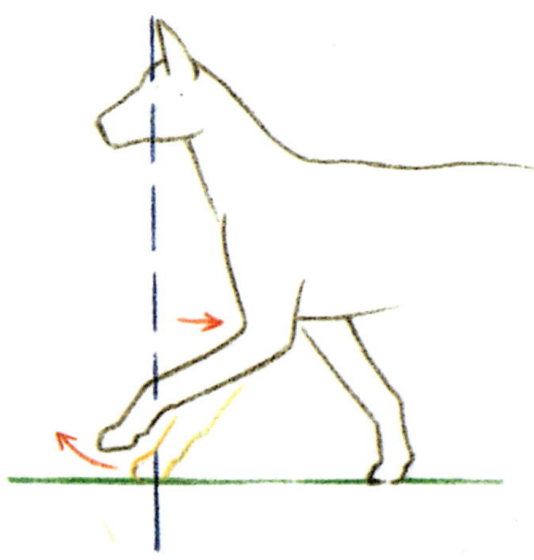

158-7

158-8

F. Wechselbeziehung zwischen Vor- und Hinterhand

158 - 1 **harmonischer Bewegungsablauf, soundness** (= englisch)

Ein Hauptererfordernis –gleichgültig bei welcher Rasse oder bei welcher Gangart– ist, daß die Bewegungen von Vorhand und Hinterhand aufeinander abgestimmt sind, daß der Hund sich *harmonisch* bewegt. Man sagt dann auch, daß der Hund *sound* (= englisch) sei oder *soundness* habe (siehe 14 - 7).

158 - 2 **gutes Gangwerk**

Bei einem guten Gangwerk wird die durch die Hinterhand erzeugte *Schubkraft* auf die (für die Rasse) wirkungsvollste Art über das Rückgrat auf die Vorhand weitergeleitet und von dort auf die (für die Rasse) am besten geeignete Art verarbeitet, ohne –sowohl in Vorder-, Hinter- oder Seitenansicht– störende Fehler zu zeigen.

Alles, was hiervon abweicht, kann kein gutes Gangwerk sein.

Wir sollten hierbei jedoch bedenken, daß bei den Rassen ganz verschiedene Formen von Gangwerk als gut betrachtet werden können. Das (gute) Gangwerk eines Pekingesen ist ganz verschieden von dem guten Gangwerk etwa eines Irischen Terriers oder eines Salukis. Der Trab eines Afghanischen Windhundes (der eigentlich ein Galopper ist) würde bei einem echten Traber ein schlechtes Gangwerk sein.

Abgesehen von sichtbaren, störenden Fehlern sind Rassenkenntnis und Kenntnis des für die Rasse erwünschten Gangwerks notwendig.

158 - 3 **Beurteilung des Gangwerks**

Das Gangwerk wird (vielleicht leider) beim Richten immer im Trab (oder im Schritt) beurteilt.

Um das Gangwerk im Trab gut beurteilen zu können, müssen zwei Forderungen gestellt werden:

a) *der Hund muß in der richtigen Geschwindigkeit laufen,* das heißt, so, daß er freiweg traben kann (natürlich ist die Geschwindigkeit für einen Schäferhund etwa oder einen Shih-Tzu sehr unterschiedlich),

b) *der Hund sollte an einer lockeren Leine laufen.* Jeder Hund, der an einer straffen Leine gehalten wird, zeigt im Gangwerk abweichende Bewegung. Manchmal macht man das, um das Gangwerk "hübscher" erscheinen zu lassen (zum Beispiel beim Hackney-Gang), manchmal versucht man hiermit, Fehler im Gangwerk zu vertuschen.

Obwohl häufig gedacht wird, daß Hunde, die (kurz) in Paßgang oder Galopp fallen, ein Fehlerbild zeigen, ist das nicht ganz richtig. Paßgang ist oft die Anfangsphase vom Trab (diese Hunde laufen häufig etwas zu langsam). Typische Galopper haben öfters die Neigung, bei einer etwas zu hohen Geschwindigkeit rasch in den Galopp überzuwechseln. Bei Rassen, die normalerweise in einem kurzen Galopp laufen (zum Beispiel Schlittenhunde), ist das ein gutes Zeichen.

158 - 4 **Rückenlinie**

Beim "normalen" Hund ist die Rückenlinie ziemlich gerade, das heißt, daß die Lenden höchstens auf der gleichen Höhe liegen wie der Widerrist. Meistens sind die Lenden etwas niedriger. Wenn die Rückenlinie nicht horizontal (oder etwas nach hinten abfallend) verläuft (siehe: überbaut, 28 - 19) oder wenn das Hüftbein zu flach liegt (oft ein zu hoher Rutenansatz, 30 - 11), dann können Fehler im Gangwerk auftreten: trampeln, hochtraben, running downhill, weiche Fesseln.

158 - 5 **trampeln**

(Englisch: **pounding**). Sowohl bei einem überbauten Hund wie bei einem Hund mit einem flachen Becken kann es vorkommen, daß der Vorderlauf zu früh (nicht senkrecht unter dem Auge) auf den Boden gesetzt wird (das heißt, bevor der Schub aus der Hinterhand auf Null reduziert ist). Der Vorderlauf schlägt dann (auf welchem Untergrund) gleichsam auf den Boden. Der Lauf kann auch (auf einem etwas härteren Untergrund) dabei weiterrutschen, und eine Beschädigung der Pfotenballen ist in dem Fall nicht ausgeschlossen. Trampeln wirkt *stark abbremsend* und hat einen *Stoß gegen die gesamte Vorhand* zur Folge, es bremst die Geschwindigkeit und vermindert das Ausdauervermögen.

Trampeln kann nur bei einer etwas schnelleren Gangart (schneller Trab und auch im Galopp) auftreten.

Anstelle des Ausdrucks Trampeln wird manchmal auch der Begriff "**auf die Vorhand fallen**"gebraucht.

158 - 6 **schwache Fesseln**

(englisch: broken pastern). Ein Hund, der dauernd trampelt, muß jedesmal einen Schlag in den Fesseln verarbeiten. Das kann dazu führen, daß die Sehnen, die das Vorderfußwurzelgelenk gestreckt halten müssen (108 - 12 und 108 - 17), und der Muskel, der das Vorderfußwurzelgelenk beugt (108 - 11), erschlaffen. Hierdurch entstehen dann schwache Fesseln. Auch *Spreizfüße* (36 -10) können eine Folge des Trampelns sein.

158 - 7 **durchgetretene Pfote**

Wenn der Hund auch während des Standmoments mit einer schwachen Fessel auf dem Boden stehen bleibt und die Pfote lediglich im letzten Moment noch einigermaßen streckt, dann spricht man beim Gangwerk von durchgetretenen Pfoten.

Meistens ist ein solcher Hund überbaut, läuft schlecht und ermüdet sehr schnell.

158 - 8 **vorne hochtraben**

(Englisch: **padding**; nicht zu verwechseln mit paddling). In einer langsameren Gangart kann der Hund korrigierend auftreten, um Trampeln zu vermeiden. Er zieht dann den Vorderlauf (ab dem Ellenbogen) höher hinauf, streckt ihn wieder und setzt den Lauf (möglichst) senkrecht unter dem Auge auf den Boden. Vorne-Hochtraben kann auch bei (jungen) leggy Hunden vorkommen und braucht bei jungen Hunden nicht immer fehlerhaft zu sein. Sie zeigen oft noch ein etwas schaukelndes Gangwerk.

Vorne-Hochtraben ähnelt ein wenig dem Hackney-Trab von Pferden, aber es ist nicht dasselbe. Dieses (fehlerhafte) Gangwerk verbraucht zusätzliche Energie und vermindert das Ausdauervermögen.

160-1

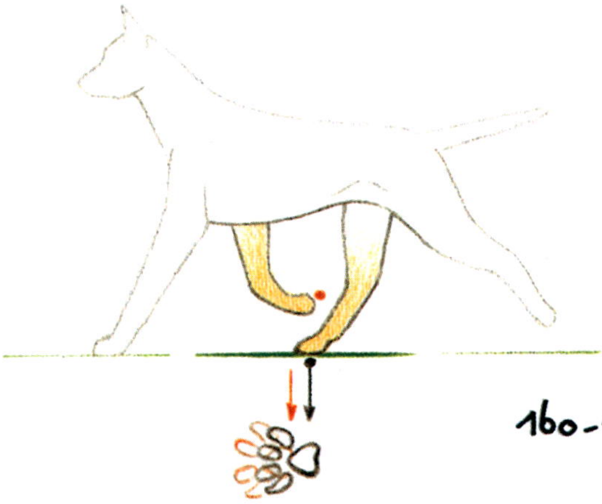

160-1

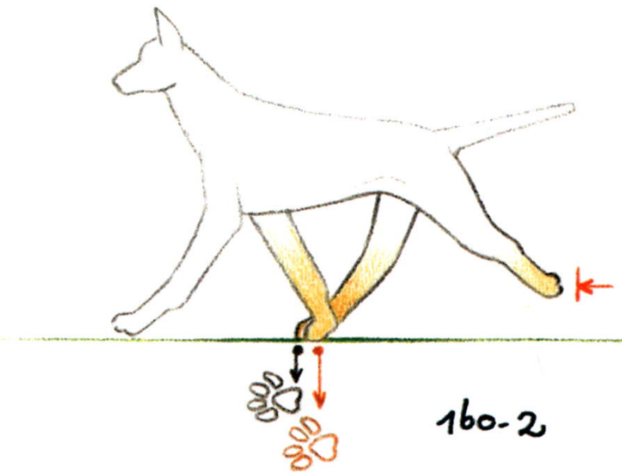

160-2

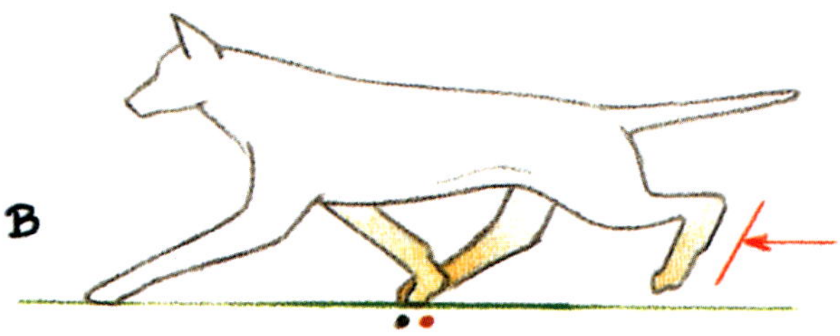

160-2

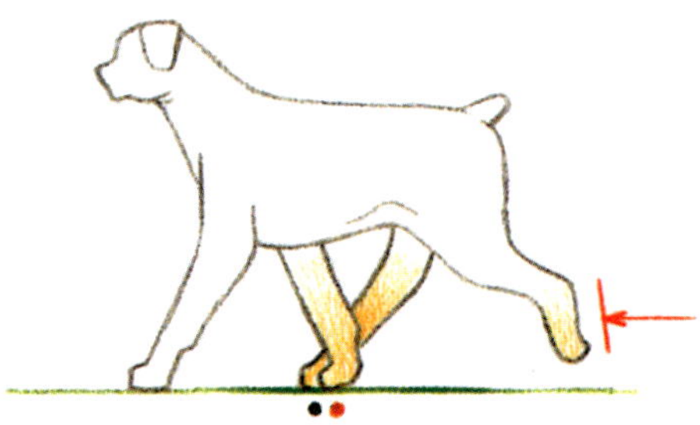

160-2

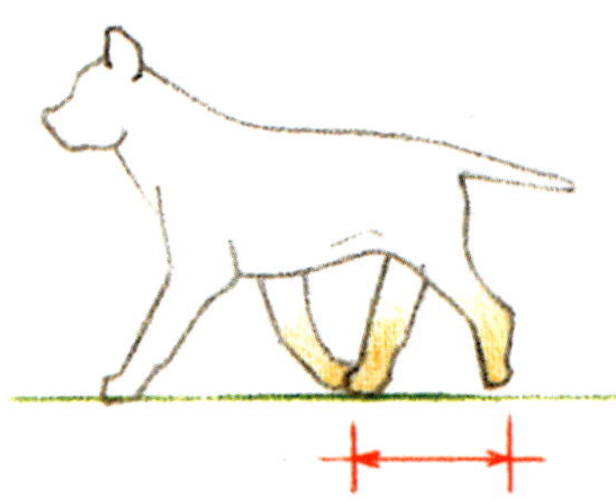

160-3

160 - 1 **abgestimmtes Gangwerk**

abgebildete Rasse:
ALASKAN MALAMUTE

(Oder: **konformes Gangwerk**). Der "normale" Hund plaziert beim Trab den Hinterlauf am Ende des Schwingmoments in oder etwas hinter die Fußspur des Vorderlaufes. Der Vorderlauf wird vom Boden aufgehoben, bevor der Hinterlauf aufgesetzt wird. Dies nennen wir ein abgestimmtes Gangwerk.

Bei Rassen mit kurzen Läufen (Niederläufer) und einem –im Verhältnis– langen Körper wird der Hinterlauf naturgemäß deutlich hinter der Fußspur des Vorderlaufes aufgesetzt. Doch kann das –vorausgesetzt, andere Fehler liegen nicht vor– dennoch abgestimmt genannt werden.

160 - 2 **overreaching**
(= englisch)

(Übergreifen in der Hinterhand). Wenn ein "normaler" Hund im Trab am Ende des Schwingmoments den Hinterlauf nahe am Vorderlauf oder daran vorbei auf den Boden aufsetzt anstatt in die Fußspur oder in ihre Nähe, dann nennt man das *overreaching* (= englisch) oder *Übergreifen in der Hinterhand.*

Der Vorderlauf ist noch nicht vom Boden gehoben, während der Hinterlauf schon aufgesetzt werden muß.

Diese Form des Übergreifens kann verschiedene Ursachen haben:

a) Eine zu stark gewinkelte (überwinkelte oder übermäßig gewinkelte) Hinterhand zusammen mit einem quadratischen Bau (siehe 16 - 2). Wir können dies zum Beispiel bei einem Boxer sehen, der (im Stand) sowohl einen kurzen Körper hat als auch unterständig ist. Um einen Zusammenstoß mit dem Vorderlauf zu vermeiden, wird der Hinterlauf neben den Vorderlauf plaziert.
b) Eine übermäßig gewinkelte Hinterhand zusammen mit einer stark abfallenden Rückenlinie. Diese Hunde stehen und gehen oft sichelbeinig oder traben hinten hoch. Wir können dies bei etlichen Deutschen Schäferhunden beobachten (beim sogenannten forcierten Trab ist Übergreifen erlaubt, sofern keine anderen Fehler zutage treten).
c) Eine Jugenderscheinung. Junge Hunde durchlaufen oft eine Entwicklungsphase, in der sie etwas kälberhaft (leggy) erscheinen. Die Hinterhand entwickelt sich schneller als die Vorhand. In diesem Wachstumsstadium zeigen sie auch oft ein etwas schaukelndes Gangwerk und traben häufig vorne etwas hoch.

160 - 3 **gestelzter Gang**

Wenn während des Ganges die Gelenke (vor allem in der Hinterhand) sehr wenig bewegt werden, dann spricht man von *steifem* (oder *stelzendem) Gang* (englisch: **stilted**).

Diese Hunde haben einen kurzen Vortritt in der Hinterhand. Typisch für den Chow Chow, ist dieser Gang bei allen anderen Rassen ein Fehler.

162-1

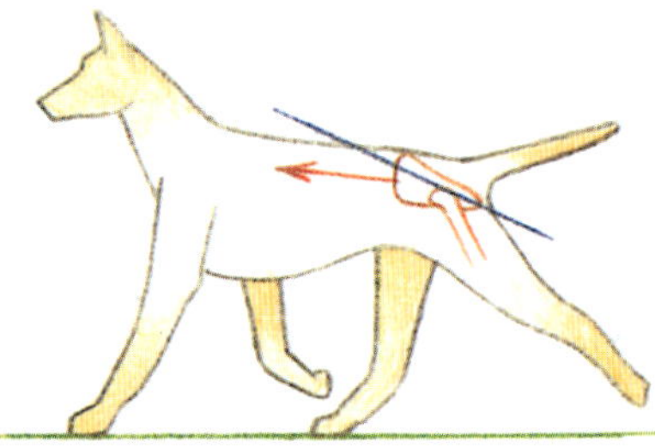

162-4 A

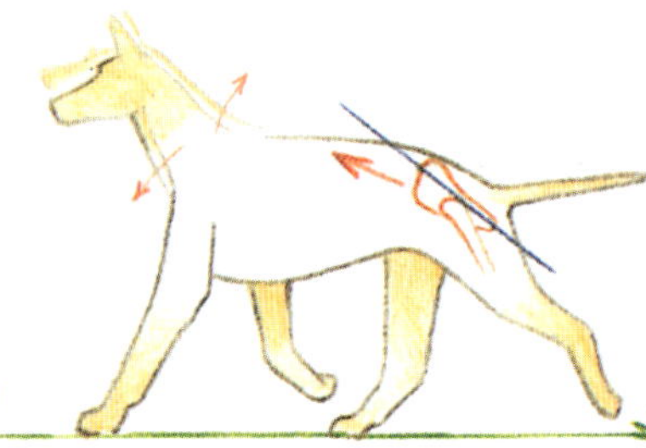

162-4 B

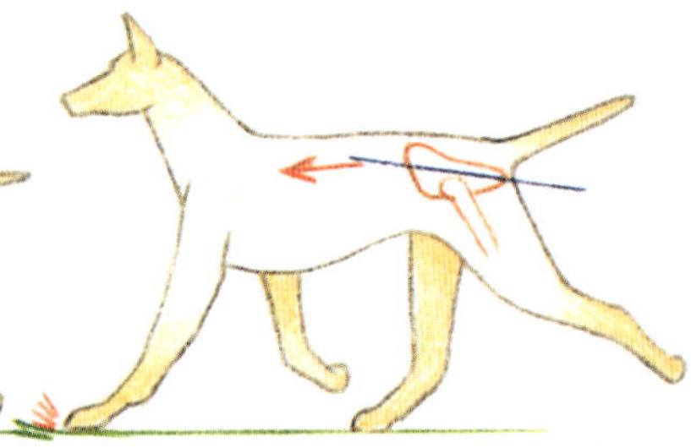

162-4 C

162-6

162-6

162-7 A

162-7C
(152-7)

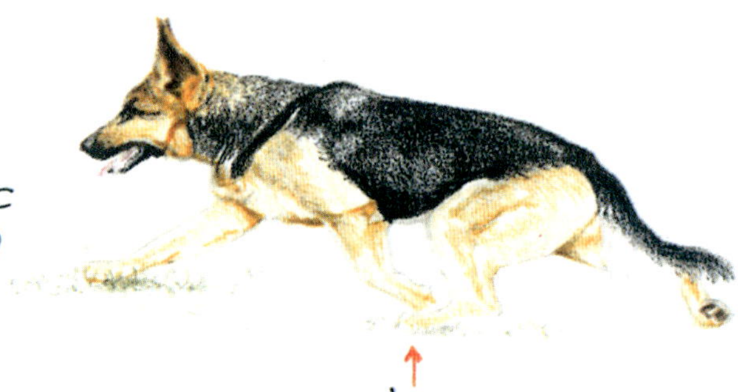

160-2
(166-4)

G. Funktionen des Rückens bei der Fortbewegung

162 - 1 **waagerechte Rückenlinie**

Beim Trab "normaler" Hunde sehen wir, daß der Verlauf der Rückenlinie während der Bewegung ungefähr in einer horizontalen Ebene gegenüber der Grundfläche bleibt. Das deutet auf eine gute Weiterleitung der Schubkraft über das Rückgrat an die Vorhand und eine gute Verarbeitung des Schubs in der Vorhand.

162 - 2 **straffer Rücken**

Trotz der Möglichkeit, den Rücken zu beugen (siehe Seite 117), wird *im Trab der Rücken nahezu gerade (straff)* gehalten. Wenn der Hund sich deutlich schaukelnd (mit auf- und abgehender Rückenlinie) bewegt, können wir von einem abweichenden oder nicht korrektem Gangwerk sprechen.

162 - 3 **Verhältnis zwischen Hüfte und Rücken**

Zwischen der Lage des Hüftbeins und der Neigung des Rückens besteht ein Verhältnis, das Einfluß auf die Fortbewegung hat.

Das Hüftbein kann normal, steil oder flach liegen.

Die Rückenlinie kann fast waagerecht sein, abfallend (das heißt, die Lenden sind niedriger als der Widerrist) oder ansteigend (das heißt, die Lenden liegen höher als der Widerrist; überbaut). Schließlich kann der Rücken auch Fehler zeigen, wie etwa ein aufgewölbter Rücken oder ein Sattelrücken.

Eine Kombination von dem einen und dem anderen kann verschiedene Formen der Fortbewegung verursachen.

162 - 4 **Steuerung der Schubkraft gerader Rücken**

Gerader Rücken (siehe 28 - 14)

(das heißt, die Lenden liegen genauso hoch wie oder etwas niedriger als der Widerrist)

a) bei einem *normal liegenden Hüftbein* (siehe 136 -6) verläuft die Schubkraft fließend aus der Hinterhand zum Rückgrat (Zeichnung 162 - 4A).
   Die Fortbewegung wird im allgemeinen geschmeidig ablaufen;
b) bei einem *steilen Hüftbein* (siehe 136 - 7) wird ein Teil der Schubkraft den Rücken gleichsam nach oben pressen.
   Das kann für Hunde günstig sein, die gut springen oder klettern müssen. Auch um schnelle Wendungen zu vollführen, kann es wichtig sein. Wenn der Hinterlauf am Ende des Schwingmoments weit unter den Körper plaziert wird, kann der Schub der Vorhand bei der Überwindung der Schwerkraft helfen (In-die-Höhe-Bringen des Schwerpunkts. Siehe Zeichnung 162 - 4B).
   Die Fortbewegung wird im allgemeinen etwas weniger geschmeidig verlaufen; möglicherweise ist eine Auf- und Abwärtsbewegung der Vorhand zu beobachten;
c) bei einem *flachliegenden Hüftbein* ist es wahrscheinlich, daß ein Teil der Schubkraft eine nach unten drückende Wirkung auf das Rückgrat hat, was es der Vorhand schwerer macht, den Schwerpunkt "aufzuheben".
   Die Fortbewegung kann im Trab möglicherweise noch ziemlich geschmeidig ablaufen, doch der Hund wird schnell ermüden (siehe Zeichnung 162 - 4C). Vor allem kurzgebaute Hunde werden die Neigung zeigen, in der Vorhand hochzutraben; (siehe 158 - 8).

162 - 5 **Steuerung der Schubkraft ansteigende Rückenlinie**

Ansteigender Rücken (überbaut, siehe 28 - 19)

(das heißt, die Lenden liegen deutlich höher als der Widerrist).

Ist lediglich das Hüftbein steil, wird die Schubkraft noch bis zu einem gewissen Stadium mitwirken können, um die Fortbewegung ziemlich gut ablaufen zu lassen (Überwindung der Schwerkraft).

Im übrigen wird möglicherweise Trampeln oder Hochtraben in der Vorhand auftreten.

162 - 6 **running downhill** (= englisch)

Hunde, deren Lenden höher als der Widerrist liegen, zeigen oft in der Bewegung einen Anblick, als ob sie dauernd von einer Anhöhe herabliefen *(= running downhill)*. Sie haben immer Mühe mit der Vorhand; oft traben sie in der Vorhand hoch.

Auch Hunde, die im Stand dem Auge eine gute Haltung bieten, können im Trab diese Bewegung zeigen. Diese Hunde sind in der Hinterhand im Verhältnis zur (oft steilen) Vorhand zu stark gewinkelt und haben die Neigung, überbaut zu laufen. Terrier mit zu starker Winkelung der Hinterhand können dieses Bild zeigen.

Running downhill kann auch eine Jugenderscheinung sein. Bei jungen Hunden entwickelt sich die Hinterhand oft schneller als die Vorhand.

Kurzläufige Hunde mit einem –verhältnismäßig– langen Körper und höher als der Widerrist liegenden Lenden laufen oft abfallend. Außer bei jungen Hunden ist running downhill ein fehlerhaftes Gangwerk.

162 - 7 **Steuerung der Schubkraft abfallende Rückenlinie**

Abfallende Rückenlinie

(das heißt, die Lenden liegen deutlich niedriger als der Widerrist).

Ein Hund mit einer derartigen Rückenlinie wird fast immer ein (ziemlich) normal liegendes Hüftbein haben.

a) Bei einer ziemlich abfallenden Rückenlinie kann die Schubkraft beim In-die-Höhe-Bringen des Schwerpunktes mitwirken und –bei einem im übrigen guten Gangwerk- für bestimmte Jagdhundtypen, die in rauhem Gelände arbeiten müssen, nützlich sein.
   (abgebildete Rasse: Gordon Setter)
b) Eine mäßig abfallende Rückenlinie, kombiniert mit einem kurzen Körper und einer kräftig entwickelten Vorhand, kann bei bestimmten Typen von Hunden für eine beträchtliche Kraft in der Vorhand sorgen.
c) Eine stark abfallende Rückenlinie, kombiniert mit einer stark gewinkelten Hinterhand, kann *Übergreifen (overreaching)*, *sichelbeiniges Laufen* und ein *schleichendes Gangwerk* verursachen.
   (abgebildete Rasse: Deutscher Schäferhund)

162 - 8 **schlechter Rücken**

(Zum Beispiel *gekrümmter Rücken, Sattelrücken*). Es ist einleuchtend, daß bei einem nicht straffen Rücken immer einiger Energieverlust eintritt.

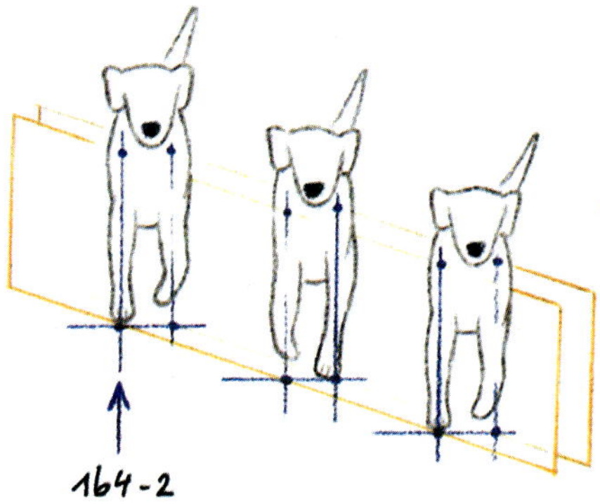

164-2

164-1

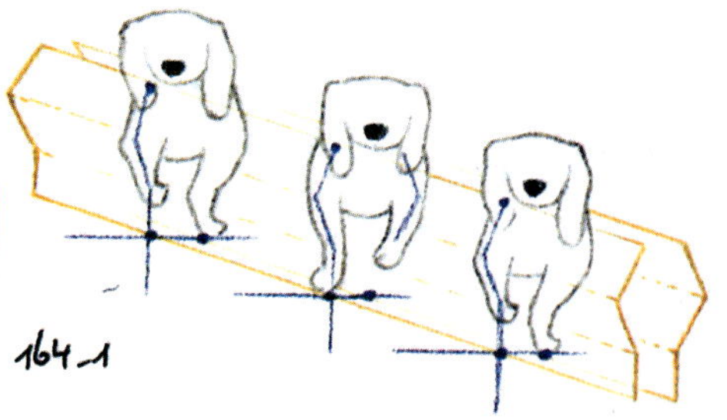

164-1

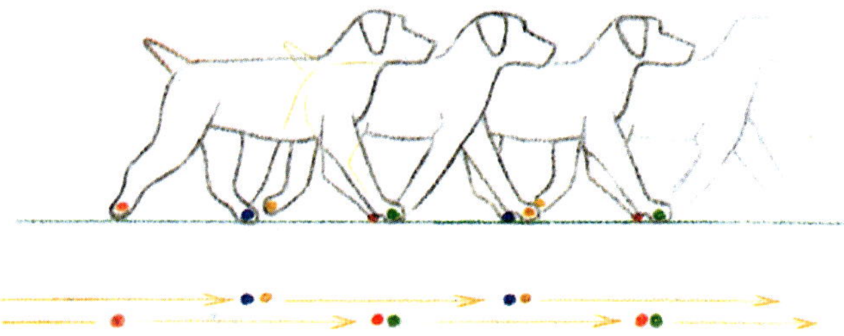

164-3
(164-4)

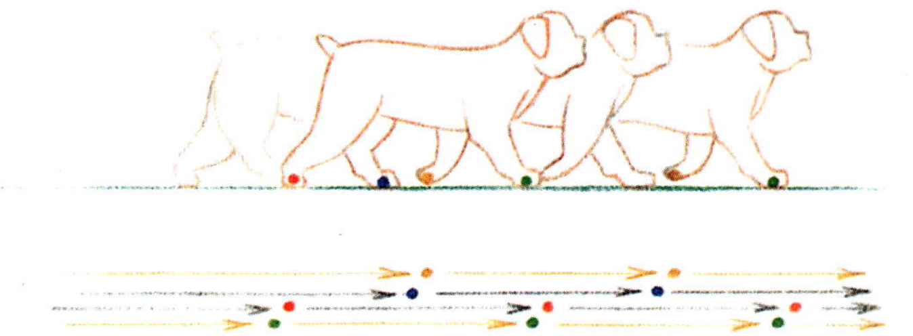

164-5

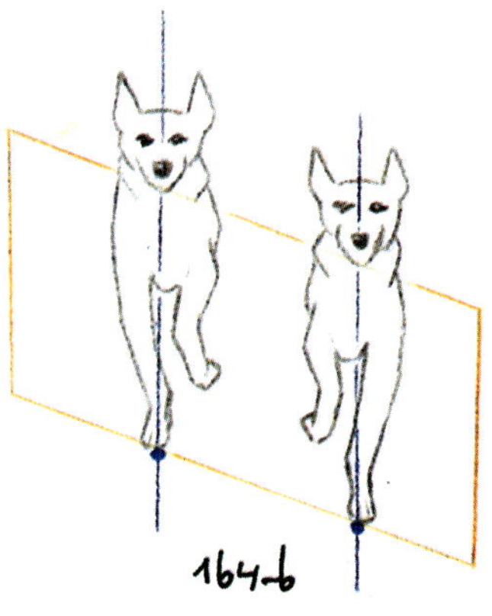

164-6

164-7

164-6 C

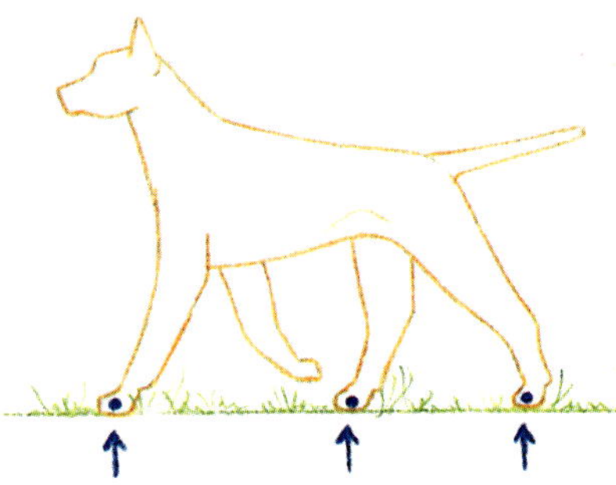

164-6 A

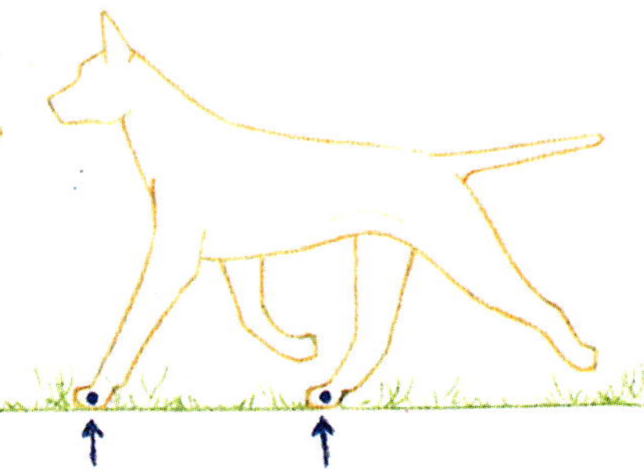

164-6 B

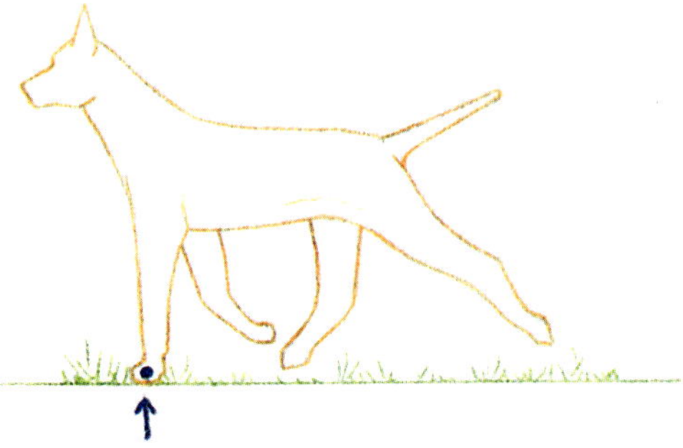

164-6 C

H. Betrachtung des Gangwerks von vorn und hinten

I. Allgemeines:

164 - 1 **geradlinig**

Jeder Hund soll - bei welcher Gangart auch immer- geradlinig laufen (englisch: **straight moving**).
Er bewegt sich dann so fort, daß jede Pfote sich während des gesamten Bewegungszyklus in einer *geraden Ebene* bewegt, sowohl von vorn als auch von hinten besehen.
Wohlbemerkt: geradlinig laufen bedeutet nicht automatisch, daß die Läufe während des Ganges sich *senkrecht* gegenüber der Grundfläche bewegen! Es beinhaltet, daß während der Bewegung –sowohl von vorn als auch von hinten besehen– sehr wenig (oder keine) ein-und ausdrehende(n) Bewegungen der Läufe zu sehen sind.

164 - 2 **straight column** (= englisch)

Geradlinige Bewegung kann sowohl mit krummen (z.B. Pekingese) als auch mit geraden Läufen geschehen, vorausgesetzt, die Bewegung jeder Pfote geschieht nur in einer Ebene. Gerade Läufe (englisch: **straight column**) bedeuten, daß die Knochen eines Laufes in der Bewegung in einer geraden Linie stehen.
Ein Hund, der sich *nicht geradlinig* bewegt, zeigt ein *fehlerhaftes* Gangwerk. Geradliniges Bewegen kann in zwei Formen unterteilt werden:

a) parallele Bewegung
b) einspurige Bewegung.

164 - 3 **parallele Bewegung**

Wenn beim *geradlinigen* Bewegen durch die Spuren, die die Vorder- und Hinterfüße hinterlassen, *parallele Linien* gezogen werden können, dann sagen wir, der Hund **bewege sich parallel**. Ein paralleles Gangwerk sehen wir bei allen Hunden, die sich langsam bis ziemlich schnell bewegen, im Paßgang und im Galopp.
Parallele Bewegung kann man in zwei Formen unterteilen:

a) parallel in einer Ebene
b) parallel in zwei Ebenen.

164 - 4 **parallel in einer Ebene**

(Englisch: **moving on the same plane**). Wenn beim parallelen Bewegen sich sowohl die Vorder- als auch die Hinterläufe in derselben Ebene bewegen (das heißt, die Hinterläufe folgen den Vorderläufen in derselben mehr oder weniger vertikalen Fläche), dann nennen wir dies **parallel in einer Ebene**. Wir können diese Bewegungsform bei vielen Terriern beobachten; sehr deutlich zum Beispiel beim Bullterrier. Es kann durch die linken und die rechten Fußspuren je eine Linie gezogen werden. *Diese zwei Linien verlaufen parallel.*

164 - 5 **parallel in zwei Ebenen**

a) Manche Rassen (z.B. Bulldoggen und Pekingesen) setzen beim Laufen die Vorderläufe weiter auseinander auf als die Hinterläufe. Diese Rassen bewegen sich nicht parallel in einer, sondern in zwei Ebenen. Manchmal bewegen die Vorderläufe sich in einer ziemlich senkrechten Ebene, während die Hinterläufe sich in einer Fläche bewegen, bei der die Pfoten dichter beieinander stehen als die Hüftgelenke (wenig oder nicht gekrümmt). Durch die Fußspuren können vier parallele Linien gezogen werden;
b) Im Schritt, im Galopp und in manchen Formen des forcierten Trabs bewegen die Läufe sich ebenfalls in zwei Ebenen (*übergreifend*).

Jede andere Form von parallelem Gehen in zwei Ebenen ist fehlerhaft.
| Außer im Galopp und im forcierten Trab können Hunde, die parallel gehen, kein schnelles Gangwerk zeigen.

164 - 6 **einspurige Bewegung**

abgebildete Rasse: FOXHOUND (164 - 6C)

(Englisch: **single tracking**). Beim langsamen Gang wird der Körper ständig von *drei Beinen* getragen (A). Bei der Beschleunigung des Ganges (schneller Trab) wird der Körper nur von *einer Vorder- und einer Hinterpfote* getragen (B) oder manchmal sogar kurzfristig nur von *einer* Pfote (C).
Das zwingt den Hund, jede Pfote so weit wie möglich unter den Schwerpunkt zu plazieren.

164 - 7 **mittlere (mediale) Ebene**

Der Schwerpunkt wird in einer geraden Linie vorwärts bewegt, in der sogenannten **mittleren (medialen) Ebene**.
Werden die Pfoten dabei so auf dem Boden aufgesetzt, daß durch die Fußspuren eine Linie gezogen werden kann (oder die Fußspuren beinahe in einer Linie liegen), dann spricht man von **einspuriger Bewegung**.
(Auch der englische Ausdruck plaiting wird in diesem Zusammenhang gebraucht, wiewohl hiermit auch manchmal eine leichte Form des Webens bezeichnet wird).

- Bestimmte Rassen (z.B. Bulldog) sollen sich nicht einspurig bewegen. Diese Rassen können dann auch niemals in einem schnellen Trab laufen.
- Einspurige Bewegung sehen wir nur beim (schnellen) Trab, (aber *nicht* beim Übergreifen).

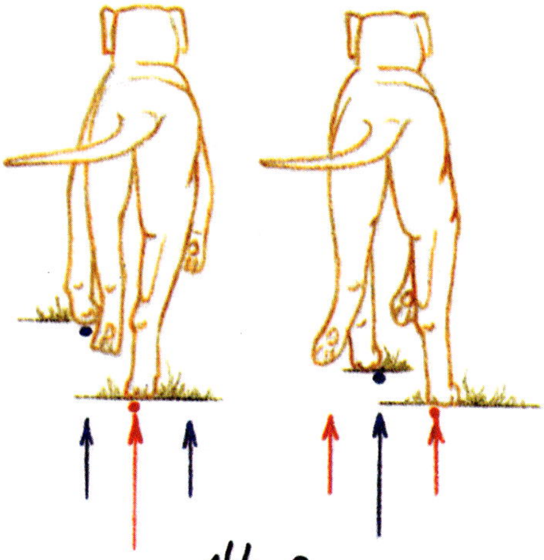

166-2

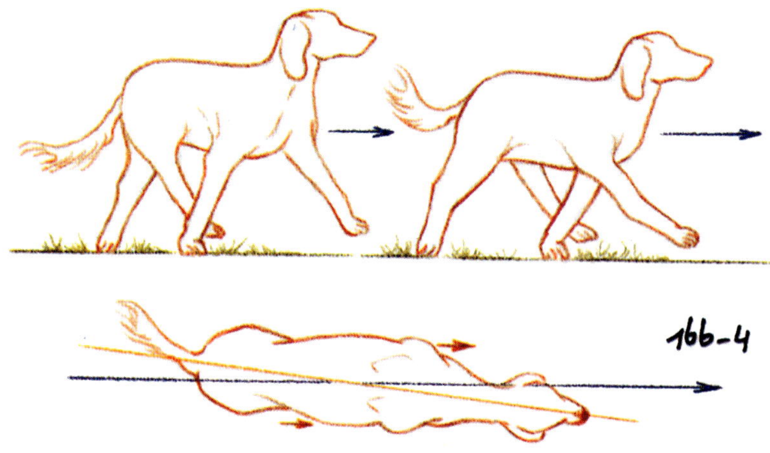

166-4

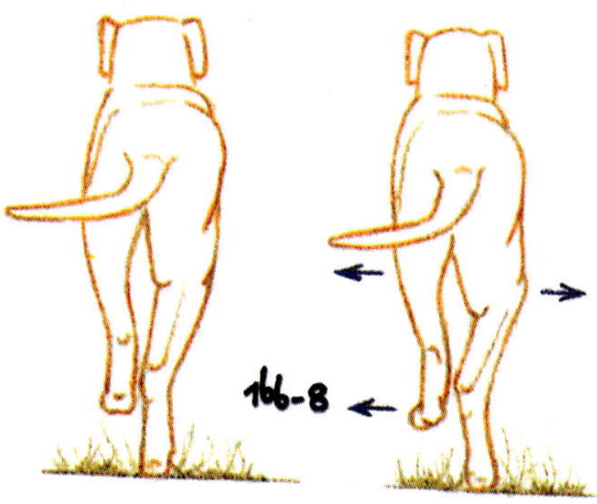

166-6

166-6 166-9 166-10

166-11

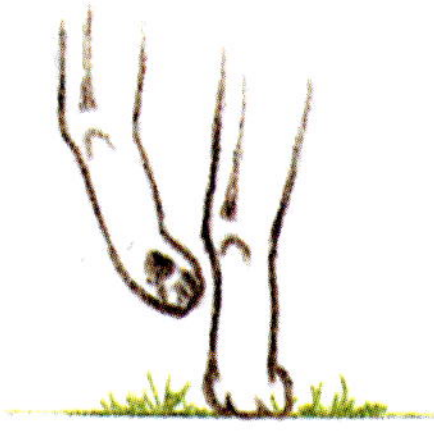

166-12

166-12

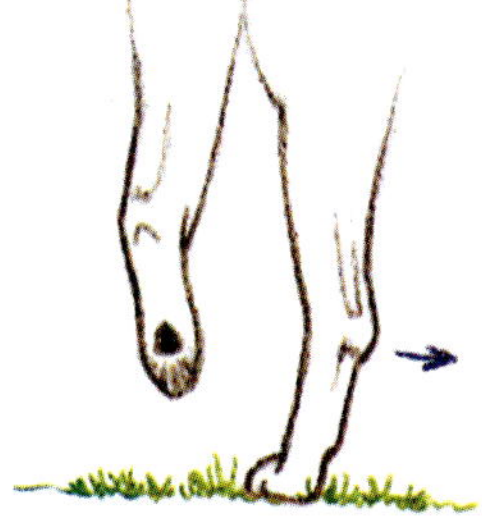

166-13

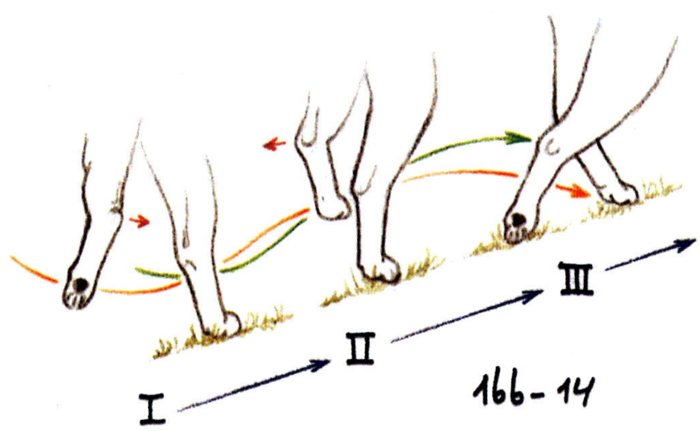

166-14

II. Abweichungen in der Bewegung

A) *zwar geradlinig, aber nicht einspurig*

166 - 1 **nicht parallele Bewegung**

Hunde, die in zwei (oder drei) Ebenen parallel gehen, *bei denen dies aber nicht zum Rassebild gehört* (siehe 164 - 5), können verschiedene Fehler haben:

a) sie gehen vorne oder hinten breit,
b) sie gehen vorne und hinten breit,
c) sie laufen seitlich wie ein Krebs.

166 - 2 **vorne oder hinten breit**

Ein Hund, der mit den Vorderläufen (oder Hinterläufen) normal läuft und mit den Hinterläufen (siehe 166 - 2A) (oder Vorderläufen, siehe 166 - 2B) weit geht, zeigt (mit Ausnahme einiger Rassen, siehe 164 - 4) ein fehlerhaftes Gangwerk.

Dieser Hund bewegt sich *nicht parallel in einer Ebene* (er läuft vorne oder hinten weit). Englisch: **not moving on the same plane.**

166 - 3 **vorne und hinten breit**

Ein Hund, der, sei es durch seinen Bau, sei es durch Überfütterung, sowohl vorne als auch hinten breit geht, zeigt ein *watschelndes Gangwerk*, das wohl geradlinig und parallel in einer Ebene ist, aber niemals auch nur in die Nähe eines einspurigen Gangwerks kommen kann.

166 - 4 **Krebsgang**

(Englisch: **crabbing, side-winding**). Ein Hund, der mit der Hinterhand übergreift (overreaching), dabei aber die Hinterläufe *stets einseitig* neben die Vorderläufe plaziert, "läuft wie ein Krebs". Er zeigt ein fehlerhaftes Gangwerk. Dieses fehlerhafte Gangwerk ist immer mit einer seitwärts biegenden Bewegung des Rückens verknüpft.

Wohlbemerkt: Manche Hunde übergreifen im normalen Gang ständig mit der Hinterhand (das kommt zum Beispiel beim Deutschen Schäferhund vor). Wenn sie bei dieser Art Gangwerk geringfügiges crabbing zeigen, so wird das akzeptiert, obwohl crabbing *immer Energieverlust* bedeutet.

Junge Hunde können in einer bestimmten Entwicklungsphase auch wie ein Krebs laufen (siehe overreaching).

B) *nicht geradlinig* (kein straight column; kann –in bestimmten Fällen– wohl einspurig sein)

166 - 5 **nicht geradlinig bewegen**

Ein Hund, der in der Bewegung aus- oder eindrehende Gelenke zeigt (in Ellenbogen, Vorder- und Hinterfußwurzel, Knie oder Pfote oder einer Kombination davon) läuft *niemals geradlinig.* Für die Bewegung der Läufe bei diesen *fehlerhaften* Formen des Gangwerks ist eine Reihe von Bezeichnungen gebräuchlich.

166 - 6 **zeheneng**

(Englisch: **moving close**). Eine fehlerhafte Form, die nahezu ausschließlich auf die Hinterhand zutrifft. Die *Pfote* (unter dem Sprunggelenk) wird an der anderen Pfote in sehr geringem Abstand vorbeigezogen. Meistens wird der

166 - 7 **ausdrehende Knie**

passierende Lauf ziemlich *senkrecht* gestellt, und die Knie werden (mehr oder weniger) nach außen gedreht.

166 - 8 **ausdrehende Zehen**

Manchmal werden die Zehen *während* des Schwingmoments nach außen gedreht.

166 - 9 **scheuern**

(Englisch: **brushing**). Wenn beim zehenengen Gehen die Pfoten einander beinahe berühren und die Behaarung sich deutlich berührt, dann nennt man das **scheuern**. Manchmal kann man eine deutliche Abnutzung der Behaarung an der Innenseite der Läufe feststellen.

166 - 10 **Hackenklopfer**

Wenn der passierende Lauf regelmäßig an die Hacke des anderen Laufes klopft, nennen wir dies **Hackenklopfer**.

Sowohl beim Scheuern wie beim Hackenklopfen können Verletzungen vorkommen. Beim Hackenklopfer können Verletzungen an der Innenseite der Sprunggelenke auftreten In beiden Fällen können ernsthafte Verwundungen durch -eventuell noch vorhandene- Afterkrallen entstehen.

166 - 11 **kuhhessig bewegen**

Ein Hund, der sich im Stand kuhhessig zeigt (siehe 34 - 19 und 140 - 12), wird ziemlich sicher auch in der Bewegung kuhhessig laufen. Meistens werden die Knie dabei (mehr oder weniger) ausgedreht.

Es gibt dennoch ziemlich viel Hunde (und Rassen), bei denen ein leicht kuhhessiges Gangwerk eine normale Erscheinung ohne Probleme ist. Bei der Bulldogge ist ein leicht kuhhessiges Gangwerk erlaubt.

166 - 12 **sich verfangende Hacken**

(Englisch: **snatching hocks**). Vor allem bei Hunden, die einen *gestelzten Gang* haben (siehe 160 - 3), sehen wir *im Kniegelenk wenig Bewegung.* Diese Hunde drehen manchmal beim Passieren des stehenden Laufes mit einer kurzen, schnellen Wendung *die Hacke nach außen.* Die Zehen des passierenden Hinterlaufes drehen sich dann mit knapper Not um die *Mittelfußknochen* der anderen Pfote. Bei dieser (fehlerhaften) Art Gangwerk tritt immer -von hinten gesehen- eine von links nach rechts (und umgekehrt) *schaukelnde Bewegung der Hüften* zutage.

166 - 13 **ausdrehende Hacken**

(Englisch: **hocks turning out, spread hocks**). Wenn während der Bewegung *die Hacken sich nach außen* drehen (manchmal drehen auch die Knie mehr oder weniger aus), dann spricht man von ausdrehenden Hacken. Das ist meistens ein Zeichen von *schwachen Sprunggelenken.* Meistens sehen wir auch eine (leicht) *schaukelnde Bewegung der Hüften.*

Hunde, die einen O-beinigen Stand zeigen (siehe 34 - 20), werden immer mit ausdrehenden Hacken laufen.

166 - 14 **flechten**

(Englisch: **twisting**). Das ist ein Zeichen für schwache Sprunggelenke. Die Pfoten (sowohl des sich bewegenden als auch des stehenden Laufes) drehen in der Bewegung nach innen und nach außen. Der stehende Hinterlauf ist zu Beginn des Standmoments (Lauf im vorderen Stand) mit der Hacke etwas nach innen und am Ende des Standmoments (Lauf im hinteren Stand) nach außen gedreht.

Der sich bewegende Lauf dreht (beim Vorwärtsbringen der Pfote) schnell nach innen, danach wieder nach außen und wird, etwas nach außen gedreht, im vorderen Stand auf den Boden aufgesetzt (zu Beginn des Standmoments wird die Hacke dann schnell wieder nach außen gedreht). Diese sehr fehlerhafte, schwankende Bewegungsform nennt man Flechten; sie verursacht eine sehr schnelle Abnutzung der Pfotenballen, wodurch diese dünn und sehr verletzbar werden.

168-1

168-2

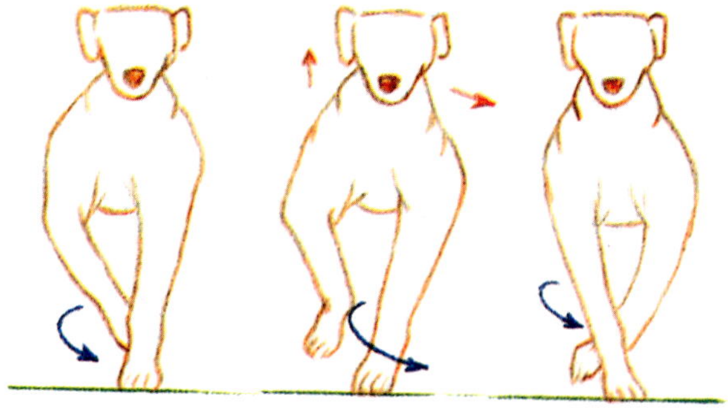

168-3

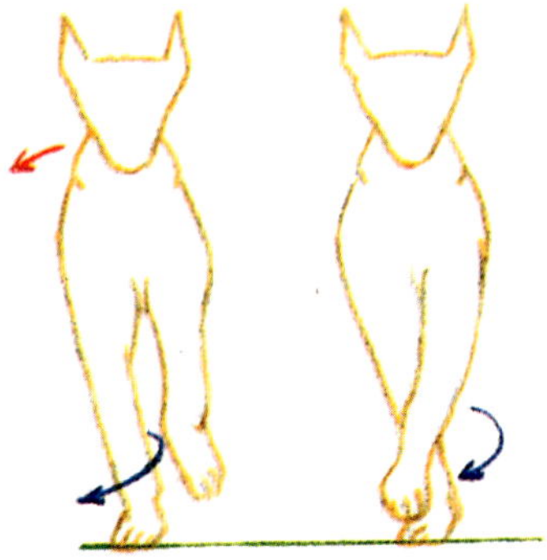

168-4

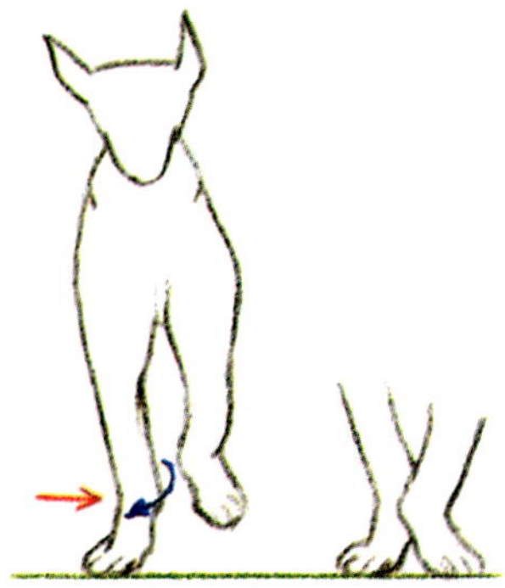

168-5

168-7

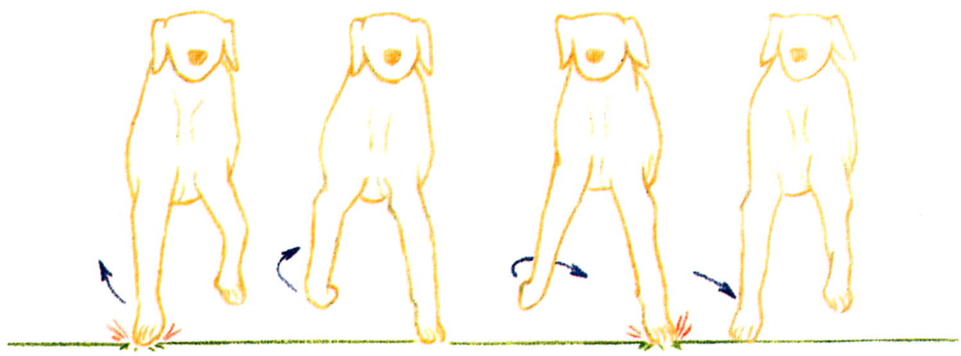

168-8

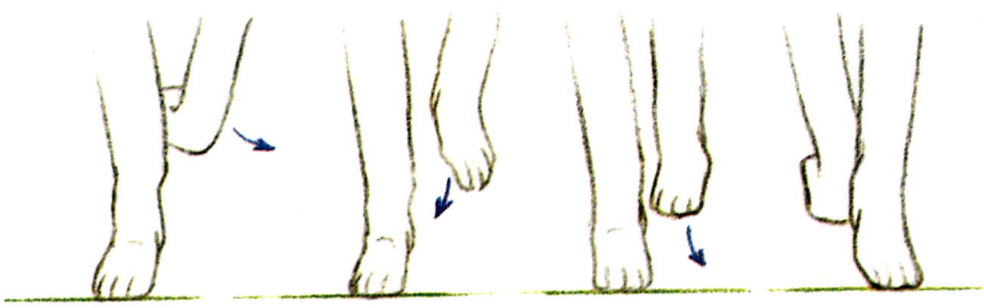

168-9 168-10

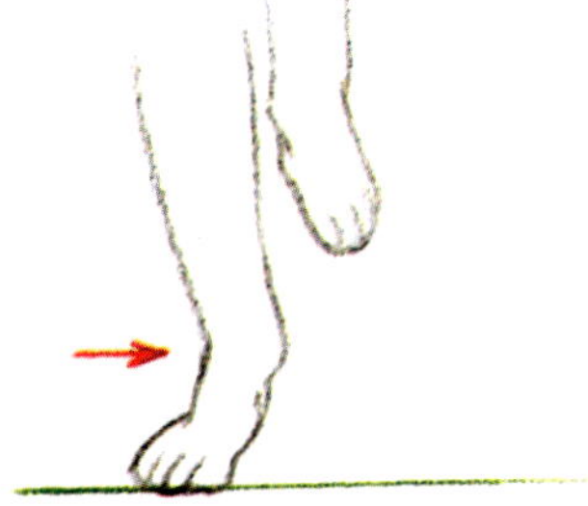

168-11

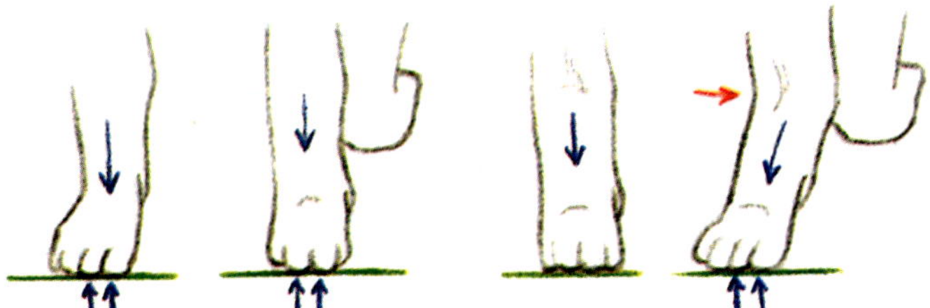

A B C D

168-12

168 - 1 **nach außen werfen**

(Englisch: **pitching**). Anders als bei den vorher genannten Fehlern wird hierbei der *ganze Lauf* (ab dem Hüftgelenk) beim Vorwärtsbringen nach außen gedreht. Der passierende Lauf dreht im Bogen um den stehenden Lauf herum.
Bei diesem (fehlerhaften) Gang sehen wir immer eine *stark auf- und abschaukelnde* (und hin-und hergehende) Bewegung der Hüften.

168 - 2 **kreuzen**

Vor allem beim Nach-Außen-Werfen sehen wir oft, daß der passierende Lauf beim Aufsetzen (im *vorderen* Stand) den anderen Lauf **gekreuzt** hat. Das wird in dem Bestreben getan, die Balance (das richtige Gleichgewicht) wiederzufinden, die beim Nach-Außen-Werfen ziemlich gestört wird.
Natürlich ist Kreuzen eine fehlerhafte Bewegung.

Außer in der Hinterhand können auch Fehler in der Vorhand auftreten. Einige davon seien hier genannt.

168 - 3 **weben, stricken**

(Englisch: **weaving, knitting**). Nachdem der Lauf (aus dem hinteren Stand) vom Boden gehoben ist, werden bei der Vorwärtsbewegung Ellenbogen und Pfote beim Passieren des stehenden Laufes nach außen gedreht. Nach dem Passieren wird der Lauf oft gekreuzt (englisch: **crossing over**) wieder aufgesetzt. Diese *fehlerhafte* Aktion des Laufes sehen wir hauptsächlich bei Hunden, die zu breit in der Front sind. Crossing over (kreuzen) ist oft das Bemühen, das Gleichgewicht in der Bewegung zu halten.

168 - 4 **dishing** (= englisch)

Bei einigen Terriern sehen wir eine Form des Webens (oder Strickens), bei der die Läufe zwar gekreuzt aufgesetzt, jedoch die Ellenbogen und Pfoten nicht weit nach außen gedreht werden. Das nennt man dishing. Manchmal ist dies verbunden mit einer schmalen Front.

Obwohl manche Autoren meinen, einen Unterschied machen zu müssen zwischen weben und stricken, ist es uns unklar, was das genau für ein Unterschied sein soll. Wir sind der Meinung, daß beide Ausdrücke unterschiedslos gebraucht werden können.
Eine ganz leichte Form des Webens wird manchmal plaiting (= englisch) genannt; siehe auch unter einspurigem Gehen, 164 - 7.

168 - 5 **flechten**

(Englisch: **twisting**). Flechten in der Vorhand ist ein Zeichen für *schwache Vorderfußwurzelgelenke*. Siehe im übrigen 166 - 14 (Flechten mit der Hinterhand).

168 - 6 **ausdrehende Ellenbogen**

(Siehe auch: 130 - 10). Wenn ein Hund in der Bewegung die Ellenbogen nach außen dreht, dann können dafür dreierlei Ursachen in Frage kommen:

a) die *Schulterblätter* können *zu weit nach vorn gekantet* stehen (130 - 3), wodurch das Ellenbogengelenk ausdrehen muß, um während der Bewegung von hinten nach vorn (Schwingmoment) am Brustkorb vorbeizukommen. In der Bewegung wird (in kleinerem oder größerem Maße) eine *hin- und herschwingende* Bewegung von Hals und Kopf zu beobachten sein;
b) der *Brustkorb* ist zu *breit* (breite Front). Wirkung wie bei a);
c) der Hund wird an *zu straffer Leine* gehalten (der Kopf wird bisweilen dabei ziemlich einseitig hochgezogen).

168 - 7 **schwingend**

(Englisch: **winging**). Hunde mit einem ziemlich breiten Brustkorb (und oft mittellangen Läufen) haben die Neigung, den gesamten Lauf beim Vorwärtsbringen (Schwingmoment) nach außen zu drehen und (im letzten Teil des Schwingmoments, bevor der Lauf wieder auf den Boden gesetzt wird) erneut nach innen zu drehen. Sie zeigen demnach *keine* ausdrehenden Ellenbogen.
Diese Hunde werden sich selten einspurig bewegen, und sie werden eine (leicht) *hin- und herschwingende Bewegung* von Hals und Kopf zeigen.
Vor allem, wenn der Hund an straffer Leine gehalten wird, wird sich diese Fortbewegung zeigen. Wir können es manchmal bei Hunden etwa vom Beagle-Typ beobachten.

168 - 8 **paddeln**

(Englisch: **paddling**; nicht zu verwechseln mit padding). Hunde, die mit ziemlich "steifen" Pfoten laufen und die Ellenbogen während der Bewegung nach innen drehen, bewegen sich mit ausdrehenden Pfoten (als ob sie paddelten). Das wird manchmal auch **ellenbogenenges Gangwerk** (englisch: **tied at the elbows**) genannt. Diese Hunde gehen niemals einspurig (sie laufen vorne breit); sie zeigen eine ziemlich *ruckweise*, hin- und hergehende Bewegung in den Schultern und sie können *trampeln* (158 - 5). Wir können das manchmal bei Hunden mit einem ziemlich breiten Brustkorb (recht breiter Front) und normaler Beinlänge sehen; ein Typ, wie er zum Beispiel bei den Retrievern (Golden Retriever, Labrador Retriever) vorkommt.

III. Bewegung des Laufes

168 - 9 **Supination**

Im Schwingmoment wird der Vorderlauf beim Passieren der stehenden Pfote auswärts gedreht. (Wohlbemerkt: Das ist kein ausdrehender Lauf!) Die Drehung findet im Vorderfußwurzelgelenk und in den Zehen statt. Bei einem guten Gangwerk (im Trab) müßten wir diese Bewegung sehen können; die Drehung geschieht jedoch so schnell, daß sie den meisten Beobachtern entgehen wird. Diese nach außen drehende Bewegung heißt Supination (= Rückwärtsdrehung).

168 - 10 **Pronation**

Nach dem Passieren des stehenden Laufes wird der Lauf wieder in die alte Stellung gedreht (Pronation), so daß er wieder fast gerade auf den Boden gesetzt werden kann.
Supination und Pronation sind vollkommen normal fließende Bewegungen und haben nichts zu tun mit ausdrehenden Läufen, es sind Bewegungen, die (vor allem beim einspurigen Gehen) das Passieren ermöglichen.

168 - 11 **eindrehendes Fußwurzelgelenk**

Wenn das Fußwurzelgelenk beim stehenden Lauf während der Bewegung nach innen verkantet wird, dann sprechen wir von einem eindrehenden Fußwurzelgelenk; meistens ist es ein Zeichen für eine *Schwäche im Fußwurzelgelenk*. Der Hund wird dann in der Vorhand *eng gehen* (englisch: **move close**). Der passierende Lauf wird meistens höher als normal angehoben.

168 - 12 **Zehenstand**

a) Beim "normalen" Hund werden die Zehen (im Stand) ein wenig nach außen stehen, größtenteils auf den zwei inneren Zehenballen ruhend (siehe Zeichnung A). Im Trab wird die Pfote dann so auf den Boden plaziert, daß das Gewicht größtenteils von den zwei mittleren Pfotenballen getragen wird (siehe Zeichnung B).
b) Der Hund, der im Stand mit den Zehen gerade nach vorne steht (siehe Zeichnung C), wird im Trab den Lauf so plazieren, daß das Gewicht größtenteils von den innersten Pfotenballen getragen wird (siehe Zeichnung D). Das kann schwache Fesseln (eindrehenden Vordermittelfuß) verursachen und bedeuten, daß der Hund weniger schnelle und gute Wendungen durchführen kann (= Richtung ändern).

Eric H.W. Aldington & Friederun Stockmann

Vom Körperbau des Hundes

Die sachgerechte Beurteilung von Anatomie, Gebäude und Bewegung von Hunden ist nicht nur für die Schönheitskriterien von Ausstellungen wichtig, sondern auch der einzige Weg, der zu gesunden Hunden führt. Endlich einmal ein ausführliches Werk zur funktionalen Anatomie des Hundes, das die Zusammenhänge zwischen Leistungsfähigkeit und Körperbau verständlich macht und den Blick fürs Detail schärft.
ISBN 978-3-938071-31-1
32,80 € (D) 33,80 € (A) 56,90 CHF

Eric H.W. Aldington

Von der Gesundheit des Hundes

Umfassend berichtet dieses Buch über Hintergründe und Ursachen von Gesundheit und Krankheit, sodass die Zusammenhänge verständlich werden. Ein ausführlicher Teil zur richtigen Ernährung wird ergänzt um die Themen Haut- und Fellerkrankungen, Allergien, Jugend und Alter sowie um Rezepte, Tipps und Hausmittel.
ISBN 978-3-923555-09-3
32,80 € (D) 33,80 € (A) 56,90 CHF

Prof. G. Sumner-Smith

Das große Buch der Hundegesundheit

Der umfassende tierärztliche Ratgeber rund um den Hund wurde von einem Team aus über zwanzig Tierärzten und Experten zusammengestellt. Von Gesundheitsvorsorge über das Erkennen von Krankheitsanzeichen, Erster Hilfe, Grundlagen der Anatomie, Funktion und Erkrankung von Verdauungs-, Herz-Kreislauf- und Atmungsapparat bis hin zu Zucht und Vererbung, Hautkrankheiten, Nervensystem, Training des Sporthundes, alternativen Heilmethoden und vielem mehr. Umfangreicher Index, zahlreiche farbige anatomische Detailzeichnungen und Fotos.
224 Seiten, durchgehend farbig
ISBN 978-3-933228-79-6
29,80 € (D) 30,70 € (A) 52,10 CHF

KYNOS VERLAG Dr. Dieter Fleig GmbH • Konrad-Zuse-Straße 3 • 54552 Nerdlen/Daun
Telefon: +49 (0) 6592 957389-0 • Fax: +49 (0) 6592 957389-20